D.-E. Liebscher

Einsteins Relativitätstheorie und die Geometrien der Ebene

Einsteins Relativitätstheorie und die Geometrien der Ebene

Illustrationen zum Wechselspiel von Geometrie und Physik

Von Prof. Dr. Dierck-E. Liebscher

Astrophysikalisches Institut Potsdam

B. G. Teubner Stuttgart · Leipzig 1999

Prof. Dr. sc. nat. Dierck-E. Liebscher

Geboren 1940 in Dresden. Ab 1957 Studium der Physik an der Humboldt-Universität Berlin,
Diplom 1962, Assistent von Prof. Dr. H.-J. Treder, Promotion 1966, Promotion zum Dr. sc. nat.
1973. Ernennung zum Professor für Theoretische Physik an der Akademie der Wissenschaften
der DDR 1979. Seit 1992 am Astrophysikalischen Institut Potsdam.
e-mail: deliebscher@aip.de
http://kosmos.aip.de/~lie/

Umschlagbild: Pythagoras-Figur in der pseudoeuklidischen Geometrie (siehe Abb. 5.3)

Gedruckt auf chlorfrei gebleichtem Papier.

Die Deutsche Bibliothek – CIP-Einheitsaufnahme

Liebscher, Dierck-Ekkehard:
Einsteins Relativitätstheorie und die Geometrien der Ebene :
Illustrationen zum Wechselspiel von Geometrie und Physik /
von Dierck-E. Liebscher. –
Stuttgart ; Leipzig : Teubner, 1999
  ISBN 978-3-663-01299-3   ISBN 978-3-663-01298-6 (eBook)
  DOI 10.1007/978-3-663-01298-6

Geleitwort

As a boy of 12, Einstein encountered the wonder of Euclidean plane geometry in a little book that he called „das heilige Geometrie-Büchlein" („the holy geometry booklet"). Something similar happened to Dierck Liebscher – though admittedly not quite at the tender age of 12. As a physics student in Dresden, he heard lectures on projective geometry. The delight he got from these lectures has remained with him through his working life, and he has now passed on some of it in the present book.

It is a rather unusual book and all the better for it. One of the sad things about the hectic pace and competitiveness of modern scientific research is that truly beautiful discoveries and insights of earlier ages get completely forgotten. This is very true of projective geometry and the great synthesis achieved in the 19th century by Cayley and Klein, who showed that the nine consistent geometries of the plane can all be derived from a common basis by projection. When Minkowski discovered that the most basic facts of Einstein's relativity can be expressed as the pseudo-Euclidean geometry of *space and time*, Klein hailed it as a triumph of his Erlangen program. For it showed that the *trigonometry* of pseudo-Euclidean space is the *kinematics* of relativity.

There is a very good reason why projective geometry is nevertheless not part of current physics courses. It can only be applied to spaces (or space-times) of constant curvature, and therefore fails in general relativity, in which the curvature in general varies from point to point. In such circumstances, one is forced (as in quantum mechanics) to use the analytical methods first introduced by Descartes. The beautiful synthetic methods of the ancient Greeks are not adequate. However, several of the most famous and important space-times that are solutions of Einstein's general relativity, notably Minkowski space and de Sitter (and anti de Sitter) space, do have constant curvature. One of the high points of Liebscher's book is the survey of all such spaces from the unified point of view of projective geometry. It yields insights lost to the analytic approach.

Perhaps the single most important justification for this book is the advent of computer graphics and the possibility of depicting on the page views of three-dimensional objects seen in perspective. Drawings and constructions may be distrusted as means to proofs, but they do give true insight that can be gained in no other way. The diagrams of this book constitute its real substance and yield totally new ways of approaching a great variety of topics in relativity and geometry. Especially interesting is the treatment of aberration, which is a vital part of relativity that gets far too little discussion in most textbooks.

This is not a textbook in any sense of the word. It is however a book that will instruct, deepen understanding, and open up new vistas. It will give delight to all readers prepared to make a modicum of effort. What more can one ask of a book?

South Newington, January 1999Julian Barbour

Vorwort des Autors

Dies ist ein Buch über Geometrie und über Physik. Es stellt das Wechselspiel der Grundlagen beider auf neue Art, durch genau konstruierte ebene und perspektivische Zeichnungen dar.

Die projektive Geometrie ist für den Physiker ein Land voller Wunder. Ich habe sie in Vorlesungen von Rudolf Bereis in Dresden kennengelernt, und sie hat mich immer wieder gefesselt. Die Begeisterung war endgültig, als ich sah, daß die projektive Geometrie einen ganz besonderen Zugang zur Geometrie der Relativitätstheorie bereitstellt, zu all dem merkwürdigen Verhalten von Uhren und Maßstäben, das in der populärwissenschaftlichen Diskussion immer die meiste Zeit beansprucht. Die projektive Geometrie ist der gemeinsame Gesichtspunkt, der nun vieles selbstverständlich, weil homolog zur euklidischen Geometrie, erscheinen läßt. In dem Buch „Relativitätstheorie mit Zirkel und Lineal" ist das dargestellt worden. Inzwischen lassen sich Zeichnungen mit dem Computer sehr viel einfacher herstellen und variieren, so daß es an der Zeit ist, die noch viel weitergehenden Möglichkeiten der Darstellung der Geometrie gekrümmter Räume und damit die Anfangsgründe der Allgemeinen Relativitätstheorie und Kosmologie einzubeziehen und den Zusammenhang von Physik und Geometrie in größerer Vollständigkeit darzustellen.

Berühmte Physiker und Mathematiker haben sich immer wieder zum Zusammenhang von Physik und Geometrie geäußert, darunter Kant, Helmholtz, Poincaré, Einstein und Hilbert. Jedoch trifft man nur vereinzelt auf elementare Illustrationen dieser grundlegenden Frage beider Gebiete. Hier setzt das vorliegende Buch an. Es stellt die geometrischen Eigenschaften von Raum und Zeit in den Zusammenhang mit Grundlagen der Mechanik und Kosmologie. Dabei strebt es keine vollständige Darstellung der beiden Gebiete an, sondern versucht die Nahtstelle so zu veranschaulichen, wie es weder auf der einen noch auf der anderen Seite gewöhnlich geschieht. Es setzt keine über den Schulstoff hinausgehenden Kenntnisse von Geometrie und Mechanik voraus, aber die Offenheit, über das Angebot nachzudenken und sich anstoßen zu lassen, in die Gedankenwelt beider Gebiete einzudringen. Mit welcher Vorkenntnis der Leser das Buch auch in die Hand nimmt, er wird überrascht sein, wie weit er bereits auf elementarer Stufe in das jeweils andere Gebiet hineingreift, und inwieweit das eine Gebiet von dem anderen abhängt. Der Text ist – so gut es geht – von Formalisierung freigehalten in dem Glauben, daß die Abbildungen das euklidische *„siehe"* ermöglichen. Der Leser soll ungestört die ästhetische Seite aufnehmen können. Für das weitergehende Interesse wird der formale Aspekt in den Anhängen dargestellt.

Weder Mechanik noch Geometrie sollen von Anfang an axiomatisch eingeführt werden. Statt dessen sollen der Weg von einfacheren zu komplizierteren Erfahrungen nachgezeichnet und nicht nur der gegenwärtige Glaube, sondern auch einige Zwischenschritte, dargestellt werden, auch wenn diese später zu korrigieren sind. Um mit Einstein zu sprechen, wird zuerst ein wenig auf dem Boden herumgeschnüffelt, bevor das hohe Roß der Verallgemeinerung bestiegen wird.

Für die Freude, die mir die Herstellung des Buches gemacht hat, ist vielerlei Dank abzustatten, der beim Geometrieunterricht in der Schule beginnt und bei den Arbeitsmitteln im Institut endet, Ermutigung, Diskussion und praktische Hilfe einschließt. Besonders danken möchte ich E.Quaisser für wichtigen Rat, H.-J.Treder für die vielen Diskussionen zu den prinzipiellen Fragen des Themas, S.Liebscher für die Unterstützung bei der Computertechnik und K.Liebscher für ihre Unterstützung und Geduld. J.Barbour und R.Schmidt haben das Manuskript kritisch durchgesehen. Besonderer Dank gilt S.Antoci, der mit DAOS (Devil's Advocate Online Service) ein wenig italienischen Geist beigetragen hat, dem der Leser an verschiedenen Stellen begegnen wird.

Potsdam, Februar 1999   Dierck-E.Liebscher

Aufbau des Buches

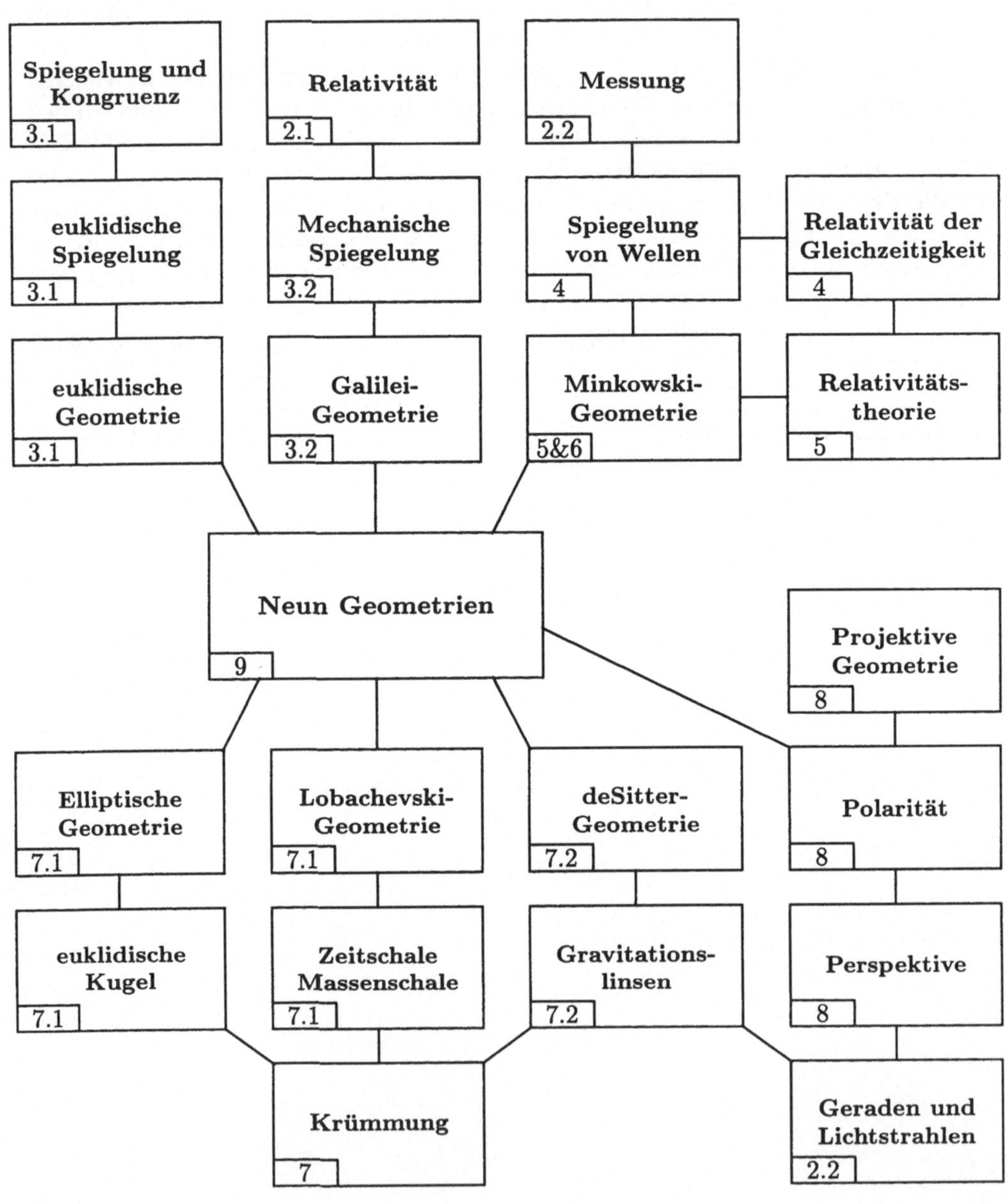

Inhalt

Bezeichnungen   11

1   Einleitung   13

2   Die Welt aus Raum und Zeit   16
2.1   Fahrpläne   16
2.2   Die Vermessung von Raum und Zeit   25

3   Spiegelung und Stoß   35
3.1   Geometrie und Spiegelung   35
3.2   Die Spiegelung mechanischer Bewegung   39

4   Relativitätsprinzip der Mechanik und Wellenausbreitung   47

5   Die Relativitätstheorie und ihre Paradoxa   61
5.1   Pseudoeuklidische Geometrie   61
5.2   Einsteinsche Mechanik   66
5.3   Kinematische Besonderheiten   70
5.4   Das Netz   81
5.5   Schneller als das Licht   81

6   Die Hyperbel als Kreis   85

7   Krümmung   92
7.1   Kugel und Massenschale   92
7.2   Der Kosmos   102

8   Die projektive Wurzel   114

9   Die neun Geometrien der Ebene   130

10 Allgemeines   148
10.1 Relativitätstheorie   148
10.2 Geometrie und Physik   152

Anhang

A Spiegelungen **155**

B Transformationen **164**
B.1 Koordinaten 164
B.2 Inertialsysteme 165
B.3 Riemann-Räume, Einstein-Welten 170

C Projektive Geometrie **174**
C.1 Algebra 174
C.2 Projektive Abbildungen 178
C.3 Kegelschnitte 183

D Der Übergang von der projektiven zur metrischen Ebene **186**
D.1 Die Polarität 186
D.2 Die Spiegelung 190
D.3 Der Geschwindigkeitsraum 193
D.4 Kreise und Peripherien 197
D.5 Zwei Beispiele 200

E Die metrische Ebene **205**
E.1 Klassifikation 205
E.2 Die Metrik 212

Übungsaufgaben **217**

Literaturverzeichnis **219**

Glossar **227**

Bezeichnungen

$[\dots]$	Liste von Koordinaten,
	speziell Liste von Variablen einer Funktion,
	auch Spatprodukt, Gl.(C.7)
$\langle\dots\rangle$	Skalarprodukt, Gl.(C.4)
$\times$	Kreuzprodukt, Gl.(C.5)
$A \times B,\ AB$	Gerade, die die Punkte A und B verbindet
$g \times h,\ gh$	Schnittpunkt der Geraden g und h
$A \circ B$	direktes Produkt, Gl.(C.10)
$A, B, \dots$	Punkte
$a, b, \dots$	Geraden
$\alpha, \beta, \dots$	Ebene, auch Winkel
$\mathcal{A}, \mathcal{B}$	Koeffizientenmatrizen des absoluten Kegelschnitts
$\mathcal{D}$	Rotation, auch Doppelverhältnis
$\mathcal{D}[A, B; E, F]$	Doppelverhältnis, Gl. (8.1)
Δ	Dreieck, Differenz, Zuwachs
δ_k^i	Koeffizienten der Einheitsmatrix,
	0 für verschiedene, +1 für gleiche Indizes
$d[A, B]$	Abstand zwischen den Punkten A und B
$\mathcal{E}$	Einheitsmatrix
ε^{ikl} , ε_{ikl}	Permutationssymbol
	0 für zwei übereinstimmende Indizes,
	-1 für ungerade, $+1$ für gerade Permutationen
$E, F,\ F_1, F_2$	Fixpunkte auf einer Geraden
$F[h]$	Fußpunkt der Geraden h
$\mathcal{G}$	Gruppe
$\mathcal{G}[\mathcal{A}, v]$	Element der Galilei-Gruppe, Abschnitt B.2
g_{ik}	metrischer Tensor, Abschnitt B.3
$\mathcal{I}$	Involution
$\mathcal{K}$	Kegelschnitt
$k[A]$	Tangente aus dem Punkt A an den Kegelschnitt $\mathcal{K}$
$K[g]$	Schnittpunkt der Geraden g mit dem Kegelschnitt $\mathcal{K}$
$\mathcal{L}[\mathcal{A}, v]$	Element der Lorentz-Gruppe, Abschnitt B.2
n	Richtungsvektor

$\mathcal{P}$	Polarität
$p[A]$	Polare des Punktes A
p	absolute Polare für alle Punkte
$\pi[A]$	Polarebene zum Punkt A im projektiven Raum
$P[g]$	Pol der Geraden g
P	absoluter Pol aller Geraden
$\boldsymbol{p}$	Impulsvektor
p_k	Viererimpuls, Anhang B
$\Pi[a]$	Umfang eines Kreises mit Radius a, Anhang E
$\Sigma[\alpha]$	verallgemeinerter Sinus, gleich dem Verhältnis der projizierenden Linie zur projizierten Seite eines Winkels, Anhang E
$\mathcal{S}$	Spiegelung, auch Erzeugendensystem der Bewegungsgruppe
s	Linie an der gespiegelt wird
$S[A]$	Spiegelbild des Punktes A
$S_g[A]$	Spiegelbild des Punktes A an der Geraden g
$\mathcal{T}$	Transformation
u^i	Vierergeschwindigkeit, Anhang B
$\boldsymbol{v}$	(dreidimensionaler) Geschwindigkeitsvektor

Kapitel 1 Einleitung

Zeichnen ist das erste Mittel, unser Verständnis von der Welt zu formen. Das gilt für das Kleinkind, den Künstler, den Ingenieur, den Mathematiker. In der Schule lernen wir, wie aus den Darstellungen konkreter Gegenstände eine Geometrie sublimiert wird, mit der darauf die gleichen Bilder *ohne* Bezug auf ihre Bedeutung analysiert werden können. Die Dinge im Raum werden auf die Tafel projiziert, und wir lernen, wie sich dabei ihre Form verändert. Wir erinnern uns auch an die merkwürdigen Eigenschaften der Dreiecke, zum Beispiel an den gemeinsamen Punkt, den die Lote haben, die wir aus den Ecken auf die gegenüberliegenden Seiten fällen können, oder auch an den Halbkreis über der langen Seite eines rechtwinkligen Dreiecks, auf dem dann die gegenüberliegende Ecke liegt, oder auch an das Ergebnis, daß die Summe der Quadrate über den Katheten eines rechtwinkligen Dreiecks gleich dem Quadrat über der Hypotenuse ist. Manche von uns werden sich an den Eindruck erinnern, den der logische Zusammenhang hervorruft, der sich in der Herleitung aus einfachsten Axiomen zu erkennen gibt. Thales, Pythagoras, Euklid sehen uns an.

Die Zeit scheint etwas grundsätzlich Anderes als der Raum zu sein. Gewöhnlich wird sie in der Geometrie überhaupt nicht erwähnt. Die Physik erweckt den Eindruck, daß man ohne die Leibniz-Newtonsche Differentialrechnung ohnehin nicht viel über sie aussagen kann. Räumliche Formen haben den Aspekt der Stabilität, die Zeit dagegen offenbart sich im Wandel. Erst Einsteins Relativitätstheorie hat gezeigt, daß ein tiefer Zusammenhang zwischen Raum und Zeit besteht, der Teil eines Zusammenhangs von Geometrie und Physik ist. Es wurde deutlich, daß die Elementargeometrie auf Raum *und* Zeit angewandt werden kann und muß. Es wurde ebenso deutlich, daß es die physikalische Beobachtung ist, die entscheidet, wie die Geometrie aussehen muß, wenn sie auf Erscheinungen der realen Welt anwendbar sein soll, und daß es einer sorgfältigen und elementaren Analyse der Experimente bedarf, will man Mißverständnisse vermeiden.

Gewöhnlich stellt man sich die Bewegung von Gegenständen im Raum nicht als geometrische Figur in der Raum-Zeit-Union vor. Der Eingeweihte ist mit der analytischen Rechnung ohnehin schneller als mit der Auswertung einer Zeichnung. Schon Newton hat die geometrischen Aufgaben der Académie Française analytisch gelöst, bevor er das Ergebnis in einen geometrischen Beweis bettete. Abbildungen werden bestenfalls als Hilfsskizzen benutzt. Der Außenstehende sieht in der Relativitätstheorie ein System mehr oder weniger komplizierter Formeln, die sich einem intuitiven Verständnis verschließen. Wir wollen hier aber gerade zeigen, daß die Grundlagen der Relativitätstheorie sehr wohl durch geometrische Intuition erschlossen werden können und daß die Kinematik der Relativitätstheorie nichts anderes ist als die

Geometrie der Raum-Zeit-Union. Wir werden lernen, Raum und Zeichenblatt als Raum-Zeit-Diagramme mit einer oder zwei Raumdimensionen zu lesen.

Eine theoretische Konstruktion, die in elementargeometrischer Form dargestellt und als Gegenstand elementargeometrischer Erfahrung ausgewertet werden kann, läßt uns in weit stärkerem Maße innere Konsistenz erwarten als dies bei einer analytischen und für den Außenstehenden schwer nachzuvollziehenden Rechnung der Fall ist. Deshalb soll in diesem Buch auch gezeigt werden, wie elementare Geometrie, Mechanik und die elementaren Eigenschaften des Universums miteinander verwoben sind. Wir werden das nicht mit aller Strenge tun, die leicht in der Literatur zu den Teilgebieten zu finden ist. An deren Stelle sollen die tatsächlichen Konstruktionen und die Analogien sprechen, die den oft überraschend ästhetischen Charakter der Geometrie hervortreten lassen. In gewissem Sinne heißt das, sich zwischen alle Stühle zu setzen. Die unerwarteten und erstaunlichen Zusammenhänge werden uns aber entschädigen. Wir werden die Geometrie von Raum und Zeit darlegen und mit elementaren Mitteln zeigen,

- wie physikalisch elementare Experimente geometrisch interpretiert werden können,

- wie physikalische Experimente die Eigenschaften anwendbarer Geometrie bestimmen,

- wie geometrische Eigenschaften die korrekte physikalische Interpretation erzwingen.

Die Abbildungen sind mit der im Anhang dargestellten Algebra berechnet und zum größten Teil mit IDL hergestellt.

In Kapitel 2 verwenden wir graphische Fahrpläne als elementare gemeinsame Darstellung von Raum und Zeit, die direkt Raum-Zeit genannt wird. Wir lernen die einfachsten Mittel, in einer Raum-Zeit-Ebene zu zeichnen. Hier wird mit vielen Beispielen und Zeichnungen gearbeitet, die an das Lesen einer ebenen oder räumlichen Anordnung als Fahrplan gewöhnen sollen. Schließlich liegt hier der Schlüssel zum Verständnis der Abbildungen in den folgenden Kapiteln. Kapitel 3 stellt die grundlegende Bedeutung der Spiegelungen dar. Diese überrascht zunächst, weil hier *reale* Bewegungen in zwei Spiegelungen zerlegt werden, die ihrerseits ja nur *virtuelle* Bilder erzeugen. In unseren Fahrplänen sind dagegen Spiegelungen viel einfacher als andere Bewegungen. In Kapitel 3 werden wir einen ersten Eindruck von der Fremdartigkeit der Geometrie in einem Fahrplan erhalten. Kapitel 4 behandelt dann das zentrale Problem der Einsteinschen (Speziellen) Relativitätstheorie. Diese war 1905 der Ausgangspunkt, eine andere als die euklidische Geometrie in der Physik überhaupt in Betracht zu ziehen. Wir korrigieren die Spiegelungsvorschrift aus Kapitel 3 und lösen das Problem in der Geometrie der Raum-Zeit, die Minkowski-Geometrie heißt. Die paradox anmutenden Tatsachen der Relativitätstheorie werden in Kapitel 5 mit Hilfe dieser Geometrie beschrieben. Die elementaren Eigenschaften von

Minkowski-Geometrie und euklidischer Geometrie der Ebene werden in Kapitel 6
verglichen. Kapitel 7 bildet diesen Vergleich auf der homogen gekrümmten Fläche
nach, wobei wir immer in der Nähe physikalischer Beispiele bleiben. Kapitel 8 bespricht die grundlegenden Begriffe der projektiven Geometrie, die in Kapitel 9 die
gefundenen Geometrien als eine Familie – die Cayley-Klein-Geometrien – darstellt.
Diese Familie kann axiomatisch charakterisiert werden, wie man das von Geometrien
auch erwartet. Kapitel 10 nimmt die allgemeinen Fragen noch einmal auf, die sich
auf die physikalische Interpretation beziehen.

Alle in diesem Buch verwendeten Begriffe sind Gegenstand wohldefinierter und
gut begründeter Theorien. Wir wollen diese selbst nicht wiederholen, da wir an der
Nahtstelle interessiert sind, wo die Begriffe manchmal nicht zu scharf sein dürfen, damit man die Paßform leicht sieht. Der formale Hintergrund der Geometrie ist deshalb
in einem Anhang zusammengefaßt. Anhang A bespricht die Bewegungsgruppen und
ihre Erzeugung durch Spiegelungen. Anhang B behandelt die Koordinatensysteme,
die seit der Zeit von Descartes die Anwendung analytischer Methoden zu Konstruktion und Beweis erlauben. Die Anhänge C und D formalisieren die in den Kapiteln 8
und 9 verwendeten Begriffe der projektiven Geometrie, Anhang E die Klassifikation
der Cayley-Klein-Geometrien. Dort wird auch der formale Zusammenhang zwischen
den metrischen Räumen in der Differentialgeometrie und den metrisch-projektiven
Ebenen hergestellt. Um einen schnellen Zugriff auf Begriffsbestimmungen herzustel-
len, ist am Buchende ein Glossar angefügt.

Zu Geometrie und Relativitätstheorie gibt es eine umfangreiche Literatur. Hier
soll nur auf einen Ausschnitt aus dem Teil hingewiesen werden, der sich näher mit
unseren Themen befaßt. Einige Arbeiten sind der geometrischen oder grafischen Darstellung der Relativitätstheorie verpflichtet [13, 28, 52, 70, 71, 79, 86, 96, 105, 106,
122]. Es gibt elementare [83, 95, 109, 132] und weniger elementare [18, 45] Einführungen in die Relativitätstheorie, auch in die allgemeine Relativitätstheorie [124] und
Kosmologie [40, 57, 87, 135]. Die darstellende und projektive Geometrie kann man
in älteren [12, 15, 26, 27, 31, 113] und neueren Büchern lernen [14]. Ausführliches
zur nichteuklidischen Geometrie liest man u.a. in [21, 76]. Allgemeine Einführungen
in die Geometrie findet man u.a. in [6, 10, 11, 25, 50, 77]. Die räumliche Vorstellung
wird u.a. in [100, 102] angesprochen. Es gibt auch Spezielles zur Anwendung in der
Computergrafik [98].

Kapitel 2   Die Welt aus Raum und Zeit

2.1   Fahrpläne

Die Untersuchung der Gesetze der Formen setzt Stabilität dieser Formen voraus.
Deshalb zeichnen wir geometrische Figuren auf feste Körper, in denen die Koordination der Atome auf Grund der mikrophysikalischen Gesetze eine gewisse Dauer
hat und die den verschiedensten Manipulationen, unter anderem eben auch Drehungen und Verschiebungen im Raum, unterworfen werden können[1]. Wir stellen dabei
als erstes fest, daß man viele Eigenschaften unabhängig von Vorgeschichte, Ort und
Zeitpunkt vergleichen kann. Die zweite Feststellung ist, daß man schon sehr fein
messen muß, um überhaupt zu bemerken, daß die Eigenschaften eines Körpers oder
Prozesses davon abhängen können, wo und wann er präpariert wird. Stellt man eine
solche Abhängigkeit tatsächlich einmal fest, versucht man die Schuld nicht abstrakt
Ort, Zeit und Orientierung zuzuschreiben, sondern der Wechselwirkung mit anderen
Objekten, die näher zu untersuchen dann als Aufgabe gestellt ist. Auf diese Weise
gelangen wir zu einem ersten **Relativitätsprinzip**.

> **Position und Orientierung eines Gegenstands können nur re-
> lativ zu anderen Gegenständen bestimmt werden. Zwei Ge-
> genstände, die sich nur durch Position und Orientierung un-
> terscheiden, können wir deshalb als gleich ansehen. Sind diese
> Gegenstände Figuren, sprechen wir von Kongruenz.**

Es ist schwer zu sehen, wie ohne dieses physikalische Phänomen das System einer
Geometrie überhaupt entdeckbar wäre. Dennoch kann man sich – nach Erlernen der
konstruktiven Eigenheiten der geometrischen Zusammenhänge – auch vorstellen, daß
das formulierte Relativitätsprinzip nicht gilt. Bezogen aber auf unsere Erfahrung
würde man den Raum dann als inhomogen bezeichnen. Das kann physikalisch so
sein. Die Erfahrung der Relativität im Groben veranlaßt uns dann aber wieder,
nach physikalischen Gründen für diese Inhomogenität zu suchen[2].

---

[1]Man könnte einwenden, daß die Stabilität der mikroskopischen Objekte durch makroskopische
Beobachtungen festgestellt wird, die ihrerseits mikroskopische Stabilität voraussetzen, um überhaupt präpariert werden zu können [2]. Diese Situation ist aber nicht ungewöhnlich in der Physik
und zeigt, daß man nur Konsistenz oder Widerspruch finden kann. Es kann durchaus sein, daß
es mehrere konsistente Modelle des realen Sachverhalts gibt. Gewöhnlich muß man zufrieden sein,
wenigstens eins davon zu finden.

[2]Das einfachste Beispiel einer Ortsbestimmung ohne prominenten Bezug auf entfernte Objekte
ist die Höhenmessung im Flugzeug mit Barometer. Hier wird scheinbar am Zustand eines Objekts
eine Komponente der Position abgelesen, ohne daß der überflogene Grund erfaßt werden muß.

Ein fester Körper ist soweit unmittelbar ein Längenmaß, wie seine Struktur und seine Maße von der Stabilität der Struktur und der Wechselwirkung der Atome garantiert werden. So ist mit dem Pariser Urmeter die Längeneinheit implizit über den charakteristischen Abstand der Atome in der Metallstruktur festgelegt. Dieser charakteristische Abstand wird wiederum durch das Gleichgewicht verschiedener Kräfte[3] bestimmt. Nun sind wir sofort bereit zu akzeptieren, daß die wichtigsten Kräfte (Schwerkraft, Coulomb-Kraft) nur vom Abstand abhängen und die Flächen gleichen Potentials Kugeln sind. Dabei muß man aber wieder sehen, daß die Kugel erst durch eine Kraft (genauer einer Kombination der Kräfte) definiert wird. Schließlich werden die charakteristischen Abstände in unserem Atomgitter auch durch das Gleichgewicht solcher Kräfte eingestellt[4]. Die beruhigende Entdeckung ist, daß die anderen Kräfte mitzuspielen scheinen, zumindest bei einer Gleichverteilung mikroskopischer Orientierungen (wobei auch die Feststellung, was eine Gleichverteilung über die Orientierungen ist, schon Teile des Begriffs Kugel vorwegnimmt). Wir sehen auch an dieser Diskussion, daß am Ende ein Teil jedes Begriffs unausweichlich, ein anderer dagegen abhängig von seiner konsistenten Anwendbarkeit ist [99].

Stellen wir uns einmal vor, es gäbe Kräfte, die dieser Ähnlichkeit nicht gehorchen. Dann könnte es feste Körper verschiedener Zusammensetzung geben, die bei Drehung und Verschiebung ihre Form relativ zueinander ändern, weil die mittleren Atomabstände – verglichen zwischen beiden – sich bei Drehung und Verschiebung ändern. Dann wäre es – wie erwähnt – schwierig, überhaupt eine Vorstellung von Kongruenz, also Geometrie, zu entwickeln. Ist der Vergleich zweier fester Körper aber unabhängig von ihrer Lage im Raum, definieren sie Länge und Geometrie. An dieser Länge bestimmt, sind die Flächen gleichen Potentials selbstverständlich Kugeln, und der Raum erscheint uns notwendigerweise *isotrop*, d.h. ohne eine besondere Richtung. Unterstellen wir einmal, es gäbe einen Raum auch ohne Bezug auf eingelagerte Objekte, d.h. einen *absoluten Raum*, in dem sich die physikalischen Körper bei Drehung in eine bestimmte Richtung etwas ausdehnten[5]. Widerführe dies den

---

Er wird auch nicht unmittelbar erfaßt, sondern nur mittelbar über den Zustand der Atmosphäre. Diese hat den Charakter eines äußeren Bezuges. Wir sehen, daß auch die Höhenmessung mit dem Barometer eine Bestimmung *mit* Bezug auf die Atmosphäre und deshalb auch *mit* Bezug auf den Grund durchgeführt wird, d.h., eben nicht absolut ist.

[3]Das erste Newtonsche Axiom behauptet, daß die Zeit so bestimmt werden kann, daß die kräftefreie Bewegung durch eine gerade Weltlinie dargestellt wird. Dementsprechend fordert das zweite Newtonsche Axiom die Begründung einer Beschleunigung als Folge des Einflusses anderer physikalischer Objekte, den wir am Ort der Beschleunigung als Kraft bezeichnen. Newton selbst identifizierte die Schwerkraft mit dem bekannten Abstandsgesetz als verantwortlich für die Satellitenbahnen um massivere Himmelskörper. Später stellte sich heraus, daß auch die elektrostatische Kraft einem solchen Abstandsgesetz gehorcht und man beide Kräfte als Abstieg eines Potentials ansehen kann. Zur euklidischen Geometrie und der Relativität der Orientierung gehört, daß dieses Potential nur vom Abstand der zentralen Quelle der Kraft abhängt. Alles andere wäre nicht nur eine Komplizierung des Kraftgesetzes, sondern auch der Geometrie.

[4]Gäbe es nur eine Kraft, wäre das nichts Besonderes. Wiederum kommt es auf die Abstimmung der Kräfte untereinander und die Konsistenz an

[5]In der Aristotelischen Physik war die Richtung senkrecht zur Erdoberfläche eine ausgezeichnete Richtung, in der solche Erscheinungen hätten erwartet werden können.

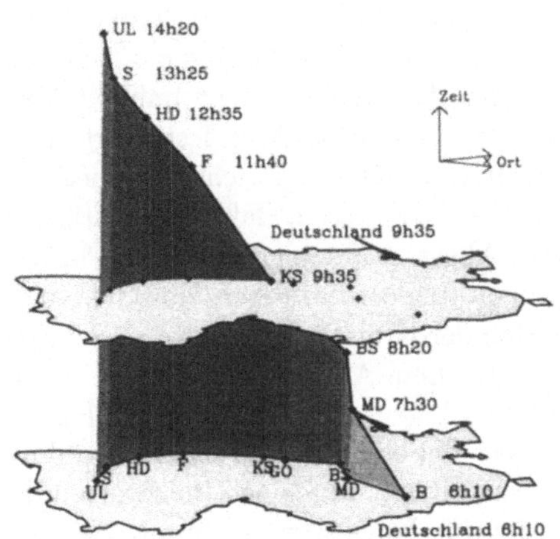

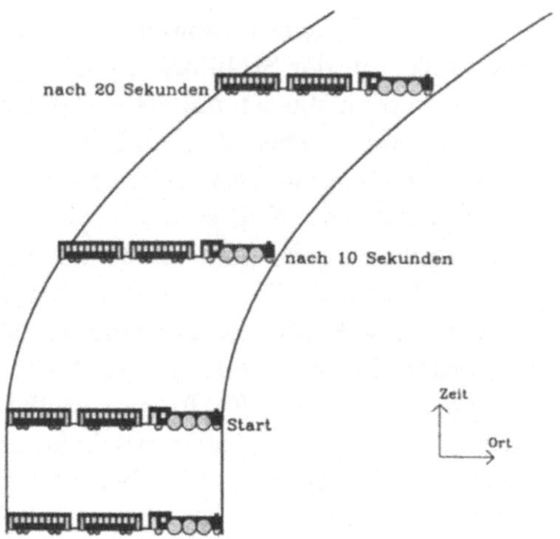

Abbildung 2.1: Welt, Weltlinie, Fahrplan

Die Welt ist das Produkt aus Raum und Zeit. Wir stellen den Raum durch eine Ebene dar, in der die Umrisse von Deutschland und die Eisenbahnlinie von Berlin nach Ulm zu sehen sind. Die Weltlinie des Zuges ist sein Fahrplan. Die abgelaufene Zeit wird durch die Höhe über der Grundfläche angezeigt. Je steiler die Weltlinie, desto langsamer der Zug. Ein vertikaler Abschnitt zeigt, daß der Zug hält.

Abbildung 2.2: Fahrplan eines anfahrenden Zuges

Die Neigung der Weltlinie gegen die Zeitachse ist die Geschwindigkeit des Objekts. Beim Anfahren mit konstanter Beschleunigung entsteht eine Parabel als Weltlinie. Diese Parabel ist homolog zur Wurfparabel, wo die horizontale Koordinate die Rolle der Zeit übernehmen kann, weil sich die Horizontalkomponente der Geschwindigkeit nicht ändert.

einzelnen Körpern in verschiedenem Maße, wäre dieser absolute Raum tatsächlich beobachtbar, die Kongruenz aber eine fremde Vorstellung.

Wir müssen sehen, daß mikroskopische Feinheit der Messung nicht unmittelbar geometrische Eigenschaften auch besser zeigt. Die Ungleichförmigkeit der Materieverteilung auf atomaren Längenskalen macht vieles eher schwieriger durchschaubar. Grobheit der Messung ist auch Mittelung über kleinskalige Besonderheiten und deshalb in manchen Fällen durchaus notwendig[6]. So kann die Beobachtung Galileis, daß alle Körper gleich schnell fallen, nur bei grober Messung gefunden werden. Man muß schon erhebliche Sorgfalt bei der Präparation eines genauen Experiments aufwenden, um diese Beobachtung bestätigt zu finden [41, 20, 1]. Das ist Ausdruck der Tatsache, daß Beobachtungen die Anwendbarkeit des Gesetzes und nicht das Gesetz selbst prüfen. Euklid, so wird berichtet, hat seine Figuren in den Sand gezeichnet[7].

---

[6]Auch ist die Glättung kleinskaliger Störungen ein mit Absicht eingesetztes Mittel, die Genauigkeit makroskopischer Experimente zu erhöhen.

[7]Das betont die Notwendigkeit eines strikten Beweises, nicht die Ungenauigkeit der Methode. Man muß sehen, daß das Konstruieren mit Zirkel und Lineal bis zur Erfindung der Logarithmentafel die genaueste Methode zur Lösung mathematischer Aufgaben war [110].

Die Eigenschaft der Kongruenz fester Körper kann nur im Groben gelten, weil es ideal feste Körper nicht gibt: Zum einen gestatten alle Körper innere Bewegung (Schallwellen) und im ungünstigsten Fall auch plastische Verformung. Wie man bei der Begründung der Thermodynamik gelernt hat, verstärkt sich diese innere Bewegung mit wachsender Temperatur, und seit der Entdeckung der quantenmechanischen Bewegungsgesetze wissen wir auch, daß selbst am absoluten Nullpunkt der Temperatur die Bewegung der einzelnen Atome nicht vollständig zur Ruhe kommt. Zum anderen weiß man, daß das Schwerefeld mit einer von Ort zu Ort variierenden Weltkrümmung beschrieben werden muß und daß deshalb die prinzipielle wie praktische Bewegung eines ausgedehnten Körpers in vollständiger Starre nicht möglich ist. Es reicht für die Entdeckung der Geometrie aber aus, daß die Eigenschaft der Kongruenz fester Körper nur im Groben gilt.

Eine ebenso wichtige Einschränkung gibt es beim Vergleich von Lichtstrahl und Gerade. Auch ein Lichtstrahl hat prinzipiell immer eine Öffnung (erzwungen vom zweiten Hauptsatz der Thermodynamik) und eine Unschärfe (hervorgerufen durch die Beugung an vermessenen und vermessenden Gegenständen). Mit der Platonschen absoluten Setzung des Lichtstrahls als Gerade muß man also auch den Einwand Aristoteles' sehen[8]. Prinzipiell spielt aber gerade in der Relativitätstheorie das Licht eine besondere Rolle: Man kann die Theorie der Messung direkt auf die Lichtausbreitung (Kapitel 5) und die Existenz von Zeitnormalen (Atomuhren) stützen [34, 90, 94, 92]. Dabei ist die Atomuhr selbst ein durchaus kompliziertes Gebilde und weit jüngeren Datums als die mechanischen Begriffe, mit denen wir operieren werden. Man hat immer den Eindruck einer tiefliegenden Konspiration der Bewegungen, die einen einfach geometrisierbaren Zeitbegriff überhaupt möglich machen [8].

So wie Lage- und Formveränderungen von Körpern nur relativ zueinander gemessen werden können und deshalb eine Geometrie des Raums gestatten, so messen wir auch den Ablauf von Bewegungen gegeneinander und erfahren so die *Zeit*. Wieder ist für die Präparation eines physikalischen Begriffs Zeit vorauszusetzen, daß das periodische System, welches das Zeitmaß definieren soll, gleiche Einheiten produziert, auch wenn es zu verschiedenen Zeiten in Gang gesetzt wird. Ohne eine solche zumindest in erster Näherung generelle Unabhängigkeit des Zeitlaufs von der Zeit selbst ist die Erfahrung einer meßbaren Größe schwer vorstellbar. Dabei erscheint der Begriff der Zeit zunächst völlig getrennt von räumlicher Erfahrung. Auf ideale Uhren und Maßstäbe hat nicht nur Positions- und Orientierungswechsel keinen Einfluß, auch die Bewegung scheint sie nur zu verändern, wenn Beschleunigungen zu störenden Trägheitskräften Anlaß geben. Es scheint, daß man eine Normaluhr transportieren kann, um alle anderen Uhren nach ihr zu stellen, um auf diese Wei-

---

[8] „Und es ist nicht einmal wahr, daß die Geodäsie sich nur mit sinnlichen und vergänglichen Größen beschäftige; sonst müßte sie mit den vergänglichen Dingen selbst vergehen. Ebensowenig handelt die Astronomie nur von sinnlichen Größen und dem sichtbaren Himmel. Die sinnlichen Linien sind ja auch nicht diejenigen, von denen der Vertreter der Geometrie spricht." (Aristoteles, Metaphysik, Buch B.2, Übers.F.Bassenge, Aufbau-Verlag Berlin 1960)

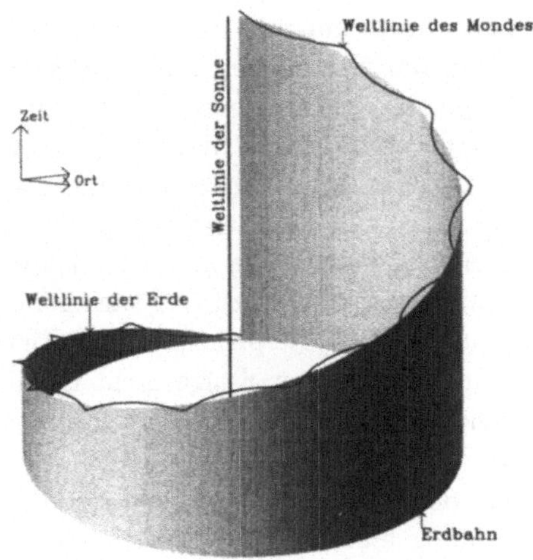

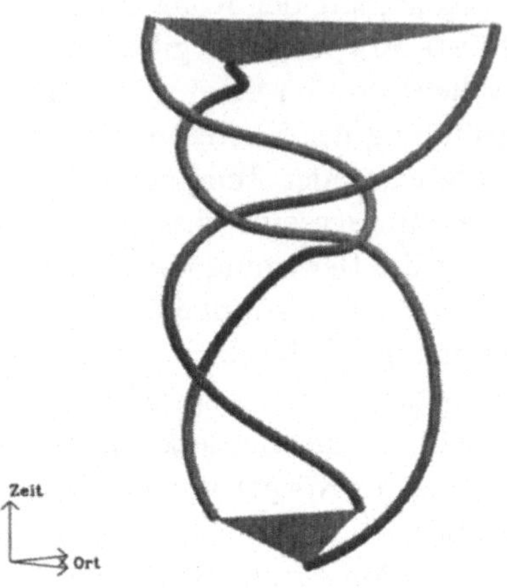

Abbildung 2.3: Fahrplan von Erde und Mond

Die Weltlinie der Erde ist eine Schraubenlinie. Die Palisade zeigt ihre Projektion in den Ortsraum, eine Kepler-Ellipse. Im Gegensatz zu dieser Projektion ist die Weltlinie selbst nicht geschlossen. Die Weltlinie des Mondes – als schwarze Linie angedeutet – windet sich um die der Erde.

Abbildung 2.4: Spaghetti-Diagramm der Bewegung dreier Körper

Die Weltlinien dreier sich in einer Ebene bewegender Körper sind zusammen mit den Dreiecken des Anfangs- und des Endzustands dargestellt [8].

se eine *absolute Zeit* zu definieren. Ob zwei Ereignisse gleichzeitig sind oder nicht, scheint eine zweifelsfrei und endgültig entscheidbare Frage zu sein. Dennoch ist das Studium des zeitlichen Ablaufs einer Bewegung immer das Studium einer Figur in Raum und Zeit. Dieses Produkt aus Raum und Zeit nennen wir *Welt*. Ein Punkt der Welt ist charakterisiert durch die Lage im Raum und einen Zeitpunkt. Wir nennen ihn *Weltpunkt* oder *Ereignis*. Die Geschichte der Bewegung eines Punktes im Raum ist eine *Weltlinie*, die wir in ihrer Gesamtheit auch als eine Art *Fahrplan* ansehen können (Abb. 2.1, 2.2). Unser Fahrplan ist die graphische Darstellung von Zeitabläufen, auch solcher, die nicht durch Anordnung geregelt werden. Deshalb fügen wir gleich noch den Fahrplan von Erde und Mond (Abb. 2.3) und den für alles weitere ganz wichtigen Fahrplan eines symmetrischen *Stoßes* an, wie man ihn sich am besten auf dem Billardtisch vorstellt (Abb. 2.5). Billardkugeln sind ja alle gleich, und wenn zwei mit entgegengesetzt gleichen Geschwindigkeiten aufeinandergestoßen werden, rollen sie mit entgegengesetzt gleichen Geschwindigkeiten auseinander. Nur der Winkel bleibt unbestimmt. Er hängt davon ab, wie zentral der Stoß ist[9], so

---

[9]Die Kunst besteht ja u.a. gerade darin, den Lauf der Kugeln durch geeigneten Einsatz der Nichtzentralität zu lenken. Wir werden davon aber absehen und so tun, als könnten wir sie nicht beeinflussen. Beim Elementarteilchenbillard der großen Beschleuniger ist das ja auch der Fall (Abb. 2.7).

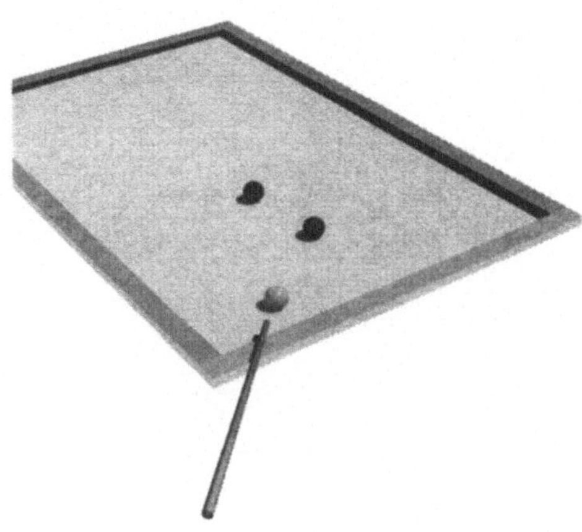

Der Billardtisch ist unser Modell eines zweidimensionalen Raumes, in dem Massenpunkte miteinander nur beim Stoß wechselwirken. Von der Größe der Billardkugeln wollen wir gerade absehen und alle Effekte vernachlässigen, die dadurch möglich werden, daß die Kugeln keine Punkte sind.

Die vordere Kugel wird gegen die anderen gestoßen. Je zentraler die anderen Kugeln getroffen werden, desto mehr Bewegung wird ihnen übertragen. In der Näherung, welche die Drehung der Kugeln vernachlässigt, streben die Kugeln nach dem Stoß in rechtem Winkel auseinander. Im Bild links ist die Lage der Kugeln zu vier Zeitpunkten festgehalten. Rechts sind diese vier Zeitpunkte übereinander dargestellt, es entsteht der Fahrplan des Stoßes mit den Weltlinien der drei Kugeln.

Abbildung 2.5: Der Billardtisch

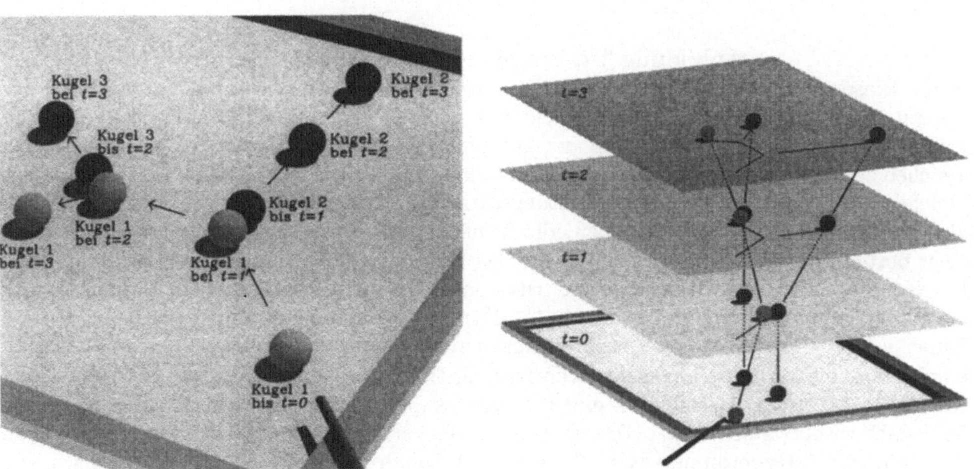

Abbildung 2.6: Der Billardstoß

daß der Fahrplan von Abbildung 2.8 entsteht.

Nun können wir den Stoß zweier Billardkugeln darstellen, von denen die eine vor dem Stoß ruht (Abb. 2.9). Der Versuch zeigt, daß beim zentralen Stoß die getroffene Kugel die Bewegung vollständig übernimmt und die stoßende Kugel einfach liegenbleibt. Ist der Stoß nicht zentral, rollen die Kugeln in angenähert rechtem Winkel auseinander. Die Figur der Abbildung 2.9 entsteht aus der von Abbildung 2.8, indem

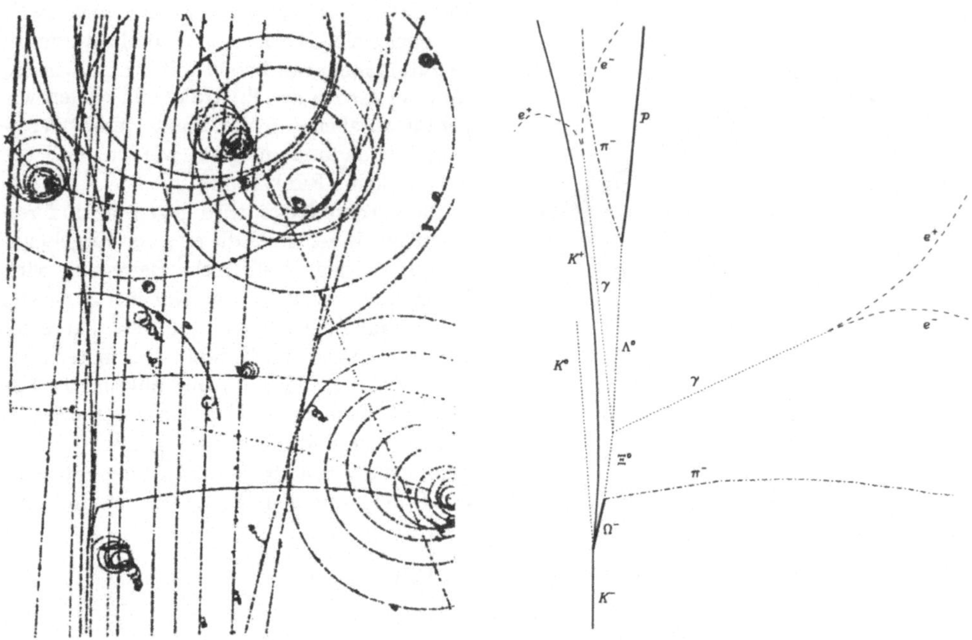

Abbildung 2.7: Spuren in der Blasenkammer

In der Blasenkammer verfolgen wir das Billardspiel mit den Elementarteilchen an Hand der
Spuren, die sie hinterlassen, wenn sie elektrisch geladen sind. Die Krümmung dieser Spuren
wird durch ein äußeres Magnetfeld erzeugt und erlaubt, den Impuls der entsprechenden
Teilchen zu bestimmen. Die Stärke der Spuren läßt Rückschlüsse auf Masse und Energie der
Teilchen zu. Zusammen mit den Erhaltungssätzen für Energie und Impuls kann man auch
die ungeladenen Teilchen bestimmen, die keine Spuren hinterlassen. Hier ist das Schema
einer berühmten Aufnahme gezeigt, in der das Ω^--Hyperon vermessen werden konnte [97].
Ein K^--Meson aus dem Beschleuniger tritt von unten ins Bildfenster, trifft auf ein Proton
der Blasenkammerfüllung und bildet ein Ω^--Hyperon zusammen mit einem ungeladenen K^o
und einem K^+-Meson, dessen Spur oben aus dem Bild verschwindet. Das Ω^- hinterläßt eine
kurze Spur, die zeigt, daß es elektrische Ladung trägt und seine Lebensdauer in der Nähe
von 10^{-11} s liegt, und zerfällt in ein ungeladenes Ξ^o-Hyperon und ein π^--Meson, dessen
Spur nach rechts verschwindet. Das spurlose Ξ^o-Hyperon zerfällt in drei andere ungeladene
Teilchen, ein Λ^o-Hyperon und zwei Photonen (γ). Die drei Teilchen hinterlassen selbst keine
Spur, wohl aber ihre Zerfallsprodukte. Das Λ^o-Hyperon zerfällt in ein Proton-π^--Paar, die
Photonen erzeugen beim Stoß mit anderen Protonen der Kammerfüllung Elektron-Positron-
Paare, die charakteristische Schneckenpaare zeichnen. Durch einen glücklichen Umstand
sind selbst noch diese Teilchen der 4.Generation zu sehen, weshalb der gesamte Prozeß
rekonstruiert werden kann.

wir zu jeder Geschwindigkeit eine andere, allen gemeinsame Geschwindigkeit addieren. Diese Geschwindigkeit wird so bestimmt, daß sie die Anfangsgeschwindigkeit der
rechten Kugel in Abbildung 2.8 kompensiert. Christiaan Huygens war der erste, der

wie in Abbildung 2.10 [61] die additive Zusammensetzung der Geschwindigkeiten benutzte, um die Stoßgesetze herzuleiten. Er betrachtet den Ablauf mechanischer Bewegungen in einer gefügten Umgebung, die wir *Bezugssystem* nennen können. Die Markierungen auf einem großen und festen Gegenstand dienen als Bezug für Koordinaten im Raum, der Ablauf einer überall kontrollierbaren Uhr als Bezug für die Zeitkoordinate. Das Ufer ist ein Bezugssystem, das Boot ein anderes. Beide bewegen sich gegeneinander. Die Beschreibung der Bewegung unterscheidet sich durch eine feste Geschwindigkeit (die des Bootes), mit der die von dem einen Beobachter notierten Geschwindigkeiten zusammengesetzt werden müssen, um die von dem anderen festgestellten Bewegungen zu erhalten. Huygens setzt additive Zusammensetzung voraus, wie es uns zunächst selbstverständlich erscheint.

Wir können hier das erste Mal erahnen, wie wir aus mechanischen Gesetzen auf geometrische Zusammenhänge schließen werden, und auch, daß diese geometrischen Zusammenhänge ganz anders aussehen können, als wir das aus der euklidischen Geometrie gewohnt sind. Schließlich sollten in der zu erwartenden Geometrie der Fahrpläne die Figuren in den Abbildungen 2.8 und 2.9 kongruent sein: Bis auf die Orientierung in der Raum-Zeit – d.h. bis auf eine gemeinsame Geschwindigkeit – beschreiben beide den gleichen physikalischen Vorgang. Der Kegel in Abbildung 2.8 wird bei oftmaliger Wiederholung des Stoßes tatsächlich im Ganzen realisiert. Im einzelnen Versuch beobachtet man nach dem Stoß eine Bewegung, deren Weltlinien zwei gegenüberliegende Mantellinien eines Kegels sind. Der Kegel ist ebenso auffaßbar als Gesamtheit der Weltlinien der Bruchstücke einer Explosion, wenn diese alle mit gleicher Geschwindigkeit den Explosionsort verlassen (Abb. 2.11).

Wollen wir von der Geometrie des Raums zur Geometrie der Welt übergehen, ziehen wir uns zunächst auf die Erwartung zurück, daß auch die Bewegungen in der Welt durch Spiegelungen erzeugt werden können. Im Gegensatz zu den Spiegelungen des Raums lassen sich Spiegelungen in der Welt in gewisser Weise mechanisch anschaulich realisieren und von der Beobachtung her definieren. Haben wir das getan, können wir dann die Geometrie entwickeln. Spiegelung einer geraden Weltlinie heißt nun Spiegelung einer unbeschleunigten Bewegung. Wenn wir zunächst also vom Pegasus der Phantasie heruntersteigen wollen[10] und nicht nach den möglichen Geometrien der Welt, sondern nach der physikalisch erfahrbaren fragen, müssen wir uns die mechanische Spiegelung mechanischer Bewegung ansehen. Dabei wird sich zeigen, daß die Wellenphänomene, mechanisch erklärt, eine sonderbare absolute Orientierung in der Welt zu vermitteln scheinen. Die damit verbundenen Fragen, die im Grundzug dargestellt werden sollen, führten schließlich A.Einstein im Jahre 1905 zur Relativitätstheorie. H.Minkowski etablierte diese als tatsächliche Geometrie der Welt. F.Klein identifizierte nun die Minkowski-Geometrie als Mitglied einer Familie von Geometrien, die wir in der Ort-Zeit-Ebene illustrieren werden: Es sind dann die neun Geometrien der Ebene [62, 63]. Bevor wir aber die charakteristischen Ei-

---

[10] „Wenn wir an etwas arbeiten, dann steigen wir vom hohen logischen Roß herunter und schnüffeln am Boden mit der Nase herum. Danach verwischen wir unsere Spuren wieder, um die Gottähnlichkeit zu erhöhen." (A.Einstein, zitiert in [121], S.72, wiederholt in [91]).

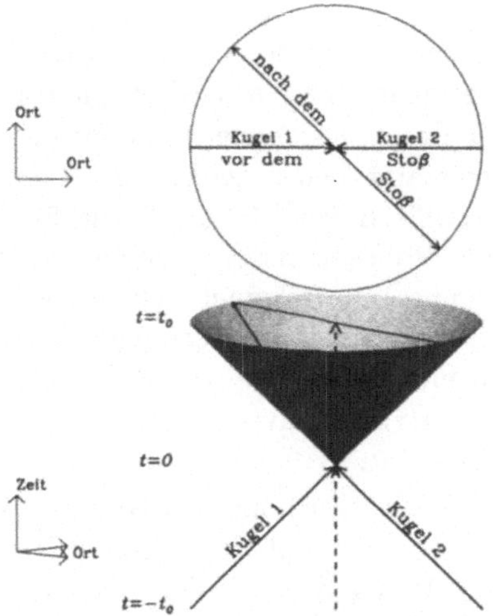

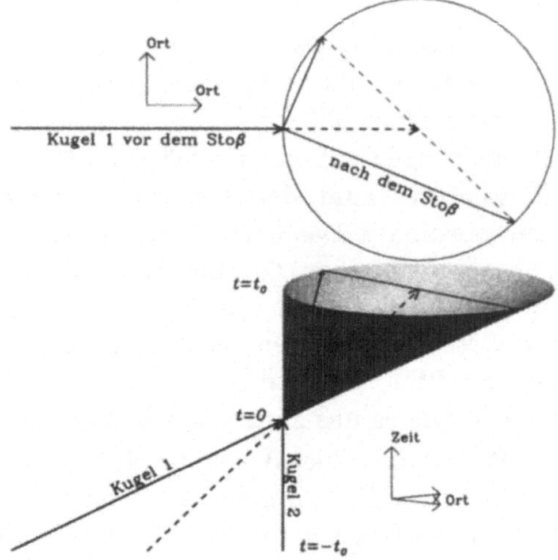

Abbildung 2.8: Fahrplan eines symmetrischen Stoßes

Zwei Billardkugeln mit entgegengesetzt gleicher Geschwindigkeit stoßen aufeinander. Nach dem Stoß bei $t = 0$ bewegen sie sich wieder mit entgegengesetzt gleicher Geschwindigkeit auseinander. Die Orte, die nach einer bestimmten Zeit erreicht werden können, bilden einen Kreis (bzw. eine Kugel aus dem Raum). Geht beim Stoß keine kinetische Energie verloren, ist der Durchmesser des Kreises zu einer Zeit $t = t_0$ nach dem Stoß gleich dem Abstand der Stoßpartner zur Zeit $t = -t_0$ vor dem Stoß.

Im oberen Teil der Abbildung sehen wir den Grundriß des Kegels mit zwei Vektorpaaren, welche die entgegengesetzt gleichen Geschwindigkeiten darstellen, mit der die Stoßpartner nach dem Stoß auseinanderstreben.

Abbildung 2.9: Fahrplan eines Billardstoßes

Hier ruht die zweite Kugel vor dem Stoß. Nach dem Stoß bewegen sich beide Kugeln mit entgegengesetzt gleicher Geschwindigkeit vom gemeinsamen Schwerpunkt weg. Deshalb schneiden die möglichen Weltlinien zu einem festen Zeitpunkt wieder einen Kreis aus der Ortsebene.

Der obere Teil zeigt wieder den Grundriß des Kegels. Das zweite Vektorpaar aus der vorigen Abbildung bildet nun einen rechten Winkel, und die Verbindungslinien der Endpunkte solcher Vektorpaare schneiden sich, wie es sein muß, im Mittelpunkt des Kreises.

Die Abbildung entsteht aus der vorigen durch eine Scherung. Die Schnitte parallel zur Ortsebene sind jeweils identisch, nur gegeneinander um so mehr nach rechts verschoben, je später der zugehörige Zeitpunkt liegt.

genschaften der Geometrie besprechen, wollen wir noch etwas zum physikalischen Hintergrund notieren.

2.2 Die Vermessung von Raum und Zeit

Wie soll man die grundlegenden Meßmethoden charakterisieren? Im Groben sehen wir uns mit drei verschiedenen Methoden beschäftigt, die es in Kombination gestatten, die Lage eines beobachteten Ereignisses in Raum und Zeit eindeutig festzustel-

Abbildung 2.10: Addition der Geschwindigkeiten

Dies ist Huygens' berühmte Zeichnung des Vergleichs zweier gegeneinander bewegter Beobachter: des Manns auf dem Ufer und des Manns im vorbeitreibenden Boot ([61], Bibliothek der ehem. kgl. preuss. Sternwarte Berlin). Huygens argumentiert als erster mit der universellen Subtraktion der Relativgeschwindigkeit des Beobachters, wenn ein Bewegungsablauf von einem sich selbst auch bewegenden Standpunkt aus beurteilt wird. Mit seinem Argument leiten wir aus der axiomatisch geforderten Figur in Abb. 2.8 die Figur in Abb. 2.9 ab. Bewegt der am Ufer Stehende die beiden Kugeln symmetrisch aufeinander zu, wobei die eine mit der Geschwindigkeit des vorbeigleitenden Bootes geführt wird, stellt man vom Ufer aus den Ablauf von Abb. 2.8, vom Boot aus den von Abb. 2.9 fest.

len. Diese drei Methoden sind das *Anpeilen*, das *Anlegen von Meßlatten* und das *Abwarten*.

Beim *Anpeilen* versuchen wir, ein Fadenkreuz so zu positionieren, daß der Sehstrahl zum Objekt durch das Fadenkreuz geht. Das heißt, durch zwei Punkte (das Auge und das Objekt) geht eine Gerade, und die mögliche Aussage ist die *Inzidenz* weiterer Punkte mit dieser Geraden. Voraussetzung einer solchen Aussage ist die Geradlinigkeit der Lichtausbreitung, und hiermit sind wir wieder am Anfang. Bereits in der Antike ist der Zusammenhang zwischen Lichtstrahl und Gerade wesentlich. Platons Höhlengleichnis setzt ihn ebenso voraus wie Parmenides' Beweis, daß die Erde eine Kugel ist, und wie die Bestimmung des Abstandes der Sonne durch Ana-

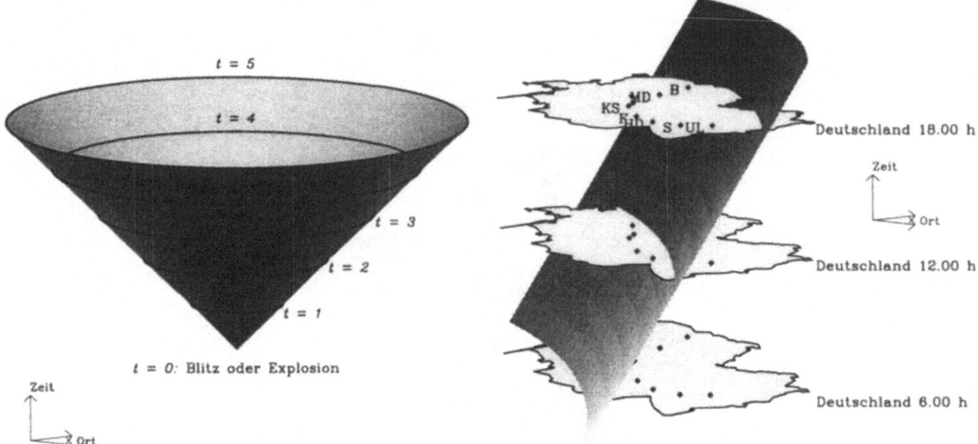

Abbildung 2.11: Fahrplan einer Explosion

Zu einem gegebenen Zeitpunkt, von dem ab wir hier die Zeit zählen, explodiert ein Gegenstand, dessen Bruchstücke alle die gleiche Geschwindigkeit haben sollen. Sie fliegen in alle Richtungen auseinander. Ihr Abstand vom Projektionszentrum ist proportional der verstrichenen Zeit. Damit sind ihre Weltlinien die Mantellinien eines Kreiskegels. Ist das Ereignis ein Blitz, setzt er ein Lichtsignal frei, das sich als Wellenfront ausbreitet. Die Wellenfronten sind die horizontalen Schnitte durch den Kegel. Die Mantellinien können wir als Weltlinien von Signalen ansehen.

Abbildung 2.12: Fahrplan einer Wetterfront

Eine Wetterfront zieht von West nach Ost über Deutschland. Ihr Fahrplan ist eine Fläche. Wenn sich die Form nicht ändert und die Geschwindigkeit überall gleichförmig ist, wird aus dieser Fläche ein Zylinder. Ist die Front dazu noch geradlinig, finden wir eine Ebene. Wetterfronten und Wellenfronten unterscheiden sich hier nur durch die Geschwindigkeit, d.h. die Neigung der Fläche gegen die Vertikale.

xagoras. Man kann zugespitzt sagen, daß die Gerade wichtiger ist als der Punkt: Platon beschreibt letzteren als Schnitt zweier Strahlen. Diese Definition werden wir bei der Behandlung der abstrakten Spiegelung in neuem Gewande wiederfinden (Anhang A).

Euklid hat explizit formuliert, daß es die Lichtausbreitung ist, die Geraden physikalisch definiert [110]. Man kann wohl sagen, daß damit ein Integralprinzip regiert: Lichtstrahlen sind vor allem kürzeste Linien (in der Welt und/oder im Raum), wobei die Weglänge von der geometrischen durchaus abweichen kann, wenn wir einen Brechungsindex zu berücksichtigen haben[11]. Es gilt das *Fermatsche Prinzip*. Auch der gespannte Faden, den der Gärtner zur Definition einer Geraden benutzt, verwirklicht

---

[11]In der Wellentheorie des Lichts zeigt der Brechungsindex eine Veränderlichkeit der Phasengeschwindigkeit an, weshalb dann von einer minimalen Laufzeit längs des Strahls gesprochen werden kann.

ein solches Extremalprinzip[12]: Eine Gerade im Raum ist eine Linie, die mit einer minimalen Anzahl Atomabstände ausgefüllt werden kann[13]. Abbildung 2.13 zeigt das Schema eines Meßgeräts, das auf der Basis solcher Inzidenz einen Sichtwinkel auf einen materiell vermeßbaren Winkel zurückführt. – Wir merken hier an, daß keine anderen Konstruktionsprinzipien in der Physik solchen Erfolg haben wie die Extremalprinzipien. Dabei geht es um Extrema der Werte von Wegen in einem abstrakten Konfigurationsraum (in denen jeder einzelne Freiheitsgrad des betrachteten Systems eine Dimension beisteuert und die Bewegungsgleichungen von zweiter Ordnung sind) oder Phasenraum (in dem jeder Freiheitsgrad zwei Dimensionen beisteuert, eine für die Lage und eine für den konjugierten Impuls, und in dem die Bewegungsgleichungen von erster Ordnung sind). Die Wege werden dabei im allgemeinen durch ein Integral bewertet, das *Wirkungsintegral* heißt, weil es im allgemeinen Produkte mit der physikalischen Dimension *Energie* × *Zeit* summiert. Das tatsächliche Geschehen ist dann eine Kurve im Konfigurations- bzw. Phasenraum. Diese genügt einer Differentialgleichung zweiter bzw. erster Ordnung, die direkt als Extremalbedingung aus dem Wirkungsintegral abgeleitet werden kann.

Beim *Anlegen* einer Meßlatte unterstellen wir, daß Meßlatten bewegt werden können, ohne sie wesentlich zu verändern (Abb. 2.14). Bei den Verschiebungen des Lineals nach der Eichung darf keine Veränderung am Lineal eintreten. Eine solche Veränderung könnte ohnehin nur im Vergleich des Verhaltens mehrerer Maßstäbe festgestellt werden. Umgekehrt können wir sie nur dann bedenkenlos vernachlässigen, wenn die Kräfte, die bei der Verschiebung des materiellen Lineals auftreten (Beschleunigungen oder Gezeitenkräfte), genügend klein gegen die Kräfte innerhalb des Lineals sind, die das Lineal fixieren bzw. die nötig wären, um die Struktur und damit auch die Distanz zwischen den Markierungen des Lineals plastisch zu verändern. Dieses Achtungszeichen muß aus der Sicht der Physik gesetzt werden. Es gibt eine theoretische Konstruktion von H.Weyl, in der die Geschichtsabhängigkeit der Längen das elektromagnetische Feld darstellen soll, und es gibt das Argument Einsteins, wegen der Schärfe der Spektrallinien könne es eine solche Abhängigkeit charakteristischer Längen von der Geschichte nicht geben. – Auch müssen wir beim Ablesen einer Meßlatte voraussetzen, daß wir dies an beiden Enden gleichzeitig tun und also wissen, was gleichzeitig ist. Dies ist entscheidend bei der Vermessung bewegter Gegenstände (Abb. 2.15). Wir kennen eine analoge Bedingung bereits aus der gewöhnlichen Längenmessung: Die Strecke und die Meßlatte müssen parallel sein, wenn aus der Ferne gemessen wird, etwa zwischen den Backen einer Schieblehre oder zwischen den Peilstrahlen einer Weitsprungmeßanlage.

Beim *Abwarten* messen wir die ablaufende Zeit. Stellen wir uns ein abgedunkeltes

---

[12]Die Tatsache, daß Lichtstrahlen und Bindfäden beide benutzt werden können, um Geraden mit einem gewissen Grad von Konsistenz zu definieren, erscheint dem *advocatus diaboli* als glücklicher Zufall, wenn nicht als Wunder [2]. Es ist das Wunder der Existenz der Geometrie.

[13]Atome überall! Der Faden sollte nicht zu sehr gestreckt werden, sonst fänden wir auch die Atomabstände gestreckt, und die durch Abzählen ermittelten Distanzen würden immer kleiner, bis der Faden reißt [2]. Die *maximale* ermittelte Distanz ist also das idealisierte unabhängige Maß.

Abbildung 2.13:
Anpeilen

Das Bild aus dem
ersten Band der
Machina coelestis
von Hevelius ([58],
Bibliothek der
ehem. kgl. preuss.
Sternwarte Ber-
lin) zeigt die Be-
nutzung eines
Quadranten. Nach
der Peilung kann
Höhe und Azimut
des Sterns auf den
Teilungen abgele-
sen werden.

Fahrzeug (etwa das Innere einer Raumstation) vor, dann ist die Zeit ohnehin das
einzige, was wir von der äußeren Bewegung durch Raum und Zeit erfahren. Die
Messung des Zeitablaufs geschieht elementar, indem wir mit einem periodischen
System (d.h. mit einer Uhr) zählen, das wir beobachten können. Wie schon bei der
Längenmessung besprochen, dürfen Uhren sich durch die Bewegung des Fahrzeugs
nicht verändern, um eindeutig verwendet werden zu können. Wieder kann diese
Eigenschaft nur durch Vergleich verschiedener Uhren begründet werden. Wieder
kann diese Eigenschaft nur erwartet werden, wenn die bei der Bewegung auf die Uhr

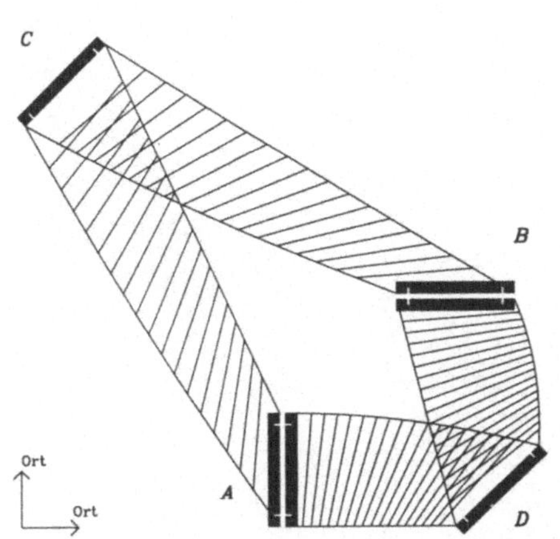

Abbildung 2.14: Das Anlegen von Meßlatten

Längen können durch Anlegen eines Maßstabs bestimmt werden, wenn verschiedene Maßstäbe bei kräftefreier Bewegung durch den Raum gegeneinander keine Veränderungen zeigen, die etwa auftreten könnten, wenn zwei Meßlatten erst bei A verglichen werden und dann auf verschiedenen Wegen (eine über C, die andere über D) nach B bewegt und erneut verglichen werden.

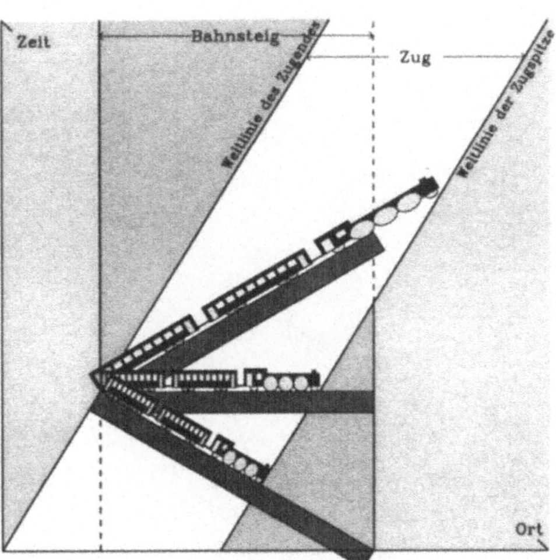

Abbildung 2.15: Gleichzeitigkeit und Längenmessung

Wenn wir die Länge eines bewegten Gegenstands mit einem Maßstab bestimmen wollen, müssen wir an beiden Enden gleichzeitig ablesen. Lesen wir an der Spitze zu früh ab, ist das Ergebnis zu klein, lesen wir zu spät ab, ist es zu groß.

Diesem Problem werden wir in der Relativitätstheorie wieder begegnen (Abb. 5.16).

ausgeübten Kräfte deutlich kleiner als die Kräfte sind, die den periodischen Prozeß steuern, den wir ja ablesen wollen. Wer je eine Pendeluhr umstellen wollte, ohne ihren Gang zu unterbrechen, kann nachfühlen, daß dies durchaus eine Einschränkung ist. – Beobachten wir ein Objekt, das sich durch unser Labor bewegt, benötigen wir entweder Uhren an mehreren Stellen oder wir müssen den Zeitablauf aus der Ferne messen. Auch kann eine Uhr auf dem Objekt aus der Ferne abgelesen werden. In allen Fällen muß man auf Projektionseffekte gefaßt sein, wie sie auch bei der Längenmessung aus der Ferne auftreten. Solchen Effekte werden wir in Kapitel 5 begegnen.

Beim *Loten* fassen wir alle drei Methoden zusammen. Wenn wir mit einem Schallsignal ein Objekt erfassen können, ist auch sein Ort zum Zeitpunkt des Erfassens berechenbar (Abb. 2.16). Allerdings benötigen wir dazu Informationen über das Verhältnis der Schallgeschwindigkeit relativ zum Meßgerät in beiden Richtungen. Wie wir später sehen werden, enthebt uns die Benutzung elektromagnetischer Wellen dieser Mühe, weil die Lichtgeschwindigkeit sich gerade *nicht* ändert, wenn sie mit anderen Geschwindigkeiten zusammengesetzt wird. Wenn wir also mit dem Ra-

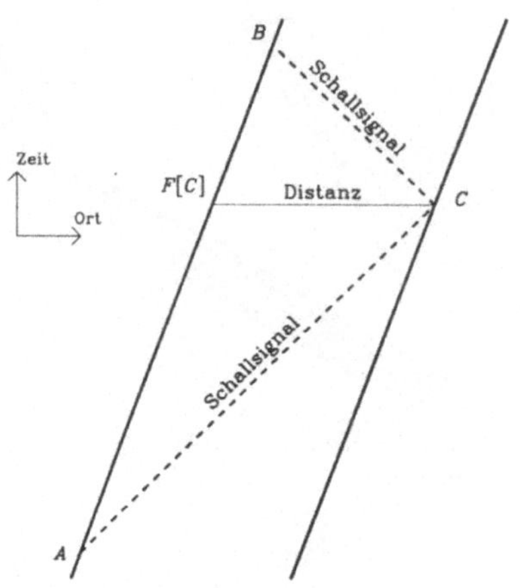

Abbildung 2.16: Das Echolot als Ortsbestimmung

Die Skizze zeigt die Weltlinie eines Beobachters und eines Gegenstands fester Entfernung, beide in Bewegung durch das hier ruhende Medium der Schallausbreitung. Dann können wir die Weltlinien der Schallsignale in beide Richtungen mit gleicher Neigung zeichnen. Die Bestimmung des Abstands $d[C,F]$ aus der Zeitdifferenz t_{AB} erfordert die Kenntnis der Beträge v_+ und v_- der relativen Signalgeschwindigkeiten:

$$t_{AB} = d[C,F] \left(\frac{1}{v_+} + \frac{1}{v_-} \right).$$

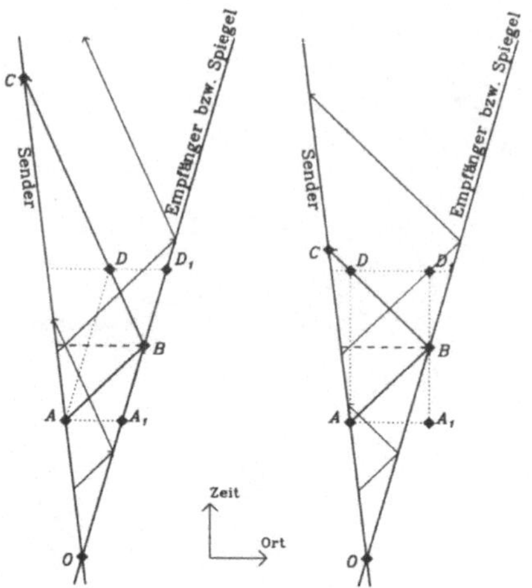

Abbildung 2.17: Der Doppler-Effekt

Wir sehen die Weltlinien eines Senders und eines Reflektors in Bewegung. Auf der linken Seite bestehen die Signale aus Teilchen, die bei der Spiegelung das Vorzeichen ihrer Relativgeschwindigkeit *zum Spiegel* ändern. Das Parallelogramm AA_1D_1D ist an der Weltlinie des Spiegels ausgerichtet. Auf der rechten Seite besteht das Signal aus einer Welle. In diesem Fall ändert sich bei der Spiegelung das Vorzeichen der Geschwindigkeit *relativ zum Träger*. Das Parallelogramm AA_1D_1D ist an der Geschwindigkeit des Mediums ausgerichtet (die in unserer Zeichnung Null ist). Die Periodenänderung ist
$(t_C - t_O) : (t_A - t_O)$.

Die Periodenänderung $(t_B - t_O) : (t_A - t_O)$ am Spiegel heißt *Doppler-Effekt*.

darstrahl ein Objekt erfassen können, haben wir für ein bestimmtes Ereignis in der Geschichte des Objekts vier Koordinaten: die Sendezeit des Signals, das von diesem Ereignis zurückgeworfen wird, die Gesamtlaufzeit des zurückgeworfenen Signals, und die Richtung, in die das Signal gesandt wurde, bzw. die, aus der es zurückkommt. Unter den idealen Bedingungen der Lichtausbreitung gestattet uns die Messung der Laufzeit eines Signals nicht nur die Abstandsbestimmung, sondern zusammen mit der Richtungs- und Zeitbestimmung die vollständige Koordination des Ereignisses, zu dem das Signal zum Sender zurückgeworfen wird [17, 34].

Das Echo kann benutzt werden, um die *Geschwindigkeit* des Spiegels zu bestimmen. Nehmen wir an, der Sender arbeitet mit einer bestimmten Periode. Seine

Signale werden vom Spiegel reflektiert. Am Sender wird nur dann eine unveränderte Periode gefunden, wenn sich der Abstand des Spiegels nicht verändert. Bewegt sich aber der Spiegel relativ zum Sender (Abb. 2.17), findet man eine veränderte Periode. Zählen wir eine Geschwindigkeit positiv, wenn sich das Objekt in der Richtung des emittierten Signals bewegt, ergibt sich

$$\frac{t_C - t_O}{t_A - t_O} = \frac{v_{\text{Signal}} - v_{\text{Emitter}}}{v_{\text{Signal}} - v_{\text{Reflektor}}} \frac{v_{\text{Reflektor}} - v_{\text{refl. Signal}}}{v_{\text{Reflektor}} - v_{\text{Emitter}}} .$$

Zunächst müssen wir zwei Fälle unterscheiden, Signale in Teilchenform und solche in Wellenform. Sind die Signale Teilchen fester Anfangsgeschwindigkeit relativ zum Sender und werden diese Teilchen nach dem Huygensschen Gesetz reflektiert ($v_{\text{refl. Signal}} = 2v_{\text{Reflektor}} - v_{\text{Signal}}$, Abb. 3.12), so ist die Periodenänderung eine Funktion der Relativgeschwindigkeit von Spiegel und Sender allein. Technisch benutzt werden aber akustische oder optische Wellen, deren Periodenänderung als Änderung der akustischen oder optischen Frequenz gemessen werden kann. Die Geschwindigkeit von Wellen ist aber zunächst relativ zum transportierenden Medium fest ($v_{\text{refl. Signal}} = 2v_{\text{Medium}} - v_{\text{Signal}}$) und bezieht sich nicht auf Sender oder Spiegel. Deshalb hängt der Effekt nun einzeln von den Geschwindigkeiten des Senders und des Spiegels relativ zum Medium ab. Bis hierher benötigen wir nur eine Uhr, die des Senders, um den Effekt zu bestimmen. Setzen wir zusätzlich die Existenz einer universellen Zeitkoordinate voraus, können wir auch mit der Periode des Signals am Spiegel selbst vergleichen. Wir erhalten dann

$$\frac{t_B - t_O}{t_A - t_O} = \frac{v_{\text{Signal}} - v_{\text{Emitter}}}{v_{\text{Signal}} - v_{\text{Reflektor}}} .$$

Das ist der *Doppler-Effekt*. Im Falle von Teilchen sollte $|v_{\text{Signal}} - v_{\text{Emitter}}|$ eine gegebene Konstante sein, im Fall von Wellen $|v_{\text{Signal}}|$ selbst. In beiden Fällen zeigt der Doppler-Effekt, daß die Geschwindigkeit des Signals einen endlichen Wert hat und die Ausbreitung *nicht instantan* ist. Im akustischen Fall hängt der Doppler-Effekt von den Relativgeschwindigkeiten des Senders und des Empfängers zum Medium ab. Der optische Doppler-Effekt erhält seine endgültige Form erst in der Relativitätstheorie (Abb. 5.9).

Das klassische Vergleichssystem für die Länge ist die Elle, d.h. ein fester Körper, in dessen Atomgefüge die Markierungen eingeprägt sind. Die charakteristischen Abstände im Atomgefüge werden durch die Quantenmechanik der Atome bestimmt, deren natürliche Einheit der *Bohrsche Radius* des Wasserstoffatoms ist. Vergleiche mit einer Elle sind also Vergleiche mit diesem Bohrschen Radius. Wir können erwarten, daß er unverändert bleibt, wenn sich die einzelnen Faktoren nicht ändern. Die gleichen Gesetze der atomaren Mechanik, die den Bohrschen Radius als charakteristische Länge feststellen, bestimmen auch die Festkörperstruktur und die Abstände der Atome darin. Könnte man die Konstanten, die den Bohrschen Radius bestimmen, anders wählen, würde sich proportional zum Bohrschen Radius auch jede Elle ändern.

Das klassische Vergleichssystem für die Zeit ist der Lauf der Planeten, die *Ephemeridenzeit*. Sie ist durch das dritte Keplersche Gesetz[14] bestimmt und ist allen Störungen und Unwägbarkeiten des Planetensystems unterworfen. Erst die Etablierung der *Atomzeit* hat uns einen quantenmechanischen Vergleichsmaßstab geschaffen. Es sind die Übergänge in den Spektren der Atome, deren Frequenzen sich auf die Rydberg-Konstante und die Sommerfeldsche Feinstrukturkonstante zurückführen lassen. Die Stabilität des Atombaus sorgt wieder für die Stabilität der Frequenzen und des durch sie bestimmten Zeitnormals.

Die charakteristischen Längen und Zeiten sind von den involvierten Kräften und Bewegungen bestimmt. Sie sind so einfach zu haben, weil stationäre Zustände nicht kontinuierlich veränderlich und in gewissem Maße stabil sind. Dies lehrt uns im Einzelnen die Quantenmechanik, die aber nicht unser Gegenstand ist. Wie wir schon besprochen haben, erscheint der Raum isotrop, wenn sich die denkbare Orientierungsabhängigkeit des symmetrischen Stoßes gegen die der Kräfte herauskürzt. So ist die Kugel einerseits durch die Endpositionen definiert, die gleiche Stoßpartner nach einem symmetrischen Stoß erreichen können. Andererseits ist sie auch definiert als Äquipotentialfläche des Schwerepotentials oder des elektrostatischen Potentials,

$$\text{Abstand} \propto \frac{1}{\sqrt{\text{Feldstärke}}} ,$$

wobei die Struktur der Quelle die prinzipielle Ungenauigkeit herbeiführt, oder als Fläche gleicher Intensität einer symmetrischen Quelle,

$$\text{Abstand} \propto \frac{1}{\sqrt{\text{Intensität}}} .$$

Auf der Erde haben wir prinzipiell die Möglichkeit, die Anwendbarkeit der geometrischen Aussagen unmittelbar zu testen. Bei der Vermessung des Kosmos dagegen muß diese Anwendbarkeit zumindest zum Teil vorausgesetzt werden. So bestimmt bei den Parallaxen die Theorie, was gemessen wird. Im Voraus müssen die geometrischen Zusammenhänge bekannt sein, damit die Messungen überhaupt interpretiert werden können[15]. Bei der Bestimmung der *trigonometrischen Parallaxe* benutzen wir den Durchmesser der Bahn der Erde um die Sonne als Basis. Dann messen wir zwei Winkel: die maximale und die minimale Höhe des untersuchten Sterns über der Ekliptik (Abb. 2.18). Mit der Basis AB und den beiden Winkeln $\angle SAE$ und $\angle SBE$ ist das Dreieck $\triangle ABS$ konstruierbar und auswertbar. Zur Bestimmung einer *Bewegungsparallaxe* (Abb. 2.19) wird als Basis die Radialgeschwindigkeit eines Sternhaufens gemessen und über einen Winkel auf die Eigenbewegung umgerechnet, deren scheinbare Größe bestimmt werden kann. Das Verhältnis der wahren zur scheinbaren Eigenbewegung ist dann die Entfernung.

---

[14]Die Quadrate der Umlaufzeiten verhalten sich wie die Kuben der großen Halbachsen.

[15]Um mit Einstein zu sprechen, bestimmt *immer* erst die Theorie, was gemessen wird. So tief wollen wir aber hier nicht suchen. Von Eddington soll das Aperçu stammen, es sei immer eine gute Strategie, einer Beobachtung so lange zu mißtrauen, bis sie durch eine gute Theorie beschrieben wird.

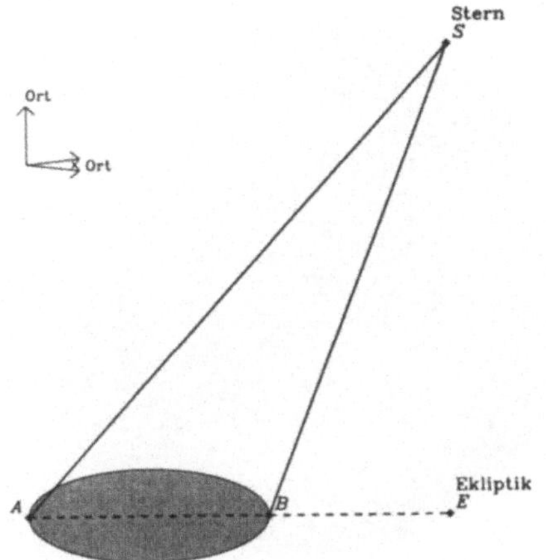

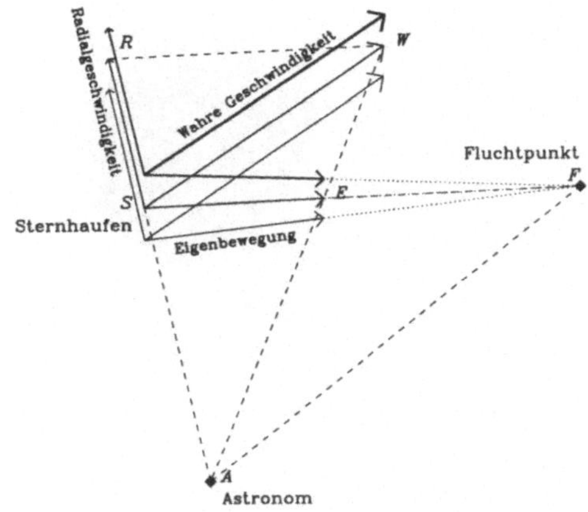

Abbildung 2.18: Trigonometrische Parallaxe

Die Bestimmung der trigonometrischen Parallaxe setzt voraus, daß sich die Winkel eines Dreiecks zu einem gestreckten Winkel summieren. Zwei der Winkel werden als scheinbare Höhe über der Ekliptik beobachtet, der dritte mit dem Erdbahndurchmesser auf die Entfernung hochgerechnet. W.Bessel hat diese Methode entwickelt, und der erste so bestimmte Stern war 61 Cygni. Sein Winkel $\angle ASB$ ist etwa 0.3 arcsec, seine Distanz 3.4 pc $\approx 10^{14}$ km.

Abbildung 2.19: Bewegungsparallaxe

Der Beobachter sieht geometrisch die Eigenbewegung $\vec{SE}$ als Projektion der wahren Bewegung $\vec{SW}$ eines Sternhaufens auf seine Gesichtsfeldebene und bestimmt dabei einen Fluchtpunkt F. Der Winkel $\angle SAF$ ist gleich dem Winkel $\angle RSW$ der Radialkomponente mit der wahren Bewegung. Es muß dann $SE = SR\ \tan(\angle RSW)$ gelten. Nun messen wir die Eigenbewegung der Sterne im Winkelmaß, die Radialgeschwindigkeit dagegen im Längenmaß. Der Faktor zwischen beiden ist die Entfernung.

Wichtig für die Entfernungsbestimmung ist neben der scheinbaren Ausdehnung (Abb. 2.20) auch die scheinbare Helligkeit. Hier ist die Basis wieder die Fläche des Detektors in der Hand des Beobachters. Die in diese Detektorfläche fließende Leistung einer Strahlungsquelle ist ein Teil der Gesamtleistung der Quelle. Dieser Teil ist umgekehrt proportional der Kugelfläche, die um die Quelle durch den Detektor gezogen werden kann (Abb. 2.21). Die Kugelfläche nimmt ja unabhängig von ihrem Radius immer die Gesamtleistung der Quelle auf. Entfernungsbestimmungen auf der Basis scheinbarer Größen oder scheinbarer Helligkeiten sind zuerst immer Oberflächenmessungen für die Kugeln, die virtuell um den Standpunkt des Beobachters durch das beobachtete Objekt bzw. um das beobachtete Objekt und durch den Standpunkt des Beobachters gezogen werden können. Insoweit haben sie auch Bedeutung für die Kosmologie, wo das Quadrat der Entfernung wegen der möglichen Krümmung des Raums nicht mehr proportional der Kugelfläche sein muß (Kapitel 7). Die andere Basismessung ist das Volumen, das unter Voraussetzung der Homogenität der Verteilung der betrachteten Objektklasse durch Zählung der Objekte ermittelt

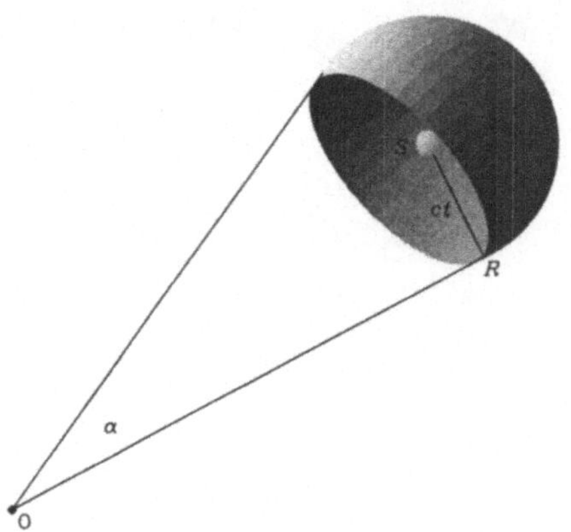

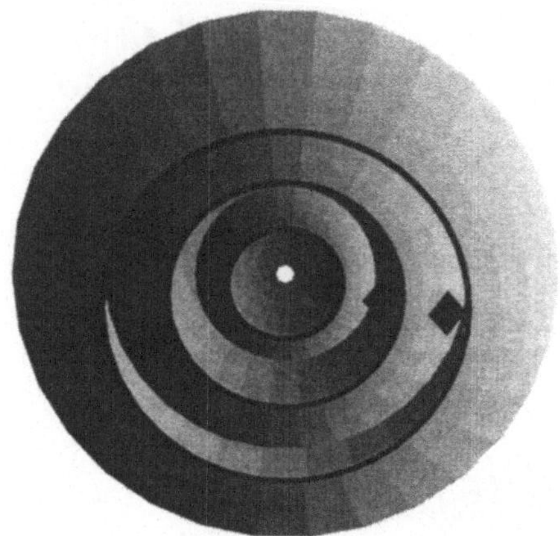

Abbildung 2.20: Scheinbare Ausdehnung

Die Beobachtung der Reflexion des Lichtblitzes einer Supernova gestattet den Schluß auf eine wirklichen Ausdehnung. Vergleichen wir diese mit der scheinbaren Ausdehnung (dem Winkel), finden wir wie bei der Bewegungsparallaxe die Entfernung. Der Abstand der Supernova 1987A in der großen Magellanschen Wolke läßt sich tatsächlich so ermitteln, weil die Ausdehnung des beobachteten Rings R proportional der Zeit t seit dem Ausbruch der Supernova S ist.

Abbildung 2.21: Intensität und Entfernung

Zu sehen sind drei Kugeln mit Ausschnitten, die von Strahlen aus dem Mittelpunkt begrenzt sind, wo wir uns eine Strahlungsquelle denken. Diese Ausschnitte wachsen mit der Größe der Kugel. Ein Detektor festen Querschnitts nimmt den Teil der Leistung der Quelle auf, den seine Fläche von der jeweiligen Kugelfläche beansprucht.

werden kann. Die Einsteinschen Gleichungen für das Universum (Friedmannsche Gleichungen) und die kosmologische Rotverschiebung (Ausdruck der universellen Expansion) müssen bei der Bewertung der Ergebnisse berücksichtigt werden, sonst geben die beschriebenen Beobachtungen verschiedene Werte. Die Unterschiede lassen sich aber direkt der Expansion und der Raumkrümmung zurechnen.

Kapitel 3   Spiegelung und Stoß

3.1   Geometrie und Spiegelung

In diesem Abschnitt verlassen wir die Physik für einen Moment und beschäftigen uns
mit den Grundbegriffen der Geometrie, an die wir anknüpfen wollen. Wir werden
die Art Konstruktionen herausfinden, die wir zum Bau einer Geometrie der Raum-
Zeit benötigen. – Allgemein verstehen wir unter einer *Geometrie* die Beziehungen,
die sich ergeben, wenn wir eine Verabredung treffen können, welche Figuren wir als
gleich gestaltet, als kongruent ansehen wollen. Wie schon beschrieben, ist „gleich
gestaltet" eine allgemeiner als gewohnt zu definierende Eigenschaft, die direkt auf
die aktuell zugelassenen Transformationen Bezug nimmt. Beispielsweise können –
zusätzlich zur euklidischen Auffassung – auch solche Figuren als gleich gestaltet
angesehen werden, die euklidisch ähnlich sind, nämlich dann, wenn die Dilatationen
unter die erlaubten Bewegungen gerechnet werden, was man ja in der euklidischen
Geometrie nicht darf.

In der euklidischen Geometrie ist Kongruenz mechanisch nachvollziehbar, wenn
wir versuchen, entsprechende Figuren durch eine Kombination von Verschiebungen
und Verdrehungen in eine übereinstimmende Lage zu bringen. Dabei ist zunächst an
ein Verschieben und Verdrehen der materiellen Körper gedacht, welche die Figuren
tragen. Was sich dabei im Einzelnen als kongruent herausstellt, muß deshalb von den
physikalischen Gesetzen abhängen, denen die reale Bewegung und Formung eines festen Körpers unterworfen ist. Allgemein nennt man jedoch *alle* Veränderungen, die
definitionsgemäß kongruente Figuren ineinander überführen, *Bewegungen*. Da die
Kongruenz Gleichwertigkeit bedeuten soll, müssen die Bewegungen eine *Gruppe* bilden. Bewegungen sind umkehrbar und zusammensetzbar. Die triviale Bewegung, bei
der nichts weiter geschieht, nehmen wir als die Eins der Bewegungsgruppe. Geometrie ist in diesem Sinne die Möglichkeit, äußere Eigenschaften einer Figur (Lage
und Orientierung) von ihren inneren zu trennen. Physikalisch heißt das, wir können
an unseren Objekten Operationen ausführen, die einen Komplex von Eigenschaften
unverändert lassen, die wir dann innere Eigenschaften (im einfachsten Falle Gestalt)
nennen. Gleichheit der inneren Eigenschaften ist dann Kongruenz, und die erlaubten
Operationen bilden die Bewegungsgruppe. – Zunächst verstehen wir unter Bewegungen die Verschiebungen, Verdrehungen und ihre Kombinationen (Schraubungen) im
Raum. Wie nun Drehungen in einer *Welt* aus Raum und Zeit aussehen können, wird
uns die physikalische Erfahrung zeigen. Wir müssen uns eine Methode verschaffen,
physikalisch die Verschiebungen und Drehungen in einer Welt zu konstruieren, um
eine Vorstellung davon zu bekommen, wie Bewegungen darzustellen sind. Danach

kann dann immer noch eine abstrakte Definition gesucht werden.

Wir lernen schon in der Schule, daß (euklidische) Verschiebungen und Drehungen aus zwei *Spiegelungen*[1] zusammengesetzt werden können. Das ist für uns von Bedeutung, weil wir mechanische Realisierungen einer Spiegelung leicht verstehen können und die Gesamtheit der Spiegelungen in dieser Hinsicht einfacher als die der Bewegungen ist. Dennoch ist die Spiegelung an einer Geraden (im Raum an einer Ebene) zunächst keine Bewegung, die sich aus Verschiebung und Drehung zusammensetzt. Im Raum der täglichen Erfahrung erzeugt die Spiegelung immer ein virtuelles, ungreifbares Bild. So scheint die Reduktion der (reellen) Bewegungen auf (virtuelle) Spiegelungen zunächst nur eine abstrakte Konstruktion. Wir finden aber so die Form von Bewegungen in einer Welt, d.h. unter Einschluß der Zeit.

Die Spiegelung ist eine besonders einfache Operation, weil sie zu sich selbst invers ist: Dieselbe Spiegelung, die aus dem Gegenstand das Bild herstellt, führt das Bild wieder in die Lage des Gegenstands über. Die praktische Feststellung der Kongruenz von Objekten hängt nun davon ab, daß die Eigenschaften der Spiegelung richtig erkannt und verknüpft werden. Jedermann hat im geteilten Toilettenspiegel schon festgestellt, das ein zum zweiten Mal gespiegeltes Bild nicht mehr seitenvertauscht, sondern nur noch gedreht ist (Abb. 3.1). Stehen wir zwischen zwei parallelen verspiegelten Wänden, sehen wir uns in einer langen Linie angetreten, immer abwechselnd seitenverkehrt und seitengerecht verschoben. Die doppelte Spiegelung an parallelen Spiegeln läuft auf eine Verschiebung hinaus. Das vollendet die Eigenschaft der Spiegelungen, die Rotationen und Translationen zu erzeugen. Die Spiegelungen erzeugen alle Bewegungen [4] und definieren damit auch den Längen- und Winkelvergleich als Kongruenz von Strecken und Winkeln.

Der wichtigste aller Winkel ist dabei der rechte Winkel. Eine Gerade steht *lotrecht* auf einem Spiegel S, wenn sie mit ihrem Spiegelbild zusammenfällt. Ein rechter Winkel, gespiegelt an einem seiner Schenkel, wird durch das Spiegelbild zu einem gestreckten Winkel ergänzt. Die Verbindung eines Punktes A mit seinem Spiegelbild $S[A]$ ist das *Lot* aus A auf die spiegelnde Gerade. Der Spiegel ist der geometrische Ort aller Punkte Q, die von A und seinem Spiegelbild $S[A]$ gleich weit entfernt sind. Der Spiegel halbiert die Winkel $\angle AQS[A]$. Wir werden dies viele Male illustrieren. Mit diesen Definitionen ist verabredet, wie Längen und Winkel verglichen werden sollen. Die entscheidende Einsicht besteht darin, daß die Beschreibung eines rechten Winkels auf die Spiegelung zurückgreifen muß, so wie die Beschreibung einer Spiegelung auf den rechten Winkel zurückgreift. Eines von beiden muß also explizit durch freie Wahl gegeben sein. Wir wählen die Spiegelungen und bestimmen aus ihnen die Bewegungsgruppe, d.h. die Geometrie.

---

[1]In der Ebene sind hier Spiegelungen an Geraden gemeint. Sieht man eine Spiegelung nur als Involution an, die sich selbst umkehrt, wenn sie ein zweites Mal angewendet wird, gibt es auch andere Konstruktionen [143]. In unserem Zusammenhang werden noch Punktspiegelungen wichtig, die in der Ebene auch als Drehung um einen gestreckten Winkel und als Produkt der Spiegelungen an zwei aufeinander senkrechten Geraden durch den fraglichen Punkt angesehen werden können (Anhang A).

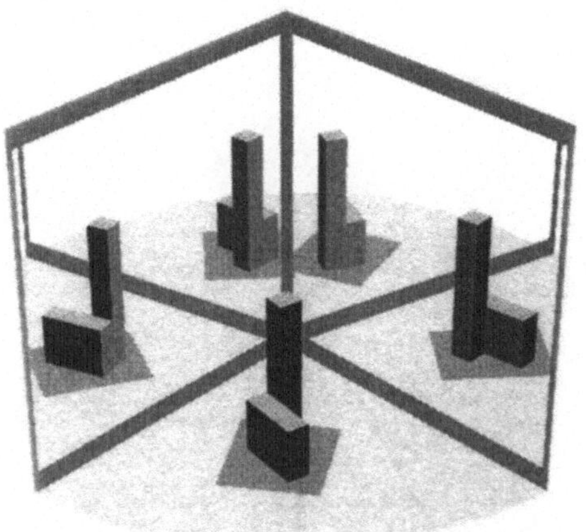 

Abbildung 3.1: Doppelte Spiegelung ist Drehung

Setzen wir einen Baustein zwischen zwei Spiegel, sehen wir zuerst die einfachen Spiegelbilder des Bausteins (außen). In jedem der beiden Spiegel sehen wir aber auch den anderen mit seinem Spiegelbild des Bausteins gespiegelt. Die nun doppelt gespiegelten Bilder (hinten) sind gegen den Baustein schlicht verdreht. Die Drehachse ist die Schnittgerade der beiden Spiegel.

Abbildung 3.2: Mehrfachspiegelung in einer Ecke

Dies ist der Anblick einer Szene, in der das Objekt in eine engere spiegelnde Ecke gestellt ist. Die Bilder einer geraden Zahl von Reflexionen bilden eine, die der ungeraden eine andere Familie von Bildern, die gegeneinander nur gedreht erscheinen. Die Orte entsprechender Punkte liegen auf Kreisen.

Wir merken nur an, daß die gewöhnliche Konstruktion eines Lotes genau umgekehrt verläuft: Man beginnt mit den metrischen Eigenschaften, nimmt den Zirkel in die Hand und bestimmt die Schnittpunkte von Kreisen (Abb. 3.4). Wir gehen jetzt aber anders vor. Eben weil wir die Bewegungen im folgenden aus Spiegelungen herleiten wollen und müssen, sind Längen- und Winkelvergleich abgeleitete Konzepte. Auch der Kreis ist eine solche herzuleitende Konstruktion. Wenn wir jetzt daran denken, daß die Gleichung des Kreises in cartesischen Koordinaten unmittelbar die Aussage des Satzes von Pythagoras wiedergibt, sehen wir ein, daß eins der wichtigsten Ziele die Ableitung dieses Satzes aus den Eigenschaften der Spiegelung sein muß[2]. Abbildung 3.5 zeigt den Beweis des Satzes, wie ihn Euklid benutzt hat. Jedes Kathetenquadrat ist gleich einem Teil des Hypotenusenquadrats:

$$b^2 = ACC_BA_B = ACQ_3Q_1 = A_CC_CQ_4A$$
$$a^2 = BCC_AB_A = BCQ_3Q_2 = B_CC_CQ_4B$$

---

[2]In Abschnitt B.3 skizzieren wir die grundlegende Rolle, die dieser Satz in der Geometrie allgemein gekrümmter Räume hat.

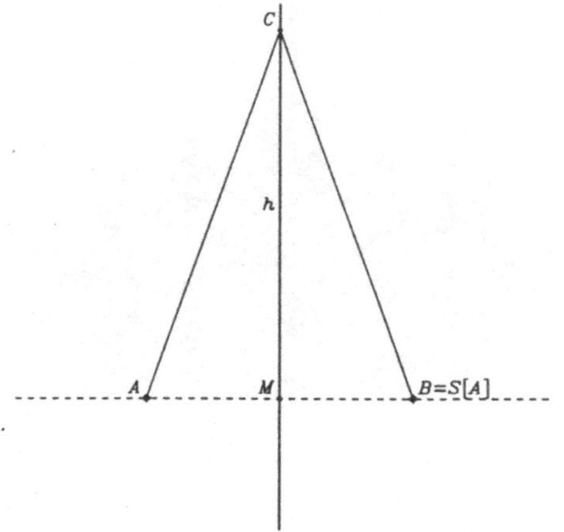

Abbildung 3.3: Das gleichschenklige Dreieck

Das Spiegelbild $B = S[A]$ eines Punktes A an der Geraden h bildet mit jedem Punkt C auf h ein gleichschenkliges Dreieck. Die Spiegelung soll auf die Vergleichbarkeit von Strecken auf verschiedenen Geraden und Winkeln mit verschiedenen Trägerpunkten führen. Wir wollen aus der Spiegelung immer schließen, daß die Strecken CA und $CS[A]$ gleich lang und die Winkel $\angle CAS[A]$ und $\angle CS[A]A$ gleich weit sind.

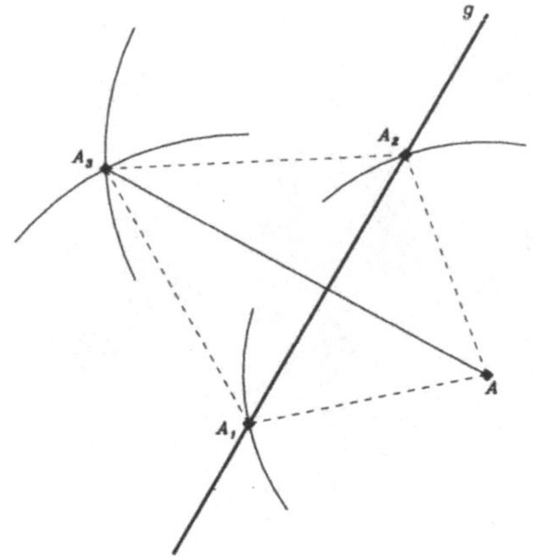

Abbildung 3.4: Die Konstruktion des Lots in der euklidischen Geometrie

Wir finden das Lot als Spiegel durch A, der die Gerade g auf sich selbst abbildet. Wir konstruieren zwei Punkte (A_1 und A_2) auf g, die von A gleich weit entfernt sind. Das Lot enthält dann alle anderen Punkte A_3, die auch gleich weit von A_1 und A_2 entfernt sind. Die zweite Diagonale des Drachenviereck $\square AA_1A_3A_2$ ist das Lot.

$$\longrightarrow \quad a^2 + b^2 = ACC_BA_B + BCC_AB_A = A_CB_CBA = c^2 \ .$$

Abbildung 3.6 zeigt ein Parkett, in dem die euklidische Pythagoras-Figur eingebaut ist. Die Auswertung der Flächen erfolgt hier über den binomischen Lehrsatz.

Nun scheint es so, daß wir nur einige Involutionen aussuchen müssen, sie dann als Spiegelungen ansehen und die Bewegungsgruppe generieren können und so eine Geometrie erhalten. Jedoch sind wir nicht völlig frei, wenn wir verabreden, was eine Spiegelung sein soll, wie eine Spiegelung wirken soll. Wir wollen ja mit Hilfe der Spiegelungen einen Längenvergleich durchführen. Wir wollen die Länge so bestimmen, daß ein Punkt A und sein Spiegelbild $S[A]$ gleich weit von den Punkten der spiegelnden Gerade ist. Das kann nur dann widerspruchsfrei sein, wenn sich die Mittelsenkrechten eines Dreiecks in einem Punkt schneiden. Der Mittelsenkrechtensatz bezieht nämlich die Interpretation direkt auf die Transitivität der Gleichheit: Schneidet sich die Mittelsenkrechte von AB mit der von BC im Punkte M, dann sind die Distanzen einmal $d[A, M] = d[B, M]$, zum andern $d[B, M] = d[C, M]$. Wegen der Transitivität der Gleichheit (einem Axiom der Logik) ist nun auch $d[A, M] = d[C, M]$. Nach

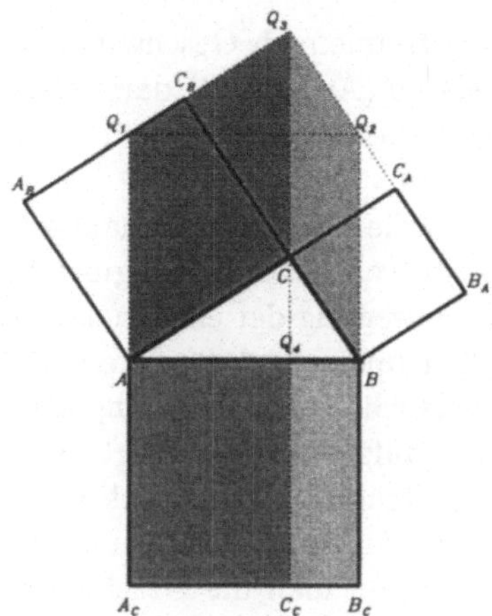

Abbildung 3.5: Der Satz des Pythagoras in der euklidischen Geometrie

Diese bekannte Figur zeigt die Quadrate über den Seiten eines euklidisch rechtwinkligen Dreiecks $\triangle ABC$. Der Flächenvergleich stützt sich darauf, daß die Fläche eines Parallelogramms das Produkt aus Grundlinie und Höhe ist.

Abbildung 3.6: Ebenes Parkett mit Satz des Pythagoras

Dieses Parkett gestattet die Auswertung mittels des binomischen Lehrsatzes, wie das kombinierte Quadrat zeigt: $c^2 = (a+b)^2 - 2ab$ nach Konstruktion, und das ist $c^2 = a^2 + b^2$.

unserer Forderung liegt also M auch auf der Mittelsenkrechten von CA. Die drei Mittelsenkrechten schneiden sich in einem Punkt, in M. Nun ist die Spiegelung zunächst als allgemeine involutorische Abbildung definiert. Um unsere Absicht der Induktion eines Längenvergleichs widerspruchsfrei ausführen zu können, muß der Mittelsenkrechtensatz wie in der euklidischen Geometrie gelten.

Wir werden in den folgenden Kapiteln demonstrieren, warum und wie wir das Vorgehen der euklidischen Geometrie homolog auf andere Geometriegebäude – speziell die Geometrie der Welt – übertragen müssen. Dabei versuchen wir, den Aufbau der Geometrie immer mit den Eigenschaften der Spiegelung [4, 51, 116] zu beginnen, weil diese sich am einfachsten auf eine Welt übertragen lassen.

3.2 Die Spiegelung mechanischer Bewegung

In diesem Abschnitt wenden wir uns wieder der Physik zu und erfahren, was uns an Ungewohntem in der Geometrie der Raum-Zeit erwartet. Die kräftefreie mechanische Bewegung wird durch das erste und – in weiterem Sinne – das dritte Newtonsche Axiom definiert. Das erste Newtonsche Axiom stellt fest, daß die kräftefreien Bewegungen eine Geradenschar in der Welt bilden. Mit einem geeigneten Grundnetz solcher Geraden kann man entsprechende Orts- und Zeitkoordinaten, Längen und

Intervalle definieren[3] [84, 131]. Ist das geschehen, bestimmen wir Geschwindigkeiten, die ihrerseits die Neigung in einem Koordinatensystem (Anhang B) darstellen, also eine Funktion des Winkels in der Welt sein müssen. Diese Geschichte wird auch noch im folgenden Kapitel erzählt.

Der einfachste Bewegungsablauf, der über die freie Bewegung hinausgeht, ist der Stoß zweier Teilchen. Bis auf ein kurzes Zeitintervall ist die Bewegung kräftefrei. In diesem kurzen Zeitintervall ändert sich die Bewegung der einzelnen Partner. Wir können hier von den Details zunächst absehen und uns darauf beschränken, vor und nach dem Stoß Bilanz zu ziehen. Der Versuch, eine allgemeingültige Bilanz der Geschwindigkeiten vor und nach dem Stoß aufzustellen, schlägt allerdings fehl. Die (komponentenweise) Summe der Geschwindigkeiten *ändert* sich bei einem allgemeinen Stoß[4]. Die ebenso merkwürdige wie fundamentale Erfahrung ist nun, daß dennoch eine Bilanz aufgemacht werden kann, wenn man die Geschwindigkeiten wichtet, d.h. mit Faktoren versieht. Diese Faktoren nennen wir Masse, genauer *träge Masse*, um sie von anderen Arten von Masse zu unterscheiden, die wir noch kennenlernen werden, und schreiben für sie m. Die träge Masse erweist sich als stabile Eigenschaft der Körper, deren Stoß wir beobachten. Sie ist unabhängig von den speziellen Umständen des einzelnen Versuchs.

Addiert man die mit der jeweiligen trägen Masse des Körpers gewichteten Geschwindigkeiten freier Körper vor einer Wechselwirkung – einem Stoß –, so erhält man nichts anderes als bei der Bilanz nach dem Stoß. Die Summe der trägen Massen bleibt ebenfalls erhalten.

Darüber hinaus sind die Massen unabhängig von den Umständen des Stoßes im einzelnen, sie scheinen nur mit inneren Eigenschaften der Stoßpartner korreliert. Wir nennen das Produkt aus träger Masse m und Geschwindigkeit v *Impuls*. Impulse werden gleichzeitig mit den Massen addiert, und Multiplikation der Masse mit einem Faktor heißt, daß auch der Impuls mit diesem Faktor multipliziert werden muß. Deshalb bilden wir aus der Masse und den drei Impulskomponenten einen vierkomponentigen Vektor. Er heißt *Viererimpuls*, um ihn vom Impuls im dreidimensionalen Raum zu unterscheiden den wir oben bestimmt haben. In einem allgemeinen

---

[3]Wenn wir nur einzelne kräftefreie Bewegungen beobachten könnten, wäre das eine leere Aussage. Tatsächlich beobachten wir aber eine 6-parametrige Schar kräftefreier Bewegungen. Die Lage und Zahl der Schnittpunkte innerhalb dieser Schar zeigt, daß die Linien Geraden sind und daß dies nicht trivial ist, d.h. ganz anders sein könnte. Eine spezielle Frage ist das Minimum freier Teilchen, das die Konstruktion eines Bezugssystems gestattet. Ludwig Lange [84] fand vier Teilchen, die von einem Punkt ausgehen. Bei windschiefer Lage der Weltlinien sind drei Teilchen ausreichend [131]. Wichtig bleibt in jedem Falle, daß die Bewegung der Teilchen aufeinander bezogen werden muß und daß das Gefäß, als das der Raum üblicherweise aufgefaßt wird, immer von dem uns umgebenden Universum bereitgestellt wird [136, 9, 8].

[4]Geschwindigkeiten werden gewöhnlich durch die Angabe ihrer drei Komponenten in die drei Richtungen des Raums angegeben. Die Kombination der drei Werte wird in Formeln durch halbfette Buchstaben angezeigt.

Stoß bleibt die Summe der Viererimpulse erhalten. Dieser *Impulserhaltungssatz* ist das Fundament der Dynamik. Er wurde von Christiaan Huygens formuliert und ist äquivalent zu Newtons drittem Axiom[5], das feststellt, daß sich die Summe wechselseitiger Kräfte immer aufhebt. Wir konstruieren den Gesamtviererimpuls mit einem Impulsparallelogramm (Abb. 3.7 und 3.8). An dieser Stelle ist wichtig, daß die Diagramme in der mv-m-Ebene (Abb. 3.8) den in der x-t-Ebene ähnlich sein *müssen*. Das gilt auch im Vierdimensionalen, weil die Massen richtungsunabhängig sind. *Eine Spiegelung in der Raum-Zeit geht mit der gleichen Spiegelung im Impulsraum einher.*

Der allgemeine Erhaltungssatz soll nun am Beispiel von Stößen zweier Teilchen dargestellt werden. Zuerst betrachten wir den total unelastischen Fall. Hier bindet der Stoß die Partner und formt ein neues Objekt. Was ist seine Geschwindigkeit? Das dritte Newtonsche Axiom in der Huygensschen Form nimmt die Form einer Mischungsregel an. Die Geschwindigkeit V des im total unelastischen Stoß gebildeten Körpers ist das gewogene Mittel der Geschwindigkeiten v_1 und v_2 vor dem Stoß,

$$V = \frac{m_1\,v_1\,+\,m_2\,v_2}{m_1+m_2}\;,\quad M = m_1 + m_2\;. \tag{3.1}$$

Addiert man die Geschwindigkeiten vor dem Stoß nach Wichtung mit den jeweiligen trägen Massen, erhält man die Geschwindigkeit des neuen Objekts, multipliziert mit der Gesamtmasse. In gewissem Sinne ist das Gegenteil des total unelastischen Stoßes der ideal elastische Stoß. Hier behalten alle Stoßpartner ihre inneren Eigenschaften (speziell die innere Energie) und wechseln nur die Geschwindigkeiten. Die allgemeine Erhaltung der Energie findet sich in der Unveränderlichkeit der Summe der kinetischen Energien $\frac{1}{2}mv^2$. Die in Gleichung (3.1) berechnete Geschwindigkeit V ist nun die Geschwindigkeit des *Schwerpunkts*. Beziehen wir uns auf diese Geschwindigkeit, dann ergibt sich für die Geschwindigkeiten v' nach dem Stoß

$$v'_1 - V = -(v_1 - V)\;,\quad v'_2 - V = -(v_2 - V)\;. \tag{3.2}$$

Die Relativgeschwindigkeiten wechseln ihr Vorzeichen, die Partner werden reflektiert[6]. Abbildung 3.9 zeigt Impulsdiagramme eines solchen elastischen Stoßes für vier verschiedene Massenverhältnisse, aber immer gleiche Anfangsgeschwindigkeiten. Nach dem Stoß bilden die möglichen Bewegungen jedes Partners einen eigenen Kegel um die Richtung der Schwerpunktsbewegung. Die Öffnungen sind dabei umgekehrt proportional zu den trägen Massen. Die ungestörte Fortsetzung der Bewegung liefert immer eine der Mantellinien. Die Kegelöffnungen sind den Massen umgekehrt proportional. Unten rechts ist die stoßende Masse sehr viel kleiner als die gestoßene, links oben ist es umgekehrt. Oben ist die stoßende Masse schwerer als die gestoßene, unten leichter. Ist die Masse des einen Körpers sehr groß gegen die des anderen, so

---

[5]Man könnte es gleich Huygens' Axiom nennen. Es wurde ausführlich in seinen nachgelassenen Schriften veröffentlicht [61]. Das Konzept ist älter noch als Newtons Principia.

[6]Newton nannte die Stöße generell *reflections*.

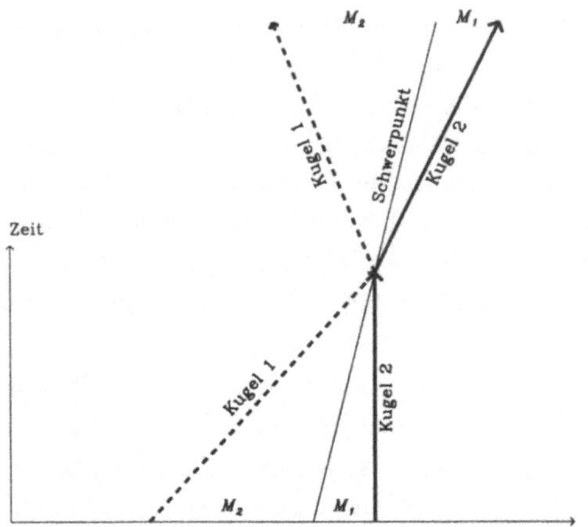

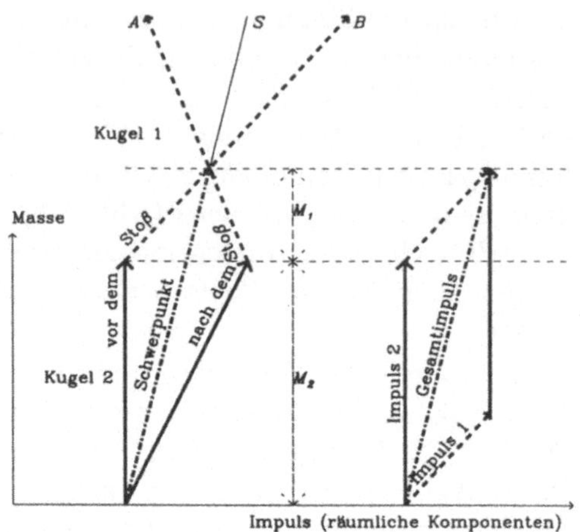

Abbildung 3.7: Impulssatz und träge Masse. I.

Wir konstruieren den Fahrplan eines allgemeinen eindimensionalen (zentralen) Stoßes zweier Billardkugeln verschiedener Masse. Kugel 2 wartet auf den Stoß durch Kugel 1. Nach dem Stoß wird Kugel 2 sich in die Richtung bewegen, in die sie gestoßen wurde. Kugel 1 kann – je nach Masse – ihr nachlaufen, stehenbleiben, oder zurückrollen. Wir können versuchen, eine Linie zu finden, welche die Geschwindigkeiten vor dem Stoß und nach dem Stoß in gleichem Verhältnis teilt. Diese Linie ist die Weltlinie des Schwerpunkts. Die Massen sind dann den Abständen von dieser Linie umgekehrt proportional.

Wir zeigen den Fall des ideal elastischen Stoßes: die Abstände der Endpunkte sind vor und nach dem Stoß gleich.

Abbildung 3.8: Impulssatz und träge Masse. II.

Wir zeichnen zur vorigen Abbildung die Summe der Geschwindigkeiten vor und nach dem Stoß. Diese Summen sind erst gleich, wenn die Geschwindigkeitsvektoren entsprechend ihrem Gewicht verlängert oder verkürzt, d.h., wenn die Impulse gebildet werden. Weil die Ordinate der Geschwindigkeit die Zeiteinheit war, ist die Ordinate der Impulse die träge Masse. Der Gesamtimpuls bleibt erhalten und hat im Fahrplan die Richtung der Weltlinie des Schwerpunkts. Dieser Schwerpunkt ist zu jeder Zeit das mit den gefundenen Massen gewichtete Mittel des Ortes.

Beim ideal elastischen Stoß sind die Abstände AS und SB gleich. Allgemein ist SB^2/AS^2 das Verhältnis der kinetischen Energien vor und nach dem Stoß.

wirkt er selbst wie ein *Spiegel*: Seine eigene Geschwindigkeit verändert sich kaum, der andere kehrt einfach seine Relativgeschwindigkeit um. Abbildung 3.10 zeigt die Verhältnisse mit zwei Raumdimensionen.

Nach dieser Vorbereitung betrachten wir wieder einen Schwarm von Teilchen, die wie nach einer Explosion sich von einem Punkt des Raumes aus in alle Richtungen gleichzeitig und mit gleicher Geschwindigkeit in Bewegung setzen. Die Weltlinien sind alle Geraden und haben gleiche Neigung: Sie bilden einen Kegel (Abb. 2.11). Stellen wir den Teilchen einen ortsfesten Spiegel in den Weg, so finden wir eine

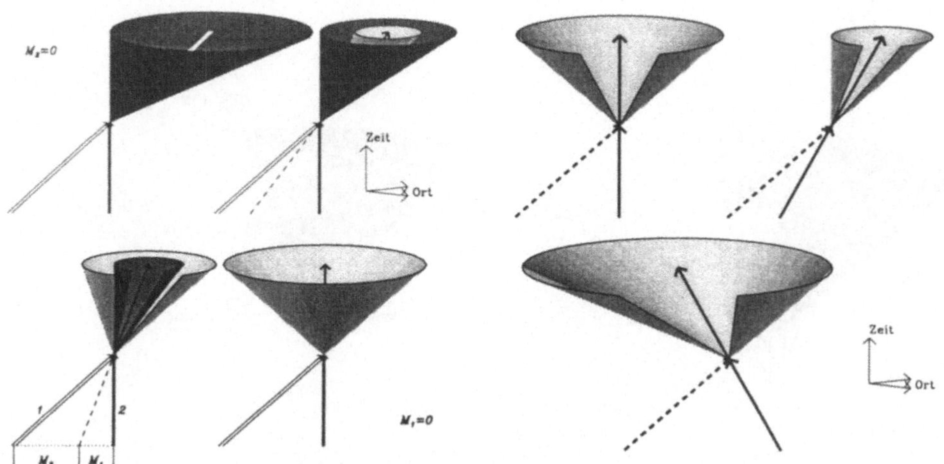

Abbildung 3.9: Elastischer Stoß mit verschiedenen Massenverhältnissen

Wir konstruieren zunächst den Gesamtimpuls und damit die Neigung der Weltlinie des Schwerpunktes. Danach ist der elastische Stoß die physikalische Spiegelung an dieser Weltlinie.

Unten links ist die Situation der beiden vorigen Abbildungen dargestellt.

Abbildung 3.10: Elastischer Stoß mit einem sehr schweren Körper

Wir gehen von der letzten Konstruktion der vorigen Abbildung aus und verallgemeinern sie für den Fall, daß die gestoßene Kugel sich selbst auch bewegt. Die physikalische Spiegelung entsteht durch Abtragen der Relativgeschwindigkeit vor dem Stoß in alle Richtungen nach dem Stoß.

erste physikalische Methode für die Spiegelung im Fahrplan (Abb. 3.11). Um eine Geometrie konstruieren zu können, fragen wir jedoch nach der Spiegelung an einer Ebene beliebiger Neigung. Eine solche Ebene ist der Fahrplan eines Spiegels, der sich gleichförmig bewegt, ohne seine Orientierung zu ändern. Wir stellen nun den Explosionsbruchstücken einen sich bewegenden Spiegel in den Weg. Auf Grund des Impulssatzes für den ideal elastischen Stoß finden wir tatsächlich wieder einen Kegel, der allerdings kein gerader Kegel mehr ist, sondern ein schiefer Kreiskegel (Abb. 3.12). Er hat jedoch eine eindeutige Spitze, das Spiegelbild $S[E]$ der Explosion E. Das ist die Konstruktion der Reflexion. Das Ergebnis $S[E]$ ist unabhängig von der gewählten Geschwindigkeit der Fragmente. In einem nur zweidimensionalen Fahrplan finden wir die Spiegelung auf physikalischem Wege, indem wir von einem Ereignis zwei Teilchen verschiedener Geschwindigkeit vom Spiegel zurückwerfen lassen und die gespiegelten Fahrpläne zurückverfolgen. Es springt ins Auge, daß diese Spiegelung ein *gleichzeitiges* Bild erzeugt, dessen gewöhnlicher Abstand vom Spiegel gleich dem des gespiegelten Ereignisses ist. Das ist der Sachverhalt den wir „natürlicherweise" erwarten. Wir glauben, unser Bild im Spiegel immer in dem Moment zu sehen, in dem wir hineinschauen. Niemand kann irgendeine Verzögerung der Bewegung der Bildes gegen die eigene Bewegung bemerken.

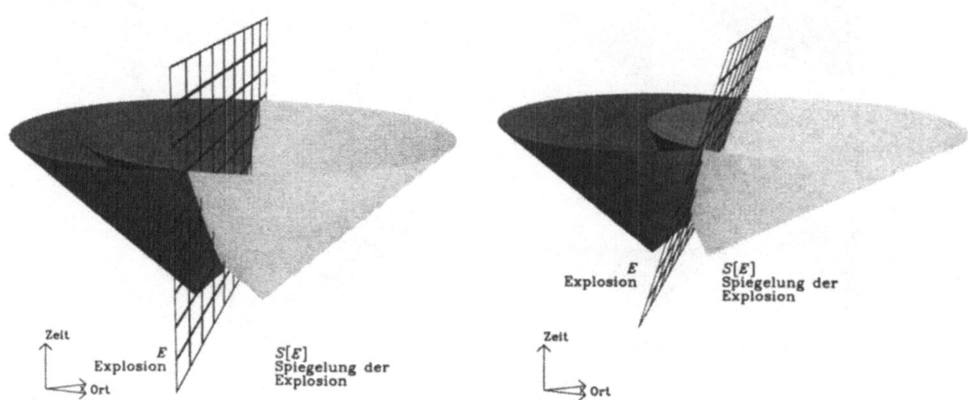

Abbildung 3.11: Spiegelung eines Explosionskegels am festen Spiegel

Die Weltlinien der Bruchstücke der Explosion E bilden im Fahrplan einen Kegel. Die Weltlinien der vom Spiegel reflektierten Bruchstücke liegen auf einem zweiten Kegel, den wir ergänzen können. Wir finden dann ein Ereignis $S[E]$, das wir als physikalisches Spiegelbild von E ansehen müssen.

Abbildung 3.12: Spiegelung eines Explosionskegels am bewegten Spiegel

Bewegt sich der Spiegel, dann liegen die Weltlinien der vom Spiegel reflektierten Bruchstücke auf einem *schiefen* Kreiskegel, der wieder ergänzt werden kann und so das Ereignis $S[E]$ bestimmt, das physikalisches Spiegelbild von E am bewegten Spiegel sein muß. Die Gleichzeitigkeit von E und $S[E]$ hängt nicht von der Bewegung des Spiegels ab.

Die erste Konsequenz dieser *absoluten Gleichzeitigkeit* ist die Definition eines merkwürdigen Abstands. Dieser raum-zeitliche Abstand ist *allein die zwischen den Ereignissen abgelaufene Zeit.* Nehmen wir zwei Ereignisse O und A und betrachten alle Spiegel, die O mit verschiedenen Geschwindigkeiten passieren. Alle Spiegelbilder von A sind gleichzeitig zu A. Andererseits muß der Abstand so definiert sein, daß alle Spiegelbilder ebenso weit von O entfernt sind wie A selbst. Der Abstand hängt also ausschließlich von der verstrichenen Zeit ab. Die relative räumliche Orientierung ist ohne Belang. Wir müssen zwei (Welt-)Strecken als gleich lang ansehen, wenn die zugehörigen Intervalle der Zeitkoordinate gleich groß sind (Abb. 3.13).

Es folgt, daß verschiedene, aber gleichzeitige Ereignisse den raum-zeitlichen Abstand Null haben. Im Lichte der unmittelbaren Erfahrung des euklidischen Raums ist das neu und höchst merkwürdig. In einer *Raum-Zeit* ist dies jedoch typisch, und die folgenden Kapitel werden noch mehr Beispiele liefern. Wenn gleichzeitige Ereignisse den raum-zeitlichen Abstand Null haben, dann muß man sich nun fragen, wo der räumliche Abstand versteckt ist. Er entsteht in unserer Konstruktion als Winkel. Zwei Winkel an einem Punkt sind gleich, wenn sie aus den Horizonta-

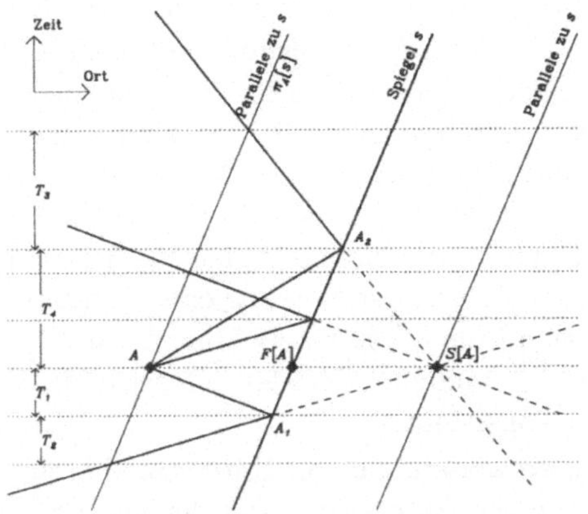

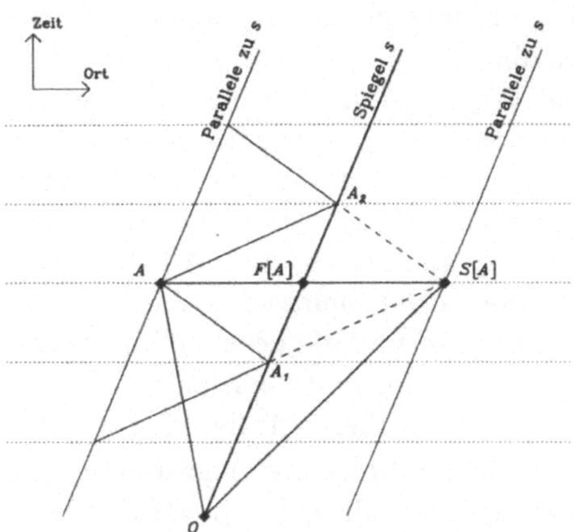

Abbildung 3.13: Spiegelung in der Ort-Zeit-Ebene (Galilei-Geometrie)	Abbildung 3.14: Länge und Winkel in der Galilei-Geometrie

Das Ereignis A wird im bewegten Spiegel s betrachtet. Wir ziehen die Parallele $\pi_A[s]$ zu s durch A. Dann wird ein von A ausgehender Körper am Spiegel so zurückgeworfen, daß er die gleiche Zeit für Hin- und Rückweg braucht: $T_1 = t[As] = t[s\pi_A[s]] = T_2$. Verfolgen wir die gespiegelten Weltlinien zurück, so schneiden sie sich alle in einem Weltpunkt, dem Ereignis $S[A]$, das wir als Spiegelpunkt zu A ansehen müssen. Auch ein Körper, der so gespiegelt wird, daß seine Weltlinie durch A geht, träfe ungespiegelt $S[A]$.

Spiegelungen sollen generell Längen- und Winkelvergleich bestimmen. Eine Spiegelung soll also Länge und Winkel nicht ändern. Für die Galilei-Geometrie heißt das, daß die Länge einer Strecke durch ihre Zeitkomponente gegeben ist, $d[O, A] = d[O, S[A]]$, und die räumliche Distanz ein Winkelmaß wird, $\angle AOF[A] = \angle S[A]OF[A]$. Gleicher Winkel heißt daher gleiche Relativgeschwindigkeit.

Am Ende können wir die Konstruktion der Spiegelung mit den gleichen Worten wie in Abb. 3.4 beschreiben, wenn wir nur beachten, daß sich der Begriff der Länge geändert hat.

len gleiche Abschnitte herausschneiden. Der räumliche Abstand ist ein Winkelmaß. Werden die Winkel von verschiedenen Punkten getragen, müssen diese Abschnitte auf die Längen der Schenkel – die ihrerseits ja Zeitintervalle darstellen – bezogen werden: Die Winkel selbst bedeuten also Relativgeschwindigkeiten.

Die Geometrie, die wir konstruiert haben, zeigt zunächst zwei Dinge. Erstens erweist sich, daß die Physik uns tatsächlich auf die Spur der Geometrie der Raum-Zeit führt. Zweitens erweist sich die Geometrie der Raum-Zeit als sehr verschieden von der des Raums allein. Dennoch sind beide strukturell ähnlich, wenn man die Existenz und die Lagerelationen von Punkten, Geraden, Winkeln, Abständen und Parallelen sieht. Wir haben die Geometrie der Raum-Zeit aus der von Galilei und

Newton entwickelten Mechanik hergeleitet und nennen sie *Galilei-Geometrie*[7]. Sie erlaubt fast immer den gewünschten, durch die Spiegelung vermittelten Längen- und Winkelvergleich, wobei die horizontal liegende Gerade eine Sonderrolle spielt. Diese ist ihrerseits unmittelbarer Ausdruck der hier *absoluten* Gleichzeitigkeit. Der Abstand zweier Punkte ist immer nur der zeitliche Abstand. Ein Punkt D kann genau dann als Spiegelpunkt $S[C]$ eines anderen Punktes C aufgefaßt werden, wenn C und D gleichzeitig sind. Alle Punkte einer Horizontalen haben so den eigentlichen Abstand Null voneinander (Abb. 3.14). Unabhängig von der Neigung einer Geraden im Fahrplan sind die Lote auf ihr die horizontalen Linien fester Zeit. Eine Ausnahme ist nur die Horizontale selbst: Auf ihr stehen alle anderen Geraden lotrecht. Diese Geometrie ist merkwürdig, aber unzweifelhaft konsistent.

Es ist an dieser Stelle notwendig, darauf hinzuweisen, daß ein Unterschied bleibt zwischen dem aktuellen physikalischen Vorgang der Spiegelung und der geometrischen Spiegelung an einer Geraden im Fahrplan, d.h. in der abstrakten Raum-Zeit. Wir werden die Weltlinie des reellen, durch Wechselwirkung mit dem realen Spiegel reflektierten Teilchens als abstrakte Spiegelung der Weltlinie der virtuell ungestörten Bewegung an der Weltlinie des Spiegels ansehen. Es ist diese Gleichsetzung, die es erlaubt, die Erfahrung der physikalischen Spiegelung zu nutzen, um die abstrakte Spiegelung zu bestimmen, die ihrerseits nur virtuelle Bilder erzeugt (Abb. 3.1).

Die Auffindung der Gesetze der elektromagnetischen Phänomene – des Lichtes eingeschlossen – ändert das Bild ein weiteres Mal. Es zeigt, daß die einfache additive Zusammensetzung der Geschwindigkeiten – wie wir sie Huygens entsprechend benutzt haben – für große Geschwindigkeiten nicht gilt, genauer für Geschwindigkeiten, die von ähnlicher Größe wie die Lichtgeschwindigkeit sind[8]. Jedoch werden wir wieder in der Lage sein, eine Geometrie für die Raum-Zeit zu konstruieren. Diesmal werden die Ergebnisse noch überraschender sein.

---

[7]Galileo hätte sich sicher geweigert, diese Geometrie als die seine zu akzeptieren. Es ist für uns auch nur eine Abkürzung, die an die Herkunft erinnern soll. In der Tat ist es erst eine Konsequenz der Einsteinschen Relativitätstheorie, eine Geometrie von Raum *und* Zeit hinter der Mechanik zu erkennen [2]. Ausführliche Betrachtungen zur Galilei-Geometrie findet man in [62].

[8]Wir erinnern daran, daß die Eigenschaft *groß* die Existenz eines Vergleichsmaßstabs voraussetzt. Im Falle der Geschwindigkeiten ist die Lichtgeschwindigkeit der am besten reproduzierbare Maßstab. Hier erhält sie aber ihre Bedeutung durch die im nächsten Kapitel behandelte universelle Isotropie.

Kapitel 4   Relativitätsprinzip der Mechanik und Wellenausbreitung

Wenn zwei Figuren verschiedener Galileischer Orientierung kongruent sind, unterscheiden sich alle auftretenden Geschwindigkeiten durch eine gemeinsame Relativgeschwindigkeit, die hier einfach die Geschwindigkeitsdifferenz ist. Kongruenz bedeutet, daß die inneren Eigenschaften einer Figur *allein* es nicht gestatten, die Lage und Orientierung der Figur zu bestimmen. Neupositionierung und Neuorientierung erzeugt ja eben immer nur eine kongruente Figur, d.h. eine Figur mit gleichen inneren Eigenschaften. In der Sprache der Mechanik heißt das nun, daß die Messung der inneren Relationen eines Bewegungsablaufs nicht ausreicht, um eine Geschwindigkeit unabhängig von äußeren Fixpunkten zu bestimmen. In der Mechanik können nur Relativgeschwindigkeiten eine Rolle spielen. G.Galilei beschreibt diese fundamentale Beobachtung in seiner wunderbaren Sprache in den Discorsi[1]. Er betrachtet Fliegen,

[1] *Salviati.* Riserratevi con qualche amico nella maggiore stanza che sia sotto coverta di alcun gran naviglio, e quivi fate d'aver mosche, farfalle e simili animaletti volanti; siavi anco un gran vaso d'acqua, e dentrovi de' pescetti; sospendasi anco in alto qualche secchiello, che a goccia a goccia vada versando dell'acqua in un altro vaso di angusta bocca che sia posto a basso; e stando ferma la nave, osservate deligentemente come quelli animaletti volanti con pari velocità vanno verso tutte le parti della stanza. I pesci si vedranno andar notando indifferentemente per tutti i versi, le stille cadenti entreranno tutte nel vaso sottoposto; e voi gettando all'amico alcuna cosa, non più gagliardamente la dovrete gettare verso quella parte che verso questa, quando le lontananze sieno eguali; e saltando voi, come si dice, a piè giunti, eguali spazii passerete verso tutte le parti. Osservate che avrete diligentemente tutte queste cose, benché niun dubbio ci sia che mentre il vascello sta fermo non debbano succeder così: fate muover la nave con quanta si voglia velocità; ché (pur che il moto sia uniforme e non fluttuante in qua e in là) voi non riconoscerete una minima mutazione in tutti li nominati effetti; e da alcuno di quelli potrete comprender se la nave cammina, o pure sta ferma. Voi saltando passerete nel tavolato i medesimi spazii che prima; né perché la nave si muova velocissimamente, farete maggior salti verso la poppa che verso la prua, benché nel tempo che voi state in aria il tavolato sottopostovi scorra verso la parte contraria al vostro salto; e gettando alcuna cosa al compagno, non con più forza bisognerà tirarla per arrivarlo, se egli sarà verso la prua e voi verso poppa che se voi foste situati per l'opposito: le gocciole cadranno come prima nel vaso inferiore senza caderne pur una verso poppa benché mentre la gocciola è per aria, la nave scorra molto palmi; i pesci nella loro acqua non con più fatica noteranno verso la precedente che verso la susseguente parte del vaso; ma con pari agevolezza verranno al cibo qualsivoglia luogo dell'orlo del vaso; e finalmente le farfalle e le mosche continueranno i lor voli indifferentemente verso tutte le parti; ne mai accaderà che si riduchino verso la parete che riguarda la poppa, quasi che fussero stracche in tener dietro al veloce corso della nave, dalla quale per lungo tempo trattenendosi per aria saranno state separate; e se, abbrucciando alcuna lagrima d'incenso, si farà un poco di fumo, vedrassi ascendere in alto, ed in guisa di nugoletta trattenervisi, e indifferentemente muoversi non più verso questa che quella parte; e di tutta questa corrispondenza d'effetti ne è cagione l'esser il moto della nave comune a tutte le cose contenute in essa, ed all'aria ancora; che perciò dissi io che si stesse sotto coverta, che quando si stesse di sopra e nell'aria aperta e non seguace del corso della

Schmetterlinge, Fische, Personen, die springen und Bälle werfen, alle unter Deck auf einem Segelschiff. Niemand kann die Bewegung des Schiffes selbst ermitteln, solange diese gleichförmig (und drehungsfrei) ist. Es gibt also keinen immateriellen absoluten Bezug, der als absoluter Raum bezeichnet werden kann.

Nicht nur Position und Orientierung, auch die Geschwindigkeit kann nur relativ zu anderen Objekten bestimmt werden.

Diese Forderung nennt man *Relativitätsprinzip* der Mechanik, da sie von jeder Beschreibung mechanischer Bewegung berücksichtigen soll.

Interpretieren wir die Figuren in der Galilei-Geometrie als Skizzen mechanischer Bewegung, so wird nun *Kongruenz* zum Abbild der *Relativität*. Zwei kongruente Figuren – das wissen wir – unterscheiden sich nur durch Lage und Orientierung. Alle Eigenschaften, die von Lage und Orientierung abhängen, sind relativ: Sie müssen auf andere Gegenstände bezogen werden. Eine solche relative Größe ist zum Beispiel das Aussehen eines entfernten Objekts: seine scheinbare[2] Form hängt von der Orientierung zum betrachtenden Auge ab, seine scheinbare Größe von der Entfernung. Orientierung in einer Welt aus Raum und Zeit heißt aber auch – wie wir bereits gesehen haben – Geschwindigkeit. Die schon bekannte Relativität der Geschwindigkeit bedeutet nun Relativität der Orientierung in der Raum-Zeit. Auch hier erhalten Orientierungen nur in Bezug auf äußere Gegenstände einen Sinn. Deshalb sind zuerst auch äußere Geschwindigkeiten relativ. – Wir gehen noch einen Schritt weiter. Die scheinbare Länge eines Stabs im Raum hängt von seiner Orientierung zu uns ab. Er kann transversal ausgerichtet sein und zeigt dann seine volle Länge, er kann radial ausgerichtet sein und zeigt uns dann nur seinen Querschnitt. In einer Raum-Zeit, steht neben der Koordination im Raum die in der Zeit. Wir müssen einfach erwarten, auch *scheinbare* Zeitintervalle – gemessen durch eine entfernte Uhr – von Zeitintervallen im beobachteten Objekt unterscheiden zu müssen. Die Länge der

---

nave, differenze più o meno notabili si vederebbero in alcuni degli effetti nominati; e non è dubbio che il fumo resterebbe in dietro quanto l'aria stessa, le mosche parimenti e le farfalle, impedite dall'aria, non potrebber seguire il moto della nave, quando da essa per ispazio assai notabile si separassero, ma trattenendovisi vicine perché la nave stessa, come di fabbrica anfrattuosa, porta seco parte dell'aria sua prossima, senza intoppo o fatica seguirebbon la nave; e per simil cagione veggiamo tal volta nel correr la posta le mosche importune e i tafani seguir i cavalli, volandogli ora in questa ed ora in quella parte del corpo; ma nelle gocciole cadenti pochissima sarebbe la differenza, e nei salti e nei proietti gravi del tutto impercettibile.
Sagredo. Queste osservazioni, ancorché navigando non mi sia venuto in mente di farle a posta, tuttavia son più che sicuro che succederanno nella maniera raccontata; in confermazione di che mi ricordo essermi cento volte trovato, essendo nella mia camera, a domandar se la nave camminava o stava ferma; e talvolta, essendo sopra fantasia, ho creduto che ella andasse per un verso, mentre il moto era al contrario [48].

[2]Wir benutzen das Attribut *scheinbar* wie in der Astronomie. In einem Raum bedeutet es die Projektion auf eine Gesichtsfeldebene oder die scheinbare Himmelskugel. Das Projektionszentrum ist das betrachtende Auge. Die Maße einer scheinbaren Form sind also Winkel. In einer Raum-Zeit bezeichnet das Attribut *scheinbar* auch Projektionen auf den lokalen Fluß der Zeit – die lokale Zeitachse – und den lokalen Raum der gleichzeitigen Ereignisse. Das so benutzte Attribut *scheinbar* hat also nichts mit Täuschung oder Fehler zu tun.

scheinbaren Zeitintervalle sollte von der raum-zeitlichen Orientierung, d.h. von der Geschwindigkeit des Objekts, abhängen. Die Galileische Mechanik enthält keinen solchen Effekt. Wir haben ja gesehen, daß dort die Zeit absolut ist und daß die Bewertung der Zeitintervalle nicht vom Bewegungszustand abhängt. Wenn wir jedoch die Wellenausbreitung analysiert haben, müssen wir diese Geometrie der Raum-Zeit korrigieren. Eine der Konsequenzen wird sein, daß der scheinbare Zeitablauf relativiert wird. Die unvermuteten Folgen dieser Relativität werden wir im nächsten Kapitel vorstellen.

In der Newtonschen Mechanik massiver Teilchen ist das Relativitätsprinzip durch die Formstabilität der Bewegungsgleichungen bei Galilei-Transformationen verwirklicht. Die Transformationen treten in zwei Gewändern auf. Einmal können wir sie als Präparation des betrachteten Vorgangs an anderer Stelle, mit anderer Orientierung und mit anderer Grundgeschwindigkeit verstehen. Das ist eine harte, weil praktische Forderung an den Experimentator. Zum andern ist die Transformation einfach die mathematische Substitution alter Koordinaten durch neue, d.h. eine Operation auf dem Papier. Relativität heißt nun gerade, daß beides auf dasselbe hinausläuft. Das einfachste Beispiel ist die Relativität des Zeitpunkts (auch Invarianz gegen Verschiebung in der Zeit genannt). Von einer solchen Relativität können wir sprechen, wenn das Ergebnis der Präparation eines zweiten Experiments zu einem späteren Zeitpunkt das gleiche liefert wie die Substitution der späteren Zeit in der Beschreibung des ersten Experiments. Die Relativität des Zeitpunkts ist in der Beschreibung der *Welt* eine Komponente der Relativität der Position. Ebenso ist die Relativität der Geschwindigkeit nur eine Komponente der Relativität der Orientierung.

Die additive Zusammensetzung der Geschwindigkeiten hat uns zur Einsicht in die Relativität der Geschwindigkeit geführt. Dabei scheint die Addition ganz selbstverständlich und durch alle Erfahrung gestützt zu sein. Das Bild ändert sich aber, wenn wir die Ausbreitung von Wellen betrachten. Typische mechanische Wellen sind Schallwellen. Im Gegensatz zu strömenden Teilchen ist die Ausbreitungsgeschwindigkeit der Wellen nicht unmittelbar von der transportierten Energie oder dem transportierten Impuls abhängig. Wellen scheinen durch einen Träger, ein *Medium* bestimmt. Speziell die Ausbreitungsgeschwindigkeit ist Ausdruck der Eigenschaften des Mediums und bezieht sich auf das Medium. Großräumiger Teilchentransport wird dabei nicht beobachtet. Dennoch kann man Modelle der Wellenausbreitung konstruieren, welche die atomistische Struktur der Materie berücksichtigen und Schallwellen auch adäquat beschreiben. Die Atome im Gitter eines festen Körpers sind ebenso wie die Moleküle eines Gases mehr oder weniger an eine mittlere Position gebunden. Sie können sich aber gegenseitig anstoßen und auf diese Weise eine Wellenausbreitung und einen Energietransport in Gang setzen, ohne sich selbst von ihrer Position weit entfernen zu müssen. Die Gesamtheit der Teilchen ist das Medium der Wellenausbreitung. Es kann als Verwirklichung des Cartesischen Plenums angesehen werden[3], für uns ist es jedoch wichtig, den vollständig mechanischen Charakter seiner Bewegun-

---

[3]Bevor Newton die Gravitation als Fernwirkung postulierte, wurde ein hypothetisches Kontinuum als Träger jeder Wirkung angesehen. Das Argument für eine solche Konstruktion wurde mit der

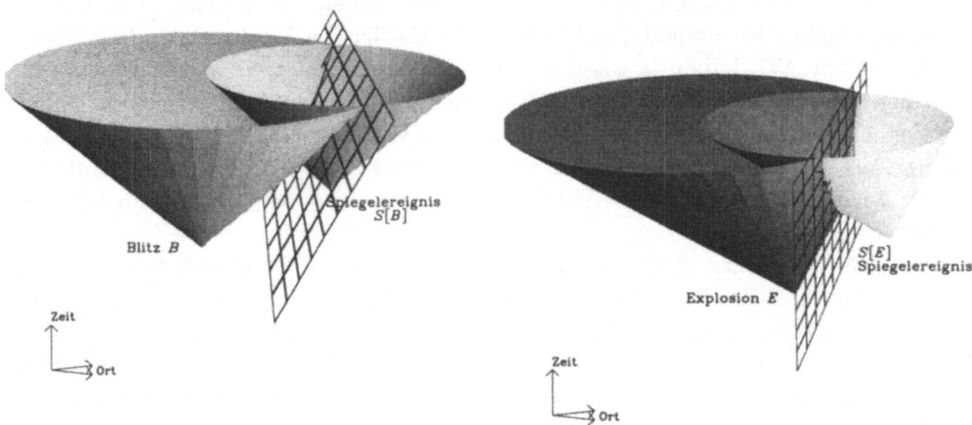

Abbildung 4.1: Wellenausbreitung und bewegter Spiegel

Im Unterschied zum Explosionskegel, wo die Relativgeschwindigkeit zum Spiegel den Betrag nicht ändert, müssen wir hier davon ausgehen, daß die Geschwindigkeit unabhängig von der Spiegelbewegung in alle Richtungen gleich ist. Der reflektierte Teil des Kegels kann jetzt zu einem geraden Kreiskegel ergänzt werden, dessen Spitze allerdings nicht auf der gleichen Höhe wie die des Ausgangskegels liegt: B und $S[B]$ sind nicht mehr gleichzeitig. Darüberhinaus ist der Zeitunterschied von der Bewegung des Spiegels abhängig.

Abbildung 4.2: Schallkegel im Gegenwind

Ziehen wir in Abbildung 4.1 die Geschwindigkeit des Spiegels nach der additiven Regel ab, entsteht ein Bild, das für den Schall zutrifft. Es beschreibt dann einen festen Spiegel, der in einem Medium steht, das von rechts heranweht.

Die Ausbreitung des Lichts ist jedoch auch nach der Zusammensetzung mit der Geschwindigkeit des Spiegels isotrop. Abbildung 4.1 geht dann wieder in Abbildung 3.11 über.

gen zu sehen. Relativ zum ansonsten strukturlosen Medium breitet sich der Schall im allgemeinen mit richtungsunabhängiger Geschwindigkeit aus. Die Ausbreitung eines Schallsignals wird im Fahrplan dann wieder durch einen geraden Kreiskegel gegeben.

Nun stellen wir der Wellenausbreitung einen Spiegel in den Weg [142]. Solange der Spiegel sich nicht bewegt, ändert sich am Bild der gespiegelten Explosion (Abb. 3.12) nichts. Bewegt sich der Spiegel aber, finden wir als Spiegelbild nun einen geraden Kreiskegel dessen Spitze $S[E]$ nicht mehr gleichzeitig mit dem Knall E ist (Abb. 4.1). Haben wir in der Galilei-Geometrie die beiden in den Abbildungen 3.11 und 3.12 dargestellten Figuren für kongruent erklärt, dann ist der Ablauf in Abbil-

---

Entdeckung der atomaren Struktur durch die Teilchenmechanik beantwortet und für die Akustik neu begründet.

Ein Photon (Teilchen, Signal) kommt von S nach O. Ein Beobachter sieht als räumliche Richtung die Projektion dieser Weltlinie auf den Raum $t = 0$ (wie auch in Abb. 2.1 und 2.3), eine Bahn. Der Beobachter mit der Weltlinie O^*O sieht die Richtung OM, der Beobachter mit der Weltlinie AO die Richtung OL. Die Differenz beider Richtungen ist die Aberration. Das Dreieck OLM liest man als Addition der Geschwindigkeiten: $\vec{ML} + \vec{LO} = \vec{MO}$.

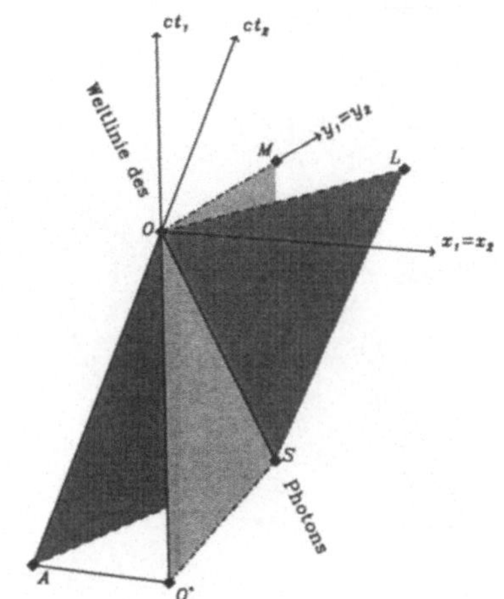

Abbildung 4.3: Aberration

dung 4.1 nicht kongruent mit diesen Bildern. Er muß es auch nicht unbedingt sein, schließlich enthält er eine reale Relativgeschwindigkeit, die des Spiegels gegen das Medium. Ziehen wir etwa die Geschwindigkeit des Spiegels in Abbildung 4.1 ab, erhalten wir zwei schiefe Kreiskegel für die direkte wie für die gespiegelte Ausbreitung[4] (Abb. 4.2). Daß die Kegel schief sind, ist Ausdruck der nun nicht mehr richtungsunabhängigen Ausbreitung des Schalls. Das Medium, in Abbildung 4.1 als ruhend vorausgesetzt, ist nach Abzug der Geschwindigkeit des Spiegels nicht mehr in Ruhe. Wir können feststellen, daß die Figuren der Abbildungen 4.1 und 4.2 in der Galilei-Geometrie kongruent sind. Entsprechend unserer Operation setzt sich die Geschwindigkeit der Welle gegen das Medium additiv mit der Geschwindigkeit des Mediums zusammen. Solange wir wie in der Schallausbreitung ein deutlich fühlbares und vor allem auch manipulierbares Medium vor uns haben, sehen wir noch kein Problem mit dem Relativitätsprinzip. Wir sehen dann eben gerade in diesem Medium den notwendigen äußeren Bezug bei der Bestimmung der Geschwindigkeit. Ohne ein solches Medium ist die einzige invariant isotrope Geschwindigkeit unendlich. Rückblickend kann etwa das Newtonsche Gravitationsfeld so interpretiert werden, daß es sich mit *unendlich* großer Geschwindigkeit ausbreitet.

Die Lichtausbreitung widerspricht dieser Erklärung. Zunächst breitet sich das Licht – wie der Schall – mit einer *endlichen* Geschwindigkeit aus. Das Licht braucht Zeit zu seiner Ausbreitung. Dies sieht man geometrisch am *Doppler-Effekt* (Abb. 2.17). Darüber hinaus scheint die Aberration (Abb. 4.3) zu zeigen, daß sich die Lichtgeschwindigkeit mit der des Beobachters nahezu additiv zusammensetzt

---

[4]Natürlich müssen wir die reale Situation idealisieren. Die Spiegel könnten ein feines Netz sein, welches das Medium nicht stört und nur einen feinen Bruchteil der Welle reflektiert. Bei der Diskussion des Michelson-Experiments (Abb. 4.4) war eine der immer wieder gestellten Fragen, wie frei sich das hypothetische Medium durch die Apparatur bewegen kann.

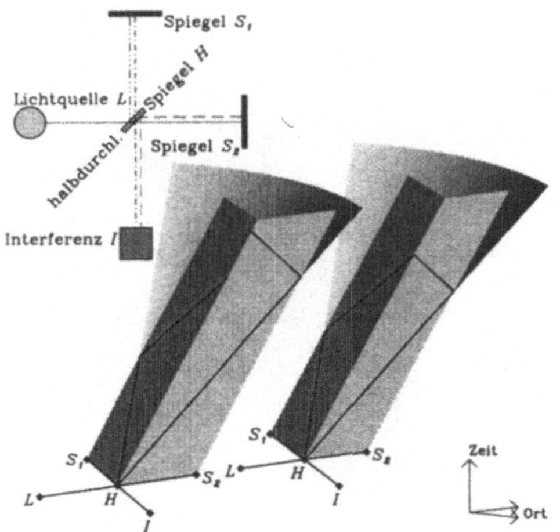

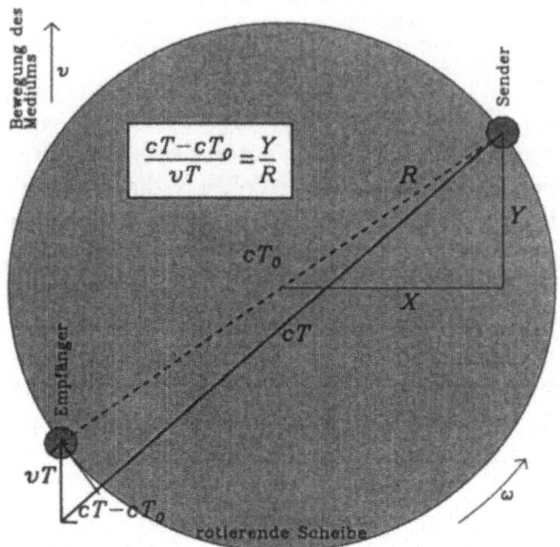

Abbildung 4.4: Michelsons Ätherdriftversuch

Wir sehen zwei Fahrpläne des Michelsonschen Interferometers (links oben). Das Licht von der Quelle L wird von einem halbdurchlässigen Spiegels bei H geteilt und nach Reflexion an S_1 bzw. S_2 wieder zusammengeführt, damit an der Interferenzfigur bei I die Laufzeiten verglichen werden können. Sind die Arme HS_1 und HS_2 im dargestellten Bezugssystem gleich lang, ergibt sich bei Bewegung des Interferometers eine Laufzeitdifferenz (linker Fahrplan), die nur ausgeglichen werden kann, wenn der Arm in Bewegungsrichtung (HS_2) entsprechend verkürzt ist (rechter Fahrplan).

Abbildung 4.5: Isaaks einarmiger Ätherdriftversuch

Ein rotierender Arm trägt einen γ-Strahler und einen Absorber gleicher Frequenz. Bei Bewegung des Trägermediums und additiver Zusammensetzung der Geschwindigkeiten verstimmen sich beide Frequenzen gegeneinander,

$$\tau_\mathrm{a} \approx \tau_\mathrm{s}\left(1 + 2\frac{v}{c^2}\omega X[t_\mathrm{s}]\right),$$

und die Absorption wird geringer. Beim Einsatz von γ-Spektrallinien, deren Auflösung durch den Mössbauer-Effekt bis auf 10^{-15} gesteigert werden kann, müßten Geschwindigkeiten des Mediums bis hinunter zu 1 cm/s erkennbar sein. Es wird aber auch hier nichts gefunden [23].

und das Licht dabei zumindest seine Richtung ändert. So erklärt die Aberration bestimmte Änderungen der scheinbaren Sternpositionen im Laufe eines Jahres.

Wie die Interferenzerscheinungen zeigen, muß das Licht auch als Wellenerscheinung angesehen werden. Das Modell einer Newtonschen Teilchenströmung kann Interferenz nicht erklären. Licht hat in dieser Hinsicht Eigenschaften, die wir auch beim Schall feststellen können. Nur ist das Medium beim Schall fühlbar, lenkbar, manipulierbar, einschließbar und abschirmbar: Durch den leeren Raum kann sich der Schall nicht ausbreiten. Das Licht breitet sich aber offensichtlich durch den leeren Raum aus. Gäbe es doch ein Medium (wir nennen es *Äther*), müsste dieses den *ganzen* Raum erfüllen, ohne sich von anderen voluminösen Körpern ausschließen oder gar abpumpen zu lassen[5]. Deshalb bringt es uns in eine merkwürdige Situation: Setzt sich die Lichtgeschwindigkeit wie alle anderen Geschwindigkeiten additiv mit diesen zusammen, kann ein Meßapparat nur bei einer bestimmten Bewegung die Lichtausbreitung als richtungsunabhängig feststellen. Wenn sich nun *kein* materielles Medium bemerkbar macht, kann man diesen Zustand als absolute Ruhe ansehen, und man kann ihn in einem abgeschlossenen, verdunkelten Laboratorium bestimmen, beispielsweise unter Deck auf dem Schiff in Galileis Argument. Bei Bewegung gegen diesen Zustand wird die Lichtausbreitung anisotrop: In Bewegungsrichtung muß die Lichtgeschwindigkeit kleiner, gegen die Bewegungsrichtung größer erscheinen. Alles das könnte man in einem gegen die Umgebung abgeschlossenen Laboratorium messen, und es ergäbe sich ein Widerspruch zu unserem Relativitätsprinzip[6]. Gibt es jedoch ein reales Medium der Lichtausbreitung (den *Äther*), dann stellt dieses eine äußere Gegebenheit dar, auf die wir uns wie in der Akustik berufen können.

Die Analogie zum Schall, genauer die Aberration, läßt uns zunächst eine additive Zusammensetzung der Lichtgeschwindigkeit mit anderen Geschwindigkeiten erwarten. Die Versuche, diese Additivität direkt nachzuweisen, schlagen jedoch fehl [23, 60, 55]. Michelson versuchte, den Laufzeitunterschied längs verschieden gerichteter Interferometerarme zu erfassen (Abb. 4.4), der auf der Erdbahn variieren und eine Amplitude von 10^{-8} haben sollte. Er ist aber immer Null. Das sieht so aus, als wäre ein Interferometerarm verkürzt, wenn seine Richtung mit der Bewegung gegen den hypothetischen Äther zusammenfällt[7]. Einstein jedoch erkannte das Ergebnis als nichtadditive Zusammensetzung der Lichtgeschwindigkeit mit der Bewegung des Beobachters, genauer als *universelle* Isotropie der Lichtgeschwindigkeit. Isaak konnte in neuerer Zeit ein Experiment aufbauen, das einen Effekt erster Ordnung (Amplitude des Jahresgangs von 10^{-4}) fände, und die Isotropie direkt nachweisen (Abb. 4.5). Das hypothetische Medium, der Äther, bleibt unfühlbar. Obwohl man *nur* im Ruhsystem des Äthers Richtungsunabhängigkeit der Lichtgeschwindigkeit finden sollte, findet man sie in *jedem* Inertialsystem. Die Prüfung dieser *Isotropie der Lichtausbreitung* sagt uns also erstaunlicherweise nichts über eine eventuelle Bewegung in diesem Äther[8].

---

[5]Heute gibt es mehrere Konstrukte, die den ganzen Raum erfüllen. Ein Beispiel sind die Nullpunktsenergien aller Quantenfelder, der bis jetzt postulierten wie auch der noch nicht gefundenen. Vielleicht ist auch der Äther noch etwas ganz anderes [2]. Es gibt jedoch keinen Hinweis, daß diese Konstrukte die Lichtausbreitung beeinflussen, im Gegenteil: Die theoretische Spekulation geht immer vom Fehle einer solchen Wirkung aus.

[6]Wir können auch ohne das explizite Relativitätsprinzip argumentieren. Wir wären einfach in einer merkwürdigen Situation, die Geschwindigkeit gegenüber einem Nichts festzustellen [2].

[7]Der Michelson-Versuch zeigt, daß der längs eines Arms hin- und herlaufende Lichtimpuls eine Uhr definiert, deren Gang von der Orientierung des Arms nicht abhängt. Diese Lichtuhr werden wir später noch einmal benutzen (Abb. 5.12, 5.14).

[8]Die Aberration des Sternenlichts verändert wohl die Richtung, aber nicht den Betrag der Geschwindigkeit eines Lichtstrahls. Auch an Hand des Aussehens des Sternhimmels bestimmen wir keine absolute Geschwindigkeit, sondern bestenfalls die Relativgeschwindigkeit zu einem anderen Beobachter, der ein anderes Bild des Himmels hat (Abb. 4.10, 4.11).

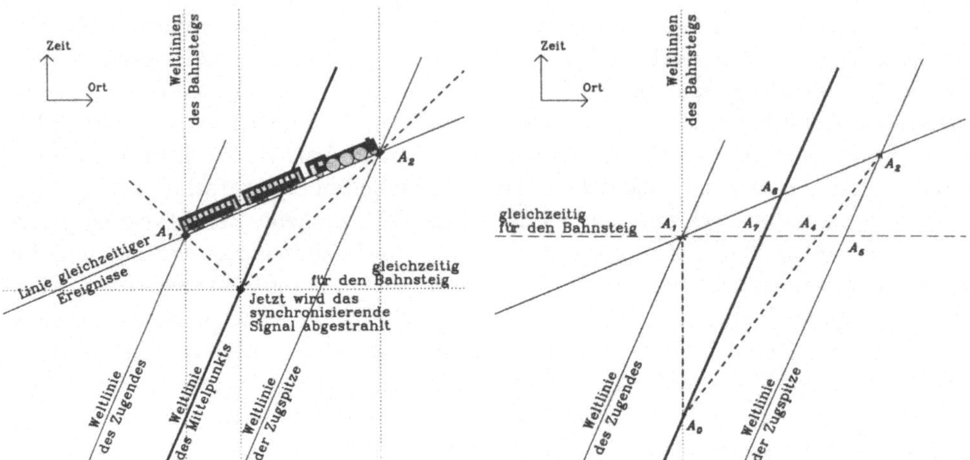

Abbildung 4.6: Praktische Gleichzeitigkeit und Einsteinsche Synchronisation

Wir zeichnen die Weltlinien eines fahrenden Zuges vor einem festen Hintergrund. Die Uhren am vorderen und hinteren Ende eines Zuges werden durch ein von der Mitte ausgesandtes Lichtsignal abgeglichen. A_1 und A_2 sind – vom Zug aus beurteilt – gleichzeitig, schließlich hatte das Licht von der Mitte des Zuges aus gleiche Strecken bei gleicher Geschwindigkeit zurückzulegen. Der Posten auf dem Bahnsteig beurteilt die Sache anders. Für ihn kommt das Zugende dem Signal entgegen und verkürzt Weg und Laufzeit, die Zugspitze fährt weg und vergrößert Abstand und Laufzeit. Der Posten sieht das Ereignis A_1 früher als A_2. Gleichzeitigkeit im Zug ist etwas anderes als Gleichzeitigkeit im Hintergrund.

Abbildung 4.7: Mechanik und Gleichzeitigkeit

Wir konstruieren die Synchronisation wie in Abb. 4.6, allerdings mechanisch. Dazu sprengen wir bei A_0 die Verbindung zweier gleicher Kugeln, so daß sie sich symmetrisch auseinanderbewegen und für den Zug gleichzeitig an den Enden eintreffen. Die Geschwindigkeit der rücklaufenden Kugel soll die des Zuges gerade kompensieren. Dann bleibt trifft sei bei A_1 am hinteren Ende ein. Bezogen auf den Bahnsteig sagt der Impulssatz $m_0 \cdot A_7A_1 + m[v] \cdot A_7A_4 = 0$. Für $m_0 = m[v]$ ist $A_1A_7 = A_7A_4$ und $A_4 = A_5 = A_2$. A_1 und A_2 sind dann absolut gleichzeitig. Für $m_0 < m[v]$ trifft die vorlaufende Kugel bei A_2 erst später am vorderen Ende ein. Die Ereignisse A_1 und A_2 sind nun bezogen auf den Zug gleichzeitig, bezogen auf den Bahnsteig aber nicht.

Die Lichtausbreitung wird immer als richtungsunabhängig beurteilt, unabhängig davon, wie sich der Meßapparat bewegt[9]. Lichtgeschwindigkeit ergibt bei Zusammensetzungen mit anderen Geschwindigkeiten immer wieder nur die Lichtgeschwindigkeit.

---

[9]Das gilt für Bewegung fester Orientierung. Bei Drehungen tritt der Sagnac-Effekt auf, der zwar die Lichtgeschwindigkeit nicht ändert, aber verlangt, daß man vor der Interpretation des Meßergebnisses die Bewegung der Spiegel genauer analysieren muß.

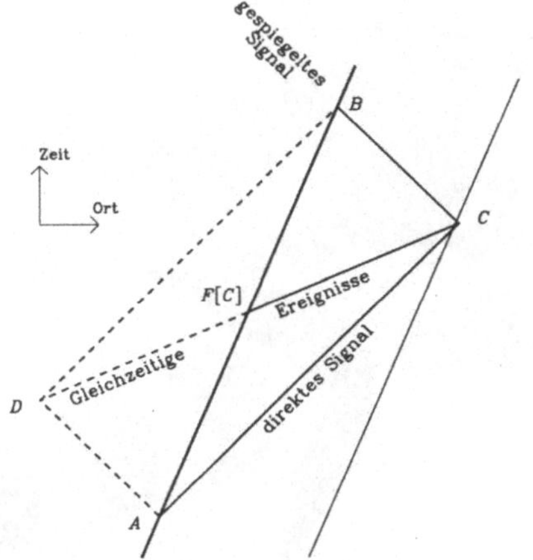

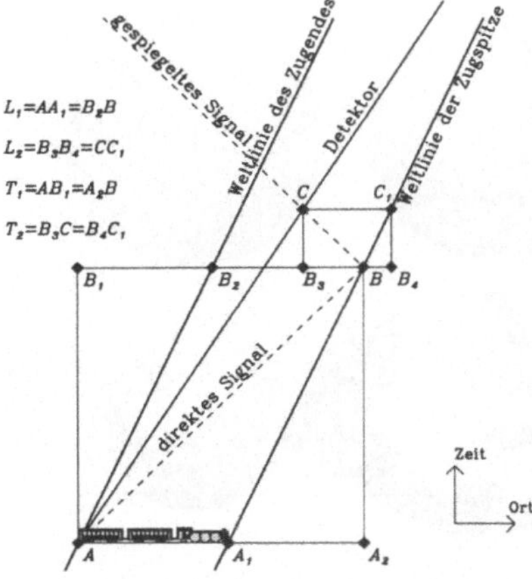

Abbildung 4.8: Das Licht-Echolot

Die Skizze zeigt die Weltlinie eines Beobachters, der sich geradlinig und gleichförmig bewegt. Zum Zeitpunkt A sendet dieser ein Signal, das bei C zurückgeworfen wird und den Beobachter zum Zeitpunkt B wieder erreicht. Kennt der Beobachter die Ausbreitungsgeschwindigkeit c des Signals, und ist diese unabhängig von der Richtung, dann kann der Beobachter das Ereignis C als gleichzeitig zu $F[C]$ einstufen und die Entfernung zwischen C und $F[C]$ mit $d[C, F[C]] = ct[A, F[C]]$ angeben.

Das Viereck $ACBD$ nennen wir Lichteck.

Abbildung 4.9: Einsteinsche Zusammensetzung der Geschwindigkeiten. I.

Wir zeichnen die parallelen Weltlinien der Zugspitze A_1B und des Zugendes AB_2 und die Weltlinie eines Lichtsignals, das am hinteren Ende bei A startet, bei B am vorderen Ende reflektiert wird und bei C einen Detektor trifft, der ebenfalls bei A seinen gleichförmigen Weg Richtung Zugspitze genommen hat. Vergleichen wir die zurückgelegten Wege und Zeiten, finden wir

$$\frac{L_2}{L_1} = \frac{c + v_\mathrm{Z}}{c - v_\mathrm{Z}} \, \frac{c - w_\mathrm{D}}{c + w_\mathrm{D}} \, .$$

Die gleiche Formel gilt auch im Ruhsystem des Zuges, wo $v_\mathrm{Z} = 0$ und $w_\mathrm{D} = w_\mathrm{DZ}$ zu setzen ist. Das Längenverhältnis ist in beiden Fällen dasselbe, also folgt Gleichung (4.1).

Der Betrag der Lichtgeschwindigkeit ändert sich bei Zusammensetzung *nicht*. Der Äther verliert jede Bedeutung. Damit ist das Relativitätsprinzip aber nicht gerettet. Denn nun scheint es so, daß unsere Kongruenz zusammenbricht. Sehen wir nur auf die Lichtausbreitung, sind die Figuren in den Abbildungen 4.1 und 3.11 kongruent, nicht mehr die Abbildungen 3.12 und 3.11. Dafür hatten wir aber *auch* gute Gründe. Wir könnten nun also *den* Spiegel als absolut ruhend charakterisieren, für den das Spiegelbild der Explosion mit dem Spiegelbild des Blitzes identisch ist. Für jeden bewegten Spiegel fallen beide Bilder auseinander. Das Relativitätsprinzip der Mechanik scheint nicht zu gelten.

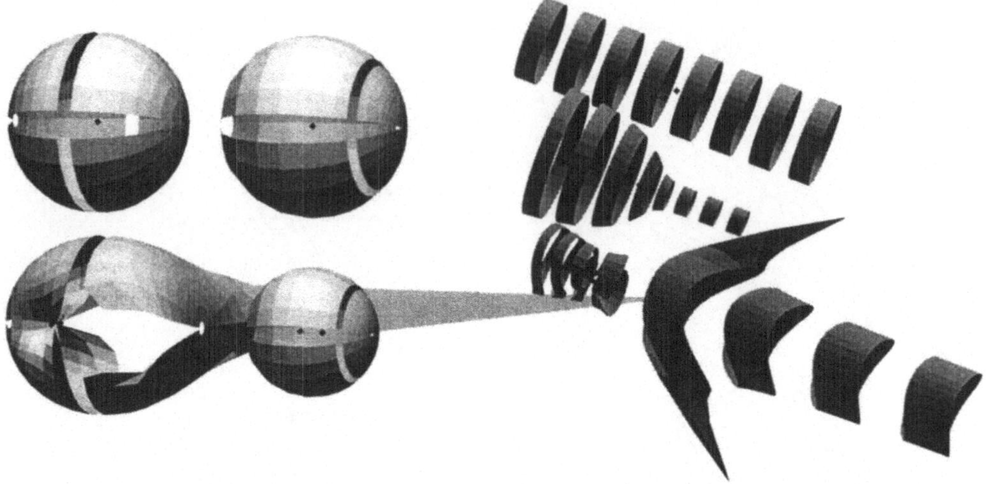

Abbildung 4.10: Relativistische Aberration

Wir zeigen die Abbildung einer Kugel (links oben) um den Beobachter, die angeschnitten ist, um den räumlichen Eindruck zu unterstützen. Rechts oben ist das Ergebnis der konformen Abbildung der scheinbaren Himmelskugel zu sehen, wenn sich der Beobachter gegen den Bezugsbeobachter mit 0.7 c nach rechts bewegt (vgl. Abb. D.5). Unten rechts sehen wir die Abbildung der Kugel, wenn der bewegte Beobachter zwei hintereinanderliegende Augen einsetzt. Die gesamte Kugel erscheint nun noch kontrahiert. Links unten stehen die beiden Augen des bewegten Beobachters nebeneinander. In der aus Bewegungsrichtung und Augenverbindung bestimmten Ebene wird die Abbildung singulär. Hier ist die Relativgeschwindigkeit nur 0.4 c.

Abbildung 4.11: Stereoskopische Aberration

Dargestellt ist das momentane Bild eines Tunnels. Oben ist der Anblick für den ruhenden Beobachter dargestellt. In der Mitte folgt der Anblick des bewegten Beobachters, wenn die beiden Augen in Bewegungsrichtung hintereinander angeordnet sind, der Beobachter also zum Seitenfenster eines Zuges hinaussieht. Der Tunnel scheint in Bewegungsrichtung verengt, rückwärts dagegen erweitert. Eine scheinbare Kontraktion ist überlagert. Das untere Bilder zeigt den Anblick, wenn die Augen nebeneinander stehen, der Beobachter also durchs Frontfenster in Bewegungsrichtung sieht. Die Kombination der Streckung nach vorn und der Kontraktion nach hinten ist augenfällig, während die Weite hier unverändert bleibt. Beide Bewegungen erfolgen mit 0.7 c.

Es war Einsteins Idee, die Mechanik so zu ändern, daß sie zur Lichtausbreitung paßt. In unserer Sprache heißt das, daß die von der Lichtausbreitung definierte Spiegelungsvorschrift mit der von der Teilchenbewegung gegebenen übereinstimmen soll. Die generelle Unabhängigkeit der Lichtgeschwindigkeit von der Ausbreitungsrichtung (Isotropie der Lichtgeschwindigkeit) wird der Ausgangspunkt der Konstruktionen (Tabelle 4.1). Statt Isotropie liest man oft *Konstanz* der Lichtgeschwindigkeit. Das ist als Synonym gemeint: Unabhängigkeit von der Ausbreitungsrichtung und Unveränderlichkeit ihrer Größe bei Zusammensetzung. Konstanz in Raum und

Tabelle 4.1: Relativität und absoluter Bezug

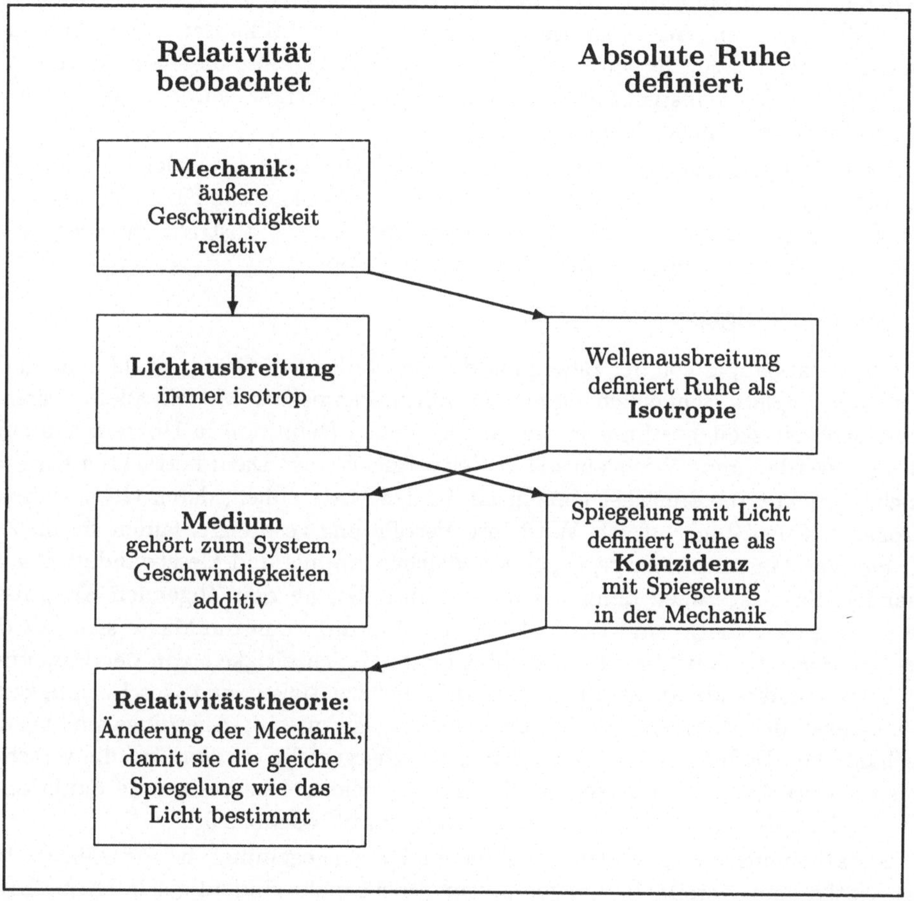

Relativität beobachtet

Absolute Ruhe definiert

Mechanik: äußere Geschwindigkeit relativ

Lichtausbreitung immer isotrop

Wellenausbreitung definiert Ruhe als **Isotropie**

Medium gehört zum System, Geschwindigkeiten additiv

Spiegelung mit Licht definiert Ruhe als **Koinzidenz** mit Spiegelung in der Mechanik

Relativitätstheorie: Änderung der Mechanik, damit sie die gleiche Spiegelung wie das Licht bestimmt

Zeit ist eine ganz *andere* Frage. Haben wir kein anderes Maß zur Hand, ist es eine Konvention, die Lichtgeschwindigkeit als feste Einheit zu nehmen. Dann ist diese definitionsgemäß eine Konstante. Das Internationale System geht wegen der hervorragenden Reproduzierbarkeit der Lichtgeschwindigkeit auch so vor und leitet die Längeneinheit von der Zeiteinheit ab, die ihrerseits atomar definiert ist. Zuvor wurde die Längeneinheit durch eine *eigene* Spektrallinie definiert (deren Wellenlänge geeignet war, etwa das Urmeter zu eichen). Mit solch einer Längeneinheit könnte sich die Lichtgeschwindigkeit dann als veränderlich erweisen[10]. Das Verhältnis der Lichtgeschwindigkeit zu diesen Einheiten ist von der *Sommerfeldschen Feinstrukturkonstante* bestimmt. Eine Veränderung in der Lichtgeschwindigkeit kann bestenfalls als deren Variabilität beobachtet werden. Die Struktur der Spektren von Quasaren, deren Licht uns aus einer Entfernung von vielen Milliarden Lichtjahren und aus einer entsprechend fernen Vergangenheit erreicht, könnte dies zeigen. Aber keine Änderung der Feinstrukturkonstanten ist je beobachtet worden. Die Frage ist jedoch Gegenstand neuer Untersuchungen [144].

Die universelle Isotropie der Lichtausbreitung hat zunächst Folgen für die physikalische Synchronisation von Uhren, d.h. für die physikalische Feststellbarkeit von *Gleichzeitigkeit* (Abb. 4.1, 4.6). Genau diese werden wir abstrakt in einer neuen Spiegelungsvorschrift der Ort-Zeit-Ebene wiederfinden.

Gleichzeitigkeit ist relativ,

d.h., sie ist abhängig von der Bewegung des Beurteilenden. Davon ist dann auch die Mechanik tangiert. Schließlich können wir mit mechanischen Mitteln allein ebenfalls eine Gleichzeitigkeit bestimmen, die mit der neuen Definition in Übereinstimmung gebracht werden muß. Wie sieht dieser Zeitvergleich aus? Dazu betrachten wir zwei gleiche Objekte, die zunächst gemeinsam in der Mitte ruhen, deren Gesamtimpuls bezogen auf den Zug Null ist. Wird ihre Verbindung gesprengt, laufen sie im Zug mit gleicher Masse und entgegengesetzt gleichen Impuls und Geschwindigkeit auseinander. Sie bestimmen dann bei ihrem Eintreffen an den Zugenden Ereignisse, die im Zug gleichzeitig sind (Abb. 4.7). Genau dann, wenn die Masse sich mit der Geschwindigkeit ändert, wird die so bestimmte Gleichzeitigkeit von der Bewegung des Schwerpunkts abhängig. Relativität der Gleichzeitigkeit und Geschwindigkeitsabhängigkeit der Masse ($m = m[v]$) bedingen sich gegenseitig. Allerdings muß bei der mechanischen Definition der Gleichzeitigkeit sichergestellt werden, daß die verschiedenen Konstruktionsmöglichkeiten alle dasselbe liefern: Nur bestimmte Funktionen $m = m[v]$ werden das erreichen. Wir kommen darauf noch zurück.

Wir sehen uns auch anderen tiefgreifenden Folgen gegenüber: Ist die Gleichzeitigkeit relativ, kann bereits die Längenmessung nicht mehr eindeutig sein (Abb. 2.15). Schließlich müssen wir beim Anlegen eines Maßstabs an beiden Enden *gleichzeitig* ablesen. Wenn die Gleichzeitigkeit aber eine Frage der Bewegung des beurteilenden Beobachters ist, dann muß die Länge bewegter Objekte genauer analysiert werden. Diese Diskussion verschieben wir auf das nächste Kapitel. Das Echolot ist allerdings einfacher auszuwerten, denn eine Geschwindigkeit gegen das Medium der Schallausbreitung ist nicht mehr zu berücksichtigen (Abb. 4.8). Das Echolot gestattet zumindest prinzipiell die Bestimmung der Koordinaten jedes Ereignisses und ist auch in der Allgemeinen Relativitätstheorie noch anwendbar [34].

---

[10]Es ist tatsächlich konzeptionell einfacher, die Lichtgeschwindigkeit als Einheit zu nehmen (Abb. 5.12, 5.14). Dann wird es jedoch kompliziert, Längeneinheiten unabhängig zu konstruieren. Maßstäbe werden plumpe, konzeptionell problematische Objekte, deren Starrheit bereits fraglich ist und deren Anwendungsgebiet prinzipiell beschränkt ist [2].

Wir betrachten nun eine dritte Konsequenz. Die Geschwindigkeiten können sich generell nicht mehr additiv zusammensetzen, da Zusammensetzungen mit der Lichtgeschwindigkeit diese ja *nicht* verändern. Wir leiten die Zusammensetzung der Geschwindigkeiten aus einem einfachen Gedankenexperiment her (Abb. 4.9, nach Mermin [93]). Die gefundene Formel

$$\frac{c - w_D}{c + w_D} = \frac{c - w_{DZ}}{c + w_{DZ}} \frac{c - v_Z}{c + v_Z} \rightarrow w_D = \frac{v_Z + w_{DZ}}{1 + \frac{v_Z w_{DZ}}{c^2}} \tag{4.1}$$

(v_Z ist die Geschwindigkeit der ersten Objekts, w_D die des zweiten und w_{DZ} die des zweiten gegen das erste.) heißt *Einsteinsches Additionstheorem der Geschwindigkeiten*, obwohl sie ja eine *nicht*additive Zusammensetzung beschreibt [125]. Im täglichen Sprachgebrauch ist eine Zusammenfügung eine Addition, auch wenn die mathematische Operation der Addition nicht anwendbar ist[11]. Die Zusammensetzung ist multiplikativ in den Größen $(c-v)/(c+v)$: Die Rolle des Doppelverhältnisses kündigt sich an (Kapitel 8). Das Additionstheorem modifiziert auch den Betrag der Aberration [109]. Die Aberration vermittelt nun eine *konforme* Abbildung der scheinbaren Himmelskugel (Abb. 4.10 und 4.11). Sie kann in eine Abbildung des Raums eingebettet werden, die wir durch Triangulation mit zwei Augen konstruieren[12].

Wir sehen eine strenge Äquivalenz:

additive Zusammensetzung der Geschwindigkeiten
↕
absolute Gleichzeitigkeit
↕
Geschwindigkeitsunabhängigkeit der Masse

Ist eine der drei Feststellungen nicht erfüllt, können – immer unter Voraussetzung der Gültigkeit des Relativitätsprinzips – die anderen beiden ebenfalls nicht gelten. Nur wenn die Massen geschwindigkeitsunabhängig sind, finden wir absolute Gleichzeitigkeit. Nur wenn sich die Geschwindigkeiten additiv zusammensetzen, finden wir absolute Gleichzeitigkeit. Daraus folgt, daß die Geschwindigkeitsunabhängigkeit der Massen nur mit einer additiven Zusammensetzung der Geschwindigkeiten verträglich ist. Wir sehen, wie eins ins andere greift und wieder ein konsistentes Bild entstehen kann, das notwendig die Eigenschaften hat, über die man sich wundern muß, solange man sie ohne ihren Zusammenhang betrachtet.

---

[11]Hier drängt sich die Scherzfrage auf, ob vier minus eins immer drei ist: Natürlich nicht. Ziehen wir von den vier Ecken eines Blattes Papier eine ab (indem wir sie abschneiden), bleiben nicht drei, sondern fünf übrig. Die mathematische Operation der Subtraktion ist nicht auf jede physikalische Abtrennung anwendbar, so wie nicht jede Zusammenfügung eine Addition ist.

[12]Die beiden Augen sehen leicht verschiedene Positionen, die eventuell durch verschiedene Aberrationen korrigiert sind und die analog zur Parallaxe (Abb. 2.18) zu einer Entfernung hochgerechnet werden. Die relative Stellung der Augenpaare beider Beobachter zur Relativgeschwindigkeit ist wichtig.

Der Standpunkt größter Einfachheit ist es, die Gültigkeit geometrischer Zusammenhänge vorauszusetzen, die es eben gestatten, Ort, Orientierung und Geschwindigkeit unabhängig von den anderen Eigenschaften der Gegenstände zu untersuchen. Dies drängt sich uns zunächst als so natürlich auf, daß es vor aller Physik festzustehen scheint. Deshalb erhebt sich die Frage: Kann die Natur den geometrischen Standpunkt überlisten? Ist seine Anwendbarkeit *notwendig* (vor aller Erfahrung, a priori) oder *kontingent* (bedürftig der Nachprüfung)? Das zweite ist richtig[13]. Wir müssen allein deshalb schon messend überprüfen, weil verschiedene geometrische Systeme denkbar sind, die alle den gleichen Komplex von Lageeigenschaften betreffen. Wir kennen ja auch Argumente *gegen* den geometrischen Standpunkt: Vor der Entdeckung der Gesetze der Schwerkraft schien alles auf eine Besonderheit der dritten Dimension hinzudeuten. Wenn die verschiedenen zu vergleichenden Größen bei Bewegung, Richtungs- und Ortswechsel unterschiedlich reagieren, kann man mit diesen Unterschieden eben Bewegung, Orts- und Richtungswechsel messen, ohne sich auf äußere Gegebenheiten beziehen zu müssen. Die verschiedenen Kugeldefinitionen könnten durchaus auseinanderfallen. Dabei geht es immer um das Verhalten der verschiedenen Installationen gegeneinander, nie gegen den absoluten Raum, der gerade die Abstraktion eines Verhaltens ist, in dem alle Größen gleich auf Bewegung, Orts- und Richtungswechsel reagieren. Die physikalische Relativität steckt den Anwendbarkeitsbereich geometrischer Systeme ab. Diese Entdeckung haben wir der Relativitätstheorie zu verdanken. Aus dieser Sicht ist Geometrie zu Physik geworden.

Die nichtadditive Zusammensetzung der Lichtgeschwindigkeit war vor der Erfindung der Relativitätstheorie Anlaß zur Konstruktion komplizierter mechanischer Modelle für das Medium der Lichtausbreitung, den Äther. Mechanische Modelle wurden für notwendig gehalten, weil die Mechanik ein konkurrenzloses Vorbild an Klarheit und mathematisch-physikalischer Harmonie war und noch ist. Diese physikalischen Überlegungen wurden durch die Relativitätstheorie und die neue Geometrie der Welt gegenstandslos. In diesem Sinne wurde mit der Relativitätstheorie Physik zur Geometrie.

---

[13]Genau genommen messen wir nur Anwendbarkeit. Poincaré ging so weit zu sagen, daß die Grenze zwischen Geometrie und Physik in *beide* Richtungen verschoben werden kann. Dennoch gibt es besser anwendbare und weniger gut anwendbare Stellen für diese Trennlinie.

Kapitel 5   Die Relativitätstheorie und ihre Paradoxa

5.1   Pseudoeuklidische Geometrie

Die Einsteins Relativitätstheorie von 1905 [35, 39, 83] läßt sich in einem Satz zusammenfassen:

Die Mechanik hat sich nach der Wellenausbreitung zu richten.

Tatsächlich hat sich *alle* Physik danach zu richten, und nur die Gravitation bedarf weiterer Präzisierung. Um 1900 war aber das Verhältnis von Elektrodynamik und Mechanik von besonderem Interesse. Die Elektrodynamik paßte von vornherein in den von der Lichtausbreitung gegebenen Rahmen, schließlich ist sie ja die Theorie im Hintergrund der Lichtausbreitung. Sie hatte bereits den formalen Aspekt der neuen Transformationsgruppe von Inertialsystemen geliefert[1]. Die Lichtausbreitung definiert nun Kinematik und Geometrie[2]. Die Relativität in der Mechanik hat dieser Geometrie zu entsprechen. Auch hier werden wir die Mechanik nur so weit wie in den vorangegangenen Kapiteln besprechen, d.h., wir werden uns den Impulserhaltungssatz und die träge Masse ansehen. Wir beginnen damit, die Relativität der Gleichzeitigkeit zu erklären und die elementaren Konstruktionen zusammenzufassen. Dann sehen wir uns das Analogon des Satzes des Pythagoras an, das den Abstand zwischen zwei Ereignissen festlegt. Der nächste Schritt ist die Bestimmung der Geschwindigkeitsabhängigkeit der Masse. Sie ist das zentrale Argument. Wir fügen die Diskussion der sogenannten Zeitdilatation und der Längenkontraktion an und schließen mit einigen Bemerkungen zur Überlichtgeschwindigkeit.

Die neue Geometrie ist durch die Eigenschaften der Lichtausbreitung definiert. Der grundlegende Unterschied zur Galilei-Geometrie der Raum-Zeit ist schon in Abbildung 4.1 zu erkennen: Die Gleichzeitigkeit zweier Ereignisse B und C hängt von der Bewegung des Spiegels ab, nur bei einer bestimmten Geschwindigkeit des

---

[1]Einsteins erste Arbeit behandelte die Kinematik und die Elektrodynamik. Die Mechanik wurde erst in den folgenden Arbeiten ausgeführt. Planck argumentierte mit diesen Arbeiten für Einsteins Zuwahl in die Preußische Akademie der Wissenschaften in Berlin.

[2]Betrachten wir die universelle Isotropie der Lichtausbreitung als Konvention, vereinbaren wir damit auch die Geometrie als eine Konvention, die sowohl mit unserem Vorurteil über die Lichtausbreitung korrespondiert als auch mit der Erfahrung, die wir als übereinstimmend mit unseren Vorurteilen empfinden [2]. Das kann man aber so einfach nicht sehen, wie in Kapitel 10 noch einmal dargestellt wird.

Spiegels wird C Spiegelbild von B und damit als gleichzeitig zu B beurteilt. Wir nennen das *Relativität der Gleichzeitigkeit* zur Abgrenzung gegen die *absolute Gleichzeitigkeit*, die wir unter den Voraussetzungen der Galilei-Newtonschen Mechanik gefunden haben. Wir haben schon gesehen, daß die absolute Gleichzeitigkeit der Galilei-Geometrie unmittelbar mit der Geschwindigkeitsunabhängigkeit der Masse und mit der additiven Zusammensetzung der Geschwindigkeiten zusammenhängt. Nun können sich also die Geschwindigkeiten nicht mehr additiv zusammensetzen, und die Massen werden von der Geschwindigkeit abhängen. Das Erste kann uns nicht erstaunen, denn es war unsere Voraussetzung: Die Zusammensetzung der Lichtgeschwindigkeit mit irgendeiner anderen Geschwindigkeit ergibt immer wieder nur die Lichtgeschwindigkeit[3]. Das Zweite werden wir noch einmal illustrieren, wenn wir etwas mehr von der neuen Geometrie der Welt dargestellt haben.

Sehen wir uns also nun die Geometrie an, deren Spiegelungsvorschrift sich an Abbildung 4.1 orientiert. Sie heißt *Minkowski-Geometrie*. Im Fahrplan ist die Neigung der Weltlinien von Lichtsignalen unveränderlich. Die Kegel, die von den Lichtsignalen eines festen Ereignisses erzeugt werden, heißen *Lichtkegel*. Jedes Ereignis trägt einen Lichtkegel. Wir nennen die Linien mit der charakteristischen Neigung der Weltlinien von Lichtsignalen *lichtartige* Linien. Eine lichtartige Weltlinie wird immer wieder in eine solche Weltlinie gespiegelt. Das nutzen wir zur Konstruktion der allgemeinen Spiegelung (Abb. 5.1). Dabei ist die zentrale Figur der Konstruktion das *Lichteck*. Es ist ein Parallelogramm aus lichtartigen Weltlinien. Seine Diagonalen sind – nach Bewertung durch die neue Geometrie – nun lotrecht aufeinander. Sie teilen das Lichteck in vier Dreiecke, von denen sich die jeweils gegenüberliegenden durch Parallelverschiebung zu einem Quadrat ergänzen. Zu jeder Diagonalen liegen die beiden nicht berührten Punkte spiegelsymmetrisch zueinander[4]. Auch der *euklidisch bemessene* Flächeninhalt einer Figur wird bei der Spiegelung nicht verändert. Wir können also *euklidische* Sätze über den Flächeninhalt benutzen.

Die Geraden werden durch die Spiegelungsvorschrift in *zeitartige*, *raumartige* und *lichtartige* Geraden geschieden. Zwei Ereignisse liegen zeitartig zueinander, wenn die Verbindungsgerade innerhalb der von den Ereignissen getragenen Lichtkegel verläuft. Die Verbindungsgerade heißt zeitartig. Liegen zwei Ereignisse auf derselben Mantellinie eines Lichtkegels, heißen sie lichtartig zueinander. Verläuft die Verbindungslinie

---

[3]Dies gilt im Rahmen der Meßgenauigkeit. Genauer, die Lichtgeschwindigkeit müsste nicht unbedingt mit der absoluten Geschwindigkeit identisch sein. Die Gesetze der Lichtausbreitung decken auf, daß es eine absolute Geschwindigkeit gibt, ob das nun die Geschwindigkeit realer Dinge ist oder nicht. Wir folgen aber dem allgemeinen und wohlbegründeten Brauch, Lichtgeschwindigkeit und absolute Geschwindigkeit synonym zu behandeln.

[4]Wenn wir wie hier die lichtartigen Richtungen so in der Zeichenebene wählen, daß sie nach (hilfsweise) euklidischer Beurteilung senkrecht aufeinander stehen, dann ist das Lichteck nach euklidischer Beurteilung ein Rechtecks. Zwei Geraden stehen dann in der neuen Geometrie senkrecht aufeinander, wenn der von ihnen gebildete Winkel von den lichtartigen Richtungen nach euklidischer Beurteilung halbiert wird. Diese Betrachtungsweise kann ganz nützlich für die schnelle Zeichnung sein, ist aber bei der Benutzung allein der Konstruktionsmittel der gefundenen Geometrie nicht begründet. Die beiden lichtartigen Geradenbüschel können irgendwie liegen. Wichtig für die Geometrie und ihre Konstruktionen ist *allein* ihre Existenz.

Wir zeichnen das Lichteck $A\,A_2\,S[A]\,A_1$ und finden die Lotrechte $AS[A]$ senkrecht g. Wir erwarten nun für den Längenvergleich $d[O,A] = d[O,S[A]]$ und für den Winkelvergleich $\angle AOA_2 = \angle A_2OS[A]$. Die Verbindung $AS[A]$ ist das Lot auf der Verbindung g der Punkte A_1 und A_2. Das ist identisch mit unserer Schlußfolgerung in Abb. 4.8. Wie wir noch sehen werden, kann man diese Konstruktion als analog zu Abb. 3.4 sehen, weil in der nun entstehenden Geometrie alle Strecken des Lichtecks $A\,A_1\,S[A]\,A_2$ die Länge Null haben.   Die Diagonalen eines Lichtecks stehen aufeinander senkrecht. Umgekehrt gilt auch: Stehen zwei Geraden aufeinander senkrecht, sind sie die Diagonalen eines Lichtecks.

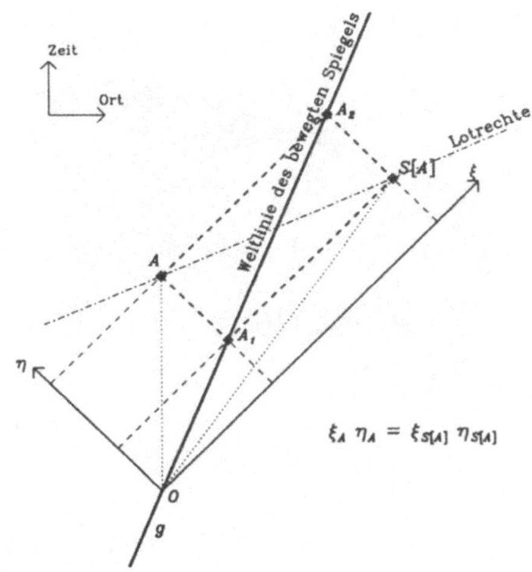

Abbildung 5.1: Spiegelung in der Ort-Zeit-Ebene (Minkowski-Geometrie)

im Äußeren der beiden Lichtkegel, heißt sie raumartig[5]. Keine zeitartige Linie kann je in eine lichtartige oder raumartige gespiegelt werden, keine raumartige Linie je in eine zeitartige oder lichtartige.

Wir sehen uns nun die mögliche Definition eines Abstands in der neuen Geometrie an. In der Galilei-Geometrie wurde die Bogenlänge einer Kurve allein vom Zeitablauf bestimmt. Deshalb war jeder Zuwachs an Bogenlänge ein Zuwachs an abgelaufener Zeit. Dieses Bild kann in der Minkowski-Geometrie zunächst nur auf zeitartige Linien übertragen werden. Die Länge der Weltlinie eines ruhenden Objekts (keine Änderung der Ortskoordinaten) ist die abgelaufene Zeit. Das bleibt auch bei einer Bewegung des Objekts so, wir müssen uns dann nur darauf beschränken, wieder nur die Uhr abzulesen, die das Objekt unmittelbar begleitet. Dieses Zeitmaß heißt *Eigenzeit*. Eine Uhr aus der Ferne oder die in einem Inertialsystem definierte Zeitkoordinate können etwas anderes zeigen. Der Ablauf der Eigenzeit wird nun nicht mehr nur von der Änderung der Zeitkoordinate, sondern auch von der Änderung der Ortskoordinaten bestimmt. Wenn wir im Folgenden nur unbeschleunigte Bewegungen zeichnen, erhebt sich die Frage, wie man bei allgemeinen Weltlinien vorzugehen hat. Da bleiben wir bei den in der euklidischen Geometrie geübten und bewährten Methoden: Die allgemeine Weltlinie einer beschleunigten Bewegung wird nur in kleine Stückchen zerlegt, die einzeln als unbeschleunigt behandelt und dann wieder zusammengesetzt werden, ganz wie das bei der Bogenlänge in der euklidischen Geometrie auch geschieht. Die Länge jedes einzelnen Stückchens ist die ablaufende Zeit auf einer begleitenden Uhr, d.h. im *momentanen Ruhsystem* des Objekts. Das bei den

---

[5]In der strikt zweidimensionalen Welt ist die Benennung zeitartig und raumartig reine Vereinbarung. Wenn wir uns allerdings daran erinnern, daß die Ortskoordinate die Stelle dreier Raumkoordinaten hat, ist das Innere des Lichtkegels nicht mehr mit dem Äußeren austauschbar.

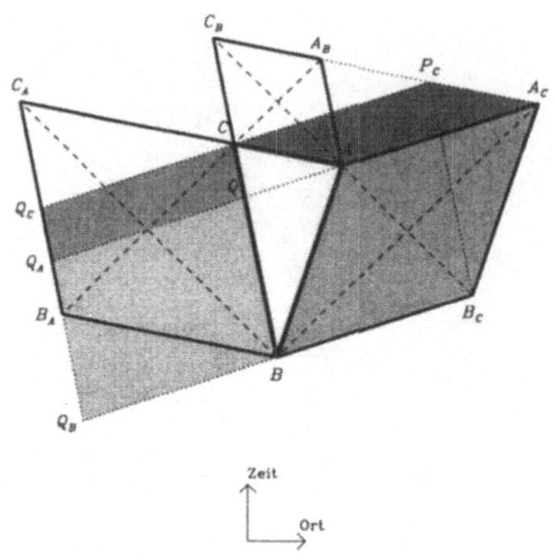

Abbildung 5.2: Der Satz des Pythagoras in der Minkowski-Geometrie

Wir zeichnen ein rechtwinkliges Dreieck nach unserer neuen Regel, rechte Winkel zu konstruieren. Der rechte Winkel ist der Winkel bei C. Quadrate sind Rhomben mit Lichtlinien als Diagonalen (vier rechte Winkel und Symmetrie). Dann ergeben sich Kathetenquadrate und Hypotenusenquadrat wie gezeichnet. Der Flächenvergleich zeigt, daß die Differenz der Kathetenquadrate gleich dem Hypotenusenquadrat ist [145].

Abbildung 5.3: Ebenes Parkett mit Satz des Pythagoras (Minkowski-Geometrie)

Das Dreieck und die drei zugehörigen Minkowski-Quadrate können in ein Parkett eingebettet werden. Ersichtlich können wir vier Dreiecke, das Hypotenusenquadrat und zwei Exemplare des kleineren Kathetenquadrats zu einem Minkowski-Quadrat (Rhombus) zusammenfassen. Bis auf die Scherung ist die Fläche dieses Rhombus $(a+b)^2$. Wir schließen auf
$$c^2 = (a+b)^2 - 2\,ab - 2\,b^2 = a^2 - b^2.$$

Bewegungen der Minkowski-Geometrie unveränderte Maß einer (zeitartigen) Weltlinie ist also das Zeitintervall, das von einer Uhr mit dieser Weltlinie abgezählt wird. Verschiedene Weltlinien zwischen zwei Ereignissen lassen verschiedene Bogenlängen und damit verschiedene Zeitdauer erwarten: Das Zwillingsparadoxon kündigt sich an.

Den Satz vom Schnittpunkt der Mittelsenkrechten verschieben wir auf das nächste Kapitel und sehen uns die Eigenzeit des Weltliniensegments einer sich bewegenden Uhr an. Dieses Problem entspricht in der euklidischen Geometrie der Bestimmung der Länge eines Segments, das gegen die Koordinatenachsen geneigt ist. Das heißt, wir betrachten nun das Analogon des Satzes des Pythagoras in der Minkowski-Welt. Wir können ihn wieder mit elementaren Mitteln beweisen (Abb. 5.2). Analog zum Vorgehen Euklids finden wir

$$b^2 = ACC_BA_B = ACP_CA_C = Q_AQ_CCQ$$
$$c^2 = BAA_CB_C = Q_BQ_AQB$$

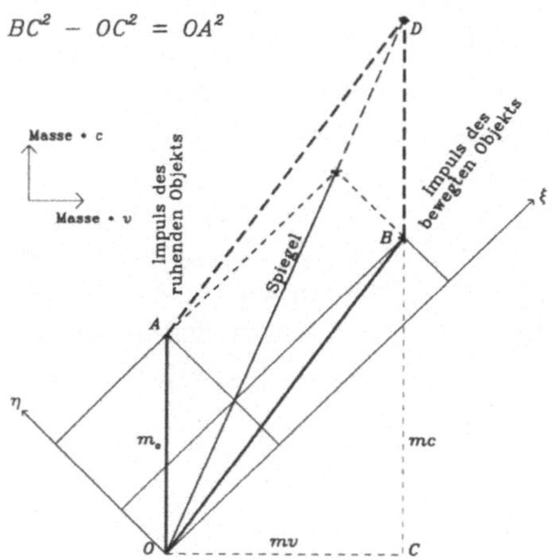

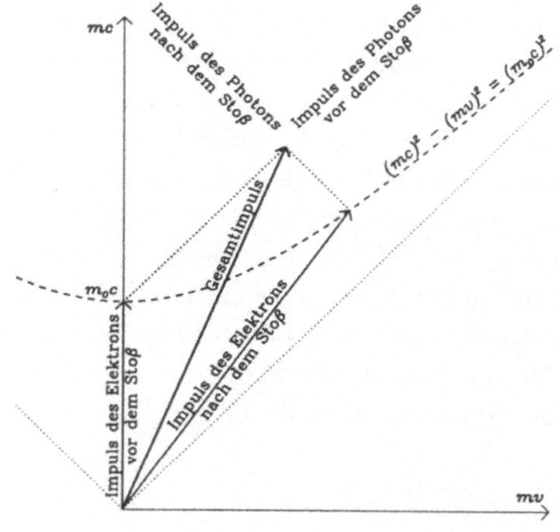

Abbildung 5.4: Die Geschwindigkeits-abhängigkeit der Masse. I.

Wir bewerten Abbildung 5.1 als Impulsdiagramm. $\vec{OB}$ ist jetzt der Impulsvektor eines sich bewegenden Objekts, das in Ruhe den Impulsvektor $\vec{OA}$ hat. Wir stellen ihn mit der Spiegelung aus Abb. 5.1 oder mit dem Impulsparallelogramm zu Abb. 4.7 her. In dem rechtwinkligen Dreieck OBC ist OB die Hypotenuse, die der Länge nach gleich der Strecke OA ist. Der Satz des Pythagoras sagt uns nun, daß wir mit $BC^2 - OC^2 = OB^2$ rechnen müssen. Nun ist aber OC/CB gerade gleich der Geschwindigkeit des Körpers in Einheiten der Lichtgeschwindigkeit, $OC/CB = v/c$. Wir erhalten also

$$(m_0c)^2 = OB^2 = m^2(c^2 - v^2).$$

Abbildung 5.5: Der Compton-Effekt

Wir interpretieren Abb. 5.4 als Impulsdiagramm eines Stoßes zwischen Photon (gepunktete Linien) und Elektron. Das Photon wird reflektiert, verliert aber Impuls (parallel zu seiner Frequenz, wie wir aus der Quantenmechanik wissen). Das ist der Compton-Effekt. Energie und Impuls werden auf das Elektron übertragen. Es erfährt einen Rückstoß, und seine Masse wächst entsprechend dem eben gefundenen Gesetz. Umgekehrt kann ein niederfrequentes Photon durch hochenergetische Elektronen auf hohe Frequenzen gestoßen werden. Dies ist der inverse Compton-Effekt, der in der Astrophysik große Bedeutung hat.

$$a^2 = C_A B_A BC = Q_C Q_B BC \longrightarrow a^2 - b^2 = c^2 \, .$$

Das Parkett in Abbildung 5.3 enthält dieselbe Figur und einen Rhombus, der mit dem binomischen Lehrsatz zum selben Ergebnis führt.

> **Das Quadrat über der Hypotenuse ist flächengleich der *Differenz* der Quadrate über den beiden Katheten.**

Das Minuszeichen ist das Charakteristikum der Minkowski-Geometrie. Es hat zur Folge, daß das Quadrat der Hypotenuse Null und sogar negativ sein kann. Wir kommen deshalb überein, das Minuszeichen den Quadraten über raumartigen Seiten zuzuordnen. In Abbildung 5.2 muß also das eine Quadrat negativ gerechnet werden. Dann verlangt der Satz des Pythagoras hier die gleiche Addition wie in der euklidischen Geometrie. – Das Quadrat über einer zeitartigen Seite ist immer positiv. Seine Wurzel ist die auf diesem Segment ablaufende Eigenzeit. Das Quadrat über einer raumartigen Seite ist negativ. Die Wurzel des Betrages ist der Abstand der Endpunkte des Segments in dem Bezugssystem, in welchen die Endpunkte gleichzeitig sind. Wir nennen diesen Abstand entsprechend *Eigenlänge*. Das Quadrat über einer lichtartigen Seite entartet, seine Fläche ist Null. – Wählen wir cartesische Koordinaten mit Achsen entlang den beiden aufeinander senkrechten Seiten unseres Dreiecks, erhalten wir etwa $C = [0, 0]$, $A = [0, x]$ und $B = [ct, 0]$. Das Quadrat über der Hypotenuse ist dann

$$(AB)^2 = (ct)^2 - x^2 \; .$$

5.2 Einsteinsche Mechanik

Beginnen wir nun mit der Veränderung der Impulsdiagramme. Diese muß so geschehen, daß *mechanisch* ununterscheidbare Konstruktionen nun auch kongruente Figuren der *Geometrie* sind, genauer der Geometrie, die wir aus der Spiegelung der Lichtausbreitung abgeleitet haben.

Zuerst benutzen wir die pseudoeuklidische Form des Satzes des Pythagoras, um die *Geschwindigkeitsabhängigkeit der Masse* zu berechnen (Abb. 5.4). Unser erklärtes Ziel ist ja, die Mechanik in Übereinstimmung mit der Lichtausbreitung zu bringen. Wir finden hier den ersten Punkt der neuen Mechanik, der sie von der klassischen unterscheidet. Mit Hilfe der Spiegelungsvorschrift aus Abbildung 5.1 stellen wir zwei Impulsvektoren her, die gleich lang sind, d.h., zu beiden gehört die gleiche *Ruhmasse* m_0. Wir können uns auch direkt auf den Impulssatz für die symmetrische Sprengung der Verbindung zweier gleicher Objekte berufen, wie wir sie in Abbildung 4.7 benutzt haben, und das Impulsparallelogramm $OADB$ konstruieren. OD ist dann der Gesamtimpuls der beiden Objekte, deren Impuls einzeln OA und OB ist. Das Produkt mc ist die Zeitkomponente eines Impulsvektors, wie er im Stoß gemessen wird. Beim Stoß gilt für die Summe dieser Zeitkomponenten der Erhaltungssatz wie für die Summe der anderen Komponenten auch. Im einzelnen ändert sich die Zeitkomponente je nach Geschwindigkeit. Nur der Betrag des Impulsvektors bleibt bei den Bewegungen der Minkowski-Geometrie unverändert: Er ist ein Charakteristikum des betrachteten Objekts. Der Satz des Pythagoras lautet hier

$$m_0^2 c^2 = m^2 c^2 - m^2 v^2 \; . \tag{5.1}$$

Ist die Ruhmasse m_0 gegeben, beschreiben die Impulskoordinaten $[mc, mv]$ eine Hyperbel, im Falle dreier Raumkoordinaten die Schale eines zweischaligen Hyperboloids, die *Massenschale* genannt wird. Der Impulsvektor eines Objekts gegebener

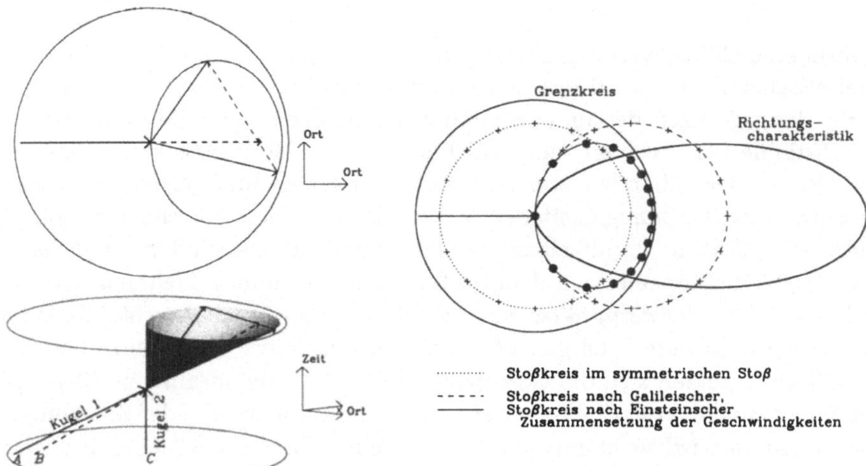

Abbildung 5.6: Der relativistische Billardstoß

Wir zeichnen die Anordnung von Abbildung 2.9, beachten nun aber, daß die Lichtgeschwindigkeit (markiert durch den Außenkreis) eine Grenze ist und die Reduktion der Impulse auf Geschwindigkeiten die variable Masse zu berücksichtigen hat ($BC/AB = m[v]/m_0$). Die Galileische Relativität, die den Übergang von Abb. 2.8 in Abb. 2.9 begründet, ist außer Kraft. Halten wir an der Relativität fest, begründet die Streufigur eine andere Geometrie, eben die Minkowski-Geometrie der Welt. Die Punkte der oberen Schnittebene bestimmen Geschwindigkeiten. Sie werden uns in der hyperbolischen Geometrie wieder begegnen.

Abbildung 5.7: Die Stoßcharakteristik

Auf die Ellipse der Geschwindigkeiten sind die Punkte gezeichnet, die im Ruhsystem des Schwerpunkts (Abb. 2.8) gleichmäßig auf der Peripherie verteilt liegen. Sie deuten an, daß im relativistischen Fall die Streuung in Vorwärtsrichtung größeres Gewicht erhält. Die Stoßcharakteristik, die wie eine Antennenkeule die Wahrscheinlichkeit der Streuung in die verschiedenen Richtungen zeigt, hängt darüberhinaus von der genauen Form der Wechselwirkung zwischen den Stoßpartnern ab. Kann man die Stoßcharakteristik genau vermessen, findet man gerade diese Details, von denen wir sonst absehen.

Ruhmasse kann nur auf einer solchen Massenschale enden. Wir finden

$$(m_0 c)^2 = m^2(c^2 - v^2) , \quad \text{also} \quad m = \frac{m_0}{\sqrt{1 - \frac{v^2}{c^2}}} . \tag{5.2}$$

Das ist die berühmte Formel von der Geschwindigkeitsabhängigkeit der Masse. Bei dieser Gelegenheit erinnern wir uns, daß die Masse physikalisch durch Stoß und Streuung definiert ist. Sehen wir uns also noch einmal den elastischen Stoß (Abb. 2.8 und 2.9) an. Der Kreis aus dem symmetrischen Fall erscheint nun beim Billardstoß nicht mehr einfach schief verschoben, wie das bei einer additiven Zusammensetzung der Geschwindigkeiten sein muß. Statt dessen erhalten wir das in Abbildung 5.6 gezeichnete Bild. Der Kreis der nach einem bestimmten Zeitintervall erreichten Orte

wird in eine Ellipse verformt. Der Mittelpunkt des Kreises – der Zielort beim ideal
unelastischen Stoß – wird in einen Punkt verschoben, den wir als Schnittpunkt der
Verbindungsgeraden der im Einzelfall zusammengehörigen Endpunkte finden. Seine Abstände vom rechten und vom linken Rand der Ellipse stehen im Verhältnis
der Massen der ruhenden und der stoßenden Kugel und zeigen experimentell die
Geschwindigkeitsabhängigkeit der Masse, die wir eben berechnet haben. Nun beobachtet man nicht unmittelbar die Geschwindigkeiten, sondern zunächst die Verteilung der Richtungen nach dem Stoß (Streuquerschnitt). Nehmen wir an, daß im
Ruhsystem des Schwerpunkts, wo alles ganz symmetrisch zugeht, die Bewegungs-
richtungen nach dem Stoß gleichförmig über den Kreis (im Raum über die Kugel)
verteilt sind. Setzen sich die Geschwindigkeiten additiv zusammen, bleibt die Form
des Kreises und die relative Lage der Punkte unverändert. Bei der Zusammensetzung
nach Einstein wird nicht nur der Kreis in eine Ellipse (nach euklidischer Beurteilung) verformt, die homogen verteilten Punkte rücken auch in Vorwärtsrichtung
zusammen (die Zusammensetzung der Geschwindigkeiten hat die gleiche Form wie
bei der Aberration, Abb. 4.10 oben). Wir können die Dichte über der Kugel auftra-
gen und erhalten dann eine Stoßcharakteristik (den differentielle Streuquerschnitt),
die nur vom Winkel gegen die Vorwärtsrichtung abhängt (Abb. 5.7). Nach additiver Zusammensetzung der Geschwindigkeiten wäre diese Charakteristik immer eine
Kugel. Durch die Einsteinsche Addition wird diese Kugel in eine Keule gestreckt.
Der Streckungsfaktor wächst mit dem Lorentz-Faktor $\gamma = 1/\sqrt{1 - \frac{v^2}{c^2}}$ über jede
Schranke. Er wird in allen Experimenten an Teilchenbeschleunigern beobachtet und
berücksichtigt. – Die träge Masse m wächst unbegrenzt, wenn die Geschwindigkeit v
sich der Lichtgeschwindigkeit c nähert, während die Ruhmasse *unverändert* gehalten
wird. Der Limerick [30] drückt es so aus:

> To her friends said the Bright once in chatter:
> "I have learned something new about matter:
> My speed was so great, much increased was my weight[6],
> Yet I failed to become any fatter!"

Gleichung (5.1) ist der Ausgangspunkt für Einsteins berühmte Formel für die
Gesamtenergie eines Objekts. Wir begründen sie auf geometrischem (Abb. 5.8) und
analytischem Wege. Der geometrische Weg stützt sich auf die Berechnung des Energiezuwachses als Produkt von Kraft und Weg, das wir umformen in

$$\mathrm{d}E = \boldsymbol{F}\mathrm{d}\mathbf{r} = \frac{\mathrm{d}\boldsymbol{p}}{\mathrm{d}t}\mathrm{d}\mathbf{r} = \mathrm{d}\boldsymbol{p}\frac{\mathrm{d}\mathbf{r}}{\mathrm{d}t} = \boldsymbol{v}\mathrm{d}\boldsymbol{p} = \boldsymbol{v}\mathrm{d}(m[v]\boldsymbol{v}) \stackrel{\text{Abb. 5.8}}{=} \mathrm{d}(mc^2) \; . \tag{5.3}$$

Wir können das integrieren. In unserem Fall (Gl. 5.1) ist das $\mathrm{d}E = \mathrm{d}(mc^2)$ und
$E_{\text{kinetisch}} = mc^2 - m_0c^2$. Ein anderer Gesichtspunkt ist die direkte Umformung für

---

[6]Das Wort *weight* assoziiert mit der Schwerkraft. Es nimmt die Äquivalenz der trägen und
schweren Masse voraus, wobei es nur die letztere ist, die auf einer gewöhnlichen Waage bestimmt
wird.

Wir zeichnen die Hyperbel fester Ruhmasse und einen Impulsvektor, der auf ihr endet. Das Dreieck der Zuwächse ist dem der Impulskoordinaten ähnlich, denn die Richtung von Impuls und Zuwachs sind die Diagonalrichtungen eines Lichtecks. Deshalb gilt

$$\Delta(mc) = \Delta(mv)\,\frac{v}{c}\;.$$

Vergleichen wir diese Formel mit (5.3), so finden wir

$$\Delta(mc^2) = \Delta E\;.$$

Das Argument kann umgedreht werden. Ist $E = mc^2$ gegeben, erhalten wir durch Differentiation $\Delta(mc) = \Delta(mv)\,\frac{v}{c}$. Das aber definiert eine Hyperbel, die Hyperbel fester Ruhmasse.

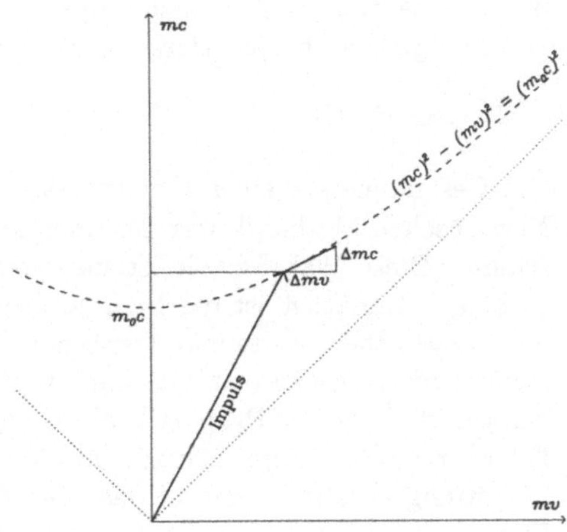

Abbildung 5.8: Energie und Masse

kleine Geschwindigkeiten. Gleichung (5.1) kann in der Form $m^2c^2 = m_0^2c^2 + m^2v^2$ geschrieben werden. Das formen wir um in

$$mc^2 = m_0c^2 + \frac{m}{m + m_0}mv^2\;.$$

Dafür finden wir leicht eine Näherung für kleine Geschwindigkeiten (d.h., $m_0 \approx m$):

$$mc^2 = m_0c^2 + \frac{m}{m + m_0}mv^2 \approx m_0c^2 + \frac{1}{2}mv^2\;. \tag{5.4}$$

Den zweiten Term kennen wir aus der Newtonschen Mechanik: Es ist die kinetische Energie. Den ersten Term nennen wir Ruhenergie. Das zunächst nur ein Name. Interessant wird es erst, wenn wir sehen, daß diese Ruhenergie mobilisiert werden kann. Bei elastischen Stößen bleibt die Summe der kinetischen Energien erhalten, wie also auch die Summe der Ruhenergien erhalten bleiben muß. Anders bei unelastischen Stößen. Hier ist die Bilanz der kinetischen Energien nicht ausgeglichen, folglich kann auch die Bilanz der Ruhenergien nicht ausgeglichen sein: Ruhenergie und kinetische Energie setzen sich ineinander um[7]. Die Summe der Ruhenergien und der kinetischen Energien ist gerade proportional zur vierten Komponente des Gesamtimpulses und muß erhalten bleiben. Deshalb ist die vierte Komponente des Impulses jedes einzelnen isolierten Objekts proportional zu seiner Gesamtenergie. Da

---

[7]Es gibt auch Stöße, bei denen sich Ruhenergie in kinetische umsetzt. Wir nennen sie superelastische Stöße oder auch Stöße zweiter Art. Die Zerstrahlung von Teilchen-Antiteilchen-Paaren ist das extremste Beispiel.

diese vierte Komponente auch proportional zur trägen Masse ist, gilt eine *Äquivalenz von Energie und träger Masse*. Dies ist der Inhalt der berühmten Formel

$$E = mc^2 \ . \tag{5.5}$$

Die Gesamtenergie eines Objekts kann als träge Masse gemessen werden. In der Newtonschen Mechanik war die Energie immer nur bis auf eine freie Konstante bestimmt. Diese Wahlfreiheit ist nun verschwunden, weil die träge Masse sie nicht enthält. – Zunächst ist die Energie proportional der trägen Masse. Es ist deshalb nicht ganz genau, wenn man hier schon sagt, die Energie kann durch Wägung festgestellt werden. Das ist erst nach einer weiteren prinzipiellen Beobachtung erforderlich, der Feststellung der Proportionalität von träger und schwerer Masse[8]. – Es ist ein Fehler, wenn man sagt, Energie und Masse wandeln sich ineinander um. Beide bleiben streng erhalten, eins ist das Maß des anderen. Nur einzelne Bestandteile der Energie wandeln sich ineinander um. – In gebundenem Zustand ist die Gesamtenergie kleiner als die Energie der Teile im dissoziierten Zustand, dementsprechend ist die Ruhmasse des gebundenen Systems kleiner als die Summe der Ruhmassen seiner Teile. Die Differenz heißt *Massendefekt*. Er ist der Bindungsenergie proportional. Ist er negativ, ist also die Energie des Gesamtsystems größer als die Summe der Energien der Teile, so kann das gebundene System nicht stabil sein: Es zerfällt in seine Bestandteile, wobei die dem Massendefekt entsprechende Energie als kinetische Energie der Bruchstücke erscheint. Ein Beispiel ist die Instabilität des Neutrons, dessen Ruhmasse etwas größer als die des Protons ist, und das als freies Teilchen in ein Proton und zwei andere Teilchen zerfällt. Ist das Neutron aber in einem Kern genügend fester gebunden als ein Proton an seiner Stelle, kann es nicht mehr zerfallen, weil die Ruhmassendifferenz dann auch noch die Differenz der Energien dieser Bindung ausgleichen müßte.

5.3 Kinematische Besonderheiten

Wir beginnen damit, den Doppler-Effekt (Abb. 5.9) relativistisch zu analysieren. Die bei Abbildung 2.17 vorgenommene Bewertung muß nun die Relativität der Gleichzeitigkeit beachten. Die gefundene Periodenänderung erweist sich als Doppelverhältnis (Abb. 8.5). – Wir können den Doppler-Effekt in Kombination mit dem Relativitätspostulat benutzen, um die Minkowski-Geometrie herzuleiten [17]. Wir zeigen dazu hier nur den ersten Schritt, den Vergleich von Längen auf Geraden verschiedener Richtung, das ist der Transport der Einheiten zwischen Objekten in relativer Bewegung. Wir argumentieren mit dem Relativitätsprinzip. Der Doppler-Effekt soll symmetrisch sein, beide die Signale austauschenden und vergleichenden Apparate

---

[8]Die Wägung sieht zunächst merkwürdig aus, denn niemand sagt: „Ich habe mich auf die Waage gestellt und gefunden, daß meine Gesamtenergie um drei MegaJoules zugenommen hat." Der größte Teil der sich in der Gesamtmasse zeigenden Energie kann nie als reale Arbeit umgesetzt werden. Darüberhinaus trägt 1 MegaJoule nur etwa 10^{-5} g zum Gewicht bei.

sollen die gleiche Frequenzverschiebung messen, schließlich ist bis auf die räumliche Orientierung die Relativgeschwindigkeit die gleiche. Es soll also $OB/OA = OC/OB$ gelten, falls in den entsprechenden Einheiten gemessen wird. Ersichtlich ist die Hypothese einer universellen Zeit zum Einheitenvergleich jetzt ungeeignet. Abbildung 5.9 zeigt, wie ein Intervall OH auf OB gefunden werden kann, das zu OA gleich lang ist. Der Punkt A markiere die Zeiteinheit auf OC. Nun suchen wir den Einheitspunkt auf OB derart, daß $OC/OA = (OB/OH)^2$. Dann ist der Doppler-Effekt symmetrisch, so daß er durch die Relativgeschwindigkeit allein bestimmt ist. Nach Projektion auf die lichtartigen Richtungen OE und OF erreicht diese Bedingung die Formen $OC_1/OA_1 = (OA_1/OH_1)^2$ und $OB_2/OA_2 = (OH_2/OA_2)^2$. Berücksichtigen wir nun die Gleichheit $OB_2/OA_2 = OC_1/OA_1$, ergibt sich $OH_1 \cdot OH_2 = OA_1 \cdot OA_2$. Das heißt, die Einheitspunkte A und H liegen auf einer gemeinsamen Hyperbel mit den lichtartigen Richtungen als Asymptoten, wie wir das entsprechend den Abbildungen 5.1 und 5.4 erwarten müssen.

Akzeptiert man die Formel $E = mc^2$ für Lichtquanten (etwa mit der feldtheoretischen Begründung, daß der Betrag der Impulsdichte einer elektromagnetischen Welle multipliziert mit der Lichtgeschwindigkeit gleich der Energiedichte ist [36], oder mit der quantenphysikalischen Begründung für $E = h\nu$ und $p = h\nu/c$ [107]), so zeigt der Doppler-Effekt, daß $\Delta E = \Delta mc^2$ dann für alle Körper gelten muß, die spontan ein Photonenpaar symmetrisch abstrahlen können. Ein solcher Körper ruht vor und nach der Emission, wenn diese symmetrisch ist und die Impulse der Photonen ($p_1 = -h\nu/c$, $p_2 = h\nu/c$) entgegengesetzt gleich sind. In einem mit $-v$ bewegten Bezugssystem lautet dann der Impulssatz

$$m_{\text{vorher}}v = m_{\text{nachher}}v + \frac{h\nu}{c}\left(\sqrt{\frac{c+v}{c-v}} - \sqrt{\frac{c-v}{c+v}}\right)$$

Die abgestrahlte Energie ist hier

$$\Delta E = h\nu\left(\sqrt{\frac{c+v}{c-v}} + \sqrt{\frac{c-v}{c+v}}\right) ,$$

und wir erhalten

$$m_{\text{vorher}}c^2 = m_{\text{nachher}}c^2 + \Delta E$$

Die Masse nach der Emission muß also um den bekannten Betrag verringert sein. Wir wissen heute, daß es Objekte gibt, die sich vollständig in Strahlung umsetzen können. Deshalb können wir Einsteins Formal ableiten, indem wir Abbildung 5.4 neu lesen (Abb. 5.10).

Das gleiche Zeichnungsgerüst, das wir zur Berechnung der Geschwindigkeitsabhängigkeit der Masse benutzt haben, können wir nun auch hinsichtlich der ablaufenden Zeit auswerten. Wir finden die *Zeitdilatation* (Abb. 5.11). Wir betrachten dazu den Zeitablauf auf einer bewegten Uhr. Die Zeitintervalle im Ruhsystem des

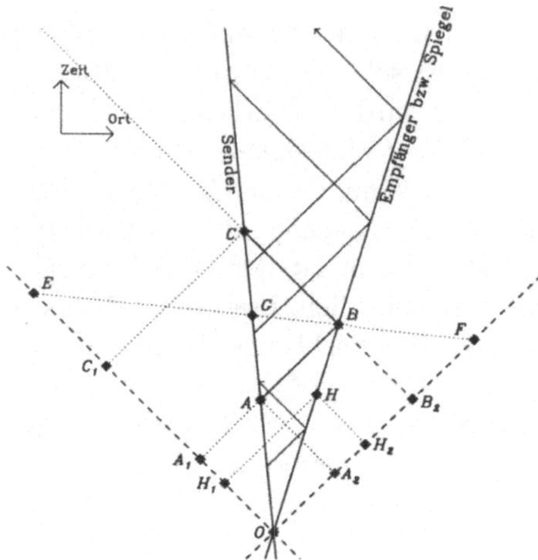

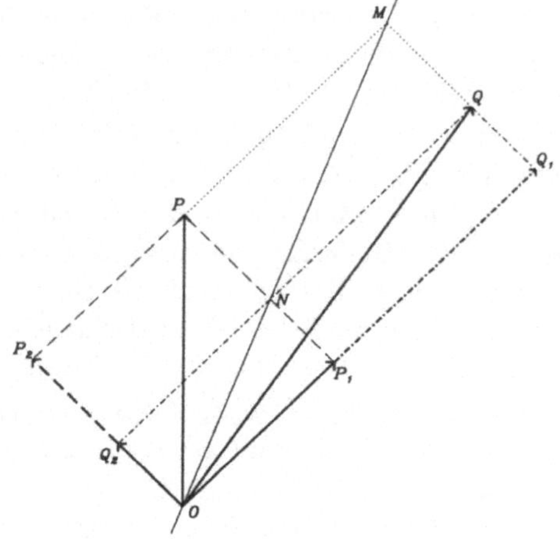

Abbildung 5.9: Der relativistische Doppler-Effekt

Wir zeichnen die Weltlinien eines Senders und eines Spiegels zusammen mit den lichtartigen Richtungen. Die Periodenänderung hängt nur von der Relativgeschwindigkeit zwischen Sender und Spiegel ab. Um das zu zeigen, ziehen wir durch B die Gerade EF der mit B im Bezug auf den *Sender* gleichzeitigen Ereignisse ($EG = GF$). GB/OG ist nun die Geschwindigkeit des Spiegels relativ zum Sender. Die Punktreihe CAO wird nun erst auf CBB_2 und dann auf GBF projiziert. Mit der Invarianz des Doppelverhältnisses bei Projektionen (Abb. 8.5) erhalten wir $CO/AO = CB_2/BB_2 = (GB/GE) : (FB/FE) = \frac{c+v}{c-v}$.

Wir können mit dem Diagramm auch den Punkt H auf OB finden, der von O den gleichen Abstand wie A auf OC hat (siehe Text).

Abbildung 5.10: Die Zerstrahlung eines Teilchens in Bewegung

Wenn ein Teilchen in Ruhe (Weltlinie parallel OP) in zwei Photonen zerfällt (Weltlinien parallel OP_1 und OP_2), dann müssen die Ortskomponenten ihrer Impulse entgegengesetzt gleich sein. Nach Spiegelung an der Weltlinie OM konstruieren wir mit dem Lichteck $PMQN$ erhalten wir aus OP die Richtung OQ, die Photonenrichtungen bleiben jedoch gleich. Das Impulsparallelogramm muß also ähnlich OQ_1QQ_2 sein. Die mv-Koordinaten der Photonen OQ_1 und OQ_2 ergeben sich aus dem Doppler-Effekt. Die Geschwindigkeit zu OQ ist bekannt, und so finden wir die Masse zu OQ als Funktion der Energie der Photonen.

Betrachters sind die Projektionen der Abschnitte der Weltlinie der bewegten Uhr auf die Zeitachse. Die Zeitintervalle $d\tau$ auf der bewegten Uhr sind dagegen über den Satz des Pythagoras mit der zurückgelegten Wegstrecke modifiziert. Damit sind die Projektionen immer länger als die Abschnitte auf den Weltlinien bewegter Objekte. Es gilt

$$\Delta t = \frac{\Delta \tau}{\sqrt{1 - \frac{v^2}{c^2}}} \, .$$

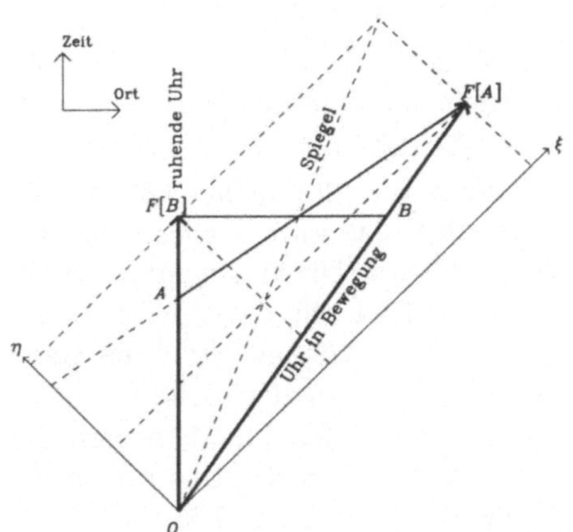

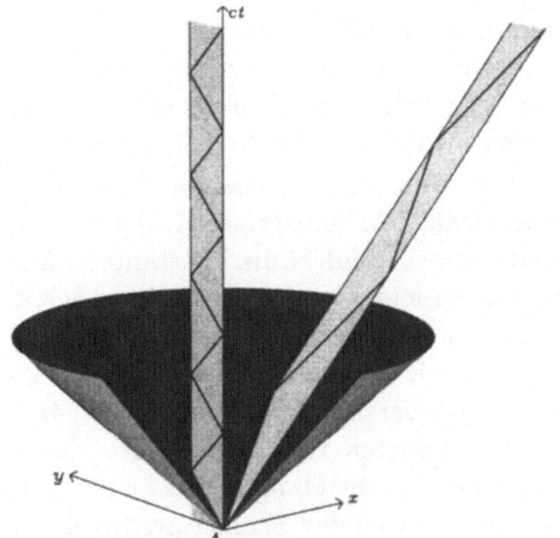

Abbildung 5.11: Die Symmetrie der Zeitdilatation

Wir werten mit Abbildung 5.1 die Zeitkoordinaten der Ereignisse aus. $F[B]$ ist auf OA
gleichzeitig zu B, $F[A]$ ist auf OB gleichzeitig zu A. Die Projektion einer Strecke ist also
immer *länger* als die projizierte Strecke.
$$(OF[A])^2 - (AF[A])^2 = (OA)^2 < (OF[B])^2,$$
$$(OF[B])^2 - (BF[B])^2 = (OB)^2 < (OF[A])^2.$$
Dabei ist diese Aussage völlig symmetrisch
und überdies streng homolog der Aussage
der euklidischen Geometrie, nur daß dort die
Projektionen immer *kürzer* als die projizierten Strecken sind.

Abbildung 5.12: Zeitdilatation und
Lichtuhr

Wir zeigen den Fahrplan zweier Lichtuhren,
eine im Bezugssystem ruhend, die andere in
Bewegung. Die Uhren werden lateral bewegt.
Der Schnitt der Streifen mit einem Lichtkegel am Punkt A zeigt den Weg der Photonen in der Lichtuhr und damit ihren Gang.
Ersichtlich ist der Gang der bewegten Uhr
(geneigter Streifen) langsamer als die in Ruhe (senkrechter Streifen) – falls gleichzeitige
Ereignisse entsprechend der Zeit im Ruhsystem bestimmt werden.

Das berühmteste Beispiel für diesen Unterschied zwischen den Zeitintervallen eines
Prozesses in seinem Ruhsystem und seiner Projektion auf ein anderes Bezugssystem
ist das Myon in kosmischen Teilchenschauern. Das Myon – gebildet in der oberen
Atmosphäre durch einen unelastischen Stoß anderer Teilchen – zerfällt nach einer
inneren Uhr, die entsprechend quantentheoretischen Gesetzen abläuft, bereits nach
etwa 10^{-8} s. Nach höchstens 3 m Flugweg sollte diese Zeit verbraucht sein. Dennoch
kann das Myon 100 km zurücklegen, weil dafür viel mehr Zeit des ortsfesten Beobachters zur Verfügung steht. Die Zeitdilatation ist Voraussetzung nicht nur für die
Beobachtbarkeit der Myonen der Höhenstrahlung, sondern auch für die Möglichkeit,
instabile Teilchen in einem Beschleuniger zu präparieren.

Dabei ist die Zeitdilatation durchaus symmetrisch. Vom Standpunkt des vorbei-
fliegenden Teilchens bewegt sich das Labor, und der Zeitablauf der Uhr auf dem
Labortisch erscheint gestreckt. Der Zeitvergleich findet aber zwischen anderen Ereignissen als vorher statt und produziert *keinen* Widerspruch (Abb. 5.11). Die Zeit-

dilatation ist nicht so seltsam, wenn wir uns die euklidische Entsprechung ansehen. Auch in der euklidischen Geometrie ist es kein Widerspruch, daß bei gleich langen Schenkeln eines Winkels die Projektion jedes Schenkels auf den jeweils anderen kürzer als der projizierte Schenkel ist, und dies ist ebenfalls ganz symmetrisch.

Mit Hilfe der konstanten Ausbreitungsgeschwindigkeit des Lichts können wir eine ideale Uhr konstruieren, die ein Lichtsignal zählt, das immer wieder an den Enden eines Hohlraums konstanter Länge reflektiert wird. Die Regelmäßigkeit ihres Gangs hängt nur von der Konstanz der Länge und der Lichtgeschwindigkeit ab, nicht von den Feinheiten des Uhrenbaus. Darüber hinaus können wir ihren Gang geometrisch bestimmen (Abb. 5.12). Wir sind ihr schon bei der Diskussion des Michelson-Versuchs begegnet (Abb. 4.4). Je mehr der Streifen (der Fahrplan der lateral bewegten Uhr) geneigt ist, desto schneller bewegt sich die Uhr und desto langsamer ist ihr Gang verglichen mit der Zeit des Bezugssystems. Die Einheit ist bestimmt durch den Schnitt des Streifens mit dem Lichtkegel. Die Streifen verschiedener Neigung in Richtung der x-Achse und gleicher Ausdehnung in y-Richtung schneiden den Lichtkegel in einer Ebene $y = $ konstant. Die Schnittkurve ist also ein Kegelschnitt, genauer die Hyperbel, die wir schon in den Abbildungen 5.1 und 5.4 gefunden haben.

Die Symmetrie der Zeitdilatation ermöglicht die Formulierung eines *Zwillingsparadoxons*, auch *Uhrenparadoxon* genannt (Abb. 5.13, 5.14). Wir ersetzen den Vergleich der Koordinate Zeit mit *einer* bewegten Uhr durch den Vergleich *zweier* Uhren. Dazu müssen beide Uhren mehrmals zusammentreffen (in Abb. 5.13 sind das die Ereignisse A und B). Nur eine Uhr kann dann unbeschleunigt bleiben, die andere, die bei Relativbewegung sich erst entfernt, muß irgendwann (Ereignis C) zurückkehren. Die schlichte Addition der Eigenzeitelemente dieser zweiten Uhr liefert dann einen Wert, der wegen der Zeitdilatation kleiner ist als das Zeitintervall, das auf der ersten Uhr abgelaufen ist. Schließlich war die zweite Uhr relativ zur ersten immer in Bewegung, und die Zeit auf der ersten Uhr setzt sich aus den Projektionen der Weltlinienstücke der zweiten Uhr zusammen (Abb. 5.13): AB ist die Weltlinie eines ortsfesten Betrachters, ACB die eines Reisenden. Es gilt die Dreiecksungleichung $d[A, C] + d[C, B] < d[A, D] + d[D, B] = d[A, B]$. Der Reisende braucht weniger Zeit als der Daheimgebliebene. Wir finden den allgemeinen Satz: In einem Dreieck aus Weltlinien ist jetzt die längste Seite *länger* als die Summe der beiden anderen. Dies ist die Dreiecksungleichung der pseudoeuklidischen Geometrie[9]. In der euklidischen Geometrie haben wir bereits eine analoge Situation. Der einzige Unterschied ist das Vorzeichen. In der euklidischen Geometrie ist die dritte Seite ja immer *kürzer* als die Summe der beiden anderen. Die gerade Verbindung zwischen zwei Punkten ist die *kürzeste*. In der pseudoeuklidischen Geometrie ist die Länge einer Weltlinie aber die Zeit, die ein nach dem Fahrplan der Weltlinie bewegter Beobachter auf seiner Taschenuhr abliest. Wir haben gesehen, daß die ablaufende Zeit vom Fahrplan der

---

[9]Es gibt Versuche, die Minkowski-Geometrie als Effekt der Selbstwechselwirkung von Feldern in einer ansonsten *euklidischen* vierdimensionalen Welt zu verstehen [82], allerdings ohne bleibenden Erfolg.

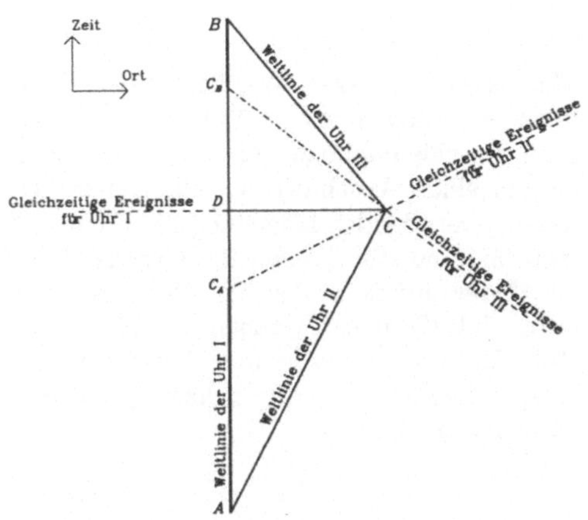

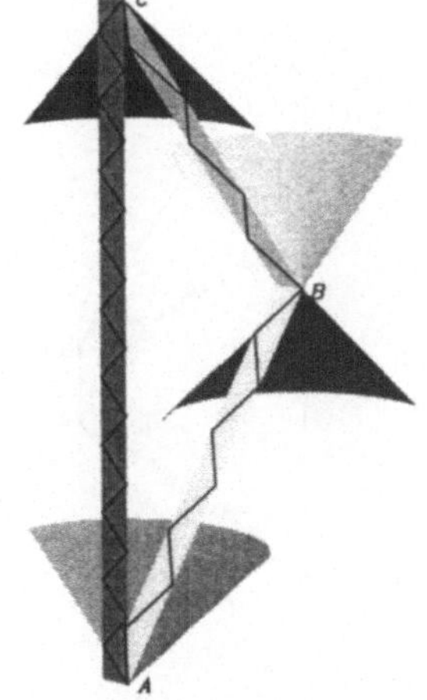

Abbildung 5.13: Zwillingsparadoxon und Dreiecksungleichung

Wir zeichnen ein Dreieck $\triangle ACB$ aus zeitartigen Strecken und fällen das Lot DC auf die längste der drei Seiten. Wegen des Minuszeichens im Satz des Pythagoras ist nun AD länger als AC und DB länger als CB. Die Seite AB ist also länger als die Summe der beiden anderen Seiten. – Bei der Projektion der Linie AB auf ABC muß man den Unterschied der Lote CC_A und CC_B beachten. AC_A wird auf AC und C_BB auf CB projiziert.

Abbildung 5.14: Zwillingsparadoxon und Lichtuhr

Der Reisende wie der Daheimbleibende sind mit Lichtuhren (Abb. 5.12) ausgerüstet. Deren Gang wird durch die entsprechenden Lichtkegel bestimmt. In unserer Abbildung zählen wir sieben Perioden für den Reisenden und zehn für den Daheimgebliebenen. Ersichtlich kann das Netz der sich schneidenden Linien, die zur Konstruktion herangezogen werden, nicht durch Spiegelungen oder Minkowski-Drehungen (d.h. durch Änderung des Bezugssystems) der Gesamtfigur geändert werden. Das Resultat ist also Ausdruck der invarianten Dreiecksungleichung der Minkowski-Geometrie.

Uhr abhängt. Die direkte gerade (unbeschleunigte, ungeknickte) Weltlinie zwischen zwei Ereignissen ist nun die *längste*.

Es ergibt sich schon dadurch eine ungewohnte Situation, daß überhaupt Unterschiede auftreten. Der Vergleich mit der euklidischen Geometrie zeigt aber, daß von diesem Standpunkt aus eigentlich die Galilei-Geometrie und damit die klassische Mechanik merkwürdig ist, weil dort die Länge einer Weltlinie zwischen zwei Ereignissen nur von diesen Ereignissen und *nicht* von der Form der Verbindungslinie abhängt. – Geradezu paradox scheint die Möglichkeit, die Aussage einfach umzukehren. Bezogen auf den Reisenden ist der Daheimgebliebene in ständiger Bewegung. Sollte er oder sie nicht mit gleichem Recht Opfer der Zeitdilatation sein? Diese Frage bildet das Zwillingsparadoxon im engeren Sinne. Sie setzt voraus, daß die Gründe für die verschiedenen Zeiten beim Ablesen bei B einfach umgekehrt werden können,

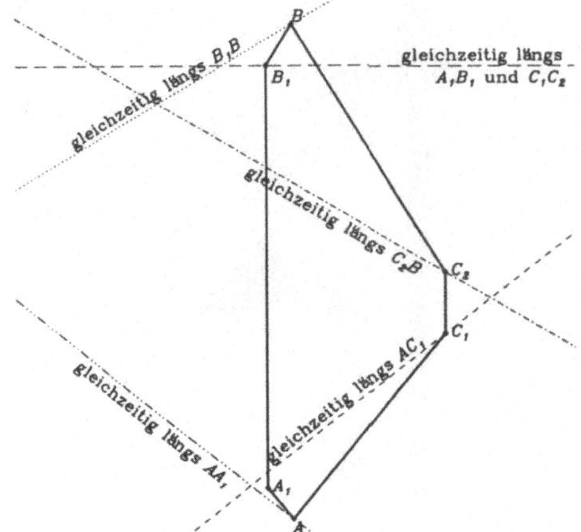

Man kann die zwei Weltlinien der Zwillinge so präparieren, daß beide die gleichen Beschleunigungen erfahren, nur eben die einzelnen Abschnitte gleichförmiger Bewegung verschieden lang sind. Die Figur aus Abb. 5.13 entsteht, wenn die Gerade A_1B_1 an AB heranrückt und sich C_1C_2 so weit entfernt, daß C_1 und C_2 zusammenfallen. Zur Hilfe für den analysierenden Leser sind die entsprechenden Linien gleichzeitiger Ereignisse angegeben.

Abbildung 5.15: Zwillingsparadoxon mit symmetrischen Beschleunigungen

womit ein Widerspruch festgestellt wäre. Nun gibt es aber einen Unterschied beider Weltlinien, das ist der Umkehrpunkt C, wo Geschwindigkeit und Ruhsystem des Reisenden geändert werden. Der Daheimgebliebene unterliegt *auch* der Zeitdilatation, das ist richtig, aber sie muß für beide Teile der Weltlinie des Reisenden gesondert bestimmt werden. Die Analyse zeigt, daß es nur Teile der Weltlinie des Daheimgebliebenen sind, die auf die des Reisenden projiziert werden. Bezogen auf den Reisenden sind die Projektionen der Weltlinie des Daheimgebliebenen zwar auch kürzer als die Weltlinie selbst, aber es wird nicht das gesamte Segment AB auf die Weltlinie des Reisenden projiziert, sondern nur AC_A auf AC und C_BB auf CB. Die Zeitdilatation sagt $d[A, C_A] + d[C_B, B] < d[A, C] + d[C, B]$, und das ist *kein* Widerspruch zu $d[A, B] > d[A, C] + d[C, B]$.

Die Beschleunigung bei C trägt nichts Entsprechendes zum Zeitvergleich bei. Wir können die Uhr des Reisenden durch zwei unbeschleunigte Uhren ersetzen, die sich bei C begegnen und ihren Stand vergleichen. Dann bedarf der Reisende keiner Uhr, die eine Beschleunigung über sich ergehen lassen muß. Daher ist die Antwort auf die Frage der Symmetrie *ja*, die Uhr des Daheimgebliebenen ist auch vom Standpunkt des Reisenden verlangsamt, aber *nicht alle* beim Daheimgebliebenen verstreichende Zeit wird mit der des Reisenden verglichen. – Das Nachdenken über den Effekt einer Beschleunigung der Uhr ist eine zusätzliche Verfeinerung und berührt die Feststellung der Dreiecksungleichung *nicht*. Der primäre Effekt ist der Zeitunterschied in B, der gerade der Dreiecksungleichung entspricht. Er ist proportional zur *Gesamtgröße* des Dreiecks. Die Beschleunigung einer Uhr betrifft dagegen den *Winkel* bei C und kann nur solche Effekte verursachen, die *nicht* proportional zur Größe des Dreiecks sind. Deshalb können diese immer vom primären Effekt getrennt werden. Im Grunde kann eine Beschleunigung ihrerseits zwei Arten von Effekten liefern. Einmal ist das eben der konstante Beitrag, der auf die Störung der Uhr während der Beschleunigung

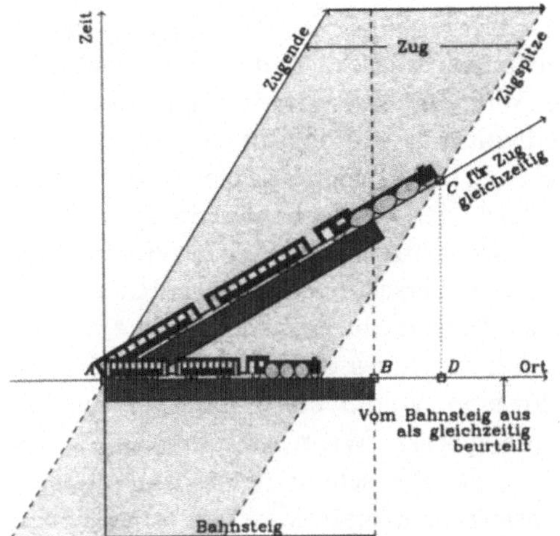

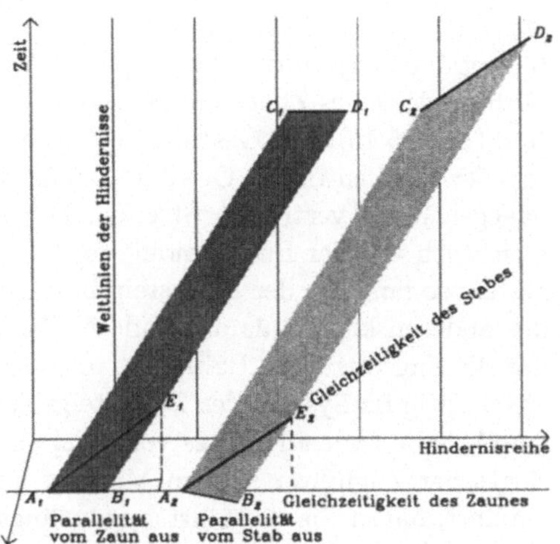

Abbildung 5.16: Die Symmetrie der Längenkontraktion

Wir zeichnen die Weltlinien eines fahrenden Zuges vor dem ortsfesten Bahnsteig. Wenn der Zug so lang sein soll wie der Bahnsteig, muß $AD^2 - CD^2 = AB^2$ sein. D liegt also außerhalb von AB. Vom Zug aus beurteilt, ist der Bahnsteig kürzer. Allerdings liegt B auch rechts der Weltlinie der Spitze des Zugs. Vom Bahnsteig aus beurteilt, ist der Zug kürzer. Man vergleiche mit Abbildung 2.15. In jedem der beiden Fälle erscheint die jeweils andere Ablesung nicht zur gleichen Zeit stattzufinden, deshalb ist der Unterschied im Ergebnis auch gut begründet.

Abbildung 5.17: Ein Paradoxon der Längenkontraktion

In einer 2+1-dimensionalen Welt zeichnen wir zwei gleichförmig bewegte Stäbe und eine Hindernisreihe (einen Zaun) in Ruhe. Die Ruhlänge der Stäbe (A_1E_1 bzw. A_2E_2) sei gleich dem Abstand der Hindernisse in deren Ruhsystem. Der linke Stab ist parallel zur Hindernisreihe in *deren* Ruhsystem, d.h., die räumlichen Projektionen von A_1B_1 und C_1D_1 sind parallel. Er scheint verkürzt und kann passieren. Der rechte Stab ist auch parallel zur Hindernisreihe, aber in *seinem* Ruhsystem, d.h., die räumlichen Projektionen von A_2E_2 und C_2D_2 sind parallel. Die Hindernisse scheinen verengt, der Stab kann nicht passieren.

zurückzuführen ist. Zum andern kann sich die Periode der Uhr irreversibel ändern[10]. Der erste Effekt würde einen Beitrag unabhängig von der Dauer des Experiments liefern, wenn nur die Beschleunigungsphase immer gleich bleibt. Der zweite Effekt wirkt noch nach dem Ende des Experiments. Keiner der beiden Effekte kann die Zeitdilatation kompensieren[11].

Das merkwürdige Verhalten der Zeitkoordinate finden wir auch bei Längenver-

---

[10] Man kann während der Beschleunigung graue Haare bekommen, danach aber wie vorher altern. Das wäre ein Effekt vom ersten Typ. Man kann auch erkranken und nach der Beschleunigungsphase permanent schneller altern. Das wäre ein Effekt der zweiten Art.

[11] Es gibt auch Untersuchungen zu Weltlinien mit gleichen Beschleunigungen (Abb. 5.15) [19] und zu solchen ganz ohne Beschleunigung auf mehrfach zusammenhängenden Welten [32].

gleichen wieder. Die Auswertung bezüglich der Längen erfordert allerdings die Erweiterung der Zeichnung auf *zwei* parallele Weltlinien, etwa der Enden eines bewegten Stabes oder eines Zuges auf gerader Strecke. Wir analysieren so die *Längenkontraktion* (Abb. 5.16). Die Geschichte eines ausgedehnten bewegten Objekts (Zug) ist ein schiefer Streifen in der Ort-Zeit-Ebene. In Ruhe (Bahnsteig) beschreibt ein Objekt dagegen einen vertikalen Streifen. Der Vergleich der Breite beider Streifen hängt ersichtlich von der Bestimmung der Gleichzeitigkeit ab. Ist der Zug in seinem Ruhsystem so lang wie der Bahnsteig in seinem eigenen, erscheinen beide im Ruhsystem des anderen kürzer als der andere. Wenn das Zugende in den Bahnsteig einfährt, hat die Zugspitze den Bahnsteig noch nicht voll durchmessen, wenn die Zeitpunkte gleichzeitig im System des Bahnsteigs gewählt sind. Vom System des Zuges aus beurteilt haben wir allerdings vorn viel zu früh abgelesen. Wenn nach den Uhren des Zuges der Zugführer in dem Moment aus dem Fenster schaut, wenn das Zugende einfährt, hat er die Ausfahrtsignale längst passiert. Die erste Messung scheint eben zu früh abgelaufen zu sein. Das bewegte Objekt erscheint immer verkürzt [30].

> A fencing instructor named Fisk
> In duels was terribly brisk.
> So fast was his action, Fitzgerald contraction
> Foreshortened his foil to a disk[12].

Die Längenkontraktion ist also ein symmetrischer Projektionseffekt wie die Zeitdilatation auch[13]. – Man kann fragen, weshalb die Länge bewegter Objekte zu *kurz* gemessen wird, wo doch die Messung der Zeitintervalls auf bewegten Objekten immer zu *groß* ausfällt. Die einfache Projektion raumartiger Segmente ist tatsächlich *größer* als die Segmente selbst (in Abb. 5.16 ist das Segment AD länger als AC), aber die Messung impliziert eben auch die Relativität der Gleichzeitigkeit. Deren Effekt überkompensiert den Projektionseffekt. Das Resultat ist eine Längen*kontraktion*.

Die Symmetrie der Längenkontraktion erlaubt nun wieder die Formulierung von Paradoxa, die ganz analog dem Zwillingsparadoxon zu analysieren sind. Wir zitieren hier das von Shaw [123] vorgestellte Paradoxon der Längenkontraktion (Abb. 5.17). Ein Stab bewegt sich in seiner Längsrichtung entlang einer parallelen Hindernisreihe (einer Art Zaun) und driftet dabei langsam gegen diesen Zaun. Der Abstand der Hindernisse im Ruhsystem des Zauns und die Ruhlänge des Stabes sollen gleich sein. Hat der Stab die Gelegenheit, die Hindernisreihe zu passieren? Vom Standpunkt des Zaunes aus ist der Stab wegen seiner Bewegung verkürzt, paßt also gut zwischen zwei Hindernisse und kann auf die andere Seite wechseln. Vom Standpunkt des Stabes

---

[12]Der Durchmesser der Scheibe ist aber nicht größer als der Durchmesser der Klinge! Knopf wäre also genauer als Scheibe, würde sich aber nicht reimen.

[13]Die Momentaufnahme eines bewegten Objekts enthält nicht nur die Längenkontraktion, sondern muß auch noch die unterschiedlichen Lichtwege von den verschiedenen Punkten des Gegenstands zum Objektiv berücksichtigen. Die Berechnung des Anblicks ist also ein gesondertes Problem [109]. Stehen die zwei Augen hintereinander, findet die Längenkontraktion des Augenabstands ihre Entsprechung in einer Längenkontraktion des stereoskopischen Bildes (Abb. 4.10 und 4.11).

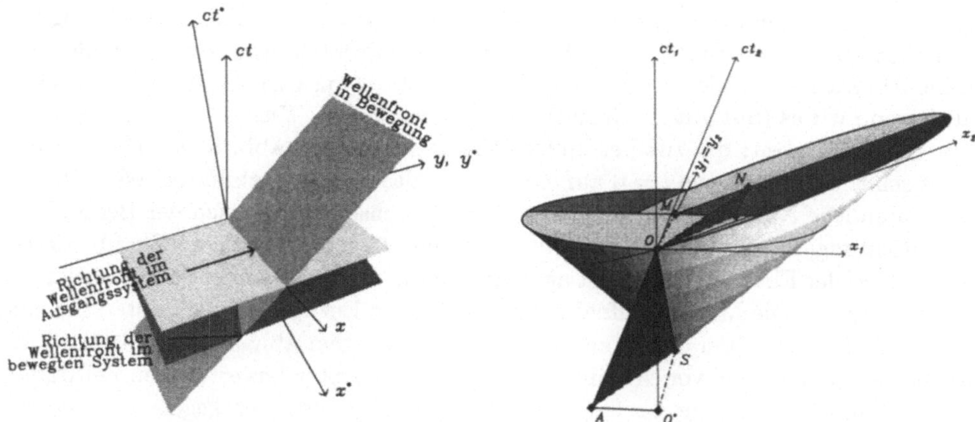

Abbildung 5.18: Aberration und Relativität der Gleichzeitigkeit. I.

Analog Abb. 2.12 zeichnen wir nun eine Wellenfront, die sich in y-Richtung ausbreitet. Dazu zeichnen wir die Ebenen gleichzeitig mit $t = 0$ (hell) und mit $t^* = 0$ (dunkel). Die Normale der Wellenfront ist eine Richtung im Raum und verändert sich bei Bewegung des Beobachters *nicht*, solange sich an der Gleichzeitigkeit nichts ändert. Die Ebenen $t^* = 0$ und $t = 0$ müssen verschieden sein, sonst gibt es keine Aberration der Phasenflächen.

Abbildung 5.19: Aberration und Relativität der Gleichzeitigkeit. II.

Dies ist eine erweiterte Version von Abb. 4.3. Der Beobachter bestimmt die Richtung des ankommenden Photons [44]. Die Projektion des ziemlich komplexen Fahrplans auf die Räume gleichzeitiger Ereignisse liefert sowohl die Richtung des einfallenden Photons (Schnitt der Ebene OSO^* mit $t_1 = 0$ und OSA mit $t_1 = 0$ bzw. $t_2 = 0$) als auch die Lage der Wellenfront (Schnitt des Lichtkegels mit $t_1 = 0$ bzw. $t_2 = 0$) zum Zeitpunkt der Beobachtung (siehe Text).

aber bewegt sich der Zaun. Die Abstände der Hindernisse erscheinen verkürzt und verhindern die Passage. Was ist nun richtig? Das hängt davon ab, in welchem Bezug die Parallelität festgestellt wird. Parallelität im Ruhsystem des Stabes heißt Auflaufen im Ruhsystem der Hindernisreihe. Obwohl der Stab dort verkürzt erscheint, kann er nicht passieren, weil er aus der Driftrichtung herausgedreht erscheint. Ist der Stab dagegen im Ruhsystem des Zaunes parallel, kann er passieren. In seinem Ruhsystem ist zwar die Hindernisreihe verengt, aber der Zaun scheint *in* die Driftrichtung gedreht, und der Stab kann durchtauchen.

Die mit der Relativität der Gleichzeitigkeit verknüpfte Änderung der Orientierung erweist sich auch als notwendige Voraussetzung für die Aberration (Abb. 4.3) im Wellenbild [88]. Solange wir das Recht haben, uns einen Strom von Teilchen oder teilchenartigen Objekten wie *Wellengruppen* vorzustellen, können wir das Additionstheorem der Geschwindigkeiten zur Bestimmung der Aberration heranziehen. Beobachten wir dagegen Wellenfronten (wie dies mit einer adaptiven Optik geschieht), gibt es dafür keinen Grund (Abb. 5.18). Würden wir Schall mit einer Einrichtung beobachten, die es ermöglicht, die Richtung der Wellenfronten festzustellen, fänden wir keine Aberration[14]. Wie ist es aber mit dem Licht, das ja wirklich Aberration zeigt, auch wenn wir es (mit gutem Grund) als Welle verstehen? Hier ist es die Relativität der Gleichzeitigkeit, die zur bekannten Aberration führt (Abb. 5.18). Die Wellenfront schneidet die Ebene $t = 0$ auf einer Linie, das Momentanbild der Wellenfront. Ihre räumliche Normale hat die Richtung der y-Achse. Bewegt sich der Beobachter in x-Richtung, ist der Schnitt nun mit der Ebene $t^* = 0$ wieder eine Gerade, deren Normale in der Ebene $ct^* = 0$ jetzt aber eine Komponente in x-Richtung hat. Das ist die Aberration. Die Momentaufnahme in den beiden Bezugssystemen unterscheiden sich, weil die Definition des Moments vom Bezugssystem abhängt. Abbildung 5.19 ist die Fahrplanversion von Abbildung 4.3. Der Beobachter bewertet zum Zeitpunkt O die räumliche Richtung des längs der Mantellinie SO des Lichtkegels einfallenden Photons als Projektion dieser Linie auf einen Raum gleichzeitiger Ereignisse [44]. Für den Beobachter B_1 ist MO die Projektion von SO. Sie ergibt sich als Schnitt der Ebene gleichzeitiger Ereignisse mit der Ebene SOO^*. Für B_2 muß mit SOA geschnitten werden, und es ergibt sich die Aberration wie im Grundriß zu sehen. Solange wir jedoch die Definition der Gleichzeitigkeit unangetastet lassen, bleibt die Wellenfront ein Kreis, dessen Normalen weiter nach M zeigen. Wir müssen eine Relativität der Gleichzeitigkeit akzeptieren, wenn auch diese Normalen Aberration zeigen sollen. Gehen wir wie bekannt vor, erhalten wir für B_2 eine neue Ebene gleichzeitiger Ereignisse und die Projektion NO. Der Punkt N ist der Mittelpunkt der Schnittfigur mit dem Lichtkegel. Mit der geeigneten (Minkowski-)Eichung der Koordinaten ist die Schnittfigur wieder ein Kreis, die Normalen zeigen alle nach N, und die Aberration der Normalen ist mit der des Teilchenbildes identisch.

Es zeigt sich, daß es gerade in der Minkowski-Geometrie – soweit die Kinematik betroffen ist – möglich ist, die Lichtausbreitung sowohl als Strom von Teilchen (Photonen) als auch als Wellenphänomen anzusehen. Weil nun die Relativität der Gleichzeitigkeit der zentrale Punkt ist, kann man das Argument sogar umkehren. Wir können von der Beobachtung einer teilchenartigen Aberration ausgehen und eine Relativität der Gleichzeitigkeit suchen, die diese Aberration für Wellenfronten reproduziert. Dann erhalten wir die Minkowski-Geometrie[15] [3].

---

[14]Fresnel, der die absolute Gleichzeitigkeit nicht in Frage stellen konnte, war sehr verwundert, als er merkte, daß Wellenfronten keine Aberration zeigen. Er berief sich deshalb auf die Arbeitsweise konservativer Teleskope. Diese schneiden mit der Aperturblende eine Wellengruppe aus der Front heraus, die sich dann durch das Teleskop bewegt und Aberration zeigt, obwohl der Wellenfront vor der Aperturblende diese fehlt. Allerdings muß man dann einen Äther in Kauf nehmen, dessen Bewegung *nicht* abgeschirmt werden kann, und der alle Materie ungehindert und ungebremst durchdringt.

[15]Wir betonen nochmals, daß die Aberration der Phasenflächen ein Effekt erster Ordnung ist. Er läßt sich deshalb *nicht* wie das Nullergebnis des Michelson-Versuchs durch Konstruktionen modellieren, die an der absoluten Gleichzeitigkeit festhalten.

5.4   Das Netz

An diesem Punkt können wir nun feststellen, daß wir ein ganzes Netz von Aussagen haben, die alle der Minkowski-Geometrie äquivalent sind, wenn man das Relativitätsprinzip anerkennt. Zunächst hatten wir die Minkowski-Geometrie aus der Isotropie der Lichtgeschwindigkeit abgeleitet. Unsere erste Beobachtung war die Relativität der Gleichzeitigkeit. Mit den entsprechenden genauen Koeffizienten stellt sie den essentiellen Teil der Lorentz-Gruppe dar: Eine Bewegungsgruppe, die solch eine Relativität der Gleichzeitigkeit einschließt, kann nur die die Lorentz-Gruppe sein. Danach leiteten wir die Geschwindigkeitsabhängigkeit der Masse ab und fanden, daß umgekehrt die Relativität der Gleichzeitigkeit aus dieser Geschwindigkeitsabhängigkeit konstruiert werden kann. Wir haben gezeigt, daß die Formel $E = mc^2$ folgt, aber mit dem gleichen Erfolg können wir aus dieser die Geschwindigkeitsabhängigkeit der Masse herleiten, etwa mittels der Definition des Energiezuwachses in Gleichung (5.3) und deren Integration zur Gleichung (5.4). Andererseits können wir auch mit dem Einsteinschen Additionstheorem der Geschwindigkeiten beginnen, das die Invarianz der Lichtgeschwindigkeit unmittelbar zeigt, aber auch die Relativität der Gleichzeitigkeit (Kapitel 8, Abb. 8.7). Bondi [17] beginnt die Diskussion mit der Symmetrie des Doppler-Effekts. Schließlich können wir verlangen, daß die Aberration des Lichts für Wellenfronten und Photonen gleich ist. Das impliziert ebenfalls die bekannte Relativität der Gleichzeitigkeit. Das so entstehende Netz ist in Tabelle 5.1 zusammengestellt.

5.5   Schneller als das Licht

Gibt es Bewegung schneller als das Licht? Fragen wir die Geometrie. Wir haben diese mit Spiegelungen erzeugt. Die Weltlinie eines ruhenden Teilchens kann nur kongruent (d.h. Spiegelbild) einer zeitartigen Linie sein, die Bewegung mit einer Geschwindigkeit kleiner als der Lichtgeschwindigkeit beschreibt. Oft verweist man auf die Geschwindigkeitsabhängigkeit der Masse und argumentiert, die Lichtgeschwindigkeit könne nicht erreicht werden, weil auch große und langandauernde Beschleunigungen am Ende immer nur die Energie (und mit ihr die Masse) erhöhen, die Weltlinie aber immer zeitartig bleibt. Ein Körper in Ruhe kann auch bei Zufuhr beliebiger Energie die Lichtgeschwindigkeit nicht erreichen: Die Länge seines Impulsvektors kann sich ja nicht ändern und fixiert die Geschwindigkeit auf $v < c$. Dennoch gibt es lichtschnelle Teilchen, die Photonen, die nicht auf Lichtgeschwindigkeit beschleunigt werden, sondern schon bei ihrer Entstehung Lichtgeschwindigkeit haben. Ein lichtschnelles Teilchen hat einen Impuls der Länge Null, d.h., es hat keine *Ruhmasse* m_0. Dennoch hat es eine Masse, die sich bei Stößen mit anderen Teilchen bemerkbar macht. Nur zur Ruhe kann es nicht gebracht werden, ebensowenig wie es beschleunigt werden

Tabelle 5.1: Das Netz der Grundaussagen der Relativitätstheorie

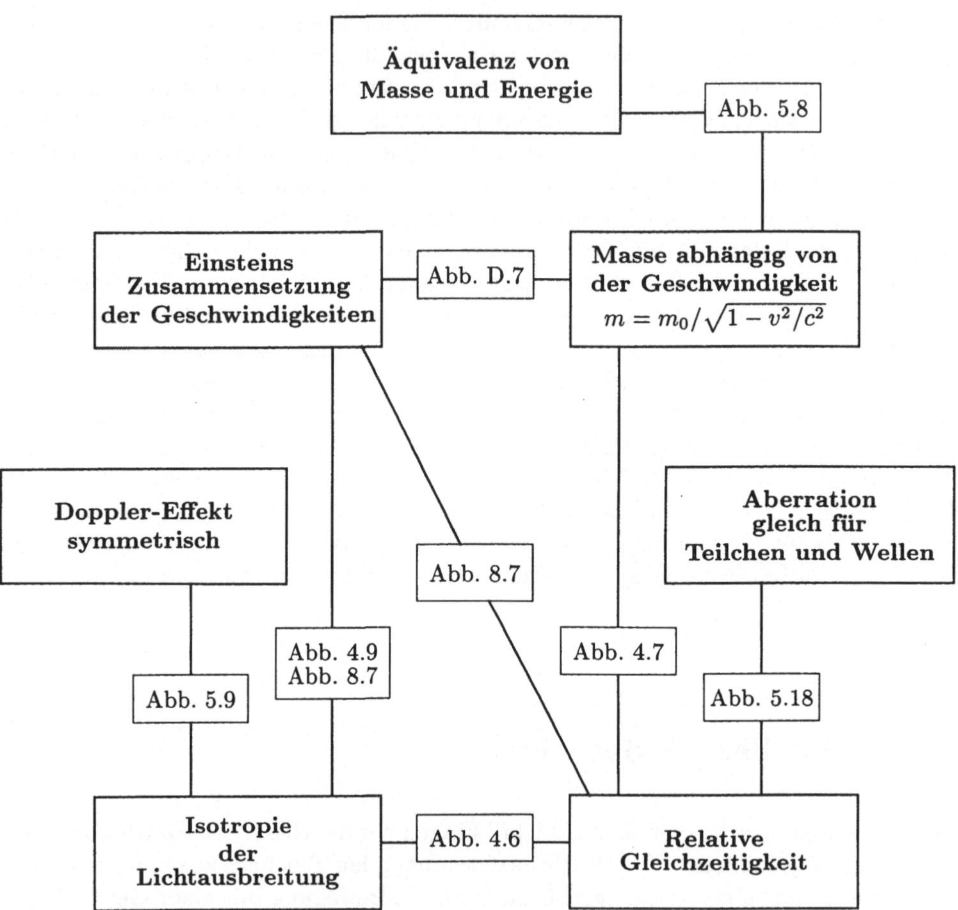

kann[16]. Die Länge Null des Impulsvektors bindet die Bewegung des Teilchens an den Lichtkegel. Auch diese Richtungen in der Raum-Zeit können bei Spiegelungen nicht umgekehrt werden. Die Fixierung der Geschwindigkeit von realen Bewegungen auf $v \leq c$ sichert eine *Kausalordnung* in der Welt – alle Wirkung wird nur in einer

---

[16]Merkwürdigerweise kann man grundsätzlich auch ein Photon auf eine Waage legen, obwohl es dabei nicht zur Ruhe gebracht werden kann. Eingesperrt in einen Kasten mit ideal spiegelnden Wänden bewirkt sein Gewicht, daß die Stöße gegen den Boden etwas mehr Impuls übertragen als die Stöße gegen den Deckel. Die Differenz, die sich pro Zeiteinheit ansammelt, ist das Gewicht des Teilchens. Dies war eins der Argumente, mit denen sich Einstein für das Äquivalenzprinzip als Grundlage der Gravitationstheorie entschied.

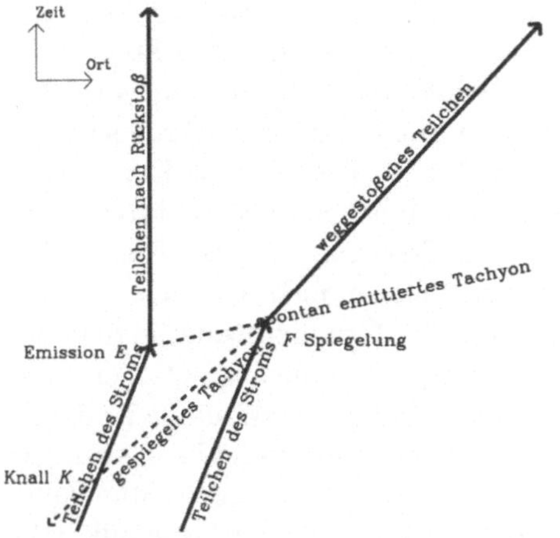

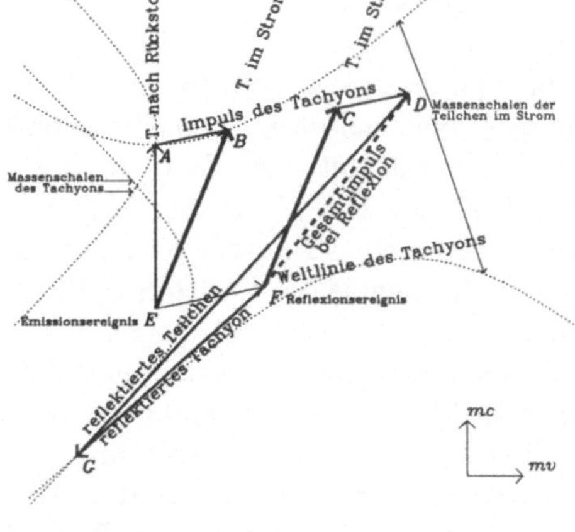

Abbildung 5.20: Spiegelung von Tachyonen in die Vergangenheit

In einem Strom von Teilchen fester Ruhmasse werde ein Tachyon gegebenen Impulsquadrats spontan emittiert und von einem anderen Teilchen des Stroms elastisch reflektiert. Dann trifft es das Teilchen, dem es seine Emission verdankt, vor der Emission.

Die Tachyonenrichtungen im Fahrplan sind durch die Konstanz der Impulsquadrate der Tachyonen und der Teilchen des Stroms bestimmt (Abb. 5.21). Zur Konstruktion dieser Richtungen ergänzen wir die Abbildung mit Hilfslinien zur Impulsbilanz und den Massenschalen der beteiligten Teilchen.

Abbildung 5.21: Impulsbilanz der Tachyonenspiegelung.

Der Impulsvektor $\vec{EB}$ wird in den Impulsvektor $\vec{AB}$ des Tachyons (der auf der raumartigen Massenschale des Tachyons liegen muß) und den Impulsvektor $\vec{EA}$ zerlegt (der auf der gleichen Massenschale wie $\vec{EB}$ endet. Wir finden A als Schnittpunkt zweier Hyperbeln.

Zur Reflexion konstruieren wir zunächst den Gesamtimpuls $\vec{FD}$ als Summe von $\vec{FC} = \vec{EB}$ und $\vec{CD} = \vec{AB}$. Dieser wird wieder wie gehabt zerlegt in einen Tachyonenimpuls $\vec{FG}$ und einen Teilchenimpuls $\vec{GD}$. Der Punkt G ist wie Punkt A der Schnitt zweier Hyperbeln, deren Zentrum nun F bzw. D ist.

Zeitrichtung vermittelt.

Die Spiegelungsvorschrift *allein* verbietet aber Bewegung mit Überlichtgeschwindigkeit zunächst *nicht*, so wie sie auch Bewegung mit Lichtgeschwindigkeit nicht unterbindet. Es bleibt, andere Argumente zur möglichen Existenz überlichtschneller Teilchen zu finden. Voraussetzung bleibt nur, daß diese die Relativität nicht stören. – Überlichtschnelle Teilchen nennt man *Tachyonen* [43]. Ihr Ruhmassenquadrat muß negativ angesetzt werden, ihre Ruhmasse also imaginär. Auch Tachyonen können nicht zur Ruhe gebremst werden, weil das negative Ruhmassenquadrat den Impulsvektor ins Äußere des Lichtkegels verbannt. Tachyonen müssen bereits zum Zeitpunkt ihrer Bildung Überlichtgeschwindigkeit haben.

Drei wichtige Argumente sprechen gegen die Existenz von Tachyonen. Zum ersten ist die Zeitkomponente eines raumartigen Impulsvektors nicht nach unten begrenzt.

Diese Komponente ist aber, wie wir wissen, die Gesamtenergie des Tachyons. Die Energie eines Tachyons kann also beliebig negative Werte annehmen. Stellen wir keine relativitätsbrechenden Nebenbedingungen, kann ein Tachyon dann auch beliebig viel Energie freisetzen. In einer Bilanz über normale Teilchen würde sich das als *spontane Energieerzeugung* bemerkbar machen: Nie ist dies in einem Experiment nachweisbar aufgetreten. Zum zweiten könnte sich ein Teilchen in Ruhe durch spontane Emission eines Tachyons negativer Energie in Bewegung setzen. Das ist bei der Emission eines Photons oder unterlichtschneller Teilchen nicht möglich: Da muß sich die Ruhmasse des Emitters bei Emission ändern. Im Grundzustand, in dem der Emitter keine Energie mehr abgeben kann, kann er keine Photonen spontan emittieren und keinen Rückstoß erfahren. Im Gegensatz dazu ändert die spontane Emission eines Tachyons nicht notwendigerweise die Ruhmasse des Emitters, ja kann sie sogar noch erhöhen. Sie ist also auch im Grundzustand des Emitters möglich. Man sollte sich also wundern, wieso überhaupt das *erste Newtonsche Axiom* der Mechanik haltbar ist, wenn es Tachyonen gibt. Schließlich können Spiegelungen einen raumartigen Vektor völlig umkehren. Ein im Teilchenstrom spontan emittiertes und elastisch gestreutes Tachyon kann *vor* der Emission wieder auf das emittierende Teilchen treffen (Abb. 5.20,5.21). Ein Limerick [30] stellt es so dar:

> There was a Young Lady named Bright
> Whose speed was much faster than light.
> She started one day in a relative way
> and returned by the previous night.

Die *kausale Ordnung* der Ereignisse scheint aufgehoben. Wir beobachten aber keine spontane Emission im Grundzustand, keine Störung des ersten Newtonschen Axioms und keine Störung der kausalen Ordnung. Es bedarf erheblicher geistiger Klimmzüge, sich um diese drei Argumente herumzumogeln. Im makroskopischen Experiment gibt es keine Tachyonen.

Kapitel 6   Die Hyperbel als Kreis

Wir haben uns im vorigen Kapitel mit der von der Wellenausbreitung nahegelegten Spiegelungskonstruktion und dem Lichteck (Abb. 4.8, 5.1) auseinandergesetzt. Diese Konstruktion erlaubt es, ein Gebäude der Geometrie zu errichten, das für die meisten Sätze der euklidischen Geometrie homologe Aussagen enthält. Wenn man die entsprechenden Konstruktionen ausführt, sieht zunächst alles fremd aus. Das liegt aber nur daran, daß man die gewohnte Anschauung von Senkrechtstehen, Winkelgröße und Kreisform ganz aufgeben muß. Erst wenn man diese Begriffe streng auf der neuen Spiegelungskonstruktion aufbaut und den alten Namen die neuen Bedeutungen gibt, erhalten die alten Sätze wieder ihren Sinn. Aus der Sicht der gewohnten Geometrie ist es schon erstaunlich, daß man die alten Aussagen überhaupt wiederfindet. Wie wir in den Kapiteln 8 und 9 sehen werden, hat das jedoch seinen tieferen Grund.

Die Spiegelung bestimmt, was gleiche Winkel und was gleiche Strecken sind. Zunächst überzeugen wir uns, daß der Mittelsenkrechtensatz als notwendige Bedingung für den Längenvergleich erfüllt ist (Abb. 6.1). Die Mittelsenkrechten werden über die Konstruktion der entsprechenden Lichtecke gefunden. Auf dieses Netz von Lichtecken wenden wir den Flächensatz in Parallelogrammen an[1]. Der Schnittpunkt der Mittelsenkrechten ist definitionsgemäß von den drei Eckpunkten des Dreiecks gleich weit entfernt. Wir *definieren* eben die Länge verschieden ausgerichteter Strecken so, daß gleiche Entfernung herauskommt.

Umgekehrt bestimmt die Notwendigkeit des Mittelsenkrechtensatzes die Geometrie auch dann, wenn wir kein Licht zur Definition der Spiegelung zur Verfügung haben (Abb. 6.2). Wenn wir die Gleichzeitigkeit (die Lote) bezüglich zweier Weltlinien kennen, können wir sie für alle konstruieren. Wir finden dann auch (wenn die Masse mit der Geschwindigkeit zunimmt), daß es Linien der Länge Null gibt und man diese wie gehabt konstruieren kann[2].

Sehen wir uns nun die Spiegelung an einem Geradenbüschel an, das von einem Punkt M der Zeichenebene getragen wird. Mit dem spiegelungsdefinierten Abstand

---

[1]Haben wir die Diagonale eines Parallelogramms und einen Punkt auf ihr gewählt, zeichnen wir durch ihn die Parallelen zu den Seiten. *Die zwei Teilparallelogramme, die nicht von der Diagonale geschnitten werden, haben gleichen Flächeninhalt.* Andererseits kann jeder Punkt im Parallelogramm benutzt werden, dieses in vier Teilparallelogramme zu zerlegen. Die eventuelle Gleichheit der Inhalte zweier gegenüberliegender Flächen zeigt dann an, daß der Punkt auf der entsprechenden Diagonalen des Parallelogramms liegt.

[2]Fänden wir bei Bewegung eine geringere Masse, wäre die euklidische Geometrie auch für die Raum-Zeit zutreffend. Aber welche Koordinate wäre dann überhaupt Zeit? Invariante Wellenausbreitung wäre überhaupt nicht möglich.

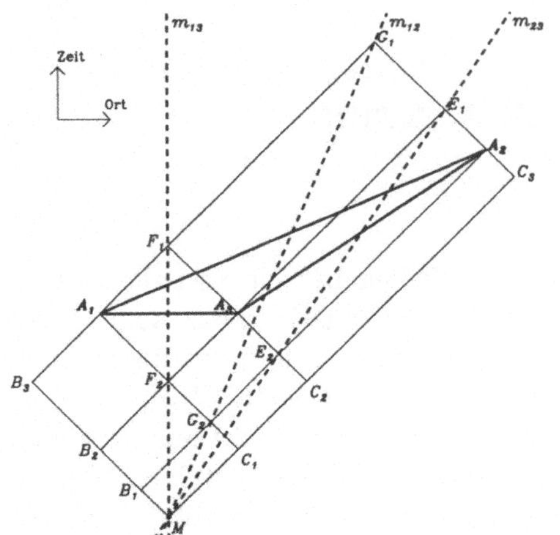

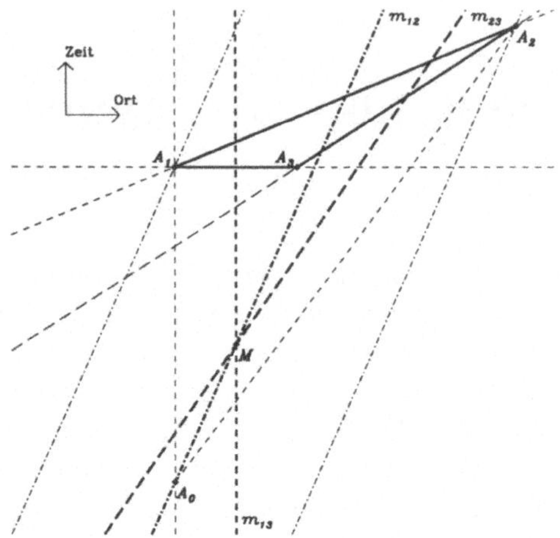

Abbildung 6.1: Der Mittelsenkrechtensatz in der Minkowski-Geometrie

Wir konstruieren die Mittelsenkrechten über jeder einzelnen Seite mit Hilfe der Lichtecke. Wir benutzen die Flächengleichheit der Ergänzungsrechtecke für Punkte auf den Diagonalen. Die Mittelsenkrechten auf AC und BC schneiden sich in M und fixieren $AF_1G_1E_1 = CF_1C_2G_2$ und $BF_2G_2E_2 = CF_2C_1G_1$. Daraus folgt $AC_3C_1E_1 = BC_3C_2E_2$. Damit ist aber die Bedingung erfüllt, daß die Mittelsenkrechte C_4C_3 auf AB auch durch M geht. Das wollten wir zeigen.

Ein allgemeinerer Beweis wird in Abb. A.5 vorgestellt.

Abbildung 6.2: Gleichzeitigkeit und Relativität

Die ist ein vergrößerter Ausschnitt von Abb. 4.7. Dort haben wir für *eine* Geschwindigkeit des Bezugssystems die Gleichzeitigkeit bestimmt. Die Gleichzeitigkeit – und die Geschwindigkeitsabhängigkeit der Masse – ist damit für *alle* Geschwindigkeiten bestimmt, wenn wir die Schlußweise des Mittelsenkrechtensatzes übernehmen. M ist das Ereignis, für das sowohl A_1 und A_3 als auch A_1 und A_2 gleichwertig sind: In beiden Fällen gibt es einen Bezug, in welchem die Differenzen der Orts- und Zeitkoordinaten den gleichen Betrag haben (m_{13} bzw. m_{12}). Wenn in dieser Weise also auch A_2 und A_3 gleichwertig sind, müssen sie in Bezug auf die Weltlinie m_{23} gleichzeitig sein.

sind der Punkt Q und alle seine Spiegelbilder gleich weit von M entfernt, sie bilden einen *Kreis*. In der euklidischen Geometrie erwarten wir einen gewöhnlichen Kreis (Abb. 3.2). Abbildung 6.3 zeigt das mit der entsprechenden Genauigkeit. Genauer: was ein Kreis ist, wird durch diese Konstruktion überhaupt erst bestimmt. Haben wir eine bestimmte Art der Spiegelung gewählt, dann erhalten wir mit unserer Konstruktion die Kurve, die wie der Kreis als geometrischer Ort der Punkte bestimmt ist, die von M einen festen Abstand haben. In der euklidischen Geometrie zeigt sich der Kreis als spezielle Ellipse, genauer als Ellipse mit gleichen Achsen. Solche Gleichheit ist allein in einer *metrischen* Geometrie bestimmbar. Die Kurve der *neuen* Geometrie ergibt sich aus der *neuen* Art der Spiegelung. Mit Hilfe der Lichtecke finden wir eine Hyperbel (Abb. 5.1, 6.4). Der Name Hyperbel bezeichnet einen Kegelschnitt, der in zwei Richtungen ins Unendliche läuft. Im Gebäude der pseudoeuklidischen Geometrie, das wir jetzt bauen wollen, ist er der gesuchte Kreis. Die *Hyperbel* ist jetzt der geometrische Ort der Punkte, die gleich weit von einem festen Zentrum entfernt sind. Nur ist der Abstand nach der neuen Pythagoras-Figur zu berechnen, die wir im vorigen Kapitel dargestellt haben (Abb. 5.2). Der Minkowski-Kreis ist nicht mehr eine spezielle Ellipse, sondern eine spezielle Hyperbel, deren Asymptoten zwei fest gegebene Richtungen haben.

Die Umgangssprache setzt Kreis, Ellipse, Parabel und Hyperbel auf eine Stufe. Das erzeugt den falschen Eindruck, das sie alle in gleicher Weise spezielle Kegelschnitte sind. Hier gehört aber der Kreis *nicht* dazu. In unserem Zusammenhang sind Ellipse, Parabel und Hyperbel eine Generation, nämlich Kegelschnitte, die das Unendliche meiden, berühren oder schneiden. Längen (auf Geraden verschiedener Lage) müssen dazu nicht vergleichbar sein. Der Kreis gehört zu einer anderen Generation: er bedarf der Meßbarkeit solcher Vergleichbarkeit von Längen. Der Kreis ist in unserem Zusammenhang immer ein Kegelschnitt: in der euklidischen Geometrie eine spezielle Ellipse, in der pseudoeuklidischen eine spezielle Hyperbel. Sie unterscheiden sich auf Grund der verschiedenen metrischen Eigenschaften.

Wie der euklidische Kreis ist auch der pseudoeuklidische durch die Angabe dreier Punkte bestimmt. Die Konstruktion des Schnittpunkts der drei Mittelsenkrechten liefert uns gerade das Zentrum, und die Spiegelungen an den drei Mittelsenkrechten sagen uns, daß die drei Eckpunkte auf einem pseudoeuklidischen Kreis liegen. Mit anderen Spiegelungen erhalten wir weitere Punkte dieser Kurve. Etwas ist merkwürdig: Alle pseudoeuklidischen Kreise haben gemeinsame Asymptotenrichtungen, nämlich die beiden lichtartigen Richtungen. In der projektiven Deutung, die wir im Kapitel 8 erläutern, sind diese Richtungen zwei Punkte auf der Ferngeraden. Durch diese beiden Punkte geht jeder pseudoeuklidische Kreis.

Die bekannten Schnittpunktsätze für das Dreieck gelten nun auch in der pseudoeuklidischen Geometrie [5, 117]. Wir finden einen Schnittpunkt der drei Höhen, mehr noch, die Mittelsenkrechten eines Dreiecks sind die Höhen des Dreiecks, das wir aus den Seitenmitten bilden können. Diesen Zusammenhang zwischen Mittelsenkrechten und Höhen verdanken wir hier der Tatsache, daß auch in der pseudoeuklidischen Geometrie das Parallelenaxiom gilt und wir mit der Gleichheit von Stufen- und Wechselwinkeln argumentieren können. Das können wir in einer allgemeineren Geometrie nicht mehr, zwei Geraden können dann nur noch *ein* gemeinsames Lot haben. Das reicht aber aus, um die Übereinstimmung zwischen dem Schnittpunkt der Mittelsenkrechten und dem Höhenschnittpunkt im Seitenmittendreieck zu erhalten (Anhang A Seite 163). Dual zu dieser Feststellung ist der Satz, daß der Höhenschnittpunkt seinerseits der Schnittpunkt der Winkelhalbierenden im Dreieck seiner Fußpunkte ist (Abb. 6.5).

Der Höhensatz hat einfache physikalische Interpretationen [138]. Besteht das fragliche Dreieck aus zeitartigen Seiten, dann repräsentieren die Seiten a, b und c

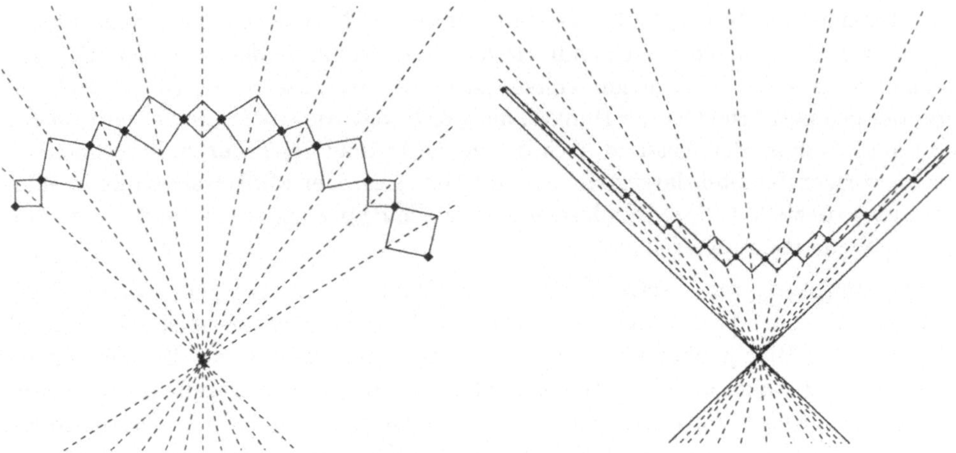

Abbildung 6.3: Der Kreis als Ergebnis konsekutiver Spiegelung

Wir spiegeln einen Punkt sukzessive an den Strahlen eines Büschels. Spiegelbildlich gelegene Punkte erscheinen als Ecken eines Rhombus, dessen eine Diagonale mit der spiegelnden Geraden zusammenfällt. Alle Spiegelpunkte liegen auf einer speziellen Ellipse, die den Kreis der euklidischen Geometrie definiert (Abb. 3.2). Die Konstruktion erfordert, daß das Produkt von drei Spiegelungen an Geraden des Büschels wieder eine Geradenspiegelung ist. Diese Produkteigenschaft ist der Kern des Mittelsenkrechtensatzes.

Abbildung 6.4: Hyperbel statt Kreis

Wir konstruieren homolog zu Abbildung 6.3 sukzessive Spiegelungen mit der pseudoeuklidischen Vorschrift und gewinnen eine Kurve, die der Anschauung nach eine Hyperbel, der Funktion nach ein (pseudoeuklidischer) Kreis ist. Spiegelbildlich zueinander gelegene Punkte bestimmen ein Lichteck, dessen eine Diagonale mit der spiegelnden Geraden zusammenfällt. Die Lichtecke sind – nach pseudoeuklidischer Beurteilung – Rhomben mit der Kantenlänge Null.

drei Beobachter A, B und C. Diese treffen sich jeweils zu den Ereignissen ab, bc und ca. Dann gibt es genau ein Ereignis E, das für A gleichzeitig mit bc, für B gleichzeitig mit ca und für C gleichzeitig mit ab ist. Sind die Seiten des Dreiecks raumartig, kommen wir zu einer anderen Formulierung: Wenn drei unbeschleunigte Beobachter A, B und C (deren Weltlinien jetzt die drei Höhen sind) sich in einem Ereignis (H) treffen und jeder auf seiner Weltlinie ein weiteres Ereignis A, B und C markiert, dann gilt: Sind B und C für A gleichzeitig und sind A und C für B gleichzeitig, dann sind auch A und B für C gleichzeitig.

Die Dreieckspunkte und der Höhenschnittpunkt bilden ein Viereck, in dem die Rollen getauscht werden können und jeder Punkt Höhenschnittpunkt im Dreieck der drei anderen ist. Schließlich steht im vollständigen Viereck $ABCH$ jede Seite senkrecht auf der gegenüberliegenden[3]. Kennen wir die Lote auf zwei Geraden g_1 und

---

[3]In der Galileischen Geometrie ist der Höhensatz trivial: Alle Höhen sind Linien t =const, also

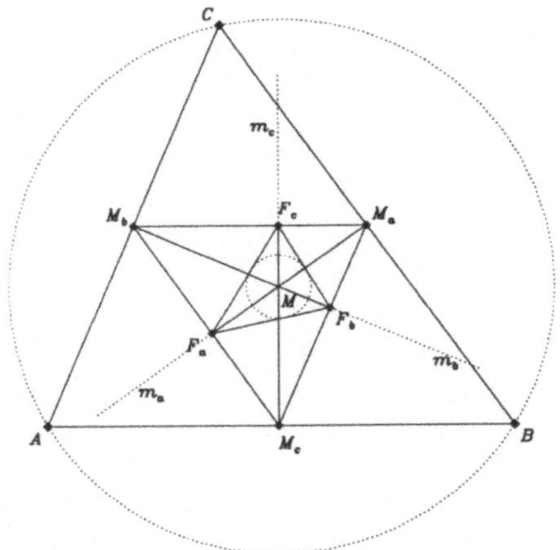

Abbildung 6.5: Seitenmittendreieck und Fußpunktdreieck

In jedem Dreieck $\triangle ABC$ schneiden sich die Mittelsenkrechten m_a, m_b, m_c der Seiten in einem Punkt M. Die Mittelsenkrechten sind ihrerseits die Höhen in dem Dreieck, das von den Seitenmitten M_a, M_b, M_c gebildet wird. Deren Fußpunkte F_a, F_b, F_c im Seitenmittendreieck bilden ihrerseits ein Dreieck, dessen Winkelhalbierenden wieder m_a, m_b, m_c sind.

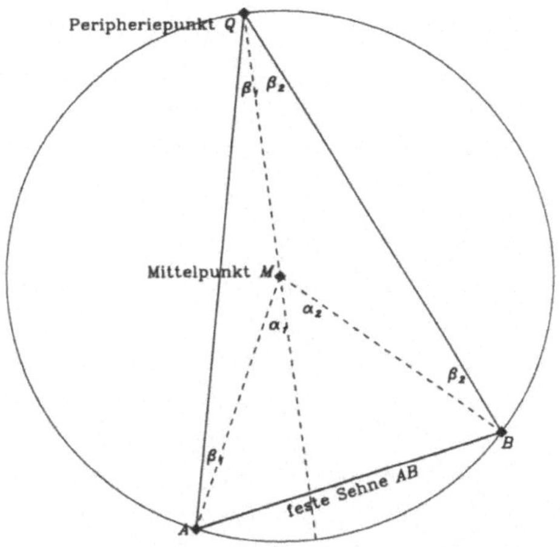

Abbildung 6.6: Der Peripheriewinkelsatz in der euklidischen Geometrie

Wir zeichnen einen Kreis um M und eine seiner Sehnen AB. Dann wählen wir einen Punkt Q auf der Peripherie. Der Peripheriewinkel $\beta_1 + \beta_2$ ist gleich der Hälfte des Winkels $\alpha_1 + \alpha_2$ am Mittelpunkt ($\alpha_1 = 2\beta_1$, $\alpha_2 = 2\beta_2$ und $\alpha_1 + \alpha_2 = 2(\beta_1 + \beta_2)$) und somit unabhängig von der Lage des Punktes Q auf der Peripherie.

g_2, dann haben wir auch die Lote von ihrem Schnittpunkt auf alle anderen Geraden der Ebene. Definieren wir die Lote auf drei verschiedenen Geraden, erhalten wir die gesamte Geometrie, und der Höhensatz ist dabei die einzige Beschränkung unserer Freiheit (Anhang D, Abb. D.1).

Ein besonderer Fall ist auch der Peripheriewinkelsatz. Wir führen hier zum Vergleich seine euklidische Form (Abb. 6.6), seine pseudoeuklidische Form (Abb. 6.7) und seine Galileische Form (Abb. 6.8) an. In der euklidischen Geometrie kann ein Kreis über zwei verschiedene Eigenschaften definiert werden. Zum einen hat ein Kreis einen Punkt im Innern, von dem aus alle Punkte des Kreises gleichen Abstand haben. Nehmen wir drei Punkte auf der Peripherie, finden wir den Mittelpunkt als Schnittpunkt der drei Mittelsenkrechten. Zum anderen sieht man eine gegebene Sehne von jedem Punkt der Peripherie aus unter dem gleichen Winkel (Abb. 6.6). Beide Eigenschaften definieren in der euklidischen Geometrie den Kreis. Dies gilt nun auch noch in der Minkowski-Geometrie (Abb. 6.7). Aber bereits in der Galilei-Geometrie fallen beide Eigenschaften auseinander. Der Kreis erster Art (definiert als geometri-

---

Parallelen, der Höhenschnittpunkt liegt im Unendlichen. Es gibt i.a. kein Ereignis, das zu drei anderen Ereignissen einzeln als gleichzeitig oder am selben Ort aufgefaßt werden kann.

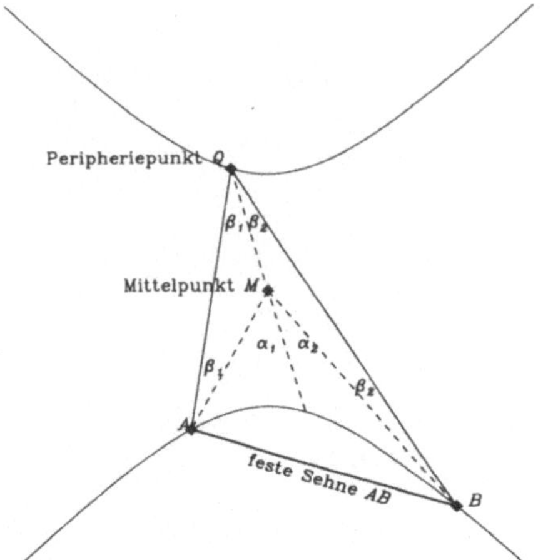

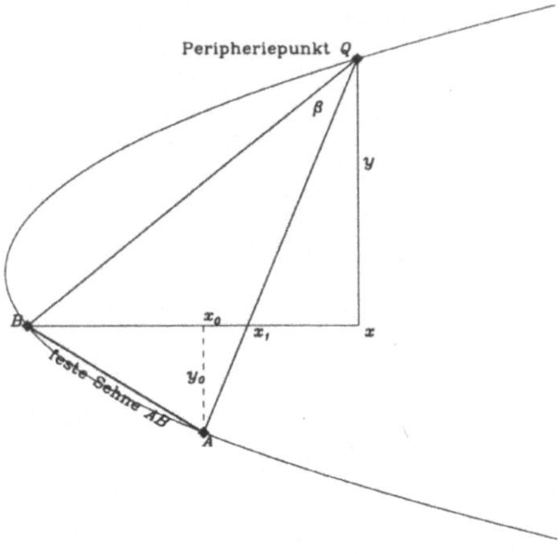

Abbildung 6.7: Der Peripheriewinkelsatz in der Minkowski-Geometrie

Für die pseudoeuklidische Geometrie geht der Beweis wie in Abbildung 6.6, wenn man weiß, daß gleichschenklige Dreiecke gleichwinklig sind (da argumentieren wir mit einer Spiegelung). Wir benutzen im wesentlichen den Stufenwinkelsatz wie in der euklidischen Geometrie auch.

Der Stufenwinkelsatz ist dem Parallelenaxiom äquivalent. Wir können deshalb nicht erwarten, den Peripheriewinkelsatz auch in einer nichteuklidischen Geometrie zu finden.

Abbildung 6.8: Der Peripheriewinkelsatz in der Galilei-Geometrie

In der Galilei-Geometrie zeigt der Peripheriewinkelsatz zum ersten Male eine vom Kreis verschiedene Kurve. Was wir ganz allgemein finden, ist in Abb. 9.13 beschrieben. (A, B) sei die gegebene Sehne. Die Forderung festen Peripheriewinkels ist $x_1/y = \beta$ konstant, die Ähnlichkeit liefert $(x - x_1)/y = (x_1 - x_0)/y_0$. Lösen wir beide Gleichungen nach x_1 auf, um x_1 zu eliminieren, ergibt sich die quadratische Gleichung

$$x = (\beta y^2 + \beta y y_0 - y x_0)/y_0.$$

Die zugehörige Kurve ist eine Parabel mit Achse in x-Richtung.

scher Ort festen Abstands) entartet in zwei Horizontalen, die gleichen Abstand vom Mittelpunkt haben. Der Mittelpunkt ist nicht mehr eindeutig, sondern kann überall auf der Horizontalen in der Mitte der beiden anderen liegen. Der Kreis zweiter Art ist dagegen eine Parabel (Abb. 6.8). Immerhin ist der Kreis zweiter Art noch eine Kurve zweiter Ordnung. In den sechs anderen Geometrien, die das Parallelenaxiom nicht mehr erfüllen, sind die Kreise zweiter Art Kurven vierter Ordnung (Abb. 9.13).

Wir betrachten zum Schluß dieses Kapitels den Feuerbach-Kreis. In der euklidischen Geometrie können wir zeigen, daß der Kreis durch die drei Höhenfußpunkte auch durch die drei Seitenmitten und die drei Höhenmitten[4] geht (Abb. 6.9). Definieren wir die Höhen und den Kreis auf die pseudoeuklidische Art, bleibt der Satz immer noch unverändert (Abb. 6.10). Wir könnten nun mit all den Sätzen der Trigonome-

---

[4]Die Mitte einer Höhe halbiert die Strecke zwischen der Ecke und dem Höhenschnittpunkt.

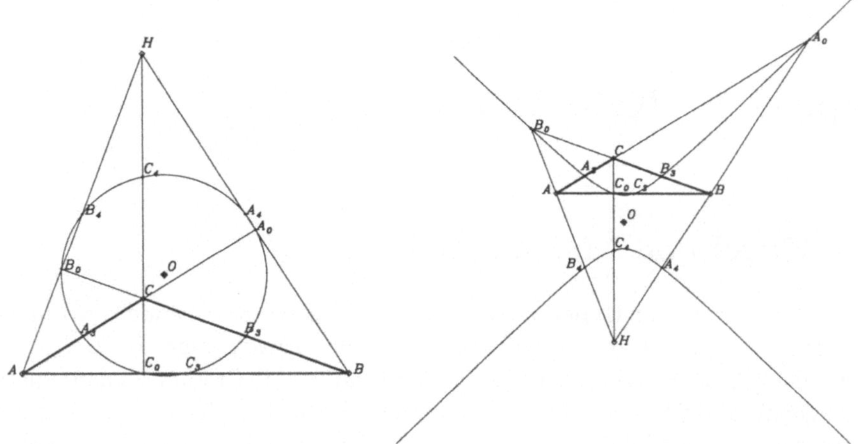

Abbildung 6.9: Der Feuerbach-Kreis in der euklidischen Geometrie

Ziehen wir einen Kreis durch die drei Höhenfußpunkte A_0, B_0, C_0, dann schneidet der Kreis das Dreieck auch in den Seitenmitten Seitenmitten A_3, B_3, C_3 und die Höhen in den Höhenmitten A_4, B_4, C_4. Zu drei der vier Punkte A, B, C, H ist jeweils der vierte der Höhenschnittpunkt des Dreiecks und die Eigenschaften, Seitenmitte oder Höhenmitte zu sein, vermischen sich.

Abbildung 6.10: Der Feuerbach-Kreis in der Minkowski-Geometrie

Die Höhenfußpunkte A_0, B_0, C_0 müssen im Fall der Minkowski-Geometrie natürlich nach den entsprechenden Regeln konstruiert werden. Der Minkowski-Kreis durch die Höhenfußpunkte – eine gleichseitige Hyperbel mit den gegebenen Asymptoten, geht nun wieder durch die Seitenmitten A_3, B_3, C_3 und die Höhenmitten A_4, B_4, C_4, alles homolog zum euklidischen Fall. Abb. 8.12 zeigt die projektive Verallgemeinerung.

trie fortfahren, die sich nur auf das Parallelenaxiom und die Existenz von Kreisen stützen, nicht aber die Dreiecksungleichung heranziehen. Die Dreiecksungleichung ist der Punkt, der den Unterschied ausmacht. Bis auf diesen sind euklidische und pseudoeuklidische Geometrie strukturell homolog. Für die späteren Untersuchungen schreiben wir die Dreiecksungleichung in eine Existenzforderung um. Analog zum Parallelenaxiom betrachten wir eine Gerade g und einen Punkt P neben ihr (der nicht auf ihr liegt). In der euklidischen wie in der Galilei- und Minkowski-Geometrie gibt es durch P genau eine Gerade, die g nicht schneidet. Das ist das Parallelenaxiom. Die Dreiecksungleichung ist die duale Aussage. Sie betrifft nicht die Geraden durch P, sondern die Punkte auf g. In der euklidischen Geometrie hat *kein* Punkt auf g von P den Abstand Null. In der Galilei-Geometrie haben wir gelernt, daß es auf g *genau einen* Punkt gibt, der von P den Abstand Null hat. Es ist dies das zu P gleichzeitige Ereignis auf g. In der Minkowski-Geometrie nun hat *mehr als nur ein* Punkt auf der (zeitartigen) Weltlinie g den Abstand Null von P. Wir haben diese Punkte bei der Zeichnung des Lichtecks in den Abbildungen 4.8 und 5.1 benutzt.

Kapitel 7 Krümmung

7.1 Kugel und Massenschale

Wenn schon Kreis und Hyperbel so verwandte Geometriegebäude bestimmen, wie ist es dann mit Kugel und Hyperboloid? Von der Kugelgeometrie wissen wir sehr viel, schließlich ist die Oberfläche der Erde bis auf einige Promille genau eine Kugel. Die Navigation auf See und in der Luft muß mit der Kugelgeometrie rechnen. Wir wissen, daß gerade Linien (genauer kürzeste Linien, Geodäten) Bögen von *Großkreisen* sind, deren räumliches Zentrum der Mittelpunkt der Kugel ist. Im Gradnetz der Erdkarten sind die Meridiane und der Äquator solche Großkreise. Die kürzeste Verbindung zwischen zwei Punkten auf der Kugelfläche ist ein Großkreisbogen. Nun schneiden sich alle Großkreise durch einen Punkt auf der Kugel wieder im Gegenpol. Das gewohnte Beispiel dafür sind die Meridiane durch den Nordpol, die sich alle im Südpol wieder schneiden. Dies ist der Grund, weshalb zwei gerade Linien auf der Kugeloberfläche immer zwei Schnittpunkte haben, es also keine Parallelen gibt. Damit gilt in der Kugelgeometrie das Parallelenaxiom nicht. Alle Sätze, deren Beweis sich auf das Parallelenaxiom stützen muß, können nicht mehr unverändert gelten. Speziell haben alle Dreiecke eine Winkelsumme größer als der gestreckte Winkel, wobei der Exzeß der Winkelsumme proportional der Dreiecksfläche ist (Abb. 7.1). Das wirkt sich auch darin aus, daß bei gegebenem Umfang die Fläche eines Kreises größer ist, als nach der von der euklidischen Geometrie geprägten Erfahrung erwartet wird (Abb. 7.2). Umfang und Fläche hängen vom Radius ϱ ab und wir erhalten

$$U[\varrho] < \sqrt{4\pi F[\varrho]} < 2\pi\varrho \ , \quad \text{falls } \varrho > 0. \tag{7.1}$$

Wir sprechen generell von positiver Krümmung an einem Punkt, wenn dies in seiner Umgebung beobachtet wird. Danach ist die Kugelfläche homogen und positiv gekrümmt. Befinden wir uns auf einer anderen Fläche, wo wir feststellen, daß der Exzess der Winkelsumme kleiner als Null ist oder die Fläche eines Kreises gegebenen Umfangs kleiner ist als nach der euklidischen Formel erwartet, sprechen wir von negativer Krümmung. Auf einer allgemeinen Fläche wird die Krümmung variieren, und die eben erläuterten Exzeßregeln werden nur in kleineren Umgebungen der untersuchten Punkte gelten.

Diese Effekte verallgemeinernd bewirkt eine Krümmung eine charakteristische Drehung von Richtungen, die auf einem geschlossenen Weg mit Eifer festgehalten werden. Wie kann man solch einen *Paralleltransport*[1] definieren? Nehmen wir an,

---

[1] Hier wird das Wort *parallel* nicht in dem globalen Sinne benutzt, wie er im Parallelenaxiom benutzt wird. Vielmehr wird er nur auf die Bedeutung beschränkt, die in der Gleichheit von Stufen-

wir steuern ein Schiff auf möglichst gerader Linie zu einer bestimmten Position. Ist diese durch einen Leuchtturm markiert, haben wir leichtes Spiel: Wir folgen der Sichtlinie. Die natürliche Definition der Parallelität stützt sich dann darauf, daß die Richtungen zum Leuchtturm an jedem Punkt des Weges parallel sind. Unser Weg ist eine autoparallele Kurve. Steht der Leuchtturm abseits von der Zielposition, könnten wir immer noch versuchen, die Wegrichtung in festem Winkel zur Sichtlinie des Leuchtturms zu halten und den Weg wieder als autoparallele Kurve zu erklären. Das endet aber in einer logarithmischen Spirale, in einer *Loxodromen*, keineswegs etwa in einer kürzesten Linie. Die Situation ändert sich nur graduell, wenn an Stelle des Leuchtturms etwa ein magnetischer Pol benutzt wird. Der Weg bleibt eine Loxodrome (Abb. 7.3). Wollen wir die *Geodäten* als autoparallele Kurven finden, können wir folglich so nicht vorgehen. Wir müssen die Parallelverschiebung direkt an die Geodäte binden. Zwei Richtungen an verschiedenen Punkten einer Geodäte sollen als parallel angesehen werden, wenn sie mit der Tangente den gleichen Winkel bilden. Transportieren wir längs einer allgemeinen Kurve, zerlegen wir diese einfach in einen Polygonzug, wie dies etwa bei der Berechnung der Bogenlänge ohnehin geschieht. Auf diese Weise ist der geodätische Paralleltransport eindeutig bestimmt. Wir veranschaulichen ihn auf der Kugel (Abb. 7.1). Wir betrachten einen Transport von P über A, C und B zurück nach P. Schauen wir beim Startpunkt P nach Südost, hat die Blickrichtung von der Wegrichtung eine Abweichung von $\pi/4$ nach rechts. Diesen Winkel halten wir fest, bis wir bei A gelandet sind. Dort wenden wir uns nach Norden. Unsere Blickrichtung muß also nun zur Wegrichtung ein Abweichung von $3\pi/4$ nach rechts festhalten. Bei C wenden wir uns wieder in rechtem Winkel nach links und halten nun eine Abweichung von $3\pi/4$ nach links fest. Schließlich wenden wir uns bei B ein drittes Mal nach links, um wieder den Startpunkt zu erreichen. Nun liegt unsere Richtung um $\pi/4$ links ab. Sind wir bei P wieder angekommen, müssen wir feststellen, daß sich unsere Blickrichtung um $\pi/2$ nach links gedreht hat, obwohl wir sie nach bestem Wissen festgehalten haben. Diese Drehung der Tangentialebene ist eine allgemeine Eigenschaft des Paralleltransports um geschlossene Kurven. Der Drehungsgrad erweist sich als proportional zur Krümmung und zur umfahrenen Fläche.

Die Tatsache, daß wir eigentlich verschiedene physikalische Prozeduren als Paralleltransport festlegen können, bedeutet mathematisch, daß Paralleltransport und Metrisierung zunächst voneinander unabhängig sind. Es ist ein zweiter Schritt, den Paralleltransport nach der Metrik zu richten, damit Geodäten autoparallele Kurven werden. In einem axiomatischen Zugang ist die Krümmung (d.h. die Drehung der Tangentialebenen bei Paralleltransport um eine geschlossene Kurve) Eigenschaft des Paralleltransports und nicht der Metrik unmittelbar[2]. Denken wir an den Paralleltransport mit der Magnetnadel, so ist dessen Krümmung Null. Die Art der Längen-

---

und Wechselwinkeln liegt, die Parallelen in der euklidischen Geometrie zeigen.

[2]Geodäten und autoparallele Kurven sind also im allgemeinen verschieden. Diese Feinheiten bilden den Hintergrund der unitären Theorien wie sie z.B. von A.Einstein, H.Weyl und E.Schrödinger gesucht wurden.

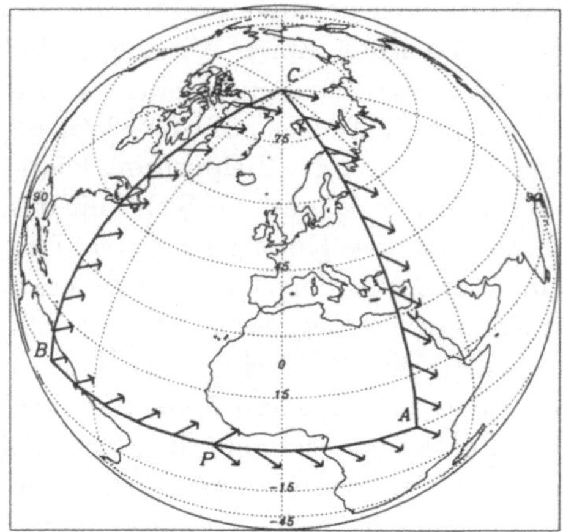

Abbildung 7.1: Dreieck auf der Kugel mit Exzeß und Rotation der Tangenten.

Am Punkt P wählen wir eine beliebige Richtung (hier nach SO). Längs der Geodäten bis Punkt A, von A nach C, von C nach B und von B zurück zu P halten wir die Richtung relativ zur Bewegungsrichtung fest. Nur in den Punkten A, C und B berücksichtigen wir, daß der Weg einen Knick um $\pi/2$ nach links macht und wir zur Abweichung nach recht jeweils diesen Winkel zulegen müssen, wenn wir die Eckpunkte passieren. Sind wir bei P wieder angelangt, haben wir zur Abweichung nach rechts $3\pi/2$ addiert, ingesamt beobachten wir also eine Drehung der Tangentialebene um $\pi/2$ nach links. Die Winkelsumme des umfahrenen Dreiecks überschreitet den euklidischen Wert (π) gerade um diese $\pi/2$.

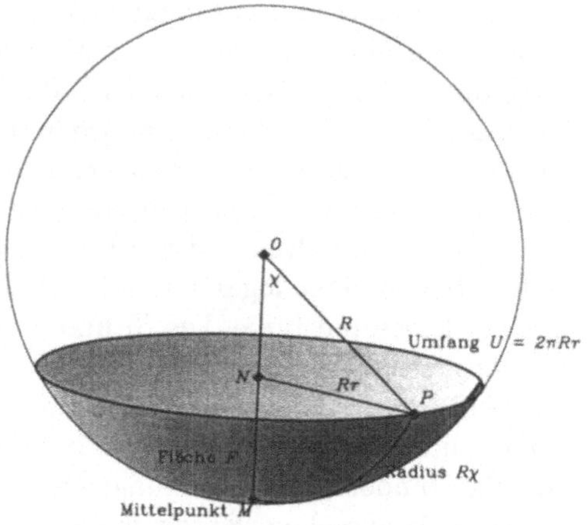

Abbildung 7.2: Fläche und Umfang auf der Kugel

Ein Kreis auf der Kugelfläche ist der Rand einer Kalotte. Sein Radius um den Mittelpunkt M ist ein Bogen $\varrho = R\chi$ auf der Kugelfläche. Die Projektion Rr dieses Radius auf die Schnittebene ist kürzer ($NP < MP$), folglich ist der Umfang $U = 2\pi Rr$ kleiner als der euklidisch erwartete Wert $2\pi R\chi$. Die Fläche der Kugelkalotte ist proportional der Höhe, $F = 2\pi Rh = 2\pi R^2(1 - \cos\chi)$ und daher ebenfalls kleiner als der euklidisch erwartete Wert $\pi R^2\chi^2$. Verglichen mit dem Umfang, ist die Fläche größer als der euklidisch erwartete Wert.

$$U^2 < 4\pi F < 4\pi^2\varrho^2$$
für $\varrho > 0$.

bestimmung ist für ihn unerheblich. Die Tangentialebene dreht sich insgesamt nicht, wenn der Weg den Pol nicht einschließt. Bei Einschluß des Pols ist die Drehung 2π.

Es war eine wichtige Entdeckung, daß die Krümmung eine innere Eigenschaft der Flächen und Räume ist. Gewöhnlich versucht man, sich die gekrümmte Fläche eingebettet in den dreidimensionalen Raum vorzustellen und die Krümmung dann als Änderung in der Richtung des Normalenvektors zu sehen[3]. Trotz dieses anschaulichen Bildes erscheinen weder Einbettung noch Normalenvektor in der Definition der Geodäten, des Paralleltransports und der daraus abgeleiteten Krümmung. Al-

---

[3]Die erste Bestimmung des Erdradius durch benutzte diese Vorstellung.

Die Loxodromen sind Kurven fester Neigung
gegen eine vorgegebene Linienkongruenz, in
unserer Abbildung gegen die Meridiane einer Kugel. Sie kann durch die Magnetnadel
gesteuert werden. Hier hat die Loxodrome eine feste Abweichung vom Meridian von un-
gefähr $\delta = 0.35\pi$ und nähert sich dem Pol wie
eine logarithmische Spirale, ohne ihn je zu
erreichen (die logarithmischen Spiralen sind
die Loxodromen der Ebene). In Kugelkoordinaten (geographische Länge λ, geographische
Breite ϕ) ist die Gleichung der Loxodromen
$\cos\phi\ d\lambda = \tan\delta\ d\phi$. Für $\delta = 0.5\pi$ ergeben
sich die Breitenkreise.

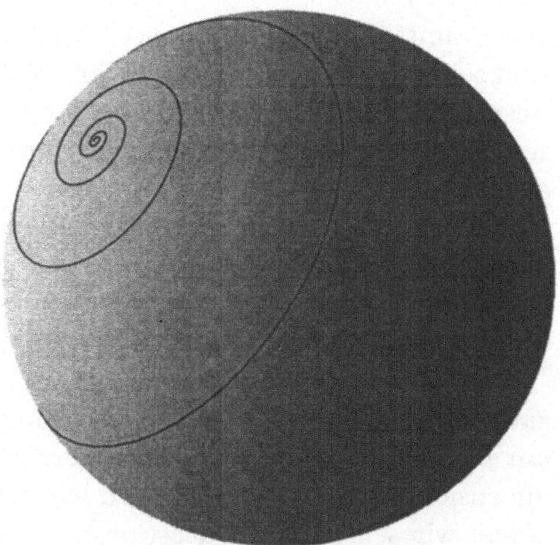

Abbildung 7.3: Eine Loxodrome

le diese Begriffe enthalten nur innere Eigenschaften der Fläche und hängen nicht
von einer möglichen Einbettung ab. Das ist von außergewöhnlicher Bedeutung, weil
man so auch dreidimensionale Räume und vierdimensionale Welten als gekrümmt
ansehen kann. Zusätzliche Einbettung in höherdimensionale Räume ist dabei *physikalisch nicht notwendig*, obwohl natürlich gefragt werden darf, welche gekrümmten
Räume und Welten sich in euklidische oder pseudoeuklidische höherdimensionale
Räume einbetten lassen.

Es gibt einen Mechanismus, der den praktizierten Paralleltransport der Blickrichtung verwirklicht. Dies ist der *Südzeigewagen* (Zhǐ nán chē) [112, 89], den man gele-
gentlich bei Ausstellungen antiker chinesischer Technik besichtigen kann (Abb. 7.4).
Über ein subtrahierendes Differentialgetriebe wird die zentrale senkrechte Achse so
geführt, daß die Richtung des Zeigers fest bleibt, auch wenn unter ihm der zweirädri-
ge Wagen gedreht wird (Abb. 7.5). Die oben begründete Drehung der Blickrichtung
wird vom Zeiger nachvollzogen, wenn der Wagen längs der Linie $PACBP$ gezogen
wird. – Wir haben schon festgestellt, daß die Magnetnadel eine solche parallelver-
schobene Richtung *nicht* verwirklicht. Vielmehr hält sie die Richtung auf den Pol
unabhängig von dem Großkreis, auf dem wir uns bewegen sollen. Die Kurven konstanter Inklination gegen diese Richtung sind Loxodromen, keine Geodäten. Wir
sehen den Unterschied daran, daß sich der Inklinationswinkel auf einer Geodäten im
allgemeinen ständig ändert.

Geodäten sind intuitiv als kürzeste Verbindungen definiert. Genau genommen
sind sie jedoch nur *extremale* Verbindungen. Je nach den lokalen metrischen Eigenschaften (euklidisch oder pseudoeuklidisch) sind sie kürzeste oder längste Verbindungen. In unserem Beispiel, der Kugelfläche im euklidischen Raum, sind sie
kürzeste Verbindungen, d.h., ein Weg kann durch den Einbau kleiner Umwege nur
verlängert werden. Deshalb müssen extremale Wege kürzeste Wege sein. Dies hängt

also unmittelbar mit der Dreiecksungleichung zusammen. In einer Minkowski-Welt sind zeitartige Geodäten jedoch längste Verbindungen. Das haben wir schon bei der Besprechung des Zwillingsparadoxons gesehen. – Bei geodätischem Paralleltransport sind Geodäten auch autoparallele Kurven. Darüberhinaus sind sie in diesem Falle auch die einzigen autoparallelen Kurven. Das sehen wir wieder am Südzeigewagen. Orientieren wir uns immer an der Richtung des Südzeigers, fahren wir also auf einer Autoparallelen, muß der Weg beider Räder gleich sein. Eine Kurve die durch seitliche Verschiebung verkürzt werden könnte, würde sich gerade dadurch verraten, daß die Wege zu beiden Seiten des Wagens verschieden lang sind.

Wir fügen noch ein Bemerkung zum *Kreiselkompaß* ein. Er leistet bei der Navigation gute Dienste. Er hält die Richtung zum Rotationspol der Erde und kann darin mit der Magnetnadel verglichen werden. Ein rotierender Kreisel ist aber ein dreidimensionales Werkzeug. Können wir ihn formal zweidimensional erscheinen lassen, indem wir seine Figurenachse in die Tangentialebene zwingen? Merkwürdigerweise ist ein Kreisel, dessen Figurenachse in die Fläche gezwungen wird, überhaupt nicht geeignet, die Richtung zu halten. Das liegt daran, daß er bei ebener Fläche nicht nur gleichförmig um seine Figurenachse rotiert, sondern diese selbst sich auch gleichförmig um die Normale der Fläche dreht. Letztere Drehung kann man zwar am Anfang unterbinden, wenn sich die Normalenrichtung aber auf einer gekrümmten Fläche ändert, setzt sich die Figurenachse wegen der Präzession unweigerlich in Bewegung, deren Ergebnis dann u.a. von der Geschwindigkeit abhängt, mit der sich der Kreisel bewegt. Im Gegensatz zu einem solchen Kreisel unter Zwangsbedingung funktioniert der Kreiselkompaß dank der *freien* Beweglichkeit der Figurenachse in allen Raumrichtungen, der freien Aufhängung im Schwerefeld und der Erdrotation. – Lassen wir die Oberfläche der Erde hinter uns. Bei der Navigation durch den Raum, im freien Fall durch das Schwerefeld der Erde oder des Sonnensystems, bewegt sich die Achse des Gyroskops nach den Gesetzen für den Drehimpuls. In gekrümmten Räumen wird der Drehimpuls nur näherungsweise parallel verschoben. Er unterliegt kleinen Änderungen durch eine charakteristische Spin-Bahn-Wechselwirkung, die durch die Krümmung vermittelt wird. Gyroskopexperimente in der Erdumlaufbahn können den integralen Effekt der Parallelverschiebung messen.

Der besprochene Orientierungswechsel, der bei paralleler Verschiebung um eine geschlossene Kurve auftritt, bestimmt die Krümmung auch in Räumen mit mehr als zwei Dimensionen. Diese kann von Ort zu Ort variieren. Dann betreten wir das Gebiet der Differentialgeometrie. Im folgenden betrachten wir aber nur Räume und Welten konstanter Krümmung.

Traditionell heißt eine Geometrie nichteuklidisch, wenn das Parallelenaxiom nicht mehr verwendet werden darf [104]. Das ist immer dann der Fall, wenn wir mit einer Krümmung rechnen müssen. Der einfachste Fall der nichteuklidischen Geometrie scheint uns die Kugel zu sein. Sie ist bei unseren Bemühungen um Einsicht in die ungewohnten Zusammenhänge ein vertrautes Beispiel. Die Kugel ist besonders anschaulich, weil sie in einen euklidischen Raum eingebettet werden kann und nichts durch Entartung vereinfacht wird. Aus der Kugelgeometrie wird eine ebene Geometrie, wenn die Kugel aus ihrem Mittelpunkt auf die Ebene projiziert wird. Die Großkreise werden dann Geraden und die sphärischen Dreiecke aus Großkreisbögen werden gewöhnliche ebene Dreiecke mit geraden Seiten. Auf der Kugel gibt es keine Parallelen, denn zwei Großkreise schneiden sich immer in zwei Punkten. Wir können die Kugelfläche mit ihren Großkreisen auch geradentreu auf die Ebene abbilden. Dies geschieht durch Projektion aus dem Mittelpunkt (Abb. 7.6 und 7.8). Da ein Großkreis ein ebener Schnitt der Kugel ist, wobei die Ebene durch den Mittelpunkt der Kugel geht, ist seine Projektion der Schnitt dieser Ebene mit der Projektionsebene, also eine richtige Gerade (Abb. 7.6). Wir erhalten die *elliptische Geometrie*. Merkwürdigerweise ist die Kugelgeometrie aber in der historischen Diskussion des Parallelenaxioms selten in Betracht gezogen worden, weil die Mittelpunktprojektion der Kugel, die allein geradentreu ist, die Kugeloberfläche *nicht* umkehrbar eindeutig auf die Ebene und außerdem den Äquator ins Unendliche abbildet. Auf der Kugel schneiden sich zwei Großkreise immer in zwei Punkten. Das wird aber in der ebenen Projektion nicht deutlich, weil die beiden Schnittpunkte in dieser Projektion immer zusammenfallen. Wie wir im nächsten Kapitel sehen werden, lassen die Kugeln im euklidischen Raum manche Beziehungen im Dunkeln, weil die entscheidenden definierenden Gebilde der Geometrie nicht reell sind.

Hier hilft uns die dreidimensionale Minkowski-Welt[4]. Die Gegenstücke zu den Kugeln im euklidischen Raum sind wieder Flächen festen Abstands von einem Zentrum. Nun ist aber dieser Abstand pseudoeuklidisch, und wir wollen diese Flächen also *Pseudokugeln* nennen. Pseudokugeln sind Hyperboloide zum gegebenen Asymptotenkegel. Im Falle zeitartiger Lage zum Ursprung ist das Hyperboloid zweischalig. Eine solche Fläche ist in der Raum-Zeit der geometrische Ort festen zeitlichen Abstands zum Ursprung, d.h. eine Zeitschale. Im analogen Impulsraum enden auf ihr die Impulsvektoren zu fester Ruhmasse, und man nennt sie Massenschale. In Abbildung 5.21 haben wir das schon einmal verwendet. Im Falle raumartiger Lage zum Ursprung ist das Hyperboloid einschalig. Die Tangentialebenen solcher Hyperboloide enthalten sowohl zeitartige als auch raumartige Richtungen und dienen uns gleich als gekrümmte Zeichenflächen für lokal pseudoeuklidische Flächen mit Krümmung[5].

Die kürzesten Linien sind nun (den Großkreisen entsprechend) die Schnitte des Hyperboloids mit den Ebenen durch den Mittelpunkt. Die Spiegelung an solchen

---

[4]Wir fügen einfach eine zweite Raumdimension hinzu, aber halten die Minkowski-Signatur im Analogon des Satzes des Pythagoras. Das Abstandsquadrat von zwei Punkten $P = [t, x, y]$ und $P + \mathrm{d}P = [t + \Delta t, x + \Delta x, y + \Delta y]$ wird $\Delta s^2 = \Delta t^2 - \Delta x^2 - \Delta y^2$. So wie beim Übergang von der euklidischen Ebene zum euklidischen Raum aus dem Kreis eine Kugel wird, entsteht beim Übergang von der pseudoeuklidischen Ebene zum pseudoeuklidischen Raum aus der Hyperbel ein (zweischaliges) Hyperboloid. Die beiden lichtartigen Geraden durch ein Ereignis werden durch einen Doppelkegel ersetzt, den Lichtkegel.

[5]Es muß an dieser Stelle wieder darauf hingewiesen werden, daß die Bezeichnung Hyperboloid eigentlich unzulässig auf unsere Anschauung zurückgreift, die in einer Darstellung unbewußt zu den Cartesischen Koordinaten auch eine euklidische Metrik denkt. Auch die Pseudokugeln sind Kugeln nach ihrer Definition. Ihr einziger Unterschied zur euklidischen Kugel ist die Tatsache, daß sie sich nicht im Endlichen schließen. Auch dieser Unterschied geht verloren, wenn wir den projektiven Standpunkt einnehmen, in dem das Unendliche nicht mehr endgültig festgelegt ist.

Abbildung 7.4: Ein Südzeigewagen

Die Legende berichtet von einem Kaiser Huang Di, der mit seiner Armee den Weg durch den Nebel fand, um – natürlich – Rebellen zu schlagen. Er benutze einen Wagen, der ihm beständig die gleiche Richtung wies. Um die Möglichkeit dieser Geschichte zu beweisen, fand sich zur Zeit der Song-Dynastie ein Mechaniker, der ein Modell baute. Von diesem Modell ist nur eine Beschreibung geblieben und die Zeichnung einer Jadefigur. Das hier gezeigte Modell steht vor dem Nationalmuseum in Taipeh. Yinan Chin hat mir dieses Bild zukommen lassen.

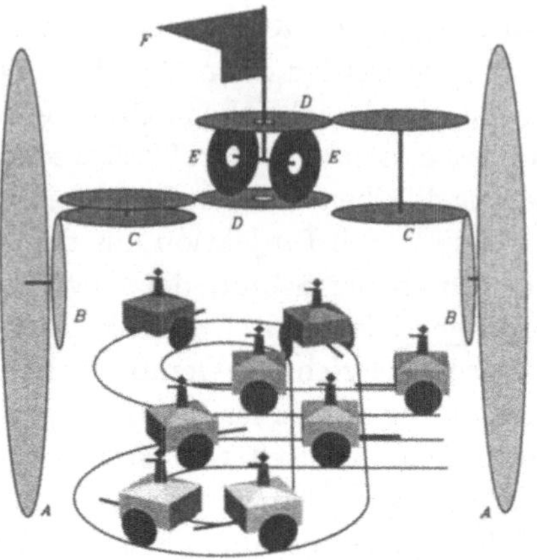

Abbildung 7.5: Ein Subtraktionsgetriebe

Die Skizze zeigt das Getriebe des Modells und seine Bewegung in der Ebene. Eine Drehung des Wagens ist mit ungleichen Drehgeschwindigkeiten der beiden Räder A verbunden. Diese verschiedenen Drehgeschwindigkeiten werden über die Räder C auf die beiden um die senkrechte Achse frei beweglichen Hilfsräder D übertragen, die zusammen mit dem Läufer E das eigentliche Differential bilden. Die Rotation der Achse, die dann die Fahne F trägt, ist die halbe Summe der Rotationen der Räder D und damit die halbe *Differenz* der Drehung der Räder A. Es ist eine Frage der Übersetzung, daß die Rotation der Fahne gegen den Wagen die Drehung des Wagens kompensiert und die Fahne (auf einer Ebene) immer in die gleiche Richtung zeigt. Auf einer gekrümmten Fläche hält die Fahne die Richtung bei jedem kleinen Schritt wie wir das in Abbildung 7.1 getan haben.

Ebenen läßt das Hyperboloid festen Abstands ja unverändert, die Ebenen durch den Mittelpunkt sind Symmetrieebenen. Also ist jeder Schnitt mit einer Ebene durch das Zentrum der Pseudokugel eine Geodäte. Projizieren wir das Hyperboloid auf die Ebene, haben wir wieder die üblichen Geraden vor uns, mit denen wir Geometrie betreiben können (Abb. 7.7). – Speziell die Geodäten auf der Zeitschale werden auf gerade Linien im Kreisinneren projiziert. Die Schnittgeraden zweier Ebenen durch

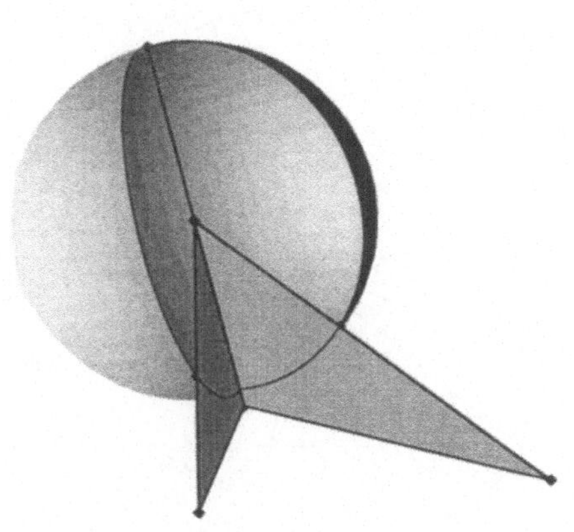

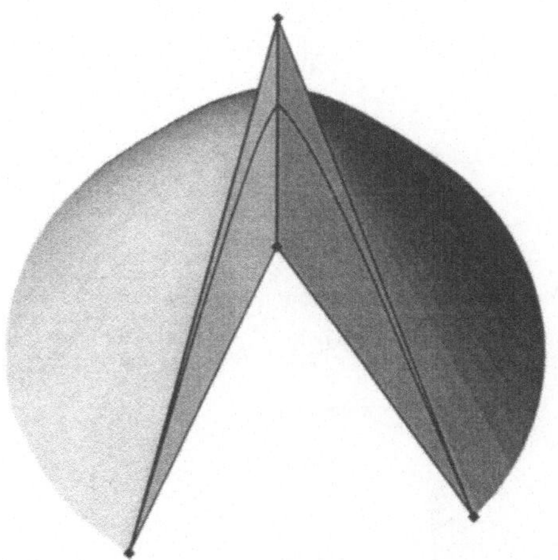

Abbildung 7.6: Azimutalprojektion der Kugel

Wir sehen, wie die Kugel aus ihrem Mittelpunkt auf die Ebene projiziert wird. Da die Großkreise Schnitte der Kugel mit den Ebenen durch den Mittelpunkt sind, sind ihre Projektionen die Schnitte dieser Ebenen mit der Projektionsebene, also Geraden. Zwei Großkreise schneiden sich immer in *zwei* Punkten, die aber auf nur *einen* Punkt der Projektionsebene abgebildet werden. Das Bild der Kugel überdeckt die ganze Ebene.

Abbildung 7.7: Azimutalprojektion der Schale eines Hyperboloids

Analog zur vorigen Abbildung wird das Hyperboloid aus dem Mittelpunkt auf die Ebene projiziert. Das Bild der Schale überdeckt nur das Innere eines Kreises, der das Bild des Asymptotenkegels ist. Wie im Fall der Kugel wird der Kreis zweimal überdeckt – das zweite Mal durch das Bild der zweiten Schale.

den Mittelpunkt markieren auf der Projektionsebene einen Punkt, den Schnittpunkt der entsprechenden Geraden. Liegt dieser nicht innerhalb des Kreises, schneiden sich die Geodäten auf dem Hyperboloid nicht. Das wesentlich Neue liegt also darin, daß *nicht mehr alle* Punkte und Geraden der Projektionsebene zur Geometrie gehören: Die Punkte außerhalb des Schnitts mit dem Asymptotenkegel bleiben ausgeschlossen. Das Unendliche wird auf einen endlichen Kreis abgebildet. Zwei Geraden, die sich nicht *innerhalb* des Kreises schneiden, sind nun parallel zu nennen. Ihre Schnittpunkte liegen – im Modell der projektiven Ebene – „jenseits des Unendlichen". Dieses Bild heißt *Kleinsches Modell* der nichteuklidischen Ebene, seine Geometrie heißt *hyperbolische Geometrie* und wurde von Gauß, Bolyai und Lobachevski gefunden [104].

An dieser Stelle erinnern wir noch einmal an den relativistischen Billardstoß (Abb. 5.6 und 7.9). Die Kurve der Geschwindigkeiten, die sich nach einem relativistischen Stoß ergeben, ist ein Kreis, allerdings ein Kreis nach der Metrik auf der Zeitschale. Wir gewinnen ihn explizit, wenn wir einen normalen Kreis um den

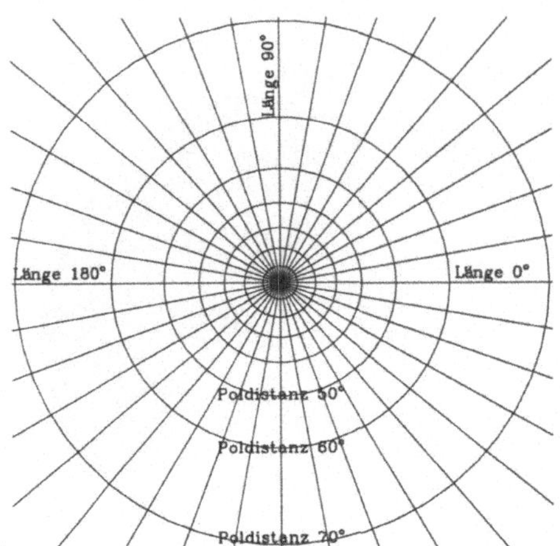

Abbildung 7.8: Linien gleicher Poldistanz in der Projektion der Kugel

Jedermann kennt Karten in Azimutalprojektion, wie sie für die Polargegenden in Gebrauch ist. Sie verzerrt die Flächen stark. Bereits der Äquator wird ins Unendliche geschoben. Dafür ist die Azimutalprojektion aber geradentreu und daher eben der weiteren Behandlung mit der projektiven Geometrie angepaßt.

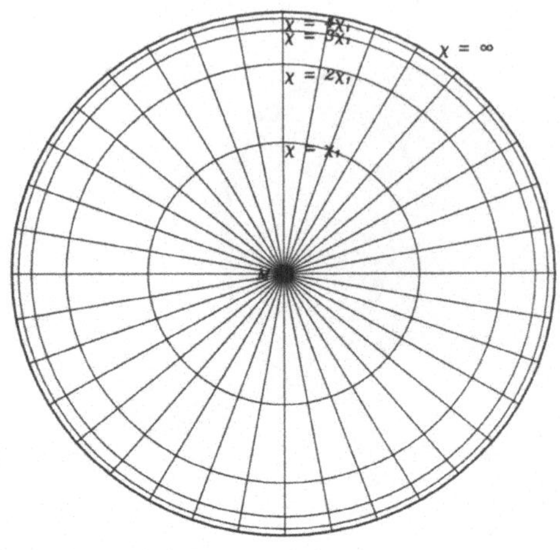

Abbildung 7.9: Linien gleicher Poldistanz in der Projektion der Schale

Wie bei der Kugel ist die Azimutalprojektion geradentreu. Die Verzerrung der Flächen ist aber das Gegenteil vom euklidischen Fall. Zum Rand der Projektion hin rücken Punkte festen Abstands immer mehr zusammen. Wir erinnern auch an die Auswertung des Stoßes in Abb. 5.6. Die Draufsicht ist eine solche Azimutalprojektion der Massenschale.

Mittelpunkt des Kleinschen Modells so verschieben, daß sein Rand über den Mittelpunkt des Modells geht. Diese Verschiebung ist eine Lorentz-Drehung im Raum-Zeit-Diagramm und eine Translation in der nichteuklidischen Geometrie[6].

Erinnern wir uns an die Definition der Krümmung am Anfang dieses Abschnitts, so ist die Krümmung der Zeitschale negativ. Das scheint dem Augenschein zu widersprechen, aber der Augenschein unterstellt stillschweigend euklidisches Maß. Wir haben jedoch das *pseudoeuklidische* Maß zu beachten, und danach ist die Projektion länger als die projizierte Kurve (Abb. 7.10). Der Umfang eines Kreises wird also größer als erwartet (siehe Gl. (7.1)).

$$U[\varrho] > \sqrt{4\pi F[\varrho]} > 2\pi\varrho \ \ \text{falls} \ \varrho > 0 \ . \tag{7.2}$$

Wir veranschaulichen die Krümmung durch ein Parkett aus regelmäßigen Fünfecken (Abb. 7.11). Auf der Kugel ist so ein Parkett bekannt. Es entspricht einem regelmäßigen Polyeder, dem Dodekaeder (zum allgemeinen Problem der Parkettierung [103]). Drei Fünfecke stoßen an jeder Ecke zusammen. Folglich ist der Winkel an jeder Ecke

---

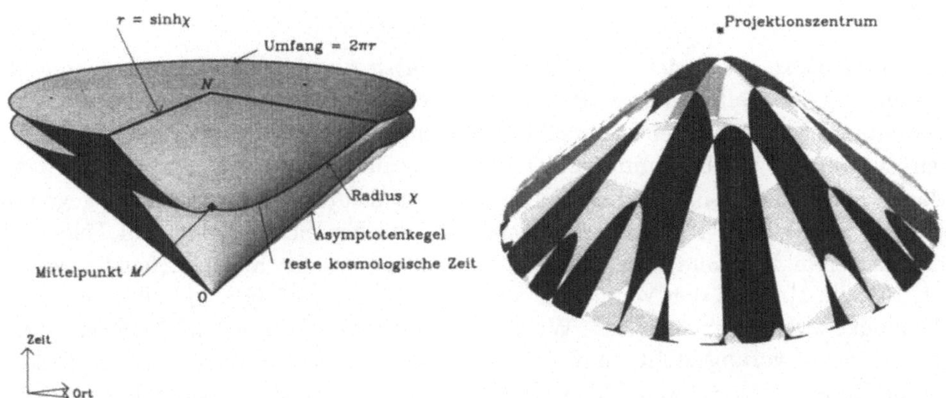

Abbildung 7.10: Fläche und Umfang auf der Zeitschale

Analog Abbildung 7.2 ist hier eine Kalotte gezeichnet, die nun aber nach den Regeln des Minkowski-Raumes vermessen werden soll. Dann ist der Radius auf der Schale eben kürzer als seine Projektion, der Radius in der Schnittebene. Entsprechend ist der Umfang größer als erwartet.
$$U^2 > 4\pi F > 4\pi^2 \varrho^2$$
für $\varrho > 0$. Die Schale ist also negativ gekrümmt.

Abbildung 7.11: Parkettierung der Zeitschale mit regulären Fünfecken

Auf einer Fläche konstanter negativer Krümmung gibt es reguläre Fünfeck mit fünf rechten Winkeln, die sich zu einem Parkett zusammenlegen lassen, wie es die Schale andeutet. In der Grundfläche sieht man die Mittelpunktprojektion der Schale, in der alle Geodäten Geraden sind. Die Seitenlänge des regulären Fünfecks mit fünf rechten Winkeln ist $\phi = \mathrm{Arsh}[\sqrt{(1 + \sqrt{5})/2}]$.

M.C.Escher[42] zeigt in seinen Graphiken „Grenzkreise" Parkettierungen der Schalen negativer Krümmung mit regelmäßigen Sechsecken.

gleich $2\pi/3$, und die Winkelsumme in einem solchen Fünfeck auf der Kugel beträgt $10\pi/3$. Das ist größer als der euklidische Wert 3π, die Kugel ist ja auch positiv gekrümmt. Nun wenden wir uns der Pseudokugel zu. Hier stoßen z.B. jeweils vier Fünfecke an einer Ecke zusammen, die Winkel an den Ecken sind also $\pi/2$, die Winkelsumme $5\pi/2$, also kleiner als der euklidische Wert. Der Paralleltransport um ein solches Fünfeck läßt sich analog Abb. 7.1 in Abb. 7.11 nachvollziehen. Dabei tritt hier eine Drehung *gegen* den Sinn des Umlaufs auf. Der Exzeß der Winkelsumme ist negativ. Umfahren wir ein solches Fünfeck unter Festhalten der Blickrichtung wie in Abbildung 7.1, erhalten wir eine Drehung der Tangentialebene wieder um $\pi/2$, diesmal aber *gegen* den Drehsinn des Umlaufs[7].

---

[7]Die Rotation der Tangentialebene findet ihren physikalischen Ausdruck in der *Thomas-Präzession*.

7.2 Der Kosmos

Die *Äquivalenz von träger und schwerer Masse* erzwingt die Anerkennung der Krümmung der Welt und auch des Raums. Die Entdeckung, daß alle Körper in einer bestimmten Näherung gleich schnell fallen, steht mit anderen am Anfang der modernen Physik. Aus der Bestimmung der Bewegung im Schwerefeld kürzt sich die träge Masse (der Proportionalitätsfaktor zwischen Impuls und Geschwindigkeit) gegen die schwere Masse (den Proportionalitätsfaktor zwischen Schwerkraft und Feldstärke des Schwerefeldes) heraus. Diese Beobachtung ist immer mehr verfeinert worden [41, 108, 20, 1]. Nach den Versuchen von Dicke [108] und Braginski [20] ist jetzt eine Genauigkeit von 10^{-12} erreicht[8]. Wird die Äquivalenz von träger und schwerer Masse als Prinzip vorangestellt, muß man schließen, daß selbst Lichtstrahlen, Platons gerade Linien, vom Schwerefeld beeinflußt werden, denn sie transportieren Energie und deren Masse. Die von einem Punkt ausgehenden Strahlen scheinen *gegeneinander* verbogen und verdrillt, je nach Krümmung der Welt. Wellengleichungen (die Maxwell-Gleichungen der Elektrodynamik eingeschlossen) mit konstanten Koeffizienten können nicht mehr gelten. Ähnlich der Wellengleichung für ein brechendes Medium hängen die Koeffizienten nun von Ort und Zeit, genauer der Position im Gravitationsfeld ab. Solche veränderliche Koeffizienten sind aber Derivate der Metrik einer gekrümmten Welt. Das ist der entscheidende Punkt. Die Strahlen eines Büschels können sich erneut schneiden: es entstehen Brennflächen und Brennpunkte. Die übliche Sprechweise „verbogen und verdrillt" vertuscht, daß der *einzelne* Lichtstrahl nicht verbogen sein kann, da es keine Vergleichslinie gibt, die weniger gebogen ist. Der Lichtstrahl markiert die operativ geradeste Linie. Die Lichtablenkung durch ein massives Objekt in der Sichtlinie vergleicht mit einem anderen Raum, in dem das Objekt real oder virtuell aus der Sichtlinie entfernt ist. Wir vergleichen zwei verschiedene Räume, und die Geodäten des einen sind jeweils gegen die Geodäten des andern „verbogen". Erst die *relative* Geometrie des Strahlbüschels definiert eine Ablenkung durch das Auftreten von Brennflächen und Brennpunkten.

Die Welt ist gekrümmt, und im allgemeinen ist es auch jeder Raum. Die Krümmung ist im einzelnen nicht homogen, denn die schweren Massen, die das Schwerefeld erzeugen, sind selbst Inhomogenitäten und auch nicht homogen verteilt. Sie verursachen eine Lichtablenkung, die man schon nach der Newtonschen Mechanik abschätzen kann, die aber nach der Allgemeinen Relativitätstheorie doppelt so groß ist, weil nicht nur die Welt allgemein, sondern auch der Raum im einzelnen durch die lokale Materieverteilung gekrümmt wird. Die Lichtablenkung [37] war die erste Voraussage der Allgemeinen Relativitätstheorie, die durch die Beobachtung bestätigt werden konnte. Nachdem sie 1919 durch A.S.Eddington erstmals zweifels-

---

[8]Natürlich hängt diese Genauigkeit von der speziellen Versuchsanordnung ab. Deshalb wird weiter nach Bestätigungen oder Abweichungen vom Äquivalenzprinzip gesucht. In jedem Falle hängt die Bewegung eines Teilchens in einer gekrümmten Welt von seinem Drehimpuls ab. Es ist eine komplizierte Frage, wie man Metrik und Krümmung aus der Beobachtung der Bewegung von Teilchen unbekannter Struktur herauslesen kann [2].

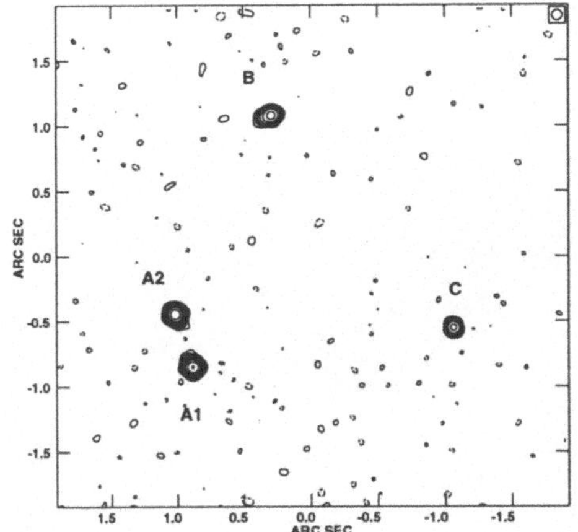

Abbildung 7.12: Das Vierfachbild MG 0414+0534

Dieses Bild von MG 0414+0534 (Sternbild Stier) entsteht im 22 GHz-Band. Die Strahlung eines Quasars im Hintergrund wird von einer hier nicht sichtbaren Galaxie im Vordergrund abgelenkt. Die Galaxie hat erst das Hubble Space Telescope finden können. Ohne das Gravitationsfeld der Galaxie wäre das Bild des Quasars strukturlos und punktförmig [67].

Abbildung 7.13: Der Galaxienhaufen Abell 2218 als Gravitationslinse

Zu sehen ist der Galaxienhaufen Abell 2218 (Sternbild Drache) und mehrere von ihm abgebildete Galaxien im Hintergrund, die in Form kleiner Kreisbögen angeordnet ist. Der Galaxienhaufen hat eine Entfernung von 525 h^{-1} Mpc (Rotverschiebung $z = 0.175$). Die abgebildeten Galaxien haben dagegen Rotverschiebungen von $z \approx 0.5 - 2.5$ [78].

frei gemessen wurde, ist sie inzwischen nicht nur sicher bekannt[9], sondern hat sich in ein Instrument zur Erkundung des Universums gewandelt. Kosmische Objekte großer Masse werden durch die von ihnen verursachte Lichtablenkung sichtbar, auch wenn ihre Leuchtkraft zu klein für unsere Teleskope ist. Man nennt sie dann Gravitationslinsen [115] (Abb. 7.12, 7.13, 7.14). Das Schwerefeld eines massiven Objekts faltet die Lichtkegel (Abb. 7.15). Darüber hinaus können supermassive und superdichte Massekonzentrationen überhaupt verhindern, daß Licht aus ihrem Schwerefeld entweicht. Solche *Schwarzen Löcher* scheinen in den Zentren großer Galaxien zu sitzen und auch für die große Leuchtkraft verantwortlich zu sein, die an den Quasaren beobachtet wird.

Beschränken wir uns aber auf die Betrachtung eines Kosmos, in dem kein Ort vor dem anderen ausgezeichnet sein soll (der Ort soll relativ sein, von den Massekonzentrationen in Sternen, Galaxien, Galaxienhaufen und anderen großen Strukturen wollen wir gerade absehen), kann die Welt als zeitliche Folge homogener Räume an-

---

[9]Die beste direkte Bestimmung ist mit der Radioposition des Quasars 2C379 möglich, der an jedem 8.Oktober von der Sonne bedeckt wird.

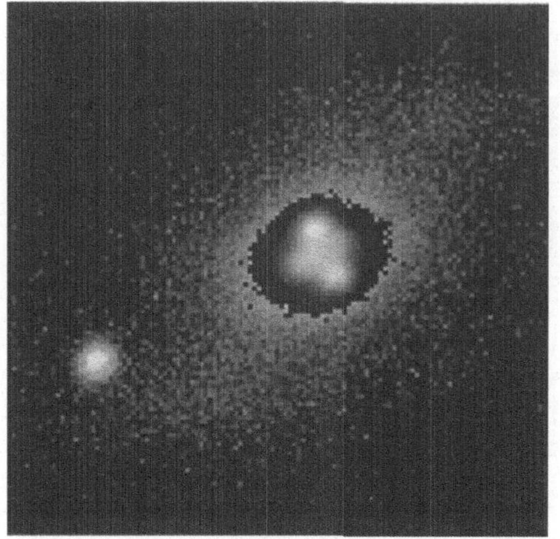

Abbildung 7.14: Das Einstein-Kreuz
Die zentrale Massenkonzentration der Vordergrundgalaxie erzeugt ein vierfaches Bild des Hintergrundquasars Q2237+0305 (Sternbild Wassermann), das Einstein-Kreuz genannt wird. Der Quasar steht fast genau hinter dem Zentrum der Vordergrundgalaxie. Dessen Helligkeit ist in der Abbildung abgezogen, damit alles zu sehen ist. Links unten steht ein Vordergrundstern.

Dieses Bild des Einstein-Kreuzes ist von der Erde aus gewonnen. P.Notni hat es mit dem 1.5m-Teleskop von Maidanak am 17.9.95 aufgenommen [139]. Wegen der Eigenbewegung der Galaxie und ihrer Komponenten hat sich das Bild seit der Entdeckung des Kreuzes 1988 bereits deutlich verändert.

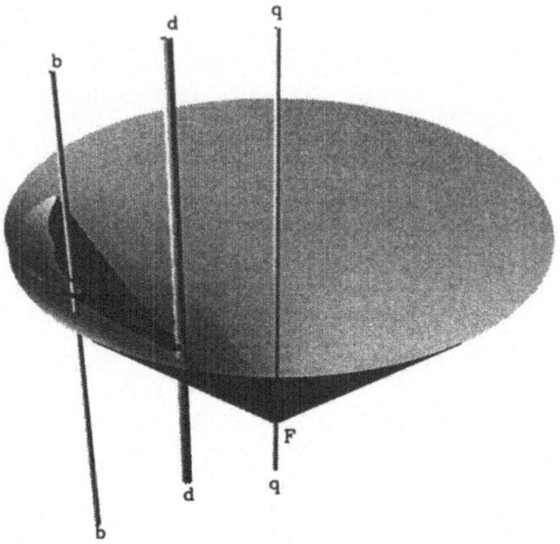

Abbildung 7.15: Die Faltung des Lichtkegels
Die Abbildung zeigt die Weltlinien einer Lichtquelle q, einer ablenkenden Masse d und eines Beobachters b und den Lichtkegel eines Blitzes F. Durch die ablenkende Masse wird die Ausbreitung gestört, und es entsteht eine Falte unabhängig von der Art der Störung, nur die genaue Form der Falte hängt von der Störung ab. Die Weltlinie des Beobachters schneidet hier den gefalteten Lichtkegel dreimal, d.h., der Beobachter sieht das Ereignis zu drei verschiedenen Zeiten und aus drei verschiedenen Richtungen, die ihrerseits ja durch die räumlichen Normalen der Wellenfronten gegeben sind. Hier weicht die erste Richtung nach rechts ab, die zweite nach links, die dritte ist am wenigsten abgelenkt. Die Faltung führt immer auf eine ungerade Anzahl von Bildern, jedoch ist das am wenigsten abgelenkte im allgemeinen von der Linse verdeckt.

gesehen werden, die eine konstante Krümmung haben (also unseren Kugeln, Ebenen oder Massenschalen entsprechen) und die expandieren oder kontrahieren (Abb. 7.16). Das ist sicher eine grobe Vereinfachung, aber es ist die Basis der Kosmologie. Ihre verläßliche Begründung ist ein kompliziertes Problem sowohl aus der Sicht der Theorie[10] als auch der Sicht der Beobachtung. – Es ist wichtig, Krümmung des

---

[10]Wenn wir uns auf die Einsteinschen Gleichungen berufen, die auf planetarer Skala geprüft

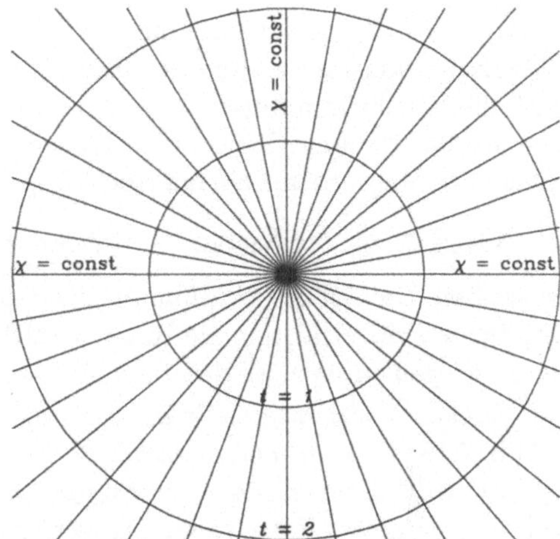

Abbildung 7.16: Homogene Expansion
Bei der Expansion einer Kugel werden alle Abstände größer, die Kugelkoordinaten (geographische Länge und Breite) der Figuren bleiben aber konstant. Die Geschwindigkeit der Abstandszunahme ist proportional dem Abstand auf der Kugelfläche, wobei die Figuren sich nicht eigentlich gegeneinander bewegen: Bezogen etwa auf den Abstand vom Pol zum Äquator bleiben alle Entfernungen unabhängig von der Größe des Globus. Die Kugelkoordinaten entsprechen den mitbewegten (expansionsbereinigten) Koordinaten der Kosmologie.

Abbildung 7.17: Ebener Schnitt durch die expandierenden Kugeln
Wir verzichten auf die Darstellung der geographischen Länge und erhalten den ebenen Rahmen für Fahrpläne im expandierenden geschlossenen Kosmos. Bei einem bestimmten Expansionsgesetz (Abb. 7.22) kann der geschlossene Kosmos auch leer sein.

Raums und Krümmung der Welt auseinanderzuhalten. Es ist die Krümmung der Welt, die von den Einsteinschen Gleichungen bestimmt wird. Die Krümmung eines Raums, der ja nun ein Schnitt durch diese Welt ist, hängt davon ab, wie wir den Schnitt legen. Im allgemeinen hat man dabei alle Freiheiten, nur soll der Raum ausschließlich raumartige Richtungen enthalten. Hier schränken wir die Freiheit ein: Es sollen nunmehr nur noch homogene Raumschnitte erlaubt sein.

Die Welt, die wir hier betrachten, soll den Kosmos vorstellen. Die homogenen Raumschnitte numerieren wir mit einer Zeitkoordinate, die *kosmologische Zeit*[11]

---

werden können, müssen wir ihr „makroskopisches Mittel" konstruieren, das dann auf die „gemittelte" Beobachtung passen sollte. Es ist aber nicht einfach zu sehen, daß die gemittelten Gleichungen wieder die Einsteinschen Gleichungen sind [2].

[11]Ein Zeitkoordinate mit solch einem Titel sollte eigentlich eine ordentliche, auf physikalische Beobachtbarkeit mit Uhren, Lichtquellen und Spiegeln gegründete Definition haben. Im aktuellen Universum, nicht in unserem vereinfachten Modell, könnte man es aussichtslos finden, Uhren zu

genannt wird. Die Krümmung der Welt K_{Welt} setzt sich dann aus dem Quadrat der Expansionsrate H und der Raumkrümmung K_{Raum} zusammen. Einstein zeigte, daß die Weltkrümmung von der Materiedichte bestimmt wird. In unserem Falle ist die Weltkrümmung gleich einem Grundniveau, d.h. der kosmologischen Konstanten, plus der entsprechend normierten Massendichte.

$$K_{\text{Welt}} = H^2 + K_{\text{Raum}} = K_{\text{Welt}0} + \text{Massendichte} \tag{7.3}$$

schreiben. Dies ist die *Friedmann-Gleichung*. – Im Grenzfall verschwindender[12] Massendichte sind nicht nur die Raumschnitte, sondern die Welt selbst homogen. Diese Kosmen heißen nach W.deSitter. Wir wollen sie jetzt untersuchen.

Zunächst orientieren wir uns an dem Fall expandierender Pseudokugeln (Abb. 7.18). Wie im Fall positiver Krümmung, wo die Welt als zeitliche Folge immer größer (nach Fläche und Krümmungsradius) werdender Kugeln darzustellen ist, ist die Welt nun eine Folge immer größer (nach Krümmungsradius) werdender Pseudokugeln. Der Krümmungsradius ist identisch mit der verstrichenen Zeit. Im Grunde haben wir die pseudoeuklidische Welt vor uns, in der wir nur neue Koordinaten gewählt haben. Die kosmologische Zeit τ ist auf einer Zeitschale fest, und auf der Zeitschale wählen wir Koordinaten χ, die sich mit der Expansion nicht verändern, etwa Polarkoordinaten. Die neuen Koordinaten τ und χ setzen wir also so an, daß τ die Zeitschalen zum Ursprung numeriert ($c^2\tau^2 = c^2t^2 - r^2$), während konstantes χ eine Expansion beschreibt ($r = f[\chi]\,a[t]$). Die Transformation ist

$$t = \tau \cosh[\chi] \ , \quad r = \tau \sinh[\chi] \ .$$

Entfernungen vom Punkt $\chi = 0$, die durch eine feste Koordinate χ markiert sind, $d[\chi] = a[t]\chi$, werden mit der Zeit immer größer (Abb. 7.19). Wir nennen die Funktion $a[t]$, die hier einfach $a[t] = c\tau$ ist, den Expansionsparameter. Die Oberfläche einer Kugel mit dem Radius $d[\chi] = a[t]\chi$ ist

$$O[\chi] = 4\pi f^2[\chi]\, a^2[t] \ . \tag{7.4}$$

Sie ist hier also größer als nach euklidischer Geometrie erwartet, was die negative Krümmung anzeigt. Der spezielle Kosmos, den wir jetzt konstruiert haben, heißt Milne-Kosmos. Er ist eine Folge von Räumen negativer Krümmung und expandiert linear in der kosmologischen Zeit. Lokal unterscheidet ihn geometrisch nichts von der Minkowski-Welt, die ihrerseits eine Folge ungekrümmter und nicht expandierender Räume ist. Global existiert schon ein Unterschied: der Milne-Kosmos ist nur ein Teil der Minkowski-Welt, der einen Rand (den Kegelmantel) und eine Singularität (die Spitze) hat.

Der Milne-Kosmos (Abb. 7.19) ist direkt auf die ebene Minkowski-Welt gezeichnet. Wir betrachten nun die Kosmen, die auf die Oberfläche einer *einschaligen* Pseudokugel gezeichnet werden können. Diese ist das Gegenstück zu den zweischaligen

---

synchronisieren. Auch die kosmologische Zeit ist also zunächst nur ein Artefakt des Modells [2].

[12]Verschwindend heißt hier vernachlässigbar gegen die Raumkrümmung oder die kosmologische Konstante.

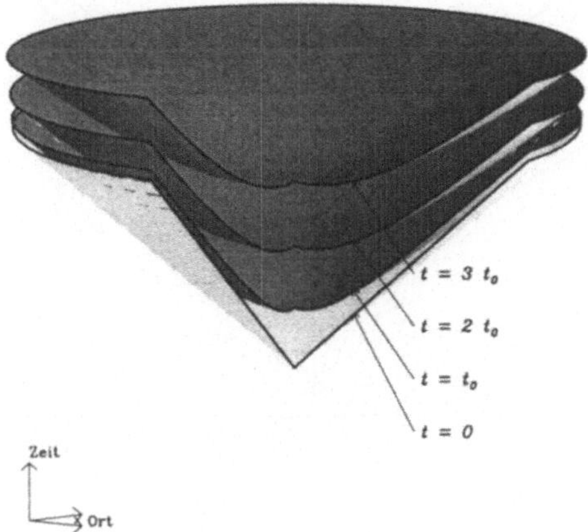

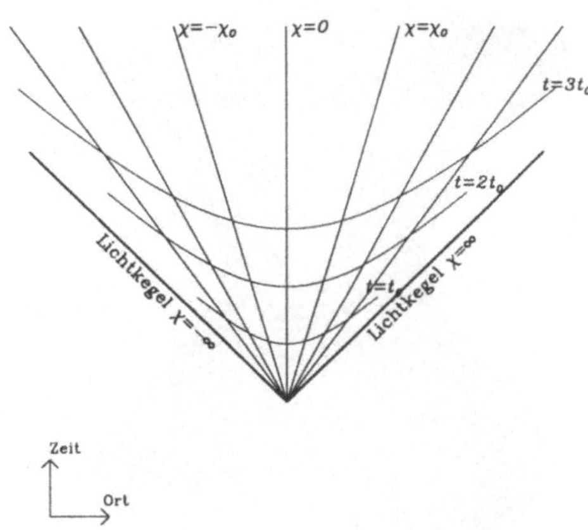

Abbildung 7.18: Milne-Kosmos

Wir sehen die homogene Expansion eines negativ gekrümmten Raums. Die Linien konstanter Pseudokugelkoordinaten sind gerade Linien durch das Zentrum des Asymptotenkegels, der ersichtlich eine Singularität ist. Diese kosmologische Singularität umfaßt in gewissem Sinne den gesamten Asymptotenkegel. Die geometrischen Örter fester Eigenzeit sind die negativ gekrümmten Zeitschalen. Die Welt ist dennoch eine Minkowski-Welt. Wir können auch eine Folge ungekrümmter Ebenen finden, die sich nicht ausdehnen. Diese Relativität der Krümmung findet sich, weil das Substrat nur virtuell vorhanden ist und keine Quelle des Gravitationsfeldes darstellt.

Abbildung 7.19: Ebener Schnitt durch den Milne-Kosmos

In einer Ebene fester Kugelkoordinaten, wo nur der Abstand von der Bezugsweltlinie und die Zeit eingetragen werden, sind die Weltlinien des Substrats die Geraden, die durch einen Punkt gehen und zeitartig sind. Die isotropen Geraden sind die gleichen wie in der Minkowski-Welt. Das Substrat ändert nichts an der Minkowski-Geometrie der Ebene. Es bestimmt aber die Aufblätterung der Welt. Die Räume konstanter kosmologischer Zeit sind (pseudoeuklidisch) orthogonal zu den Weltlinien des als virtuell gedachten Substrats.

Hyperboloiden, die wir eben benutzt haben. Während die Zeitschalen die Örter festen zeitlichen Abstands vom Ursprung waren, sind die einschaligen Pseudokugeln jetzt Orte festen räumlichen Abstands vom Zentrum. Sie sind ebenso symmetrisch wie die Zeitschalen. Dementsprechend sind die Geodäten auf den einschaligen Pseudokugeln wieder Schnitte mit Ebenen durch das Zentrum. Während aber auf einer Zeitschale alle Geodäten raumartig sind, gibt es nun raumartige wie zeitartige Geodäten. Deshalb können wir versuchen, ein zweidimensionales Universum auf die Pseudokugel zu zeichnen.

Dazu wählen wir auf einer solchen Pseudokugel eine Schar zeitartiger Geodäten, die später die Linien $\chi =$const werden sollen. Wir gewinnen sie natürlich aus ebenen Schnitten, wobei die Ebenen durch das Zentrum gehen. Nun haben zwei Ebenen

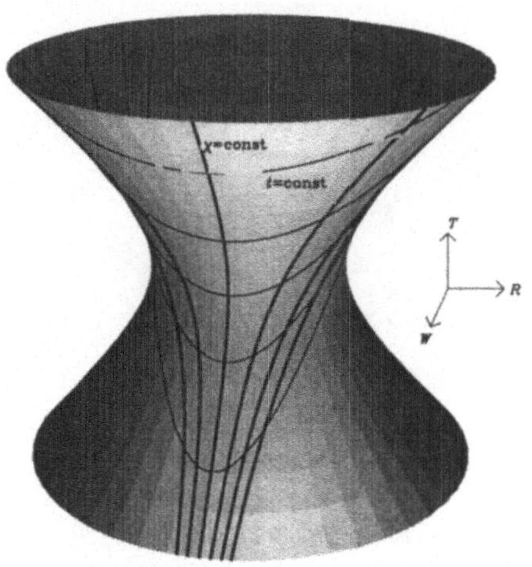

Abbildung 7.20: DeSitter-Kosmos. I.

Auf der fünfdimensionalen Pseudokugel $T^2 - W^2 - R^2 + 1 = 0$ werden die Koordinaten $T + W = e^t$, $T - W = \chi^2 e^t - e^{-t}$, $R = \chi e^t$ eingeführt. Dann erhalten wir für unser Linienelement $a[t] = e^t$, $r[\chi] = \chi$. In diesen Koordinaten sind die Raumschnitte eben, und der Raum dehnt sich exponentiell aus. Die Linien konstanter kosmologischer Zeit t sind Schnitte mit den Ebenen $W + T =$const.
Diese Zeichnung ist analog Abb. 7.19. Die Explosion ist hier auf das Hyperboloid gezeichnet, nicht auf die Ebene.

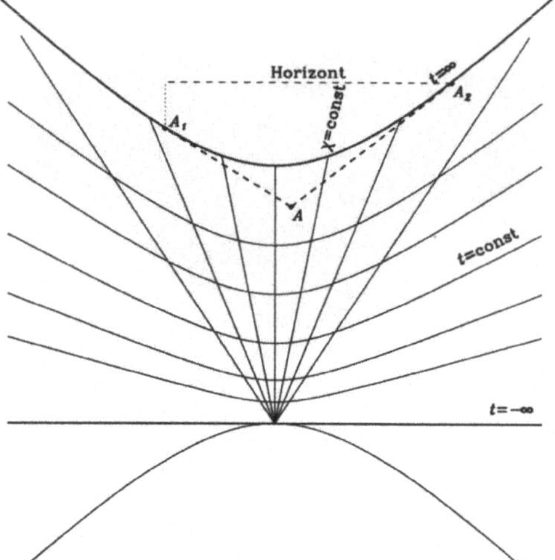

Abbildung 7.21: DeSitter-Kosmos: Projektion. I.

Wir projizieren das Hyperboloid von Abbildung 7.20 auf die Ebene. Das Unendliche ist ein Hyperbel, die Substratkongruenz stellt ein Büschel dar, das von einem Punkt im metrisch Unendlichen getragen wird. Die zeitartigen Geraden schneiden die Hyperbel, liegen aber im Außenraum. Bei unserer Wahl des Substrats sind die Räume fester kosmologischer Zeit nicht gekrümmt. Die Gleichung der Linien konstanter kosmologischer Zeit ist $y^2 - 1 = x^2 - (y+1)^2 e^{-2t}$, die der Linien konstanten χ ist $y = -1 + x/\chi$.

eine Schnittgerade, und wir betrachten den Fall eines Ebenenbüschels, das von einer gemeinsamen Geraden getragen wird, so wie beim Milne-Kosmos alle Linien $\chi =$ const einen gemeinsamen Schnittpunkt in der Minkowski-Welt haben. Beginnen wir mit einer Pseudokugel der Form

$$T^2 - W^2 - X^2 - Y^2 - Z^2 + 1 = 0 \ . \tag{7.5}$$

Wir verwenden wieder Polarkoordinaten mit $R^2 = X^2 + Y^2 + Z^2$ und stellen sie im dreidimensionalen T-W-R–Raum dar. Auf zwei der drei Raumdimensionen wird in dieser Darstellung verzichtet, wir behalten sie aber im Auge. Wir zeichnen nun zeitartige Geodäten auf die Hyperkugel $T^2 - W^2 - R^2 + 1 = 0$, indem wir mit Ebenen $a_0 T + a_1 W + a_2 R = 0$ schneiden. Um eine einparametrige Geodätenschar zu erhalten, wählen wir ein Ebenenbüschel, das von einer Geraden getragen wird. Die Ebenen sollen aus dem Hyperboloid Linien herausschneiden, die wir als Weltlinien von Objekten betrachten, deren Eigenzeit die kosmologische Zeit für den Kosmos absteckt, so wie das schon beim Milne-Kosmos geschehen ist. Es gibt drei wesentlich verschiedene Möglichkeiten, diese Weltlinienschar χ =const zu konzipieren. Im ersten Fall sei die Trägergerade des Ebenenbüschels lichtartig und *berühre* gerade das Hyperboloid. Dann wählen wir die Koordinatenachsen $[T, W, R]$ so, daß die Trägergerade die Richtung $[1, -1, 0]$ hat. Die Normalen der Ebenen festen χ haben dann Richtungen, die sich in der Form $[\chi, \chi, -1]$ parametrisieren lassen (Abb. 7.20). Wir schreiben

$$T + W = \mathrm{e}^t \;\to\; R = \chi \mathrm{e}^t \;.$$

Wenn wir uns auf dem Hyperboloid (7.5) befinden, folgt

$$T - W = \chi^2 \mathrm{e}^t - \mathrm{e}^{-t} \;.$$

Die Formeln für R und die Oberfläche O (7.4) zeigen uns, daß die Weltlinien $\chi =$ const einen exponentiell expandierenden Kosmos beschreiben, dessen Raumschnitte $t =$ const nach der euklidischen Geometrie zu vermessen sind. Die Mittelpunktprojektion des dreidimensionalen Hyperboloids in die Ebene zeigt die Weltlinienschar als Geradenbüschel, das eine Hyperbel schneidet (Abb. 7.21). Das Koordinatennetz $[t, \chi]$ füllt nur den Außenraum[13]. Die Hyperbel ist das metrisch Unendliche. – Von jedem Punkt des Außengebiets lassen sich die Tangenten an die Hyperbel legen. Sie stellen die lichtartigen Richtungen, den Lichtkegel des Punktes dar. Das metrisch Unendliche wird von den Lichtstrahlen bei einem bestimmten Wert der Ortskoordinate erreicht, *ohne* daß der Raum voll durchmessen wurde. Wir haben einen Kosmos mit Bewegungshorizont[14] vor uns: Selbst wenn wir von A aus mit Lichtgeschwindigkeit abfliegen, können wir nicht jede Stelle des Substrats erreichen.

Wird die Achse des Ebenenbüschels so gelegt, daß sie das Hyperboloid *nicht schneidet*, können wir sie in die T-Achse legen[15]. Sie hat dann die Richtung $[1, 0, 0]$. Die Ebenennormalen können wir in der Form $[0, -\sin\chi, \cos\chi]$ parametrisieren (Abb. 7.22). Alles läuft weiter wie gehabt (Abb. 7.23). Nun ist aber nicht mehr die gesamte Hyperbel der Zeitpunkt $t \to \infty$, vielmehr ist die untere Hälfte $t \to -\infty$, also die tiefe Vergangenheit. Tangenten an diesen Teil indizieren einen Sichthorizont[16]: Das Licht, das den Punkt B erreicht, stammt aus einem begrenzten Bereich des Substrats. Kein Teleskop zeigt uns heute das Substrat über diese Grenze hinaus.

Schließlich legen wir die Achse des Ebenenbüschels so, daß sie das Hyperboloid *schneidet*. Dann können wir als Richtung $[0, 1, 0]$ wählen und die Ebenennormalen in der Form $[-\sinh\chi, 0, \cosh\chi]$ parametrisieren (Abb. 7.24). Nach Projektion in die Ebene ergibt sich Abbildung 7.25. Diese Konstruktion ist ähnlich der des

---

[13]Das Außengebiet enthält die Punkte, von denen zwei reelle Tangenten an den Kegelschnitt existieren, sei er nun eine Ellipse, eine Parabel oder eine Hyperbel.

[14]Der Fachausdruck ist Ereignishorizont.

[15]Wir führen dazu eine geeignete Lorentz-Transformation im 5-dimensionalen projektiven Raum durch.

[16]Der Fachausdruck ist Teilchenhorizont oder einfach Horizont.

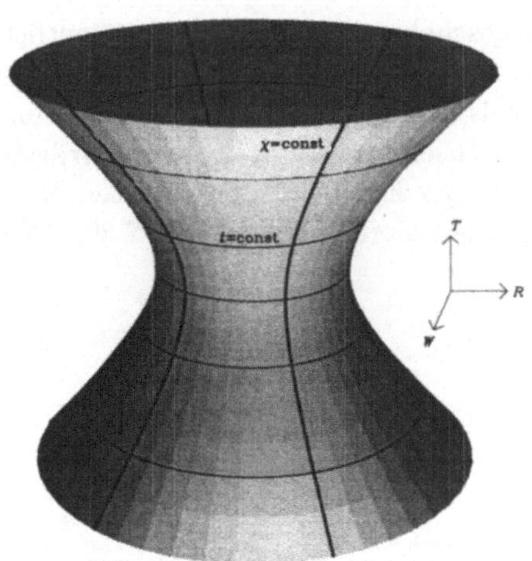

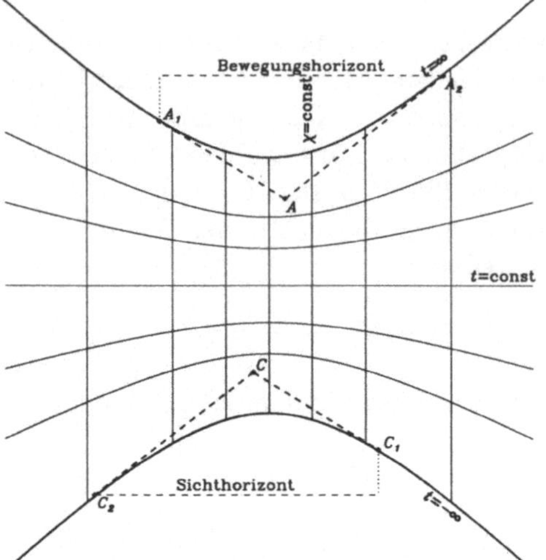

Abbildung 7.22: DeSitter-Kosmos. II.
Auf der fünfdimensionalen Pseudokugel $T^2 - W^2 - R^2 + 1 = 0$ werden die Koordinaten $T = \sinh[t]$, $W = \cosh[t]\cos[\chi]$, $R = \cosh[t]\sin[\chi]$ eingeführt. Dann erhalten wir für unser Linienelement $a[t] = \cosh[t]$, $r[\chi] = \sin[\chi]$. In diesen Koordinaten sind die Raumschnitte positiv gekrümmt, und der Raum kontrahiert bis zu einem minimalen Volumen, um danach zu expandieren. Die Linien konstanter kosmologischer Zeit t sind Schnitte mit den Ebenen $T =$const.

Abbildung 7.23: DeSitter-Kosmos: Projektion. II.
In dieser Projektion des Hyperboloids von Abbildung 7.22 ist die Substratkongruenz ein Strahlbüschel, das von einem Punkt außerhalb der Welt getragen wird. Die Kurven konstanter kosmologischer Zeit sind Hyperbeln verschiedener Öffnung: $y^2\coth^2[t] - x^2 = 1$. Die Krümmung dreidimensionaler Raumschnitte ist hier positiv.

Milne-Kosmos, nur sind dort die Weltlinien des expandierenden Substrats auf die pseudoeuklidische Ebene gezeichnet, hier dagegen auf die Pseudokugel. In beiden Fällen sind die – mit den hier nicht gezeichneten Dimensionen vervollständigten – Raumschnitte negativ gekrümmt.

Je nach Wahl der Weltlinien des Substrats erhalten wir positiv, negativ oder ungekrümmte Raumschnitte. Diese Freiheit hat die gleiche Wurzel wie die Freiheit der Krümmung im Minkowski-Raum: Wir wählen die Weltlinien des Substrats rein geometrisch. Eine physikalische Wirkung des Substrats ist nicht vorhanden: Die Einsteinschen Gleichungen lassen hier keine Massendichte als Quelle der Weltkrümmung zu. Die Weltkrümmung ist eine geometrische Konstante. Erst wenn wir das Substrat als materielle Strömung konzipieren, deren Massendichte dann proportional der Weltkrümmung ist, entfällt die geometrische Wahlfreiheit der homogenen Raumschnitte. Die Wahl wird eindeutig. Die Krümmung des Raums kann an der Bewegung des Substrats physikalisch beobachtet werden.

Gleichung (7.5) ist nur eine Möglichkeit, zu einer höherdimensionalen Pseudo-

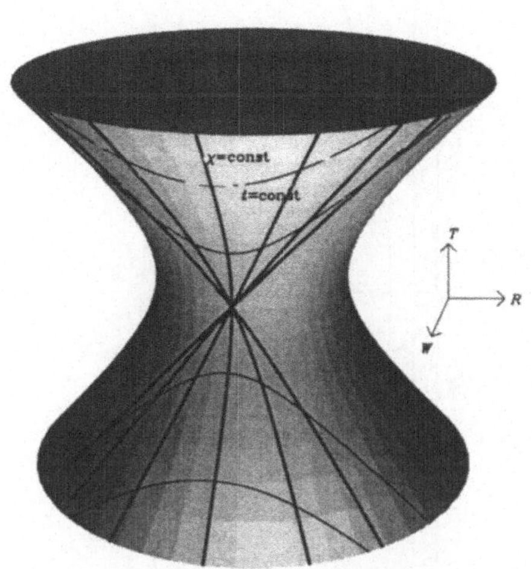

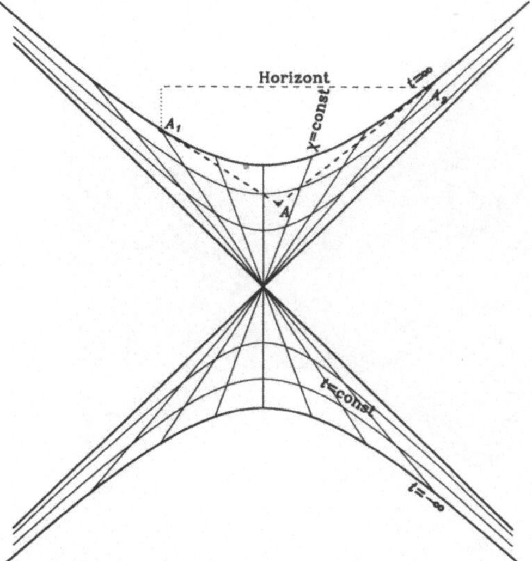

Abbildung 7.24: DeSitter-Kosmos. III.
Auf der fünfdimensionalen Pseudokugel $T^2 - W^2 - R^2 + 1 = 0$ werden die Koordinaten $T = \sinh[t]\cosh[\chi]$, $W = \cosh[t]$, $R = \sinh[t]\sinh[\chi]$ eingeführt. Dann erhalten wir für unser Linienelement $a[t] = \sinh[t]$, $r[\chi] = \sinh[\chi]$. In diesen Koordinaten sind die Raumschnitte negativ gekrümmt, und der Raum expandiert aus einer Singularität. Die Linien konstanter kosmologischer Zeit t sind Schnitte mit den Ebenen $W =$const.

Abbildung 7.25: DeSitter-Kosmos: Projektion. III.
In dieser Projektion des Hyperboloids von Abbildung 7.24 ist die Substratkongruenz ein Strahlbüschel, das von einem Punkt innerhalb der Welt getragen wird. Die Kurven konstanter kosmologischer Zeit sind Hyperbeln gleicher Öffnung: $y^2 - x^2 = \tanh^2[t]$. Die Krümmung der dazugehörigen dreidimensionalen Raumschnitte ist negativ.

kugel zu kommen. Die andere ist, die Koordinate W zeitartig zu wählen:

$$T^2 + W^2 - X^2 - Y^2 - Z^2 - 1 = T^2 + W^2 - R^2 - 1 = 0 \ .$$

Die Achse des Ebenenbüschels schneidet dieses Hyperboloid immer, wir wählen deshalb als Richtung $[0, 1, 0]$ und die Ebenennormalen in der Form $[0, -\sinh\chi, \cosh\chi]$ (Abb. 7.26). Wir finden den Anti-deSitter-Kosmos, der besonders in der mehrdimensionalen Kosmologie eine gewisse Rolle spielt (Abb. 7.27).

Die Ähnlichkeit der Geometrien von Hyperboloid und Kugel wird manifest, wenn wir sie in projektiven Koordinaten – die nun auch Koordinaten in der dreidimensionalen Welt sind, in der Hyperboloid und Kugel eingebettet ist – und der Polarität ausdrücken – die nun auch Metrik der dreidimensionalen Welt ist. Wir wollen das am Sinussatz der Dreiecke zeigen. Winkel und gegenüberliegende Seiten liegen in einer festen Relation, die in der euklidischen Geometrie

$$\frac{\sin\alpha}{a} = \frac{\sin\beta}{b} = \frac{\sin\gamma}{c}$$

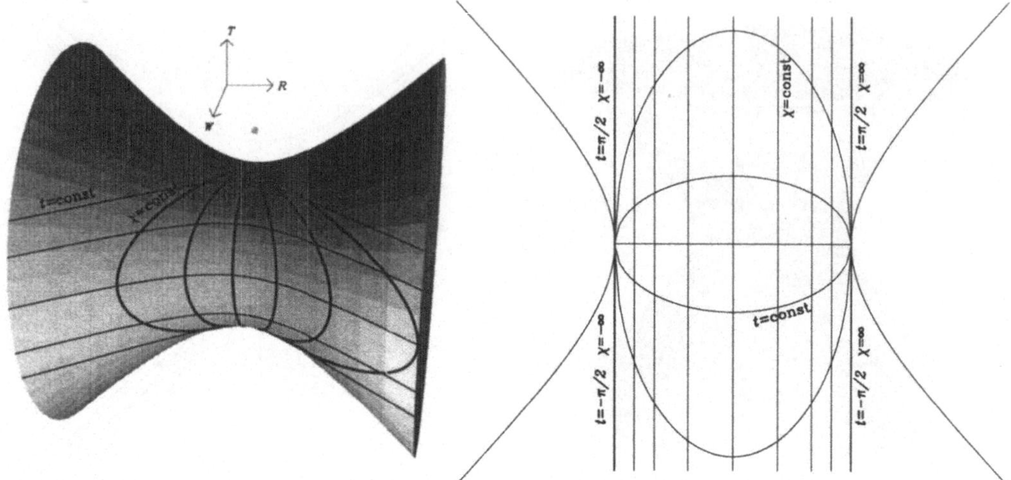

Abbildung 7.26: Anti-deSitter-Kosmos

Auf der fünfdimensionalen Pseudokugel $T^2 + W^2 - R^2 = 1$ werden die Koordinaten $T = \sin[t]$, $W = \cos[t]\cosh[\chi]$, $R = \cos[t]\sinh[\chi]$ eingeführt. Dann erhalten wir für unser Linienelement $a[t] = \cos[t]$, $r[\chi] = \sinh[\chi]$. In diesen Koordinaten sind die Raumschnitte negativ gekrümmt, und der Raum expandiert aus einer Singularität, um wieder in eine Singularität zu kontrahieren. Die Linien konstanter kosmologischer Zeit t sind Schnitte mit den Ebenen $T = $const.

Abbildung 7.27: Anti-deSitter-Kosmos: Projektion

In dieser Projektion des Hyperboloids von Abbildung 7.26 ist der absolute Kegelschnitt wieder eine Hyperbel, die zeitartigen Geraden schneiden diesen Kegelschnitt aber nicht. Die Substratkongruenz ist ein Strahlbüschel, das von einem Punkt innerhalb der Welt getragen wird. Die Kurven konstanter kosmologischer Zeit sind Ellipsen mit einer festen Halbachse: $y^2\cot^2[t] + x^2 = 1$. Die Linien $\chi = \pm\infty$ fallen mit den Periodengrenzen $t = \pm\pi/2$ zusammen. Sie sind der Rand des Gebiets, in dem Substrat und kosmologisches Modell definiert sind.

lautet. Auf der Kugel lautet diese Relation

$$\frac{\sin\alpha}{\sin a} = \frac{\sin\beta}{\sin b} = \frac{\sin\gamma}{\sin c} \, .$$

In der Minkowski-Geometrie, wo die Drehungen in der Ebene zwei Fixstrahlen haben, finden wir (für Dreiecke aus drei zeitartigen Strecken)

$$\frac{\sinh\alpha}{a} = \frac{\sinh\beta}{b} = \frac{\sinh\gamma}{c} \, .$$

In der Galilei-Geometrie, wo der Winkel direkt durch Strecken gemessen wird, entartet die Formel in

$$\frac{\alpha}{a} = \frac{\beta}{b} = \frac{\gamma}{c} \, .$$

Auf der Zeitschale gilt

$$\frac{\sin\alpha}{\sinh a} = \frac{\sin\beta}{\sinh b} = \frac{\sin\gamma}{\sinh c}.$$

Auf der Hyperkugel $T^2 - W^2 - R^2 - 1 = 0$ nun ist die zeitartige Distanz ein hyperbolischer Winkel und die Tangentialebene eine pseudoeuklidische Ebene. Dementsprechend gilt

$$\frac{\sinh\alpha}{\sinh a} = \frac{\sinh\beta}{\sinh b} = \frac{\sinh\gamma}{\sinh c}.$$

Auf der Hyperkugel $T^2 + W^2 - R^2 - 1 = 0$ ist die zeitartige Distanz ein gewöhnlicher Winkel, und es gilt

$$\frac{\sinh\alpha}{\sin a} = \frac{\sinh\beta}{\sin b} = \frac{\sinh\gamma}{\sin c}.$$

Die Beweise finden sich in Anhang E.

Kapitel 8   Die projektive Wurzel

Warum sind die eben betrachteten Geometrien alle so ähnlich? Sie haben eine gemeinsame Wurzel, die Geometrie der Perspektive, die *projektive Geometrie*. Euklidische und Minkowski-Geometrie, elliptische, hyperbolische und deSitter-Geometrie gehören zu *einer* Familie der metrisch-projektiven Geometrien. Deshalb widmen wir dieses Kapitel der projektiven Geometrie. Was den formalen Aspekt betrifft, wird wieder auf den Anhang verwiesen. Wir wollen hier die Einsichten gewinnen, die uns den einheitlichen Blick auf die Geometrien der Ebene gestatten.

Die Gesetze der Perspektive wurden von Brunelleschi 1425 demonstriert (Abb. 8.1). Die hellenistische Mathematik kannte sie bereits (Euklids Buch über die Optik [108]). Sie hatten sich aber aus dem Bewußtsein verloren, so daß diese Demonstration einen besonderen Einschnitt in der Kunst markiert. Stellen wir uns zunächst die euklidische Ebene – unseren Zeichentisch – vor, auf den wir schräg blicken und den wir dadurch schief auf die Gesichtsfeldebene als neue Zeichenebene projizieren (Abb. 8.2, 8.3). Wir erhalten ein perspektivisches[1] Bild des Tisches. Das Unendliche der ursprünglichen Zeichenebene erscheint in der Gesichtsfeldebene als reelle Gerade im Endlichen, als *Horizont*, genauer als Bild der *Ferngeraden*. Wir holen also das Unendliche durch Projektion in die Zeichenebene und behandeln die Punkte des Unendlichen wie gewöhnliche Punkte. Was auf diese Weise aus der Zeichnung zum Satz des Pythagoras wird, zeigt Abbildung 8.3. Geraden, die in der Ausgangsebene parallel sind, schneiden sich sichtbar auf dem Bild der Ferngeraden. Wir sagen, daß sie einen gemeinsamen Fernpunkt haben. Aber auch die Lote auf solchen Geraden sind parallel und haben einen gemeinsamen Fernpunkt. Wir nennen ihn Pol der Geraden. Das ist ein wichtiger Tatbestand. Auch wenn später der Begriff Fernpunkt aufgelöst wird, es bleibt bestehen, daß sich die Lote auf einer Geraden in einem Punkt schneiden, dem Pol der Geraden.

In der projektiven Geometrie bleiben die *Inzidenz* von Punkten und Geraden, die *Kollinearität* von Punktetripeln (Abb. 8.4) und das *Doppelverhältnis* (Abb. 8.5) von Punktequadrupeln einer geraden Punktreihe (bzw. von vier Strahlen eines Strahlbüschels) immer noch unverändert, während Winkel und Längen ihre elementare Vergleichbarkeit verlieren. Kreise werden zu allgemeinen Kegelschnitten (Abb. 8.6). Alle Sätze, welche die Kollinearität dreier Punkte, die Existenz eines gemeinsamen Trägerpunktes für drei Geraden oder Trenneigenschaften (genauer das

---

[1]Wir nennen eine Abbildung *perspektiv*, wenn sie als Projektion aus einem Zentrum dargestellt werden kann. Perspektive Abbildungen bilden keine Gruppe: Führen wir zwei perspektive Abbildungen mit verschiedenen Zentren hintereinander aus, entsteht eine allgemeine *projektive* Abbildung, die nicht mehr perspektiv ist. Die projektiven Abbildungen dagegen bilden eine Gruppe.

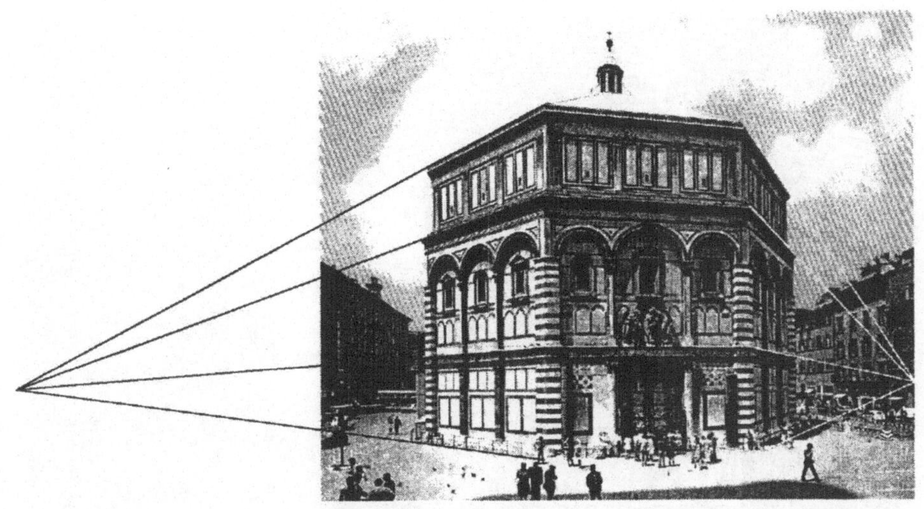

Abbildung 8.1: Die perspektive Abbildung. I.

Die Gesetze der Perspektive (speziell die Existenz der Fluchtpunkte) wurden in der Zeit zwischen Giotto di Bondone und Filippo Brunelleschi [26, 65] gefunden (vielleicht nur wiedergefunden [110]). 1425 demonstrierte Brunelleschi diese Gesetze mit Zeichnungen der Taufkirche von Florenz, die hier zusammen mit zwei Fluchtpunkten dargestellt ist.

Doppelverhältnis) betreffen, bleiben erhalten, auch wenn sich die Begriffe Winkel und Längen auflösen.

Die projektive Geometrie erklärt zwei Figuren für gleich, wenn sie sich nur aufeinander (im allgemeinen in mehreren Schritten) projizieren lassen. In ihrem Rahmen sind alle Vierecke (wo keine drei Ecken auf einer Geraden liegen) untereinander kongruent, ebenso alle Vierseite (wenn keine drei Seiten durch einen Punkt gehen). Alle reellen nicht ausgearteten Kegelschnitte haben dieselbe Gestalt. In der projektiven Geometrie gibt es deshalb zunächst nicht die Möglichkeit, einen Kreis absolut zu definieren. Mit den Mitteln der projektiven Geometrie allein können wir nicht einmal entscheiden, ob ein Kegelschnitt eine Hyperbel, Parabel oder Ellipse ist. Auch ist kein Kegelschnitt durch die Vorgabe dreier Punkte allein bestimmbar, wie das beim Kreis in der metrischen Geometrie der Fall ist. Ellipse und Hyperbel scheiden sich erst, wenn das Unendliche entschieden ist. Ellipsen sind dann die Kegelschnitte ohne Punkte im Unendlichen. Der Kreis ist erst dann als besondere Ellipse definiert, wenn die Länge festliegt und Strecken auf verschieden Geraden verglichen werden können. Allgemein ist ein Kegelschnitt erst durch fünf Punkte bestimmt (Abb. C.6). Die Eigenschaft, Kreis zu sein, bedarf also des Bezugs auf ein vordefiniertes Gebilde. Es zeigt sich, daß dieses Bezugsobjekt im einfachsten Falle selbst ein Kegelschnitt

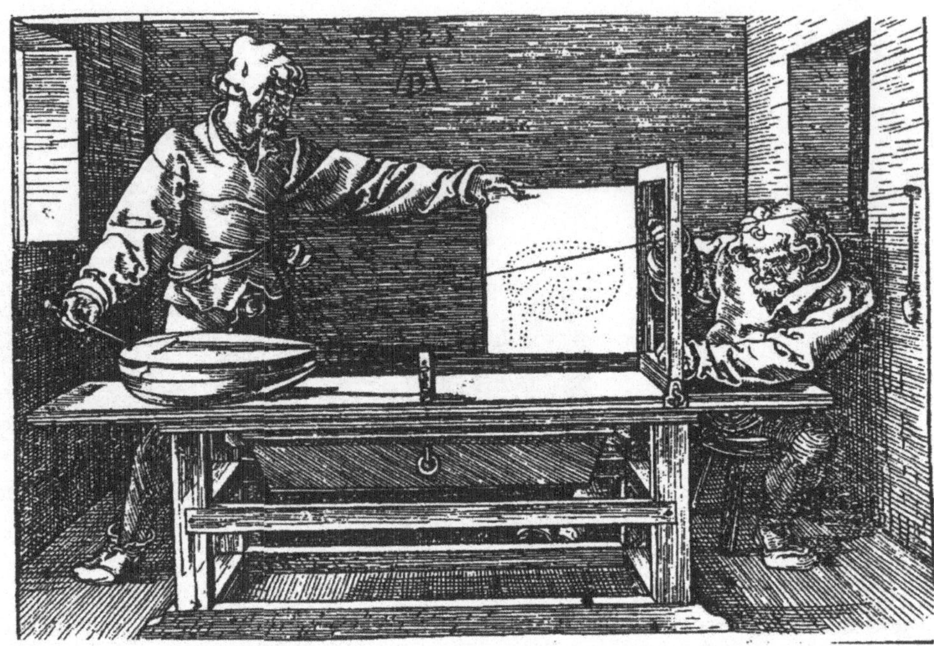

Abbildung 8.2: Die perspektive Abbildung. II.

Die Abbildung zeigt die von A.Dürer ([33], Bibliothek der ehem. kgl. preuss. Sternwarte Berlin) vorgeschlagene mechanische Konstruktion der Perspektive. Perspektivitätszentrum ist die Öse in der Wand. Die Koordinaten der Schnittpunkte der Projektionsstrahlen mit der Zeichenebene – dem Rahmen – werden von der Person rechts im Bild festgestellt und auf dem herausklappbaren Zeichenblatt eingetragen. So entsteht eine punktweise Konstruktion des perspektiven Bildes.

ist, den wir eben bei projektiven Transformationen festhalten wollen und folglich *absoluten Kegelschnitt* nennen. Jeder Kegelschnitt kann dazu ernannt werden, auch entartete oder imaginäre (d.h. solche, deren Gleichung zwar reell ist, aber keine reellen Lösungen hat.). Projektiv sind sie alle kongruent, so sie nicht entartet sind. Kreise werden nun relativ zu diesem absoluten Kegelschnitt definierbar, weil das Festhalten an ihm eben nicht mehr alle projektiven Transformationen gestattet, sondern nur noch diejenigen, die ihn selbst unverändert lassen. Diese reduzierte Beweglichkeit ist nun genau die einer ebenen metrischen Geometrie: Wenn wir von einem Punkt und von einer Richtung an diesem Punkt das Bild kennen, ist die Bewegung der Ebene bis auf eine Spiegelung an eben dieser Richtung bestimmt. Das werden wir alles noch im einzelnen sehen.

Im Wechselspiel der projektiven Eigenschaften ist das Doppelverhältnis

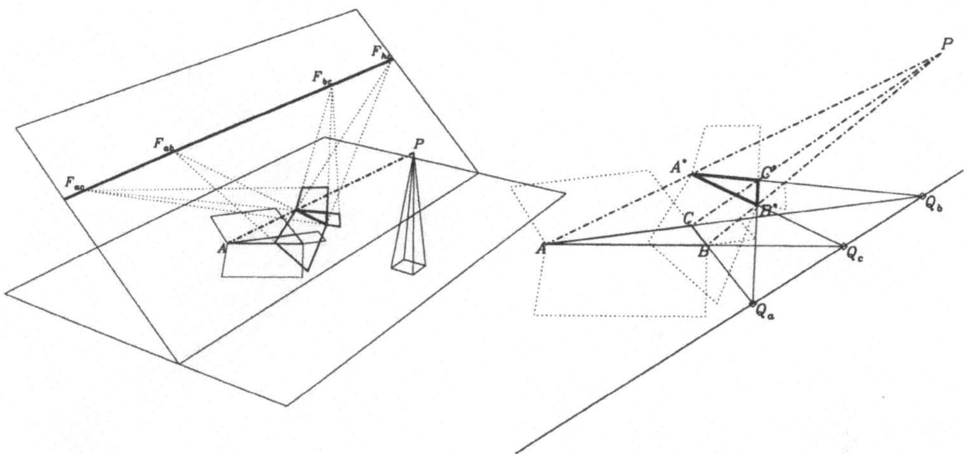

Abbildung 8.3: Die perspektive Abbildung. III.

Die Ebene mit der Pythagoras-Figur wird von einem erhöhten Punkt P aus auf eine neue (Gesichtsfeld-)Ebene projiziert. Das Unendliche der Ebene wird zum Horizont, d.h. zu einer reellen Geraden im Endlichen. Parallele Geraden schneiden sich auf diesem Horizont. Aufeinander lotrechte Geraden definieren Punktepaare ((F_{ac}, F_{bc}) und (F_{ab}, F_{h_c})) auf dem Horizont. Diese Punktepaare definieren eine Abbildung des Horizonts auf sich selbst, die wir als Involution bezeichnen, weil die wiederholte Abbildung in die Ausgangspunkte zurückführt.

Einander entsprechende Seiten zweier Dreiecke in perspektiver Lage schneiden sich auf der Schnittlinie der beiden Ebenen.

Abbildung 8.4: Desargues' Theorem

Liegen zwei Dreiecke zueinander perspektiv, d.h., schneiden sich die Verbindungslinien entsprechender Punkte in einem Punkt P, dann schneiden sich die entsprechenden Geraden auf einer Linie.

Wir haben einen Teil der nebenstehenden Figur vergrößert. Die angesprochene Linie der Schnittpunkte ist der Schnitt der Ausgangsebene mit der Gesichtsfeldebene. Unsere neue Figur ist aber eben, und der Bezug zur vorigen Zeichnung dient nur der Veranschaulichung der Gültigkeit des Theorems. Zieht man die dritte Dimension nicht heran, hat Desargues' Theorem den Charakter eines Axioms.

(Abb. 8.5) von vier Punkten einer geraden Punktreihe oder von vier Geraden eines Strahlbüschels das zentrale Maß. Schon Pappos fand, daß das Doppelverhältnis durch perspektive Abbildung von Gerade zu Gerade übertragen werden kann. Wir können es vorläufig als als doppeltes Teilverhältnis von Abständen ansehen, obwohl Abstände ja eigentlich nicht definiert sein müssen. So setzt eine rein projektive Definition der Doppelverhältnisse bei der harmonischen Teilung an, wie wir gleich sehen werden. Wenn wir in der euklidischen Ebene das Doppelverhältnis von vier Punkten einer Geraden berechnen wollen, können wir

$$\mathcal{D}[A, B; C, D] = \frac{AC}{AD} \; : \; \frac{BC}{BD} \tag{8.1}$$

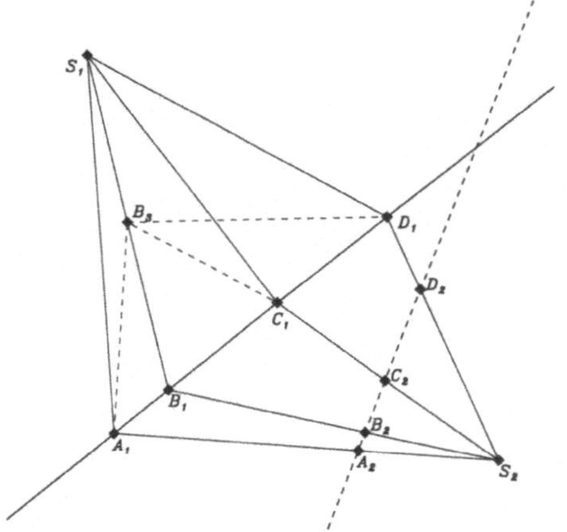

Abbildung 8.5: Das Doppelverhältnis

Das Doppelverhältnis von vier Punkten einer Geraden ist das Doppelverhältnis von vier Flächen, die diese Gerade mit irgendeinem Strahlbüschel bildet. Das Doppelverhältnis der Flächen hängt aber nicht von den Punkten ab, die wir auf den Strahlen auswählen: Diese bestimmen nur die Länge der Schenkel in Dreiecken mit festem Winkel. Deren Flächen sind dann den Schenkellängen proportional, so daß sich alle Schenkellängen im Doppelverhältnis herauskürzen. Das Doppelverhältnis ist also sowohl Eigenschaft der Punktreihe als auch des von ihr indizierten Strahlbüschels. Damit bleibt es bei Übertragung zwischen Strahlbüscheln und geraden Punktreihen, allgemein also bei projektiven Abbildungen, erhalten.

Abbildung 8.6: Kegelschnitte

Der ebene Schnitt eines Kegel kann eine Ellipse, eine Parabel oder eine Hyperbel sein, je nachdem, ob die schneidende Ebene nur einen Teil des Doppelkegels schneidet, parallel zu einer Mantellinie ist oder beide Teile des Doppelkegels schneidet. Der Schnitt links außen ist ein Kreis, der aus der Kegelspitze auf die anderen Schnittebenen projiziert wird und dort Ellipsen, eine Parabel und Hyperbeln herausschneidet. Die Mantellinien des Kegels sind dabei die Projektionsstrahlen.

ansetzen. Beim Doppelverhältnis von vier Punkten ist die Reihenfolge der Punkte zu beachten. Wird diese nämlich geändert, wandelt sich der Wert des Doppelverhältnisses, allerdings nur in einem bestimmten Schema. Es ergibt sich nämlich

$$\mathcal{D}[B,A;C,D] = \mathcal{D}[A,B;D,C] = \frac{1}{\mathcal{D}[A,B;C,D]} \, , \tag{8.2}$$

$$\mathcal{D}[A,C;B,D] = 1 - \mathcal{D}[A,B;C,D] \, , \quad \mathcal{D}[C,D;A,B] = \mathcal{D}[A,B;C,D] \tag{8.3}$$

und schließlich die Kettenregel

$$\mathcal{D}[A,C;E,F] = \mathcal{D}[A,B;E,F] \, \mathcal{D}[B,C;E,F] \, . \tag{8.4}$$

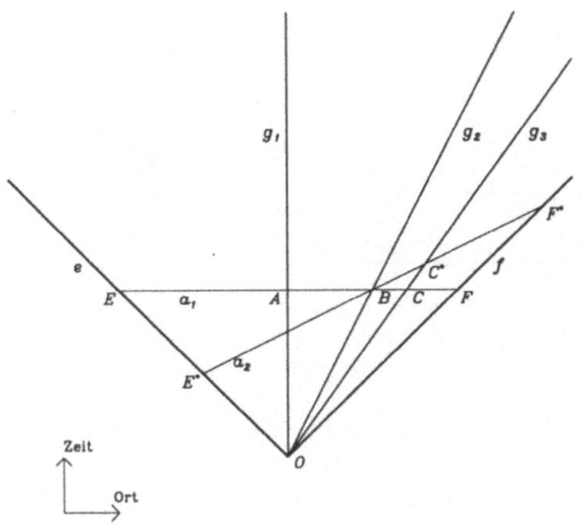

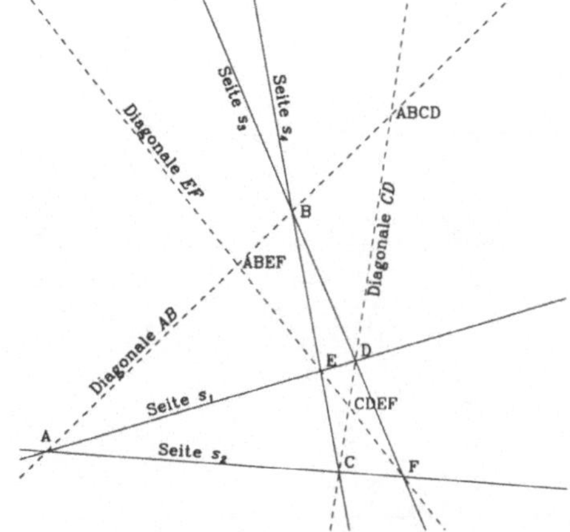

Abbildung 8.7: Einsteins Zusammensetzung der Geschwindigkeiten. II.

Wir zeichnen die Weltlinien g_i dreier gleichförmig bewegter Objekte und die lichtartigen Richtungen e und f durch ein Ereignis O. Die in B errichteten Senkrechten auf g_1 und g_2 sind a_1 und a_2. So finden wir die Punkte A, C und C^*. Die Kettenregel der Doppelverhältnisse ergibt

$$\mathcal{D}[g_2, g_1; e, f] \cdot \mathcal{D}[g_3, g_2; e, f] = \mathcal{D}[g_3, g_1; e, f].$$

Das ist das Additionstheorem der Geschwindigkeiten. So ist u.a. $v_{21}/c = AB/OA$ und $\mathcal{D}[g_2, g_1; e, f] = (c + v_{21})/(c - v_{21})$.

Abbildung 8.8: Der harmonische Wurf

Im vollständigen Vierseit schneiden sich die Seiten in sechs Punkten A, B, C, D, E, F. Es gibt drei Diagonalen AB, CD, EF und drei Diagonalpunkte $ABCD$, $ABEF$, $CDEF$. Eine Diagonale (z.B. AB) kann aus zwei verschiedenen Punkten (etwa E und F) auf eine andere (hier CD) projiziert werden. Die Ergebnisse der beiden Abbildungen unterscheiden sich nur durch die Reihenfolge eines Punktepaars. Die Doppelverhältnisse müssen deshalb sowohl gleich als auch reziprok sein: sie sind gleich -1.

Das vollständige Vierseit ist die Standardkonstruktion, um den vierten harmonischen Punkt zu drei kollinearen Punkten oder den vierten harmonischen Strahl zu drei Strahlen eines Büschels zu finden.

Eine in unserem Zusammenhang einfache Anwendung der Kettenregel ist die Ableitung der Einsteinschen Zusammensetzung der Geschwindigkeiten (Abb. 8.7). Zu einem Ereignis in der Minkowski-Ebene zeichnen wir die lichtartigen Richtungen e und f und drei gleichförmige Bewegungen g_i. Die raumartige Linie a_1 soll orthogonal zu g_1 sein. Ersichtlich bestimmen die Geschwindigkeiten $v_{21}/c = AB/OA$ und $v_{31}/c = AC/OA$ die Doppelverhältnisse $\mathcal{D}[g_2, g_1; e, f] = (c + v_{21})/(c - v_{21})$ und $\mathcal{D}[g_3, g_1; e, f] = (c + v_{31})/(c - v_{31})$. Nun ist es wichtig, daß wir uns an die Relativität der Gleichzeitigkeit erinnern. Der Ort der zu B im Ruhsystem von g_2 gleichzeitigen Ereignisse ist die in B errichtete Senkrechte a_2. Wir erhalten so $v_{32}/c = BC^*/OB$

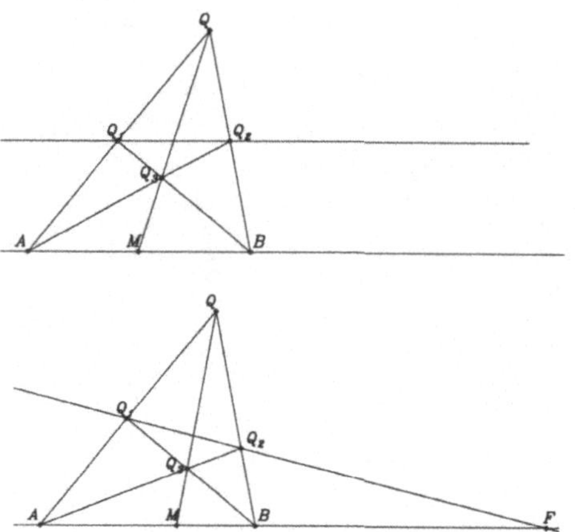

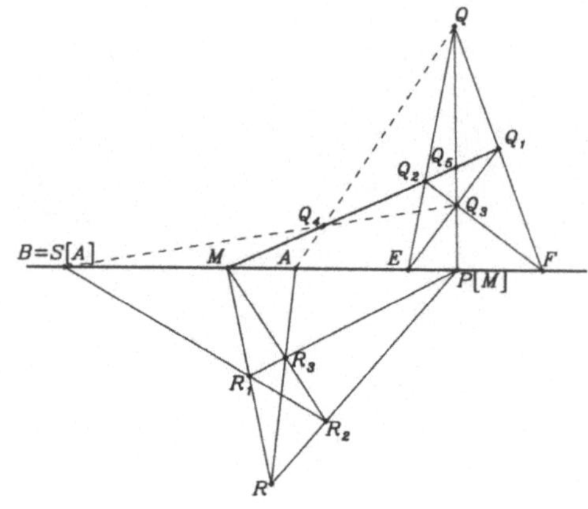

Abbildung 8.9: Metrische und harmonische Teilung

Die metrische Teilung kann als harmonische Teilung dargestellt werden, weil der unendlich ferne Punkt der Geraden in die projektive Betrachtung einbezogen werden kann. Die euklidische Teilung in der oberen Hälfte nimmt die Parallele zur Strecke AB zu Hilfe. Projektiv bedeutet das, den Fernpunkt F der durch A und B laufenden Geraden auszuzeichnen und festzuhalten und mit ihm die metrische Teilung projektiv zu konstruieren. In der unteren Hälfte ist dieses projektive Bild dargestellt.

Abbildung 8.10: Die Übertragung einer Strecke

Wir konstruieren nun zunächst etwas komplizierter – dafür allgemeiner – die gleiche Verlängerung wie in Abbildung 8.11. Wir suchen also einen Punkt $B = S[A]$, dessen Doppelverhältnis $\mathcal{D}[B, M; E, F] = \mathcal{D}[M, A; E, F]$ ist. Dazu bestimmen wir $P[M]$ als vierten Punkt eines harmonischen Wurfs $[M, P[M]; E, F]$. Der Punkt $S[A]$ gehört nun wiederum zu einem harmonischen Wurf, nämlich $[S[A], A; M, P[M]]$. Diese Konstruktion finden wir später im Zweidimensionalen wieder (Abb. 8.16).

und $\mathcal{D}[g_3, g_2; e, f] = (c + v_{32})/(c - v_{32})$. Die Kettenregel

$$\mathcal{D}[g_3, g_2; e, f] \cdot \mathcal{D}[g_2, g_1; e, f] = \mathcal{D}[g_3, g_1; e, f]$$

ergibt nun unmittelbar das Einsteinsche Additionstheorem der Geschwindigkeiten (4.1). Wenn wir umgekehrt mit diesem beginnen, bestimmen wir v_{32} aus den Doppelverhältnissen. Dann sehen wir, daß, um die Größe v_{32} als Streckenverhältnis zu interpretieren, wir die Relativität der Gleichzeitigkeit akzeptieren müssen, d.h., a_2 muß orthogonal zu g_2 sein. Nur dann erhalten wir $v_{32}/c = G_2 G_4 / OG_2$.

Ersichtlich bleibt das Doppelverhältnis bei projektiven Abbildungen unverändert. Das Doppelverhältnis einer Punktreihe $[A_1, B_1, C_1, D_1]$ ist auch Eigenschaft der Strahlen eines beliebigen Büschels (S_1 oder S_2 in Abb. 8.5), die durch die Punkte bestimmt werden. Schneiden wir solche vier Strahlen mit einer anderen Geraden, erhalten wir eine andere Punktreihe $[A_2, B_2, C_2, D_2]$, die aber immer wieder das gleiche Doppelverhältnis wie $[A_1, B_1, C_1, D_1]$ haben muß, weil eben zwischen Büscheln und Punktreihen die Gleichheit besteht. Den nichttriviale Spezialfall bestimmt das Doppelverhältnis $\mathcal{D}[A, B; C, D] = -1$, den wir als *harmonische Lage* bezeichnen. Die gegenseitige Lage der Punktepaare $[A, B]$ und $[C, D]$ heißt dann *harmonische Teilung*. Die Abbildung 8.8 zeigt sie am vollständigen Vierseit mit seinen 6 Ecken und 3 Diagonalen. Die Abbildung demonstriert, daß die Konstruktion der harmonischen Teilung ohne explizite Berechnung des Doppelverhältnisses vonstatten geht. Dazu betrachten wir auf jeder Diagonalen die zwei Eckpunkte und die zwei Diagonalpunkte. Diese Punktreihen werden aus den anderen Eckpunkten aufeinander projiziert. So gibt es z.B. zwei Abbildungen der Diagonale AB auf CD, vermittelt durch die Perspektivitätszentren E und F. Auf der einen Seite ist nun $\mathcal{D}[A, B; ABEF, ABCD] = \mathcal{D}[D, C; CDEF, ABCD]$, auf der anderen $\mathcal{D}[A, B; ABEF, ABCD] = \mathcal{D}[C, D; CDEF, ABCD]$. Das Doppelverhältnis $\mathcal{D}[C, D; CDEF, ABCD]$ ist also gleich seinem Inversen ($\mathcal{D}[D, C; CDEF, ABCD]$). Es kann aber nicht 1 sein, also ist es -1 wie auch alle entsprechenden Doppelverhältnisse auf den anderen Diagonalen.

Beginnend mit der harmonischen Teilung können wir nun alle anderen Doppelverhältnisse durch sukzessive Multiplikation und Inversion unter Berücksichtigung der Symmetrien (8.2) und der Kettenregel (8.4) bilden. Das ist der Grund, weshalb das Doppelverhältnis bestimmt werden kann, *ohne* auf die euklidische Ebene wie in Abb. 8.5 zurückgreifen zu müssen.

Immer noch ist es unser Ziel, mit projektiven Mitteln Orthogonalität zu definieren und Winkel und Strecken zu vergleichen. Wir gehen in drei Schritten vor. Erst einmal vergleichen wir Segmente eine gegebenen Geraden miteinander und zeigen, wie man Segmente teilen oder verdoppeln kann. Darauf übertragen wir die Methode auf die Winkel in einem Strahlbüschel. Schließlich bestimmen wir den Vergleich von Strecken und Winkeln auf verschiedenen Geraden bzw. Büscheln durch die Konstruktion der Spiegelung.

Als Fingerübung und Orientierung betrachten wir zunächst eine einzelne Gerade und orientieren uns an der ebenen Geometrie. Hier ist die Ferngerade ein absolutes Gebilde: Parallelen sind dadurch definiert, daß sie sich dort schneiden. Wenn wir auf einer Geraden g eine Strecke AB durch einen Punkt M halbieren, dann ist der Fernpunkt $F[g]$ der Geraden der vierte harmonische Punkt (Abb. 8.9). Das ist in der euklidischen Geometrie evident, gilt also auch in der Projektion. Wir konstruieren daher die Teilung einer Strecke, indem wir den Punkt suchen, der zusammen mit dem Fernpunkt die Strecke harmonisch teilt. Entsprechend tragen wir die Strecke AM an sich selbst ab, indem wir den Punkt B suchen, der zusammen mit A das Paar $BF[g]$ harmonisch teilt. Wollen wir die Koordinaten so wählen, daß sie das Doppelverhältnis darstellen, können wir $(A, M, F) = (0, 1, \infty)$ setzen. Dann entspricht dem Punkt B der Koordinatenwert 2. Die harmonische Teilung mit dem Fernpunkt liefert uns also (in der Minkowski-Geometrie, aber auch in der euklidischen und der Galilei-Geometrie) den Längenvergleich auf einer Geraden.

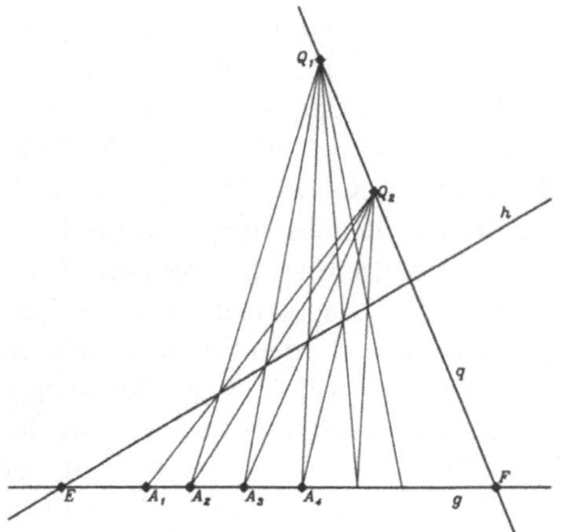

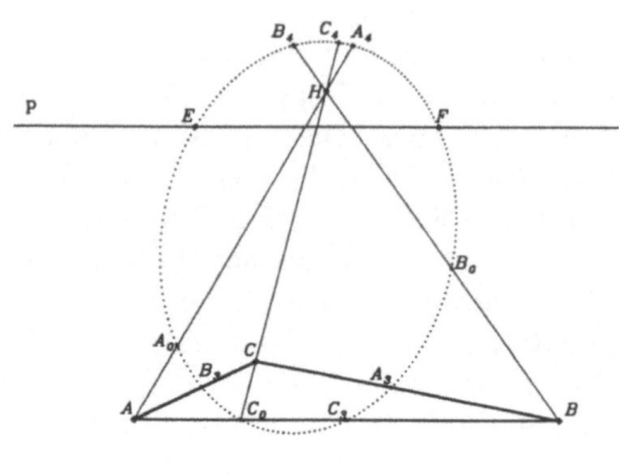

Abbildung 8.11: Längenvergleich bei zwei Fixpunkten

Wenn zwei absolute Punkte E und F auf einer Geraden gegeben sind, ist die Länge einer Strecke A_1A_2 durch das Doppelverhältnis $\mathcal{D}[A_1, A_2; E, F]$ bestimmt, das deren Endpunkte mit den beiden absoluten Punkten bilden. Auf einer Geraden seien E und F und eine Einheitsstrecke A_1A_2 gegeben. Durch beide Fixpunkte legen wir ein Gerade (q und h). Auf q wählen wir Q_1 und ziehen die Verbindung von A_1 mit dem Schnittpunkt von h und der Verbindung Q_1A_2. Den Schnittpunkt dieser Verbindung mit q bezeichnen wir mit Q_2. Wir verlängern die Strecke durch fortgesetzte Verbindung mit Q_1 und Q_2. Wir sehen unmittelbar, daß $\mathcal{D}[A_1, A_2; E, F] = \mathcal{D}[A_2, A_3; E, F] = \mathcal{D}[A_3, A_4; E, F] = \ldots$.

Abbildung 8.12: Der Feuerbach-Kreis in der projektiven Geometrie

Wir zeichnen ein vollständiges Viereck $[A, B, C, H]$ und eine Gerade p. Wir teilen jede Seite harmonisch mit dem Schnittpunkt auf der Geraden p. So finden wir die Seitenmitten A_3, B_3, C_3 und A_4, B_4, C_4. Durch diese sechs Punkte und durch die drei Diagonalpunkte A_0, B_0, C_0 geht ein Kegelschnitt. Er schneidet die Gerade p in zwei Punkten E und F. Dies sind die Fixpunkte der Involution, die von den gegenüberliegenden Seitenpaaren des Vierecks auf p markiert wird.

Wir können Abbildung 8.9 als Definition der Spiegelung auf der Geraden lesen: B ist der Spiegelpunkt $S[A]$, wenn M der Spiegel ist. Diese Spiegelung hat immer *zwei* Fixpunkte: neben M auch noch $F[g]$, der zunächst als Fernpunkt der Geraden angesehen werden kann. Lösen wir uns aber vom Bild der Projektion einer euklidischen Ebene, dann definieren wir eine Spiegelung auf einer Geraden um den Punkt M durch Angabe eines Paares einander entsprechender Punkte E und F (Abb. 8.10). Wir suchen also die Spiegelung als projektive Abbildung, die M als Fixpunkt hat und E und F aufeinander abbildet. Mit dem vollständigen Viereck finden wir den zweiten Fixpunkt, den wir nun $P[M]$ nennen. Die Spiegelung bildet nun jeden Punkt A auf den vierten harmonischen Punkt ab. Die Zeichnung zeigt, wie der harmonische

Wurf $[Q, Q_3; Q_5, P[M]]$ aus Q_4 auf $[A, S[A]; M, P[M]]$ projiziert wird. Es gilt also
$\mathcal{D}[A, S[A]; M, P[M]] = \mathcal{D}[Q, Q_3; Q_5, P[M]] = -1$.

Wenn wir an die Projektion der euklidischen Ebene denken, ist $P[M]$ der Fernpunkt der Geraden g und deshalb für alle Punkte M auf g derselbe. Die rein projektive Konstruktion gibt dafür keinen Grund. Statt dessen können die Punkte $P[M]$ irgendein projektives Bild der Punkte M sein. Die projektive Abbildung einer Geraden auf sich hat aber höchsten zwei reelle Fixpunkte, wie man auch an Abbildung 8.10 ablesen kann. Dann gibt es also zwei Punkte E und F, die bei Spiegelung an *jedem* Punkt der Geraden ineinander übergehen. Damit definieren nun E und F ihrerseits für alle Punkte M der Geraden einen *Pol* $P[M]$ als vierten harmonischen Punkt. Die Abbildung $M \to P[M]$ ist also selbst eine Involution auf der Geraden.

Die einfachste Konstruktion des Längenvergleichs geschieht über zwei hintereinandergeschaltete perspektive Abbildungen (Abb. 8.11). Zur künftigen Verallgemeinerung zeigen wir die Vervielfältigung mittels des harmonischen Wurfs. Wieder sollen zwei Punkte gegeben sein, deren Auszeichnung bei den erlaubten projektiven Transformationen nicht verloren geht. Abbildung 8.10 zeigt die Konstruktion. Das heißt, wir können Strecken längs der Geraden längentreu übertragen und somit vergleichen. Mit den Winkeln ist es nicht anders, wir müssen nur die dualen Konstruktionen herstellen. So wie wir Strecken auf einer geraden Punktreihe abtragen und miteinander vergleichen, können wir auch Winkel zwischen Geraden eines Strahlbüschels abtragen und miteinander vergleichen.

Nur als Beispiel zum Nachdenken zeigen wir eine projektive Verallgemeinerung des Feuerbach-Kreises. Wir wählen eine Gerade p als Bild der Ferngeraden, die ihrerseits die Pole aller anderen Geraden tragen soll. Durch die Pole der drei Seiten ziehen wir die Höhen und finden den Höhenschnittpunkt H und die drei Höhenfußpunkte A_0, B_0, C_0. Wir halbieren die drei Seiten und die drei Höhen des Dreiecks durch harmonische Teilung mit dem Fernpunkt der jeweiligen Seite und finden weitere sechs Punkte $A_3, B_3, C_3, A_4, B_4, C_4$. Durch diese neun Punkte geht ein Kegelschnitt (genauer, es ist ein Kreis der jeweiligen Geometrie, ein gewöhnlicher Kreis in der euklidischen Geometrie (Abb. 6.9), eine gewöhnliche Hyperbel in der Minkowski-Geometrie (Abb. 6.10) und eine Parabel in der Galilei-Geometrie). Hat auf der Ferngeraden die Zuordnung der Pole zu den Fernpunkten reelle Fixpunkte, dann geht der Kegelschnitt auch durch diese, weshalb der Kegelschnitt auch *Elfpunktekegelschnitt* des Vierecks $ABCH$ und der Geraden p heißt.

Was geschieht nun mit dem *Maß* der Winkel und Strecken, wenn sie durch Projektion verzerrt werden? Da gleiche Winkel und Strecken so konstruiert werden, daß sie gleiches Doppelverhältnis mit den absoluten Punkte oder Strahlen bilden, müssen die entsprechenden Maße Funktionen dieser Doppelverhältnisse sein. Die Kettenregel der Doppelverhältnisse zeigt, wie eine Länge zu bestimmen ist. Da sich Strecken und Winkel addieren (etwa $d[A, B] = d[A, M] + d[M, B]$), die entsprechenden Dopplerverhältnisse aber multiplikativ zu verketten sind (Gleichung (8.4)), ist der Abstand ein Logarithmus des Doppelverhältnisses. Die Basis des Logarithmus

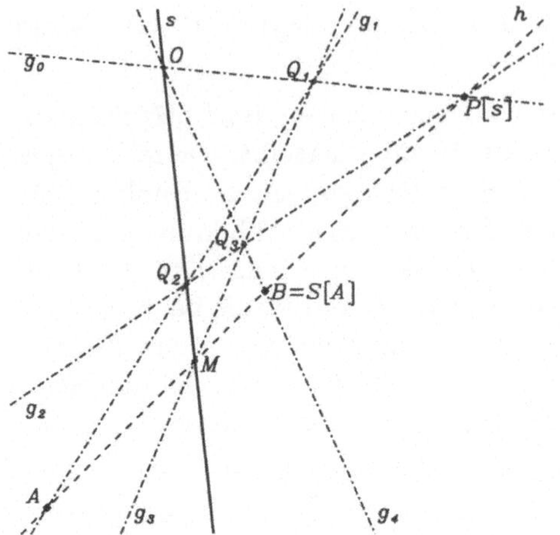

Abbildung 8.13: Spiegelung an einer Geraden. I.

Ist der Pol $P[s]$ einer Geraden s gegeben, ziehen wir die Verbindung zu A, finden den Schnitt M und konstruieren auf der Verbindung h das Bild $S[A]$ als vierten harmonischen Punkt: $\mathcal{D}[A, S[A], M, P[g]] = -1$. Dazu wählen wir g_0 durch P und g_1 durch A und ziehen nacheinander die Geraden g_2, g_3, g_4 durch die sich ergebenden Schnittpunkte O, Q_1, Q_2, Q_3, B.

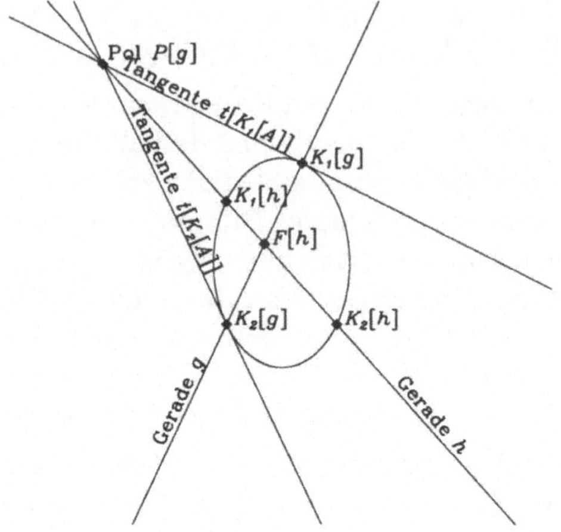

Abbildung 8.14: Der Pol einer Geraden. I.

Der Pol einer Geraden g ist der Schnittpunkt der Tangenten t, die in den Punkten $K[g]$ an den Kegelschnitt gelegt werden, in denen er von der Geraden geschnitten wird.

$$P[g] = t[K_1[g]] \times t[K_2[g]] .$$

Die Schnittpunkte $K_1[h], K_2[h]$ *jeder* Geraden h durch den Pol teilen Pol und Fußpunkt $F_g[h]$ harmonisch. Das läßt sich zur Definition verwenden, wenn g den Kegelschnitt nicht schneidet.

bestimmt dann nur die Maßeinheit. Bei dieser Konstruktion können die Punkte E und F sogar zusammenfallen. Dann können wir zwar nicht mehr den absoluten Abstand zweier Punkte definieren, wohl aber können wir noch Abstandsverhältnisse bestimmen, also einer Strecke an einer anderen messen (Abschnitt E.2).

Was können wir für die Winkel zwischen den Strahlen eines Büschels erwarten? In der Minkowski-Geometrie sind zwei Geraden jedes Büschels absolut gegeben, die isotropen Richtungen. Das Doppelverhältnis ist bei Projektionen unveränderlich, und bei den Bewegungen der Minkowski-Geometrie bleiben auch die isotropen Geraden immer isotrop. Deshalb werden Winkel durch das Doppelverhältnis gegeben, die ihre Schenkel mit diesen beiden Geraden bilden. – Wir sehen einen Unterschied zwischen Längen- und Winkelvergleich: Auf der Geraden ist zunächst *ein* invariantes Element gegeben, und wir können Längen zwar vergleichen, haben aber *kein* absolutes Maß. Im Strahlbüschel sind *zwei* invariante Elemente gegeben, und wir haben ein *absolutes* Maß für die Winkel. Das Letztere ist das Allgemeine, und das

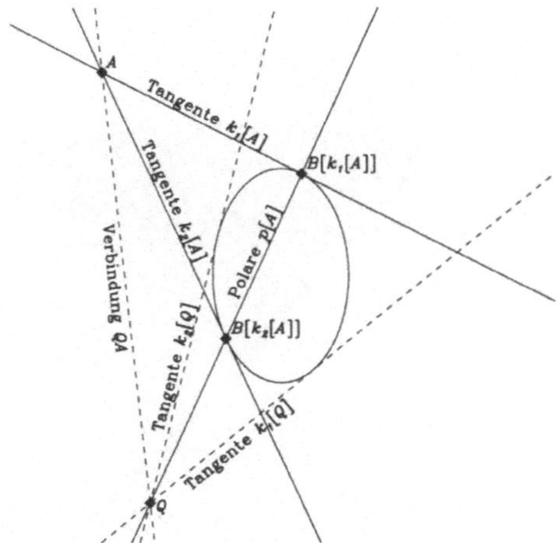

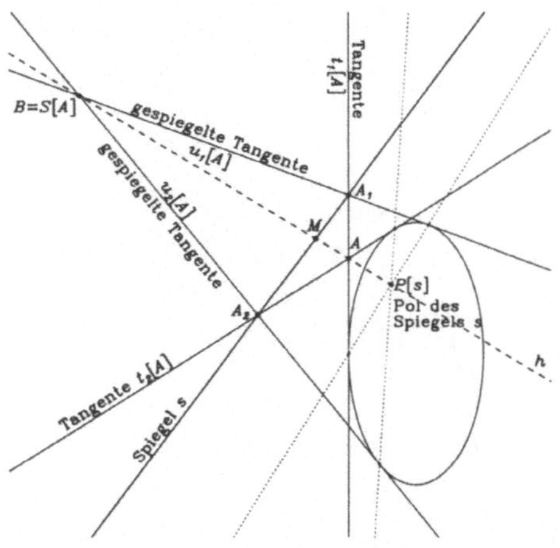

Abbildung 8.15: Die Polare eines Punktes
Die Polare eines Punktes A verbindet die Berührpunkte B der Tangenten $k_1[A], k_2[A]$ an den Kegelschnitt, d.h.,

$$p[A] = B[k_1[A]] \times B[k_2[A]] \ .$$

Die Tangenten $k_1[Q], k_2[Q]$ *jedes* Punktes Q auf der Polaren teilen die Polare und die Verbindung QA harmonisch. Das läßt sich zur Definition verwenden, wenn A im Kegelschnitt liegt.

Abbildung 8.16: Spiegelung an einer Geraden. II.

Ist ein absoluter Kegelschnitt gegeben, dann wird sein Tangentenbündel auf sich selbst abgebildet. Wenn wir das Spiegelbild eines Punktes A suchen, ziehen wir zunächst die Tangenten aus A an den Kegelschnitt. Aus den Schnittpunkten A_1 und A_2 mit der spiegelnden Geraden ziehen wir deren Spiegelbilder ebenfalls als Tangenten an den Kegelschnitt, sie sich nun in $S[A]$ schneiden müssen. Der Pol von s ist der Schnittpunkt der Polaren zu A_1 und A_2 (gepunktete Linien). Auf der Linie AB erhalten wir die bereits in Abb. 8.10 konstruierte Lage.

Zusammenfallen der absoluten Elemente ist ein Sonderfall, eine Entartung. Lassen wir in einem Strahlbüschel die beiden isotropen Geraden zusammenfallen, wird das Doppelverhältnis unbestimmt. Dann kürzt sich wieder nur aus dem *Verhältnis* zweier Doppelverhältnisse diese Unbestimmtheit heraus. Wir können dann Winkel immer noch vergleichen, auch wenn es unter solchen Umständen kein absolutes Winkelmaß mehr gibt. Dies ist gerade bei der Galilei-Geometrie der Fall.

Abbildung 8.10 hat die Spiegelung auf einer einzelnen Geraden bereits definiert. Punkt B ist das Spiegelbild von A an M, wenn E und F als absolute Punkte gegeben sind. E und F sind genau die Punkte, die bei den Spiegelungen an allen Punkten M ineinander gespiegelt werden, so wie die isotropen Richtungen der Minkowski-Welt immer ineinander gespiegelt werden und mit dieser Eigenschaft die Isotropie der Lichtausbreitung abbilden. – Die beiden Punkte E und F können nicht nur zusammenfallen, sie können auch imaginär sein. Die reelle Eigenschaft, die wir zur

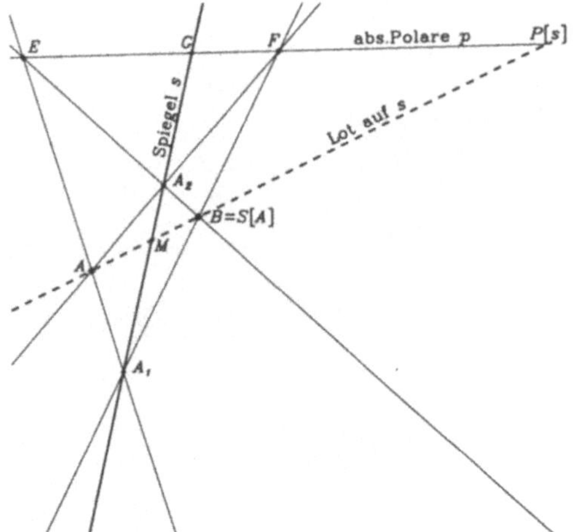

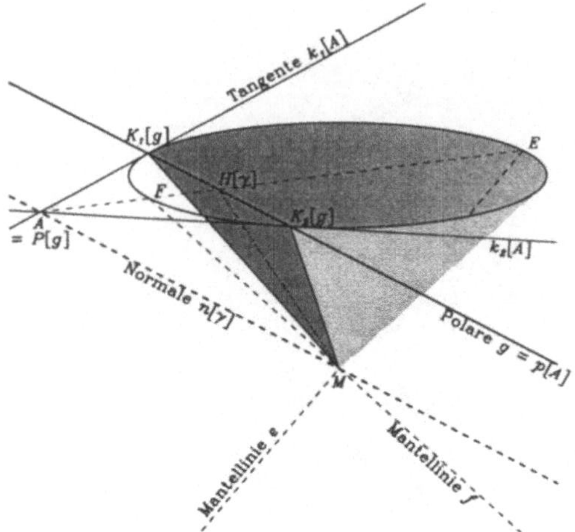

Abbildung 8.17: Spiegelung an einer Geraden. III.

Gilt das Parallelenaxiom, ist der absolute Kegelschnitt zur absoluten Polaren entartet. Es gibt zwei absolute Geradenbüschel, die bei einer Spiegelung aufeinander abgebildet werden. Dadurch ist die Spiegelung wieder bestimmt. Wir konstruieren das Spiegelbild eines Punktes A. Wir suchen zuerst die Geraden beider Büschel durch den Punkt A. Sie werden in Geraden des jeweils anderen Büschels abgebildet, welche ihrerseits die spiegelnde Gerade in den gleichen Punkten schneiden. Ihr Schnittpunkt ist dann das Bild $S[A]$.

Das Viereck $AA_1S[A]A_2$ ist das perspektive Bild des Lichtecks $AA_1S[A]A_2$ in Abb. 5.1.

Abbildung 8.18: Polarität und Senkrechtstehen

Wir zeichnen in der (2+1)–dimensionalen Welt die Zeichenebene als ebenen Schnitt durch den Lichtkegel. Zu einer Geraden g in dieser Ebene gehört eine Ebene γ in der Welt, die durch den Kegelträger geht. Die Normale $n[\gamma]$ konstruieren wir mit Hilfe der Lichtecke, die uns in der Minkowski-Welt zur Verfügung stehen. Sie schneidet die Zeichenebene im Pol $P[g]$ der Geraden. Nun trägt die Normale $n[\gamma]$ alle Ebenen der Welt, die auf der Ebene γ senkrecht stehen. Deren Schnitte mit der Zeichenebene sind die Geraden, die durch den Pol $P[g]$ gehen. Es ist also auch aus dieser Sicht natürlich, den Pol $P[g]$ als den Träger aller Geraden zu sehen, die auf der Bezugsgeraden g senkrecht stehen.

Konstruktion brauchen, ist die Vermittlung der Zuordnung des Pols $P[M]$ zu den Punkten M der Geraden. Diese Zuordnung ist eine *Involution* und heißt *Polarität*. Involutorische projektive Abbildungen haben zwei Fixpunkte, die reell sein können, wie E und F in Abb. 8.10, die aber auch imaginär sein können. Die reelle Konstruktion wird dann nur etwas komplizierter. Wir müssen dann eben zwei reelle Punktepaare haben, die ineinander gespiegelt werden, und können damit das Fehlen reeller Fixpunkte kompensieren.

Nun erweitern wir die Ergebnisse auf die Ebene. Hier suchen wir die Spiegelung an einer Geraden. Wir erwarten, daß die spiegelnde Gerade s senkrecht auf der Verbindung von Punkt und Spiegelpunkt steht. Auf der Verbindungsgeraden haben wir

Wir zeichnen zunächst eine Gerade g und ihren Pol $P[g]$. Damit ist die Spiegelung an g definiert. Diese Spiegelung in der Ebene induziert Spiegelungen auf jeder Geraden h_i durch $P[g]$. Das Lot in den Schnittpunkten M_k muß dabei immer g selbst sein, denn g bleibt bei diesen Geradenspiegelungen um M_k immer unverändert. Die Träger der Lote auf den Geraden h_k, d.h. die Pole $P[h_k]$, liegen alle auf der Geraden g:

$$\langle h, P[g]\rangle = 0 \rightarrow \langle P[h], g\rangle = 0.$$

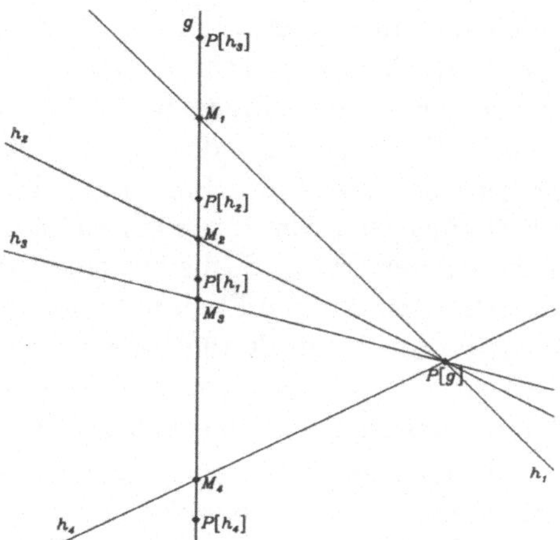

Abbildung 8.19: Die Pole eines Strahlbüschels liegen auf einer Geraden

dann die eindimensionale Spiegelung am Schnittpunkt M, die einen zweiten Fixpunkt P hat. Wir haben aber eine zweidimensionale Spiegelung an der Geraden s konstruiert. P ist der Fixpunkt dieser Spiegelung und trägt deshalb die Verbindungsgeraden aller Punkte A mit ihren Bildern, d.h., er trägt das Büschel der Lote auf dem Spiegel s. Wir nennen ihn Pol der Geraden s. Ist der Pol $P[s]$ einer Geraden s gegeben, kann die Spiegelung konstruiert werden (Abb. 8.13). – Die Punkte M und $P[M]$ können ihre Rollen tauschen. Die auf der Verbindung $MP[M]$ senkrecht stehende Spiegelgerade s trägt damit ihrerseits alle Pole der Geraden, die durch $P[M]$ gehen. Wir nennen sie deshalb *Polare* des Punktes P. Die Pole eines Büschels sind kollinear, die Polaren einer geraden Punktreihe konkurrent.

Was für eine Kurve sollten wir erwarten, wenn wir alle absoluten Punktepaare aufzeichnen, die sich für die verschiedenen Geraden ergeben? Die einfachsten Kurven, die von allen Geraden in maximal zwei Punkten geschnitten werden, sind die *Kegelschnitte* (Abb. 8.6 und C.6). Es ist der Satz vom Schnitt der Höhen eines Dreiecks, der erzwingt, daß die gesuchte Kurve ein Kegelschnitt sein *muß*. – Zunächst überlegen wir uns, daß die Pole der verschiedenen Geraden nicht frei gewählt werden können. Der Höhensatz liefert bereits eine Bedingung für die Pole dreier verschiedener Geraden (Abb. D.1). Haben wir aber die Pole dreier nicht konkurrenter Geraden, können wir den Pol jeder anderen mit dem Höhensatz (der jetzt also den Charakter eines Axioms hat) konstruieren. Man kann zeigen, daß dies eine projektive Zuordnung ist: Die Geraden h_k durch einen Punkt $P[g]$ schneiden nämlich aus der Verbindungsgeraden g ihrer Pole selbst Punkte M_k heraus. Eine ebene Spiegelung an h_k wiederum induziert dann eine Spiegelung auf g, bei der M_k und $P[h_k]$ fest bleiben (Abb. 8.19). Die Paare $[M_k, P[g_k]]$ bilden also selbst die polare Involution auf der Geraden g, die wir bereits als projektive Abbildung identifiziert haben. Folglich ist die Abbildung $h_k \rightarrow M_k \rightarrow P[h_k]$ projektiv. – Nun betrachten wir diejenigen Geraden, die ihren eigenen Pol enthalten. Wenn es solche Geraden gibt, bestimmen drei von ihnen einen Kegelschnitt, der sie in den Polen berührt (Abb. C.8). Eine vierte solche Gerade muß Tangente an diesen Kegelschnitt sein. Ihr Pol ist der Berührpunkt. Wir bezeichnen den Kegelschnitt als *absoluten Kegelschnitt* der Polarität. Er wird bei einer Spiegelung auf sich selbst abgebildet, weil die projektive Eigenschaft einer Geraden, ihren Pol zu enthalten, durch eine projektive Transformation nicht geändert wird. Schneidet eine Gerade h den absoluten Kegelschnitt, so sind die Schnittpunkte die Fixpunkte der Involution, die den Punkten M auf h den Pol $P[M]$ zuordnet, mit dessen Hilfe die Spiegelung auf der Geraden konstruiert werden kann (Abb. 8.16). Damit ist gezeigt, daß der geometrische Ort der absoluten Punkte der eindimensionalen Spiegelungen ein Kegelschnitt ist.

Es gibt einen wichtigen Satz, daß jeder nichtentartete Kegelschnitt K eine Polarität definiert. Ist ein Kegelschnitt gegeben, dann gibt es zu jeder Geraden g einen *Pol $P[g]$*. Legen wir durch ihn eine Gerade h, die den Kegelschnitt K schneidet (und das geschieht im allgemeinen an zwei Stellen E_1 und E_2 wie beim Kreis), dann teilen Pol und Fußpunkt die Schnittpunkte mit dem Kegelschnitt harmonisch (Abb. 8.14). Dual dazu gibt es zu jedem Punkt Q eine Gerade $p[Q]$, seine *Polare*, mit der dualen Eigenschaft. Wählen wir auf $p[Q]$ einen Punkt A und ziehen von ihm Tangenten an den Kegelschnitt, so teilen die Polare und die Verbindungsgerade die beiden Tangenten harmonisch (Abb. 8.15). Die Polarität am Kegelschnitt ist eindeutig. Sie liefert somit das gesuchte Verfahren bei der Konstruktion der Spiegelung.

Die Polarität ist eine Beziehung zwischen Punkten und Geraden der Ebene. Entartet der Kegelschnitt, geht die Umkehrbarkeit verloren, es kann gemeinsame Pole für alle Geraden und gemeinsame Polaren für alle Punkte geben. – Das Unendliche der Geometrie ist jetzt der absolute Kegelschnitt. Er verallgemeinert und ersetzt den Horizont in dieser Eigenschaft, der seinerseits nun einen entarteten Kegelschnitt darstellt. Mit Hilfe der zugeordneten Polarität definiert der absolute Kegelschnitt auch die Orthogonalität zweier Geraden:

Zwei Geraden sind lotrecht zueinander, wenn die eine durch den Pol der anderen geht.

Nun können wir an jeder beliebigen Geraden g die Spiegelung bestimmen:

Punkt und Spiegelbild liegen auf einem Lot zur Bezugsgeraden und teilen Pol und Fußpunkt harmonisch.

Damit ist der letzte Schritt getan und die Spiegelung definiert. – Die gesamte Bewegungsgruppe erhalten wir nun durch sukzessive Anwendung der verschiedenen Spiegelungen. Abbildung 8.17 zeigt den generischen Fall, Abbildung 8.16 die Konstruktion im Fall einer Entartung, etwa der Minkowski-Geometrie.

Wir illustrieren das Gefundene mit der Orthogonalität in der dreidimensionalen Minkowski-Welt (Abb. 8.18). Dort können wir zu jeder Ebene γ durch den Mittelpunkt M genau eine Lotrechte $n[\gamma]$ nach pseudoeuklidischem Maß errichten. Alle

Ebenen, in denen diese Lotrechte liegt, sind dann pseudoeuklidisch lotrecht auf der Ausgangsebene γ. Die Projektion ist nun einfach der Schnitt mit der Zeichenebene. Durch diesen Schnitt bestimmen Ebenen im Raum Geraden und Geraden im Raum Punkte in der Zeichenebene. Umgekehrt gehört zu jeder Geraden der Zeichenebene eine Ebene im Raum, nämlich die, welche die Zeichenebene in der gegebenen Geraden schneidet und gleichzeitig den Mittelpunkt M geht. Die Ebene γ bestimmt so eine Gerade g, und die auf γ pseudoeuklidisch senkrecht stehenden Ebenen sollten Geraden in der Zeichenebene bestimmen, die ihrerseits projektiv auf g senkrecht stehen. Der Schnittpunkt dieser Lote ist der Punkt, der von der Normalen $n[\gamma]$ in der Zeichenebene markiert wird. Wir finden die bereits bekannte Polarität. Die Zeichenebene schneidet ja den Lichtkegel in einem Kegelschnitt $\mathcal{K}$. Wir können unmittelbar rekonstruieren, daß alle Lote auf eine Gerade g durch einen Pol $P[g]$ gehen. Schneidet die Gerade den Kegelschnitt $\mathcal{K}$, liegt dieser Punkt außerhalb $\mathcal{K}$: Es existieren zwei Tangenten, und diese berühren den Kegelschnitt gerade dort, wo er von der Ausgangsgeraden g geschnitten wird.

Betrachten wir die Abtragung einer Strecke auf einer Sehne, dann sehen wir, daß der absolute Kegelschnitt das metrisch unendlich Ferne darstellt. In diesem Sinne liegen die Pole zu Geraden, die den Kegelschnitt wirklich schneiden, jenseits des Unendlichen, das durch den Kegelschnitt dargestellt ist. In Abb. 8.18 ist das Innengebiet des absoluten Kegelschnitts die Projektion einer Zeitschale. Die Geometrie der in den Lichtkegel eingebetteten Zeitschalen ist aber auch nichteuklidisch, wie wir wissen. In einer Geometrie mit Parallelenaxiom liegen dagegen alle Pole auf der Ferngeraden, die als Kegelschnitt entartet ist.

Die entscheidende Vorgabe zur Bestimmung der Spiegelung ist die Auswahl einer Polarität. In dem Moment, wo die Pole aller Geraden und die Polaren aller Punkte in projektiv invariantem Sinne bekannt sind, haben wir keine Freiheit mehr in der Wahl unserer Konstruktionen. Die Polarität definiert auch den absoluten Kegelschnitt. Er erscheint nun als der geometrische Ort aller Punkte, die auf ihrer eigenen Polaren liegen, oder als die Einhüllende aller Geraden, die ihren eigenen Pol enthalten. Die verschiedenen Möglichkeiten, solche Kegelschnitte zu wählen, eröffnen uns die verschiedenen Geometrien der Ebene. Die Polarität und die auf ihr beruhende projektive Spiegelung ist der einende Gesichtspunkt aller dieser Geometrien.

Kapitel 9   Die neun Geometrien der Ebene

Wir können jetzt die in den vorangegangenen Kapiteln besichtigten Geometrien der Ebene als Derivate der projektiven Geometrie darstellen. Wir erklären die Geometrien als Teil der projektiven Ebene. In der projektiven Ebene entsteht eine metrische Geometrie, wenn eine Polarität definiert ist. Genau dann können zu zwei Punkten zwei weitere Punkte und zu zwei Geraden zwei weitere Geraden konstruiert werden, und aus dem Doppelverhältnis von vier Punkten bzw. vier Geraden wird eine Funktion von zwei Punkten bzw. Geraden: Ausgangspunkt für Abstand und Winkel. Wir zeichnen also in einer (projektiven) Ebene, mit Punkten und Geraden. Beide können als Träger von Spiegelungen verstanden werden, weil durch die Polarität zu jeder Geraden ein Pol und zu jedem Punkt eine Polare gegeben ist und damit die Konstruktionen vom Typ der Abbildung 8.16 durchgeführt werden können.

Die Geometrien unterscheiden sich zunächst durch die Gestalt des absoluten Kegelschnitts. Er definiert zu jedem Punkt zwei (nicht notwendig reelle) Tangenten und zu jeder Geraden zwei (nicht notwendig reelle) Schnittpunkte. Damit bestimmen zwei Geraden eines Büschels ein Doppelverhältnis mit diesen Tangenten, ebenso wie zwei Punkte einer geraden Punktreihe ein Doppelverhältnis mit den Schnittpunkten bestimmen. Diese Doppelverhältnisse bleiben bei *allen* projektiven Transformationen unverändert. Da wir aber *nicht mehr alle* Transformationen durchführen, sondern den absoluten Kegelschnitt festhalten wollen, sind auf jeder Geraden zwei Punkte und in jedem Büschel zwei Strahlen ausgezeichnet. Aus dem Doppelverhältnis von vier Punkten oder Strahlen wird eine Funktion von nun noch zwei Punkten oder Strahlen. Diese ist ein Maß für Abstand und Winkel, das bei den eingeschränkten Transformationen fest bleibt: Wir sind in einer metrischen Geometrie, deren Bewegungen Längen und Winkel fest lassen, in der Längen und Winkel nicht mehr auf einzelne Objekte der Geometrie bezogen werden müssen, sandern eben auf den absoluten Kegelschnitt Bezug nehmen. – Metrische Geometrie ist der Teil der projektiven Geometrie, der zwei Figuren nur dann als kongruent ansieht, wenn nicht nur die projektiven Beziehungen der einzelnen Figurenelemente untereinander übereinstimmen, sondern auch ihre projektiven Beziehungen zu dem absoluten Kegelschnitt, der die Polarität repräsentiert. Die projektiv durch diesen Kegelschnitt definierten Spiegelungen (Abb. 8.16) erfüllen die Axiome der metrischen Geometrie (Anhang D u. E).

Nun wollen wir die Polarität der verschiedenen Geometrien der Ebene auch dann mit reellen Konstruktionen bestimmen, wenn der absolute Kegelschnitt nicht reell ist oder imaginäre Elemente enthält. Wir greifen dabei zu einer dreidimensionalen Hilfskonstruktion. Dieser Trick erlaubt es, im Reellen zu konstruieren. Darüberhinaus erweitert er unsere Einsicht in die Einheit der Geometrien der Ebene.

Der nichtentartete Fall auf der Ebene kann in der dreidimensionalen Betrachtung durch ein nichtentartetes Ellipsoid oder Hyperboloid B dargestellt werden (wir wählen eine Kugel). Die Existenz einer solchen *Quadrik* sichert, daß die Polarität auf der Ebene immer umkehrbar ist. Wir konstruieren die Polarität auf der Ebene wie folgt: Ist ein Punkt A auf der Ebene α gegeben, bilden wir den Kegel seiner Tangenten an die Quadrik B. Die Tangenten berühren die Quadrik in einem ebenen Kegelschnitt und bestimmen somit die (im dreidimensionalen) zum Aufpunkt A polare Ebene $\pi[A]$. Diese schneidet die Zeichenebene in einer Geraden, der Polaren $p[A]$ (Abb. 9.1. Schon Abb. 8.18 geht so vor, nur wird die Ebene α dort von einem Kegel und nicht von einer Kugel geschnitten). Ist umgekehrt eine Gerade g in der Ebene α gegeben, so finden wir auf gleichem Wege für alle Punkte C der Geraden polare Ebenen $\pi[C]$. Da die Punkte C alle auf einer Geraden liegen, schneiden sich diese Ebenen wieder alle in einer Geraden[1] $\pi[g]$, die im Pol $P[g]$ durch unsere Zeichenebene α sticht (Abb. 9.2). Auf diese Weise haben wir eine reelle Konstruktion selbst für den Fall gefunden, daß der absolute Kegelschnitt keine reellen Punkte hat. – Schneidet die Quadrik B die Zeichenebene in einem reellen absoluten Kegelschnitt, dann können wir natürlich alles auch sehr viel einfacher haben: Der Kegelschnitt ist ja reell, und die Polarität bedarf keiner Hilfskonstruktion. Schneidet die Quadrik aber nicht die Zeichenebene, ersetzt die reelle dreidimensionale Konstruktion die Diskussion imaginärer Elemente in der Ebene. Die Polarität wird über ein reelles Gebilde im Raum konstruiert, obwohl der absolute Kegelschnitt der Ebene α nicht reell ist.

Wir zeichnen die Quadrik B zunächst als Kugel im dreidimensionalen Raum. Schneidet die Kugel die Zeichenebene in einer nichtentarteten Kurve, erzeugt sie wie schon besprochen einen reellen absoluten Kegelschnitt (Abb. 9.3). Die Gebäude der Geometrie, die so dargestellt werden, müssen dabei nicht alle Punkte und nicht alle Geraden der projektiven Ebene enthalten. Das sehen wir wie folgt. Wenn wir von einem Punkt (oder einer Geraden) ausgehen, können wir alle möglichen Spiegelbilder ins Auge fassen. Wir nennen dies das Transitivitätsgebiet der Spiegelungen bzw. Bewegungen. Dieses Transitivitätsgebiet muß nicht die gesamte projektive Ebene sein. Ein solches Zerfallen der projektiven Ebene in verschiedene Transitivitätsgebiete werden wir beobachten, wenn wir einen gegebenen Punkt nicht mehr in *jeden* anderen Punkt der projektiven Ebene und eine gegebene Gerade nicht mehr in *jede* andere der projektiven Ebene spiegeln können. Dies tritt gerade dann ein, wenn ein *reeller* nichtentarteter Kegelschnitt die Polarität bestimmt. Solch ein Kegelschnitt

---

[1]Im *dreidimensionalen* projektiven Raum bildet die Polarität Punkte auf Ebenen und Ebenen auf Punkte ab. Wegen der Erhaltung der Inzidenz müssen dann Geraden auf Geraden abgebildet werden. Wenn eine Gerade g die Quadrik schneidet, schneiden sich die Tangentialebenen an den Schnittpunkten in der Polaren $p[g]$, die dann die Quadrik meidet. Schneidet g die Quadrik nicht, dann gibt es zwei Ebenen, die sowohl g enthalten als auch die Quadrik berühren. Die Verbindung der beiden Berührpunkte ist dann die Polare $p[g]$. Die Polarität ist eine Involution auf der Menge der Geraden.

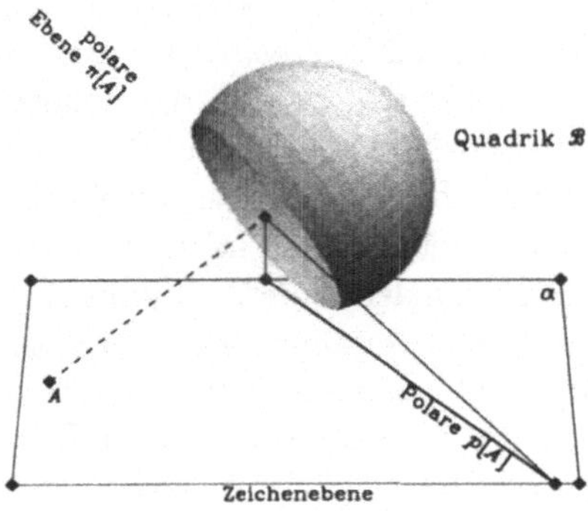

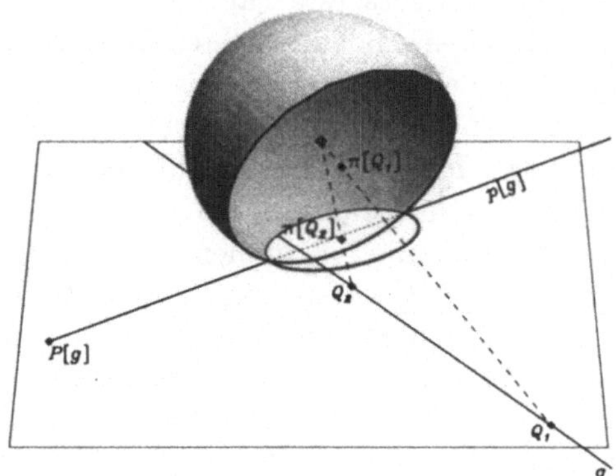

Abbildung 9.1: Elliptische Geometrie

Im wichtigsten nichttrivialen Fall schneidet die Hilfskugel die Ebene nicht. Der die Polarität vermittelnde Kegelschnitt ist also nicht reell. Dennoch gibt es zu einem Punkt A eine reelle Konstruktion der polaren Ebene $\pi[A]$, deren reeller Schnitt mit der Zeichenebene die Polare $p[A]$ liefert. Umgekehrt erzeugen die Punkte Q auf einer Geraden g ein Büschel polarer Ebenen $\pi[Q]$, das von einer Geraden getragen wird. Diese durchstößt die Zeichenebene in einem Punkt, der nun der Pol $P[g]$ der Geraden g sein muß.

Abbildung 9.2: Der Pol einer Geraden. II.

Wir zeichnen die Kontaktkreise der Tangentenkegel zweier Punkte Q_1 und Q_2 einer Geraden g und bestimmen so die Polarebenen $\pi[Q_1]$ und $\pi[Q_2]$. Diese Ebenen schneiden sich längs der (dreidimensionalen) Polaren $p[g]$. Diese wiederum schneidet die Zeichenebene im (zweidimensionalen) Pol $P[g]$ der Geraden g.

trennt die Punkte und die Geraden der Ebene in jeweils zwei Teilbereiche: Die Punkte können im Innen- oder im Außengebiet liegen, die Geraden können den Kegelschnitt (in reellen Punkten) schneiden oder meiden. – Hier zerfallen die Geraden der Ebene in zwei Transitivitätsgebiete: Die Geraden, die den absoluten Kegelschnitt schneiden, bilden ein solches Gebiet, die Geraden, die den Kegelschnitt nicht schneiden, bilden ein anderes. Im ersten Fall bilden auch die Punkte noch einmal zwei verschiedene Transitivitätsgebiete: Das erste wird von den Punkten gebildet, deren Polare den Kegelschnitt nicht schneidet, das zweite von den Punkten, deren Polare den Kegelschnitt schneidet. Man kann zeigen, daß aus Spiegelungen eines Bereichs nie Spiegelungen eines anderen zusammengesetzt werden können. Insgesamt zerfällt die Bewegungsgruppe in drei verschiedene Untergruppen[2].

Betrachten wir zuerst die Geraden, die den Kegelschnitt schneiden und die Punk-

---

[2]Das bedeutet aber nicht, daß wir nicht auf der Zulassung der vollen Gruppe bestehen könnten. Der Punkt ist, daß die Zerlegung *möglich* ist.

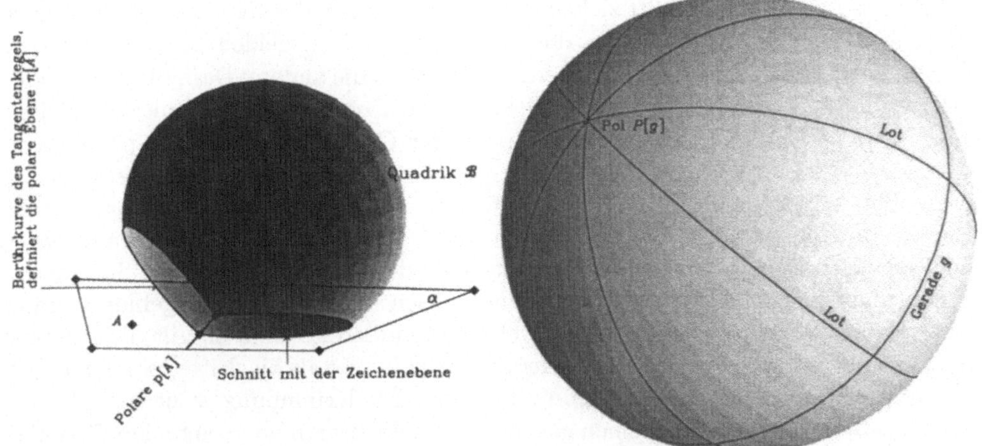

Abbildung 9.3: Der reelle Schnitt

Wir schauen von unten auf die Zeichenebene α. Die Polarität in der Zeichenebene wird mittels einer reellen absoluten Kugel im Raum hergestellt. Der durch die Kugel herausgeschnittene Kreis ist der absolute Kegelschnitt der ebenen Polarität.

Abbildung 9.4: Pol und Polare auf der Kugel

Jeder Großkreis auf einer Kugel kann als Äquator aufgefaßt werden. Der zugehörige Pol trägt tatsächlich alle Lote auf dem Großkreis, die sich nun als Meridiane präsentieren.

te, deren Polaren das nicht tun. Das sind die Punkte im Innern des Kegelschnitts. Die Verbindung zweier solcher Punkte schneidet den absoluten Kegelschnitt immer in zwei Punkten. Ihr Pol liegt dagegen außerhalb des Definitionsbereichs der Geometrie. Dies ist die *hyperbolische Geometrie*, die erste anerkannte nichteuklidische Geometrie. Sie bleibt in dem Sinne lokal euklidisch, daß die gewöhnliche Dreiecksungleichung weiter gilt und alle Distanzen miteinander verglichen werden können. Im Großen finden wir dagegen viele Unterschiede zur euklidischen Geometrie, die alle mit der Aufgabe des Parallelenaxioms zusammenhängen. Die Krümmung ist negativ, die Winkelsumme im Dreieck ist kleiner als π. Der (hier negative) Exzeß der Winkelsumme ist der Dreiecksfläche proportional. Im Extremfall liegen die Ecken auf dem absoluten Kegelschnitt, wo die Winkel (dem induzierten Maße nach) alle verschwinden und die Winkelsumme auch. Der Pol einer Geraden liegt nicht im Innern des Kegelschnitts, also außerhalb der Geometrie. Nur in der Darstellung der Geometrie als Teil der projektiven Ebene erscheint er als reell konstruierbarer Punkt. Projizieren wir die Ebene so, daß der absolute Kegelschnitt ein Kreis wird, entsteht das Kleinsche Modell der nichteuklidischen Ebene. Der absolute Kegelschnitt ist das metrisch Unendliche.

Betrachten wir nun die Punkte, deren Polaren den Kegelschnitt schneiden, und die Geraden, die es auch tun. Wir befinden uns nun im Außengebiet des absoluten Kegelschnitts. Aus jedem Punkt A der Geometrie können wir zwei reelle Tangenten an den absoluten Kegelschnitt ziehen. Diese Tangenten teilen die Geraden des von A getragenen Büschels in diejenigen, die den Kegelschnitt schneiden, von den anderen. Es gibt keine Spiegelung der einen Geradenfamilie in die andere. Deshalb gibt es wieder zwei Fälle. Ernennen wir die Geraden, die den absoluten Kegelschnitt schneiden, zu zeitartigen Geraden, erhalten wir die *deSitter-Geometrie* (doppelt hyperbolische Geometrie, Abb. 7.21, 7.23 und 7.25). Nur die von den zeitartigen Geraden repräsentierten Spiegelungen gehören zum Erzeugendensystem der Bewegungen. Zwei Punkte können nun nicht mehr unbedingt durch zeitartige Geraden verbunden werden. Die geometrische Spiegelung an einer Geraden ist physikalisch die Spiegelung durch einen inertial bewegten Beobachter, dessen Weltlinie die spiegelnde Gerade ist. – Haben wir ein Dreieck aus paarweise verbindbaren Punkten, gilt die Pseudo-Dreiecksungleichung: Die Summe zweier Seiten ist kürzer als die dritte, wenn man die Orientierung beachtet, die jetzt definierbar wird. Die Krümmung ist negativ, Parallelen zu einer Geraden durch einen gegebenen Punkt kann man viele finden: Zu einer Geraden g gibt es durch jeden Punkt A mehrere Geraden h, die die Gerade g innerhalb der Geometrie nicht schneiden. Die Bemerkung zur Dreiecksungleichung kann ähnlich beschrieben werden: Zu einem Punkt A gibt es auf jeder Geraden g mehrere Punkte B, zu denen keine (zeitartige) Verbindung existiert. Dies sind raumartig zu A gelegene Punkte. Das ist eine merkwürdige, aber charakteristische Korrespondenz zwischen Parallelität und Gleichzeitigkeit. Sie ist Ausdruck der projektiven Dualität, d.h. der Vertauschbarkeit der Punkte mit den Geraden. Die deSitter-Geometrie heißt deshalb auch doppelt hyperbolisch. Der absolute Kegelschnitt liegt wie immer im metrisch Unendlichen.

Ernennen wir die Geraden, die den Kegelschnitt nicht schneiden, zu zeitartigen Geraden, finden wir die *Anti-Lobachevski-Geometrie* (Abb. 7.27). Jetzt sind die raumartigen Geraden der deSitter-Geometrie zu zeitartigen Weltlinien erklärt. Wieder sind nicht alle Punktepaare miteinander verbindbar. Wieder gilt in Dreiecken aus paarweise verbindbaren Punkten die Pseudo-Dreiecksungleichung, aber die Krümmung ist jetzt positiv. Zwei (zeitartige) Geraden schneiden sich immer im metrisch Endlichen der Geometrie, es gibt keine Parallelen.

Schneidet die dreidimensionale nichtentartete Quadrik die Zeichenebene α nicht, gewinnen wir eine Zuordnung, in der kein Punkt auf seiner Polaren liegen kann. Es entsteht die *elliptische Geometrie*, die das projektive Bild der sphärischen Geometrie ist (Abb. 9.1). Wir haben sie schon mehrfach diskutiert. Alle Geraden (Großkreise) haben *zwei* Pole auf der Kugel (so wie zum Äquator und Nord- und Südpol gehören), die aber in der Ebene auf *einen* Punkt abgebildet werden. Gegenüberliegende Punkte auf der Kugel müssen gleichgesetzt werden, denn sie liegen auf dem gleichen Strahl durch den Mittelpunkt und werden deshalb auf den gleichen Punkt der Ebene abgebildet. Jeder Punkt A der Ebene ist Pol $A = P[g]$ einer individuellen Geraden g, seiner Polare $g = p[A]$. Das Büschel der Lote zu dieser Geraden g trifft sich im Pol $P[g] = A$ und entspricht dem Meridianbüschel zum gegebenen Äquator (Abb. 9.4). *Parallelen* gibt es in der elliptischen Geometrie nicht, weil es keine (echte, invariante, geometrisch ausgezeichnete) Ferngerade gibt. Dreiecke gibt es natürlich,

Kreise ebenfalls, wenn sie in der ebenen Projektion auch anders aussehen, aus als wir es gewöhnt sind, aber keine Ferngerade. Es gibt auch keine reelle Gerade g, die ihren eigenen Pol enthält. Das ist Ausdruck der Tatsache, daß der absolute Kegelschnitt die Ebene in reellen Punkten nicht schneidet. Die elliptische Geometrie ist weiter lokal euklidisch: Es gilt die gewöhnliche Dreiecksungleichung, alle Distanzen sind miteinander vergleichbar. Zwei Punkte können immer ineinander gespiegelt werden: Es gibt keine unterschiedenen Gebiete mehr wie Fall der hyperbolischen Geometrie. Alle Geraden müssen als Spiegel zugelassen werden, damit die Spiegelungen eine Bewegungsgruppe erzeugen. – Die Winkelsumme im Dreieck ist größer als π, was eine positive Krümmung kennzeichnet. Das ist kein Wunder, weil wir die unmittelbare Verwandtschaft zur Kugelgeometrie bereits kennen. Das bereits in Abbildung 7.1 zu sehende Polardreieck ist ein Beispiel für die Winkelsumme $3\pi/2$. Der Exzeß (hier $\pi/2$) ist der Dreiecksfläche proportional.

In unserer Diskussion der metrisch-projektiven Geometrien entsteht ein Sonderfall, wenn unsere Hilfskugel B die Zeichenebene α nur im Punkte P berührt (Abb. 9.5). Dann gehen alle Polaren $p[A]$ durch diesen Punkt P. Alle Geraden g haben nur einen Pol, eben P. Wir nennen ihn den *absoluten Pol*. Dies ist die *antieuklidische Geometrie*. Metrische Distanz muß sich nun immer auf diesen Punkt beziehen. Es gibt also Kurven der Länge Null: Das sind die Geraden durch den absoluten Pol. In einem Dreieck gibt es – wie in der Galilei-Geometrie – immer eine Seite, deren Länge die Summe der beiden anderen Längen ist. Die Krümmung ist hier aber positiv. Die *zweidimensionale* antieuklidische Geometrie ist bereits entartet, obwohl die *dreidimensionale* absolute Kugel (in unserer Darstellung) selbst nicht entartet ist, nur eben ihre Lage zur Zeichenebene.

Es ist ersichtlich ohne Belang, daß wir die Quadrik B als Kugel gewählt haben. Bis hierher könnte sie auch ein Hyperboloid sein, selbst wenn dieses zu einem Doppelkegel entartet. Die Resultate sind die gleichen. Sie hängen nur davon ab, ob die Ebene geschnitten, berührt oder gemieden wird. Der Schnitt ist selbstredend ein Kegelschnitt. Ist er nicht entartet, haben wir wieder die Dreiergruppe Lobachevski-Geometrie, Anti-Lobachevski-Geometrie und doppelthyperbolische Geometrie vor uns (Abb. 8.18). Der Doppelkegel enthält aber noch zwei weitere Möglichkeiten des Kontakts mit der Ebene: Seine Spitze kann Punkt der Ebene sein. Schneidet er die Ebene nur in diesem einen Punkt, ergibt das wieder die eben besprochene antieuklidische Geometrie, die sich auch sonst allgemein bei Berührung des Kegelschnitts durch die Zeichenebene findet. Schneidet er sie in einem Paar aus Mantellinien (Abb. 9.6), ist wieder der Schnittpunkt des Paares der absolute Pol für alle Geraden der Ebene. Die Polaren zu den einzelnen Punkten gehen alle durch diesen Pol. Für die Punkte auf den Schnittgeraden allerdings ist die Schnittgerade selbst die Polare. Es gibt also wieder Punkte, die auf ihrer eigenen Polaren liegen. Dieser Fall ist dual zur Minkowski-Geometrie und heißt *Anti-Minkowski-Geometrie*. Wieder gibt es Kurven der Länge Null: die Geraden durch den Pol. – Berührt der Doppelkegel die Ebene längs *einer* Mantellinie, finden wir die Galilei-Geometrie, die wir gleich noch in einem anderen Zusammenhang sehen.

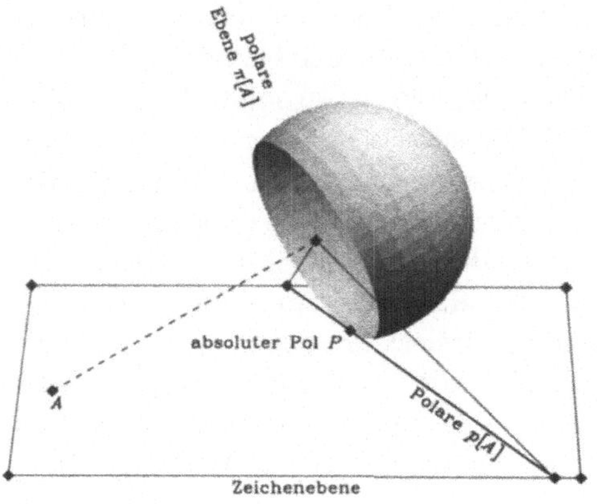

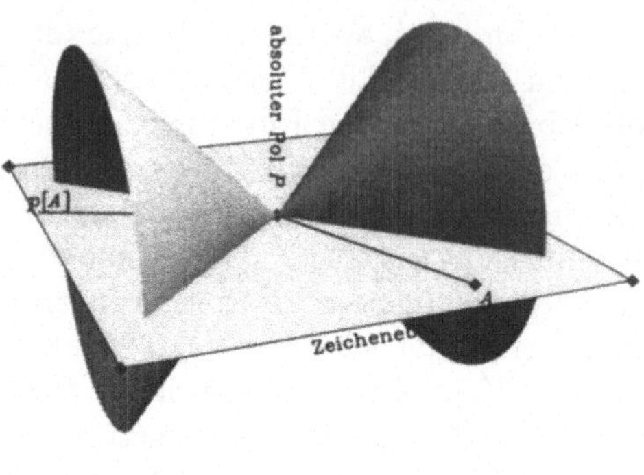

Abbildung 9.5:
Antieuklidische Geometrie

Wird die Zeichenebene von der absoluten Kugel gerade berührt, enthalten die Tangentialkegel aller Punkte die Verbindungsgerade zu diesem Berührpunkt, durch den deshalb alle polaren Ebenen und alle Polaren gehen. Er ist somit auch der Pol aller Geraden der Ebene, ein absoluter Pol P. Verbindungslinien AP und Polaren $p[A]$ bestimmen eine Involution in dem von P getragenen Strahlbüschel, die keine reellen Fixstrahlen hat.

Abbildung 9.6:
Anti-Minkowski-Geometrie

Wir ersetzen die absolute Kugel durch ein Hyperboloid, das wir zu einem Doppelkegel entarten lassen. Seine Spitze soll in der Zeichenebene liegen und wieder einen absoluten Pol P bilden. Die Punkte A haben verschiedene Polaren, die alle durch P gehen. Sie ergeben sich aus der Verbindungsgeraden AP als vierte harmonische Gerade zu den beiden Mantellinien, in denen der absolute Kegel die Ebene schneidet. Diese Mantellinien sind die Fixstrahlen der Involution zwischen AP und $p[A]$. Das Ergebnis ist dual zur Minkowski-Geometrie und heißt deshalb Anti-Minkowski-Geometrie.

Die noch verbleibenden drei Geometrien sind die, in denen das Parallelenaxiom gilt und die Ferngerade p die Rolle des absoluten Kegelschnitts übernimmt. Parallele Geraden schneiden sich dort, also auch die Lote einer gegebenen Geraden g. Dieser Schnittpunkt der Lote ist der Pol $P[g]$ der Geraden g. Alle Pole liegen auf p. Die Ferngerade p ist eine absolute Polare für alle Punkte der Ebene (die nicht auf ihr selbst liegen), und Orthogonalität wird durch eine Involution auf eben dieser Ferngerade entschieden. Die Ferngerade mit den beiden reellen oder imaginären Fixpunkten dieser Involution ist ein Entartungsfall eines Kegelschnitts unbeschränkter Exzentrizität aufgefaßt werden. – Um diese Geometrien zu konstruieren, stellen wir uns also vor, die absolute Kugel flacht ab und gerät am Ende zu einem Diskus. Die Diskusebene β schneidet die Zeichenebene α in einer Geraden p. Wir finden nun, daß der Tangentenkegel jedes Punktes A der Zeichenebene, der nicht auf p liegt,

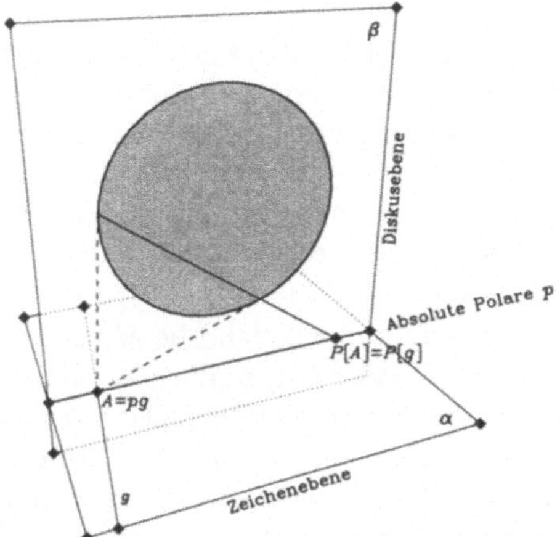

Abbildung 9.7: Euklidische Geometrie	**Abbildung 9.8: Minkowski-Geometrie**
Wir untersuchen den Fall, daß die absoluten Kugel zum Diskus entartet. Die Ebene des Diskus kann als absolute polare Ebene angesehen werden, deren Schnitt mit der Zeichenebene die Ferngerade definiert. Diese wird jetzt Polare zu jedem nicht koinzidierenden Punkt der Ebene. Die Pole aller anderen Geraden liegen auf dieser absoluten Polaren.	Schneidet der Diskus die Zeichenebene, entstehen auf der Ferngeraden zwei Fixpunkte. Die Involution zwischen den Schnittpunkten $A = pg$ und den Polen $P[A] = P[g]$ zeigt das Muster der Minkowski-Geometrie.

den Diskus an seinem Rand berührt. Die polare Ebene $\pi[A]$ ist also immer gleich β und alle Polaren $p[A]$ fallen mit der Geraden p zusammen. Folglich nennen wir p eine absolute Polare. Was stellen wir für die Punkte A auf der absoluten Polaren p fest? Ihr Tangentenkegel entartet zu einem Sektor der Ebene β, der den Diskus in zwei Punkten berührt. Die Verbindungsgerade schneidet die absolute Polare in einem anderen Punkt $P[A]$. Wenn der Punkt A der Schnitt pg zwischen einer Geraden g mit der Ferngeraden p ist, erhalten wir mit $P[A] = P[g]$ eine involutorische Abbildung $P[A]$ der Punkte A der Ferngeraden aufeinander. Das polare Gebilde zu einem Punkt A auf p ist also keine Gerade, sondern wieder ein Punkt $P[A]$, genauer das Geradenbüschel, das von ihm getragen wird. Wir erhalten also die Geometrien mit Parallelenaxiom und einer Orthogonalität, die als Involution auf der *absoluten Polaren* bestimmt werden kann.

Schneidet der Diskus die Ebene nicht, finden wir die *euklidische Geometrie* (Abb. 9.7): Alle Pole liegen auf der absoluten Polaren, die Orthogonalität wird durch eine Involution auf der Ferngeraden *ohne* reellen Fixpunkt bestimmt. Mit Hilfe des Diskus können wir die aber immer noch mit einer einfachen reellen Konstruktion finden. Hier entsteht das projektive Bild der euklidischen Geometrie. Die Bahnkurven der Drehungen (Kreise) schneiden die Ferngerade nicht im Reellen. Der absolute

Kegelschnitt ist nicht mehr reell und darüberhinaus entartet. Er enthält nur noch zwei wesentliche Punkte, die imaginären Kreispunkte. Jeder Kreis geht durch diese beiden imaginären Punkte, die auf der Ferngeraden liegen. Man sieht sie nicht in der Ebene, aber ihre Existenz ist implizit in der Aussage enthalten, daß ein Kreis durch drei Peripheriepunkte bestimmt ist. Projektiv interpretiert, ist ein Kreis ja nur ein spezieller Kegelschnitt. Ein allgemeiner Kegelschnitt ist jedoch durch fünf Punkte bestimmt. Die Charakterisierung eines Kegelschnitts als Kreis schließt deshalb die universelle Vorgabe dieser zwei Peripheriepunkte ein.

Schneidet der Diskus die Ebene in zwei reellen Punkten, entsteht die *Minkowski-Geometrie* (pseudoeuklische Geometrie, Abb. 9.8): Wieder liegen alle Pole auf der absoluten Polaren, die Orthogonalität wird nun aber durch eine Involution mit reellen Fixpunkten auf der Ferngeraden bestimmt. Dies sind die beiden absoluten Kreispunkte, durch die jeder Kreis geht. Die zwei Kreispunkte, die in der euklidischen Geometrie nicht reell sein können, fallen hier also sofort ins Auge: Es sind die beiden Asymptotenrichtungen. Die Asymptoten der Kreise sind Geraden mit den beiden *lichtartigen* Richtungen, zwei Strahlbüschel also, die von zwei Punkten auf der Ferngeraden getragen werden. Durch diese beiden reellen Punkte geht jeder Kreis der Minkowski-Geometrie. Beiden Geometrien ist gemeinsam, daß alle eigentlichen Punkte die gleiche universelle Polare haben: die Ferngerade. Dies ist Zeichen einer Entartung, die im allgemeinen Fall so nicht beobachtet wird. Die Geraden haben zwar verschiedene Pole, diese füllen aber nicht die Ebene, sondern liegen alle auf der universellen Polaren. Projizieren wir diese auf die Ferngerade, wird das Lotenbüschel einer Geraden ein Parallelenbüschel. Das Parallelenaxiom und die eben besprochenen Entartung hängen also unmittelbar zusammen. Ohne die Entartung der Polarität ist die Gültigkeit des Parallelenaxioms nicht zu haben.

Berührt der Diskus die Ebene nur in einem Punkt (oder berührt ein Doppelkegel die Ebene entlang einer Mantellinie), hat die Rechtwinkelinvolution nun genau *einen* Fixpunkt (der genaugenommen ein Doppelpunkt ist, weil in ihm die beiden Fixpunkte der nichtentarteten Involutionen zusammenfallen). In diesem Doppelpunkt berühren die Kreise die Ferngerade. Wir finden eine projektive Darstellung der *Galilei-Geometrie*. Es ist die dritte und letzte der Geometrien, die das Parallelenaxiom erfüllen, mit dem der Satz von der Gleichheit der Stufenwinkel gilt, aus dem abgeleitet werden kann, daß die Winkelsumme im Dreieck einen gestreckten Winkel ergibt. Alle drei Geometrien kennen also keine Krümmung. Suchen wir einen nichtentarteten Fall, müssen wir Krümmung zulassen. Die Galilei-Geometrie ist eben auch der krümmungsfreie Sonderfall zwischen antieuklidischer Geometrie und Anti-Minkowski-Geometrie, Die dort noch nichtentartete Involution im Polarenbüschel entartet hier.

Die neun Strukturen, die Punkte und Geraden der Ebene bilden können, fassen wir in der Tabelle 9.1 der ebenen Geometrien zusammen. Die Relation zwischen den Geraden g und den nicht auf ihr liegenden Punkten Q spielt eine charakteristische Rolle. In den Geometrien der ersten Spalte finden sich diejenigen, in denen es durch keinen Punkt Q außerhalb einer Geraden g Parallelen zu dieser Geraden gibt. Der

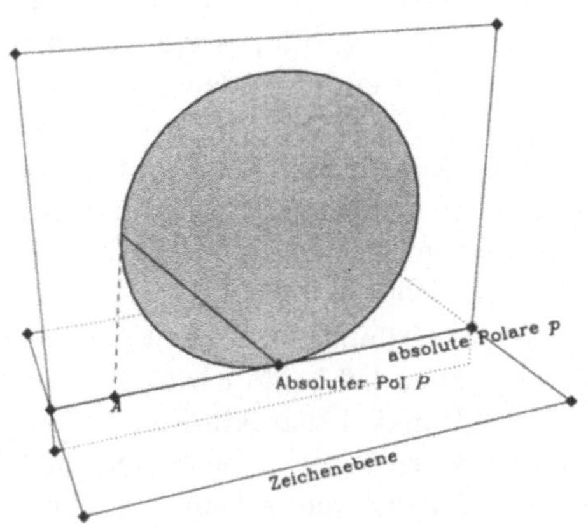

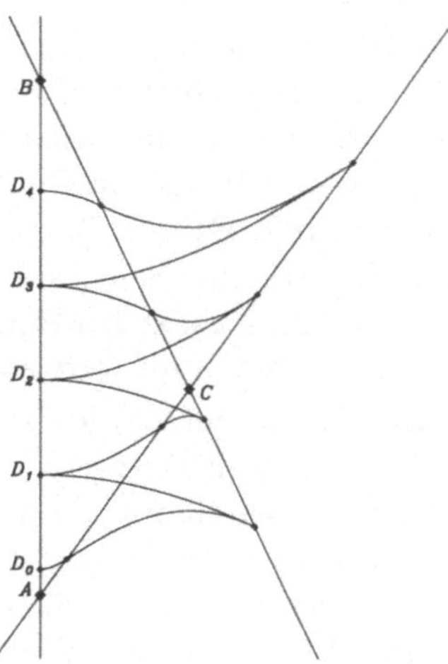

Abbildung 9.9: Galilei-Geometrie

Wir lassen schließlich den Diskus die Zeichenebene nur berühren. Nun haben wir nicht nur eine absolute Polare p für alle Punkte, wir haben auch einen absoluten Pol für alle Geraden. Dies ist die extrem entartete Geometrie der Ebene, die Galilei-Geometrie.

Abbildung 9.10: Der Längentransport in Strahlbüscheln

Hier sehen wir die Prozedur, die dual zum Paralleltransport von Richtungen (Abb. 7.1) ist. Wir zeichnen ein Dreieck in der Minkowski-Ebene analog Abb. 5.13. Beginnen wir mit dem Punkt D_0. Sein Abstand von A wird nach AC übertragen. Danach wird der Abstand zu C nach CB und schließlich der Abstand zu B wieder nach AB übertragen. Wir erhalten D_1. Die konsekutive Übertragung erzeugt also eine Verschiebung von D_0 nach D_1, die wiederholt werden kann, also für alle Punkte auf AB die gleiche ist. Der Betrag der Translation ist $d[D_0, D_1] = d[A, B] - d[A, C] - d[C, B]$.

Außenwinkel an einem Dreieck ist immer kleiner als die Summe der gegenüberliegenden Innenwinkel, die Winkelsumme im Dreieck immer größer als π. Die Krümmung ist also positiv. In den Geometrien der zweiten Spalte gilt das Parallelenaxiom. Es gibt durch jeden Punkt Q außerhalb einer Geraden g immer genau eine Parallele h, die g im (metrisch) Endlichen nicht schneidet. Der Außenwinkel an einem Dreieck ist gleich der Summen der gegenüberliegenden Innenwinkel. Die Krümmung ist Null. In den Geometrien der dritten Spalte gibt es durch jeden Punkt Q außerhalb einer Geraden g zu dieser viele Parallelen. Der Außenwinkel an einem Dreieck ist immer größer als die Summe der gegenüberliegenden Innenwinkel. Die Krümmung ist negativ. – In den Geometrien der ersten Zeile hat ein Punkt Q außerhalb einer Geraden g von jedem ihrer Punkte einen reellen positiven Abstand. Es gilt die gewohnte Dreiecksungleichung, die Summe zweier Seiten ist immer größer als die dritte. In

den Geometrien der zweiten Zeile hat ein Punkt Q von *genau einem* Punkt einer
Geraden g den Abstand Null. Es gilt eine Dreiecks*gleichung*, d.h., es gibt in jedem
Dreieck eine Seite, die gleich der Summe der beiden anderen ist. In den Geometrien
der dritten Zeile hat ein Punkt Q von *mehr als einem* Punkt einer Geraden g den
Abstand Null. Es gilt die pseudoeuklidische Dreiecksungleichung, d.h., es gibt in
jedem Dreieck eine Seite, die größer als die Summe der beiden anderen ist. Die pro-
jektive Dualität zwischen Punkten und Geraden bestimmt eine Symmetrie in dieser
Tabelle, die durch die Verwendung der Vorsilbe *anti* sichtbar wird[3].

Die Tabelle zeigt, wie die Klassifikation nach der Krümmung dual zu der nach
der Dreiecksungleichung ist. Wir haben bereits gesehen, daß beide Klassifikationen
durch die Eigenschaften der Paare aus Gerade g und Punkt A charakterisiert werden
können, zum einen durch die Anzahl der Geraden durch A, die g nicht schneiden,
und zum anderen durch die Anzahl der Punkte auf g, die von A keinen positiven
reellen Abstand haben. Wir ergänzen diese Überlegung durch einen Hinweis auf
die duale Konstruktion zur Rotation der Tangentialebenen auf einer gekrümmten
Fläche, wie wir sie in Abbildung 7.1 kennengelernt haben. Das Dreieck mit den drei
Verbindungsseiten wird nun als Dreiseit mit drei Schnittpunkten aufgefaßt, und die
auf den Seiten zu verschiebende Richtung als in den Ecken zu drehende Distanz. Dual
zur Rotation der Richtungen ist nun die Translation der Strecken. Abbildung 9.10
zeigt, wie das in der Minkowski-Ebene aussieht. Die Verschiebung ist gleich dem
Exzeß der Länge der einen Seite gegen die Summe der beiden anderen.

Wir wollen uns nun noch einige Details ansehen. Zuerst sollten wir uns der Konsistenz versichern, indem wir den Mittelsenkrechtensatz oder wenigsten den Höhensatz
ansehen. Wir tun dies für einen generischen Fall, die deSitter-Welt. Abbildung 9.11
zeigt die notwendigen Konstruktionen für den Höhensatz, Abbildung 9.12 für den
Mittelsenkrechtensatz. Merkwürdigerweise hat nun jede Strecke im projektiven Modell nicht nur einen eigentlichen, sondern auch einen uneigentlichen Mittelpunkt, der
allerdings nicht mehr im Transitivitätsgebiet der Geometrie liegt. Dementsprechend
gibt es auch drei uneigentliche Schnittpunkte und drei uneigentliche Umkreise, die
durch das metrisch Unendliche gehen (dual dazu ist die bekannte Existenz dreier
Ankreise neben dem Inkreis eines Dreiecks). In den Geometrien mit Parallelenaxiom
entarten diese drei uneigentlichen Kreise. Die nichtklassischen Mittelsenkrechten fallen dort alle mit der Ferngerade zusammen. Wir nennen die drei zusätzlichen Kreise
hier uneigentlich, weil sie nur noch Bahnkurven von Drehungen sind, nicht aber Orte
gleichen endlichen Abstands von einem Mittelpunkt.

In euklidischer und Minkowski-Geometrie gilt der Peripheriewinkelsatz: Der geometrische Ort aller Punkte C, die mit einer gegebenen Strecke AB ein Dreieck bilden, dessen Winkel $\angle ACB$ am Punkte C einen festen Werte hat, ist ein Kreis. Dieser
Satz kann nur gelten, wenn der Außenwinkel an einem Dreieck gleich der Summe der
gegenüberliegenden Innenwinkel ist, die Krümmung also verschwindet. Wir haben

---

[3]Die Bezeichnung Anti-deSitter-Welt fällt nicht darunter. Sie stammt aus der Kosmologie und
meint den Bedeutungswechsel zwischen zeitartigen und raumartigen Geraden.

Tabelle 9.1: Die neun Geometrien der Ebene

	Krümmung positiv keine Parallelen Außenwinkel kleiner Summe der gegenüberliegenden Innenwinkel Pole haben keine reelle Tangente	Krümmung Null eine Parallelen Außenwinkel gleich Summe der gegenüberliegenden Innenwinkel Pole haben eine eine Tangente (die absolute Polare)	Krümmung negativ viele Parallelen Außenwinkel größer Summe der gegenüberliegenden Innenwinkel Pole haben zwei reelle Tangenten
kein Abstand Null euklidische Dreiecksungleichung Polaren schneiden abs.Kegels.nicht	elliptische G. (Kugel)	euklidische G. (Tafel)	hyperbolische G. Lobachevski-G. (Geschwindigkeits-raum)
ein Abstand Null Dreiecksgleichung Polaren schneiden abs.Kegels. im absoluten Pol	Antieuklidische G.	Galilei-Geometrie (Newtonsche Mechanik)	Anti-Minkowskische G.
viele Abstände Null pseudoeuklidische Dreiecksungleichung Polaren schneiden abs.Kegels. in 2 Punkten	Anti-Lobachevski-G. (Anti-deSitter-Welt)	Minkowski-Welt (Einsteinsche Mechanik)	doppelthyperbol.G. (deSitter-Welt)

bereits gesehen (Abb. 6.8), wie sich das in der Galilei-Geometrie verändert. Für den generischen Fall nicht verschwindender Krümmung ist dieser geometrische Ort eine Kurve vierten Grades (Abb. 9.13). Da der Beweis der Eigenschaft des Feuerbach-Kreises, durch die neun bekannten Punkte zu gehen, mit dem Peripheriewinkelsatz geführt wird, geht dann auch dessen Existenz verloren.

Wir wollen uns noch einmal die Kegelschnitte ansehen, die dem Feuerbach-Kreis entsprechen. In jeder der besprochenen Geometrien bestimmt ein Dreieck $\Delta A_1 A_2 A_3$

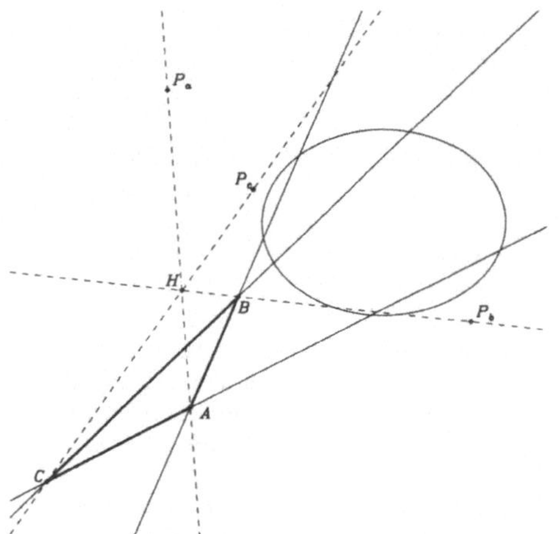

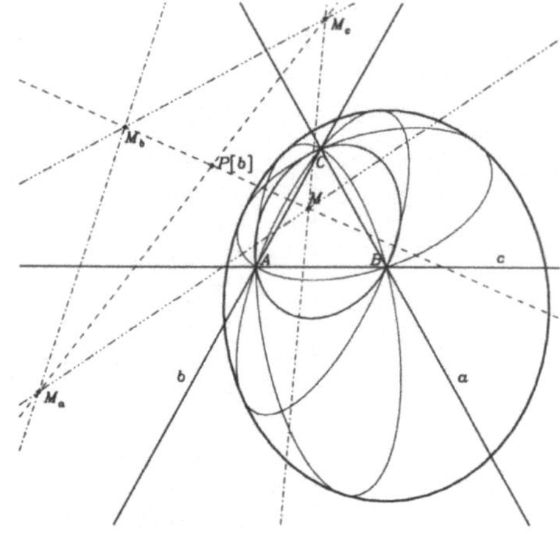

Abbildung 9.11: Der Höhensatz. I.
Um alle Konstruktionselemente reell zu finden, zeichnen wir in der deSitter-Geometrie das Dreieck ABC mit seinen Seiten $c = AB$, $a = BC$ und $b = CA$, deren Polen P_c, P_a, P_b und den Lote CP_c, AP_a, BP_b, die sich in einem Punkt H schneiden. Der Beweis wird im Anhang A, Abb. A.7 algebraisch geführt.

Abbildung 9.12: Der Mittelsenkrechtensatz. I.
Dargestellt ist ein Dreieck ABC in einer Lobachevski-Geometrie. Die gestrichelten Linien sind die Mittelsenkrechten auf der Seite $b = CA$, die sich im Pol $P[b]$ schneiden. Die Mittelsenkrechten (eigentliche und uneigentliche) auf c sind strichpunktiert, die auf a mit drei Punkten gestrichelt. Die Pole von a und c liegen außerhalb der Zeichnung. Neben dem erwarteten Umkreismittelpunkt M gibt es noch drei andere Schnittpunkte, jeweils mit den uneigentlichen Mittelsenkrechten, um die sich (uneigentliche) Umkreise legen lassen.

einen Höhenschnittpunkt A_4 derart, daß jeder der vier Punkte A_k der Höhenschnittpunkt für das Dreieck der drei anderen ist. Die vier Punkte bilden ein vollständiges Viereck, dessen sechs Seiten die Seiten der wählbaren Dreiecke und deren Höhen sind. Die drei Diagonalpunkte sind in jedem Falle die Höhenfußpunkte F_{12}, F_{23} und F_{31}. Betrachten wir nun eins der vier Dreiecke genauer. Jede Seite hat nun zwei Mittelpunkte wie in Abbildung 9.12. Es gilt: Ein Kegelschnitt, der durch die drei Höhenfußpunkte und zwei Mittelpunkte auf verschiedenen Seiten bestimmt ist, geht auch durch einen Mittelpunkt der dritten Seite. Das kann etwa mit den Mitteln der Anhänge C und D auch gezeigt werden. Im allgemeinen erhalten wir also für jedes der vier Dreiecke vier solche Kegelschnitte. Es aber keinen Feuerbach-Kreis. Statt dessen schneidet die Verbindung zweier Mittelpunkte auf verschiedenen Seiten einen Mittelpunkt auf der dritten. Die 6 Mittelpunkte sind Ecken eines vollständigen Vierseits. Was wir als Feuerbach-Kreis der euklidischen Geometrie kennenlernen, zerfällt

Wir sehen das Beispiel einer Kurve, deren
jeder Punkt den gleichen Winkel mit Schenkeln durch die festen Punkte A und B trägt.
Die Größe dieses Winkel kann etwa durch
Vorgabe eines dritten Punktes C auf dieser
Kurve bestimmt werden. Es ist im allgemeinen immer nur eine Sehne, für die diese Kurve die Peripheriewinkelgleichheit erfüllt.

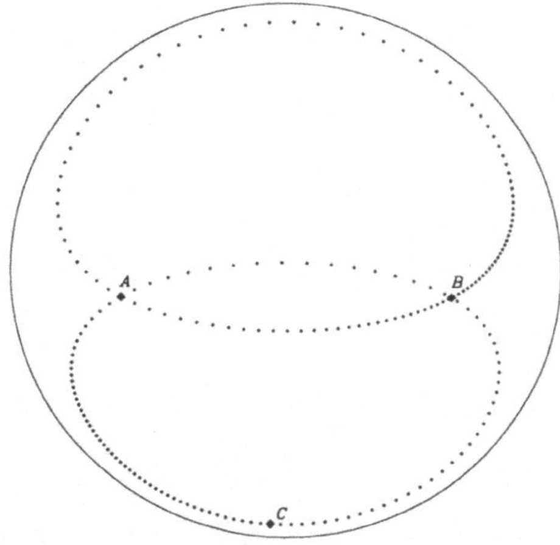

Abbildung 9.13: Der Kreis zweiter Art

in einer allgemeinen Geometrie in 16 Kegelschnitte. In Geometrien mit einer absoluten Polaren haben alle vier Dreiecke einen dieser Kegelschnitte gemeinsam. Dies
ist der 11-Punkte-Kegelschnitt der Abbildung 8.12. In Geometrien mit absolutem
Pol ist einer der vier Punkte immer der Pol selbst, und es bleibt nur ein eigentli-
ches Dreieck mit vier Kegelschnitten der betrachteten Art. Die Abbildungen 9.14
und 9.15 zeigen den Fall der antieuklidischen Geometrie.

Wir untersuchen nun die Bahnkurven von Drehungen. Eine Drehung um ein Zentrum Q entsteht, wenn an zwei Geraden durch Q nacheinander gespiegelt wird. Ein
Punkt R behält dann seinen Abstand von Q, bleibt also auf dem Kreis um Q, auf
dem er vor der Drehung gelegen hat. Der Drehungsgrad wird durch den Winkel bestimmt, den die beiden spiegelnden Geraden miteinander bilden. Bei einer Drehung
bewegen sich die Punkte auf Kreisen um das Drehzentrum Q (Abb. 6.3, 6.4). Wenn
wir im folgenden die Bahnkurven einer Drehung zeichnen, erhalten wir ein Bild dieser
Kreise. Dies wollen wir uns zum Abschluß des Kapitels ansehen. Der nichtentartete und reelle Fall ist die deSitter-Geometrie (Abb. 9.16). Gedreht wird um einen
Punkt Q außerhalb des absoluten Kegelschnitts $\mathcal{K}$. Die Tangenten aus Q an diesen
Kegelschnitt trennen zeitartige von raumartigen Geraden. Die Bahn einer Drehung,
die zeitartige Geraden nur wieder in zeitartige bewegen kann, kann diese Tangenten
also nicht schneiden. Drehungen lassen darüber hinaus den absoluten Kegelschnitt
$\mathcal{A}$, das Zentrum Q und seine Polare fest. Mehr noch, alle Kreise gehen durch die
Berührpunkte $B[k[Q]]$ der Tangenten und haben dort die Richtung der Tangenten.
Es sind also Kegelschnitte mit vier Bestimmungsstücken: eine einparametrige Schar,
wie zu erwarten. Wir könnten mit der Konstruktion C.6 ($AB = k_1[Q]$, $DE = k_2[Q]$,
QC = Radius) den Kegelschnitt punktweise erzeugen. Kein Punkt kann bei einer
Bewegung die unveränderten Gebilde $\mathcal{K}$, $p[Q]$, $k_1[Q]$ und $k_2[Q]$ überschreiten. Es
gibt keine geschlossenen Bahnkurven. Alle Drehungen sind eigentlich nur Verschie-

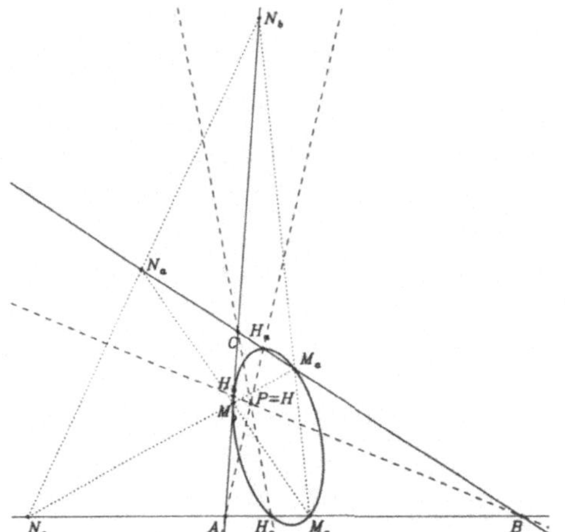

Abbildung 9.14: Ein Feuerbachscher Kegelschnitt in der antieuklidischen Geometrie

In der antieuklidischen Geometrie existiert ein absoluter Pol. Alle Lote gehen durch diesen Punkt, der automatisch zum Höhenschnittpunkt H aller Dreiecke wird.

Jede Strecke wird durch ein Punktepaar in harmonischer Lage halbiert, dessen Verbindungen zum absoluten Pol hier einen nach euklidischer Bewertung rechten Winkel einschließen. Wir erhalten 6 Mittelpunkte. Ein Kegelschnitt durch die drei Höhenfußpunkten und zwei Mittelpunkte zweier Seiten geht auch durch einen Mittelpunkt der dritten Seite. Die Höhenmitten bleiben unbestimmt, weil die Höhen den absoluten Pol passieren (vgl. Abb. 8.12).

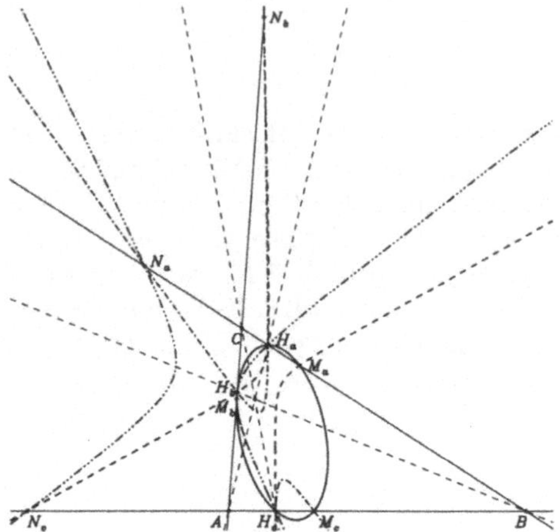

Abbildung 9.15: Alle vier Feuerbachschen Kegelschnitte

Dies ist wieder die Konfiguration der vorigen Abbildung. Die Hilfslinien sind weggelassen und dafür die übrigen drei Kegelschnitte, alles Hyperbeln, hinzugefügt. Neben dem Kegelschnitt durch die Punkte $[H_a, H_b, H_c, M_a, M_b, M_c]$ (durchgezogene Linie) sind die Kegelschnitte durch $[H_a, H_b, H_c, M_a, N_b, N_c]$ (gestrichelte Linie), durch $[H_a, H_b, H_c, N_a, M_b, N_c]$ (strichtripelpunktierte Linie) und durch $[H_a, H_B, H_c, N_a, N_b, M_c]$ (strichpunktierte Linie) gezeichnet.

bungen längs der Bahnkurven aus Richtung des einen Berührpunkts in Richtung des anderen. Die Bahnkurven im Innern des Kegelschnitts liegen außerhalb der deSitter-Geometrie und können als Kreise mit imaginärem Radius angesehen werden. – Legen wir nun den Drehpunkt ins Innere des absoluten Kegelschnitts (Abb. 9.17), so sind alle Bahnkurven in projektivem Sinne geschlossen und können mehrfach durchlaufen werden. Das sind wir von der euklidischen Drehung ohnehin gewohnt. Die Polare des Drehpunktes ist die einzige gerade Bahnkurve. Die euklidische Geometrie (in einer Projektion, welche die Ferngerade wie hier als endliche Polare darstellt) zeigt das gleiche Bahnkurvenbild, nur daß hier der Kegelschnitt $\mathcal{K}$ eine ganz gewöhnliche Bahnkurve ist. Der absolute Kegelschnitt ist ja in der euklidischen Geometrie

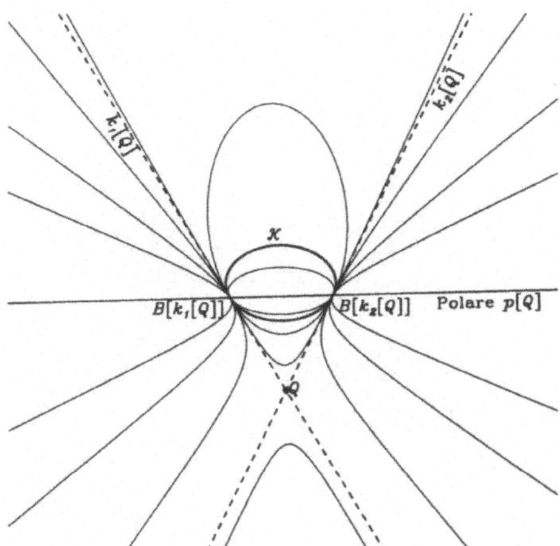

<table>
<tr><td>

Abbildung 9.16: Drehungen in der DeSitter-Geometrie

Drehungen um einen Punkt Q werden durch die Strahlen des von ihm getragenen Büschels erzeugt. Sie lassen den absoluten Kegelschnitt $\mathcal{K}$, die Tangenten $k[Q]$ an ihn und ihre Berührpunkte $B[k[Q]]$ fest. Der Punkt Q und die beiden Berührpunkte sind Fixpunkte und Singularitäten des Bahnkurvenfeldes. Alle Bewegung ist Bewegung von einem Fixpunkt zum anderen, also verallgemeinerte Translation.

</td><td>

Abbildung 9.17: Drehungen in der Lobachevski-Geometrie

Im Vergleich mit Abbildung 9.16 legen wir nun den Drehpunkt in das Innere des absoluten Kegelschnitts. Die Tangenten sind nun nicht mehr reell und fallen als Trennlinien des Kreisbüschels weg. Die Bahnkurven sind nun (projektiv) alle geschlossen, sowohl im Innenraum wie im Außengebiet des absoluten Kegelschnitts.

</td></tr>
</table>

nicht mehr reell. – Wir können uns auch eine Drehung um einen unendlich fernen Punkt vorstellen, der auf dem absoluten Kegelschnitt und damit seiner Polaren liegt (Abb. 9.18). Alle Bahnkurven berühren[4] die Polare im Punkte Q. – Hat der absolute Kegelschnitt keine reellen Punkte, ergeben sich die Bahnkurven der elliptischen Geometrie. Das Bild ist mit dem der Lobachevski-Geometrie identisch (Abb. 9.17), nur daß der Kegelschnitt, der dort den absoluten Kegelschnitt darstellt, ein gewöhnlicher endlicher Kreis ist. Auch wenn der nichtreelle absolute Kegelschnitt zu einer Geraden entartet (auf der er dann eine polare Involution ohne Fixpunkte bestimmt) und die euklidische Geometrie entsteht, ändert sich an dem Bild nichts. Allerdings ist die Polare, die in der elliptischen Geometrie vom Drehpunkt abhängig ist, jetzt universell immer die gleiche. – Liegt nun auch noch der Drehpunkt Q auf der Polaren, entarten die Kreise zu einem Strahlbüschel durch den zu Q konjugierten Punkt

---

[4]In Abbildung 9.18 scheinen die unteren Kurven dies nicht zu tun. Man muß aber beachten, daß diese (nach der einfachen euklidischen Anschauung) ja Hyperbeln sind, die eine Gerade nur in einem Ast berühren können. Dieser zweite Ast liegt in der Zeichnung oberhalb der Polaren und gehört auch zu den (hier berührenden) Bewegungsbahnen.

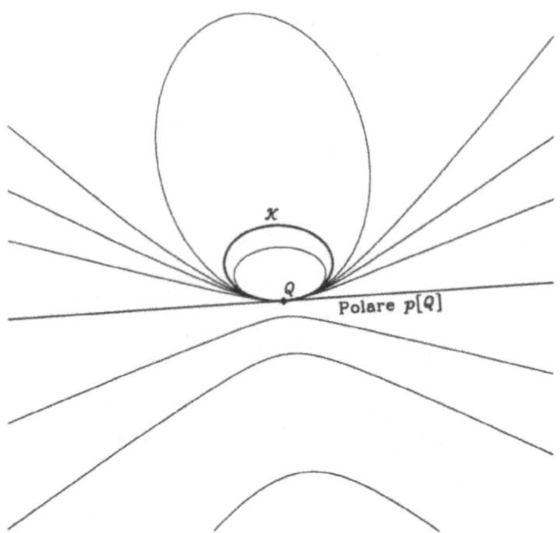

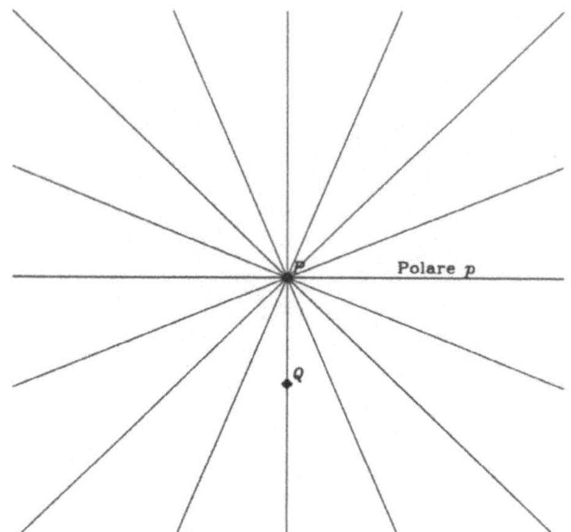

Abbildung 9.18: Drehungen um unendlich ferne Punkte

Im Grenzfall zwischen den Abbildungen 9.16 und 9.17 legen wir den Drehpunkt auf den absoluten Kegelschnitt selbst, also ins metrisch Unendliche. Neben dem absoluten Kegelschnitt und dem Drehpunkt bleiben die Tangente und der Berührpunkt unverändert.

Abbildung 9.19: Drehungen um einen Punkt der absoluten Polaren

Die Bahnkurven der Drehung werden zu Strahlen durch einen Pol, wenn ein absoluter Pol existiert oder der Drehpunkt auf einer absoluten Polaren liegt.

$P[Q]$ auf p (Abb. 9.19). Dabei ist der konjugierte Punkt durch die Involution auf der absoluten Polaren bestimmt. Er hängt also von Q ab, solange die Involution nicht entartet ist (euklidische und Minkowski-Geometrie), und ist absolut im Falle der Galilei-Geometrie. – Im Falle der Minkowski-Geometrie entsteht wieder Abbildung 9.16, der absolute Kegelschnitt ist nunmehr das Stück der jetzt absoluten Polaren zwischen den jetzt absoluten Berührpunkten (den Fixpunkten der Involution). Fallen die beiden Fixpunkte zusammen, ergibt sich die Galilei-Geometrie. Die Kreise bilden wieder das Strahlbüschel durch den nun ebenfalls absoluten Pol (Abb. 9.19). Dies gilt ebenso, wenn der reelle absolute Kegelschnitt in einen Punkt (antieuklidische Geometrie), oder in ein Geradenpaar (anti-Minkowskische Geometrie) entartet (Tabelle 9.2).

In diesem Kapitel haben wir gesehen, wie aus der projektiven eine metrische Ebene wird, wenn sie in einen dreidimensionalen Raum eingebettet wird, in dem eine Quadrik definiert ist. Das hat auf die Idee geführt, die Allgemeine Relativitätstheorie durch eine projektive Theorie im Fünfdimensionalen zu erweitern [66, 75, 64, 114]. Dabei muß allerdings ein inhomogener Raum konzipiert werden, damit das variable Gravitationsfeld auch dargestellt werden kann. Jedem Punkt wird also eine Quadrik zugeordnet. Die Einsteinschen Gleichungen auf dem Feld der Quadriken sind dann mit den Einstein-Maxwellschen Gleichungen für die verkoppelten Felder von

Tabelle 9.2: Die Bahnkurven der Drehungen

Drehpunkt			
im Endlichen: im Unendlichen:	elliptische G. Abb. 9.17 Abb. 9.18	euklidische G. Abb. 9.17 Abb. 9.19	Lobachevski-G. Abb. 9.17 Abb. 9.18
im Endlichen: im Unendlichen:	Antieuklidische G. Abb. 9.19 Abb. 9.19	Galilei-Geometrie Abb. 9.19 Abb. 9.19	Anti-Minkowski-G. Abb. 9.19 Abb. 9.19
im Endlichen: im Unendlichen:	Anti-Lobachevski-G. Abb. 9.16 Abb. 9.18	Minkowski-Welt Abb. 9.16 Abb. 9.19	deSitter-Welt Abb. 9.16 Abb. 9.18

Elektromagnetismus und Schwerkraft äquivalent. Die weitere Erörterung würde aber unseren Rahmen sprengen.

Kapitel 10   Allgemeines

10.1   Relativitätstheorie

In unserem Exkurs über den Zusammenhang von Geometrie und Physik haben wir notgedrungen viele Fakten der Physik ohne genaue beobachtungsseitige Begründung und viele Sätze der Geometrie ohne mathematischen Beweis angeführt. Wer an irgendeiner Stelle Genaueres wissen möchte, für den ist im Anhang Literatur angegeben und im Verzeichnis am Ende des Buches zusammengestellt. Einige aus dem Text etwas herausfallende, aber in seinem Zusammenhang immer wieder gestellte Fragen sollen aber noch einmal angesprochen werden.

Die Relativitätstheorie, die wir als physikalischen Partner der Minkowski-Geometrie immer wieder herangezogen haben, ist eine physikalische Theorie wie viele andere auch, sie muß experimentell überprüft werden. Dabei wird die *Anwendbarkeit* geprüft, nicht die Widerspruchsfreiheit. Die Frage der *Widerspruchsfreiheit* ist Sache der Mathematik[1]. Deren Aufgabe erschöpft sich nicht allein im richtigen logischen Schluß und der richtigen Rechnung, sondern führt auf ein Programm immer tieferer Gründung. Die Frage der Anwendbarkeit bleibt merkwürdigerweise immer unklar, solange die Grenzen der Anwendbarkeit nicht festgestellt sind. Ein positiv ausgefallenes Experiment sagt etwas aus über die Anwendbarkeit im benutzten Kontext und im benutzten Parameterbereich von Geschwindigkeiten, Energien, Massen, Ladungen, Temperaturen und so weiter. Extrapolation in andere, eventuell extreme Umstände ist denkbar, muß aber sofort wieder überprüft werden. Nur ein negatives Experiment kann in diesem Sinne endgültig sein. Solche Endgültigkeit hat aber auch ihre positive Seite. Kennen wir nämlich die Umstände, bei denen die Anwendbarkeit zu wanken beginnt, dann wissen wir eben, unter welchen Umständen sie noch *nicht* verloren ist, dann wissen wir, wo wir sie unbesehen voraussetzen dürfen. Der negative Ausgang des Michelson-Versuchs, der uns darüber informiert, daß bei großen Geschwindigkeiten die Newtonsche Mechanik nicht angewandt werden darf, sagt eben auch, daß bei Geschwindigkeiten wesentlich kleiner als die Lichtgeschwindigkeit der Newtonschen Theorie eben vertraut werden kann und die Fehler von der Größenordnung $O[v^2/c^2]$ sind.

Neben den quantitativen Folgen einer Theorie, die im quantitativen und deshalb auch immer etwas ungenauen Experiment überprüft werden müssen [46, 53,

---

[1]Wie die Anwendbarkeit in der Physik bestenfalls in definiertem Rahmen und nie universell bewiesen werden kann, kann auch Widerspruchsfreiheit bestenfalls in gegebenem Rahmen gezeigt werden. Es war eine der unerwarteten Einsichten der mathematischen Logik, daß in jedem theoretischen Rahmen Aussagen existieren, die in diesem nicht bewiesen oder widerlegt werden können.

55, 56, 146], gibt es auch qualitative Folgen, die direkt mit Grunderfahrungen verglichen werden und eine noch viel wichtigere Rolle spielen, weil sie ganz unabhängig von kleinen Fehlern sind. Für die Relativitätstheorie ist das wichtigste Beispiel einer solchen Aussage die Existenz von Antiteilchen. Diese Existenz von Antiteilchen wurde von der Theorie vorhergesagt, nicht als kleiner Effekt, sondern als *strukturelle* Notwendigkeit zur konsistenten Behandlung der grundlegenden Gleichung für die Energie eines freien Teilchens. Diese Gleichung ergibt sich aus der Eigenschaft der Ruhmasse, für das Teilchen charakteristisch zu sein, und der Proportionalität von Energie und träger Masse, die ihrerseits die Zeitkomponente des Impulses bestimmt:

$$m^2 c^2 - \boldsymbol{p}^2 = m_0^2 c^2 \ , \quad E = mc^2 \quad \rightarrow \quad E^2 = c^2 (m_0^2 c^2 + \boldsymbol{p}^2) \ .$$

Das ist eine quadratische Gleichung, die auch negative Lösungen hat. Ist die Gleichung gültig, müssen diese Lösungen auch in Betracht gezogen werden. Die Existenz von Zuständen negativer Energie hat ähnliche Konsequenzen wie die Existenz von Tachyonen. Wenn ein Teilchen Zustände beliebig negativer Energie annehmen kann, wird ein thermodynamisches Gleichgewicht unmöglich. Wir beobachten aber Gleichgewichte. Tatsächlich setzen die meisten einfachen und langsamen Experimente solche Gleichgewichte voraus. Es muß folglich einen Grund geben, der es Zuständen negativer Energie unmöglich macht, ohne weiteres mit den beobachteten Zuständen positiver Energie in Kontakt zu treten. Es war Diracs Vermutung, daß man die Zustände negativer Energie in der Regel als *besetzt* und deshalb inert ansehen muß. Das sieht nach Entschuldigung aus, aber es hat beobachtbare Konsequenzen. Gegebenenfalls unbesetzte Zustände (Löcher) benehmen sich nämlich nun wie Teilchen gleicher Ruhmasse und entgegengesetzter Ladung, d.h. Antiteilchen (Abb. 10.1). Wenn ein reales Teilchen in einen freien Zustand negativer Energie übergeht, verschwindet das Loch. Das Teilchen wird inert und verschwindet aus den Bilanzen, nur die Energie bleibt übrig und geht auf andere Freiheitsgrade über, z.B. in Photonen. Teilchen und Antiteilchen annihilieren kombiniert, d.h., sie verwandeln sich in andere Teilchen, die Energie, Impuls und Drehimpuls wegtragen. Die tatsächliche Beobachtung solcher Antiteilchen, die Beobachtung der Gleichheit der Ruhmassen von Teilchen und Antiteilchen [47] und der Spiegelung der Ladungen mit der Konsequenz der Erzeugung (siehe Abb. 2.7) und Annihilation von Teilchen-Antiteilchen-Paaren ist eine qualitative Bestätigung der Relativitätstheorie, die sie zu einer der unumgänglichen theoretischen Erkenntnisse der modernen Physik macht.

Die Grenze der (speziellen) Relativitätstheorie kennen wir: es ist das Gravitationsfeld. Unter dem Einfluß der Schwere wird die Welt gekrümmt. Der Minkowski-Raum bleibt dann nur eine lokale Näherung. Betrachten wir die Abbildungen 7.20, 7.22 usw., so bleibt die Minkowski-Geometrie in den *Tangentialebenen* auch der Hyperboloide gültig, die den gekrümmten Kosmos darstellen. Für die Hyperboloide wie für jede andere gekrümmte Welt finden wir immer noch die Lichtkegelstruktur, d.h., es gibt lichtartige Richtungen, die einen Kegel formen. Diese Kegel lassen sich aber nicht mehr so starr transportieren und vergleichen wie im Minkowski-Raum. Die Metrik beginnt, von Ort zu Ort in kleinen Schritten zu variieren. Die quantitativen

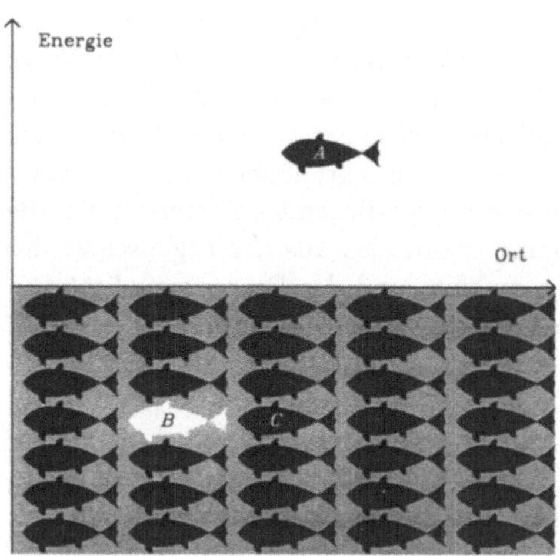

In einem dicht gepackten Fischschwarm kann sich der einzelne Fisch nicht mehr gegen den Schwarm bewegen. Wird aber ein Fisch (A) herausgeangelt, entsteht ein Loch (B), in das ein anderer (C) nun hineinschwimmen kann. Dabei bewegt sich das Loch von B nach C, entgegengesetzt zu der Ursache, die den Fisch bei C veranlaßt, die Position B einzunehmen. Die Ladungen von Loch und geangeltem Fisch sind entgegengesetzt. Die trägen Massen sind aber immer noch die gleichen: Das Loch bewegt sich zwar in *Gegenrichtung* zum Fisch, aber immer noch mit der gleichen Beschleunigung. Fällt der geangelte Fisch wieder in den Schwarm, ist das Loch verschwunden, und er selbst kann sich nicht mehr frei bewegen, ist als Einzelobjekt ebenfalls nicht mehr zu finden.

Abbildung 10.1: Antiteilchen als Löcher

Veränderungen gegenüber den Aussagen der Relativitätstheorie vor Berücksichtigung des Schwerefeldes sind von der Ordnung des Gravitationspotentials, das sich für die Milchstraße am Ort des Sonnensystems nur auf 10^{-6} summiert. Die Geschwindigkeit des Sonnensystems auf seiner Bahn um das Zentrum der Milchstraße entspricht diesem Potential. Erst das Potential des gesamten sichtbaren Universums erreicht einen Wert der Größenordnung Eins. Der Kosmos insgesamt wird also deutlich vom Minkowski-Raum abweichen. Beispiele dafür haben wir mit dem deSitter-Raum gezeichnet.

Das expandierende Universum ist das Gefäß für thermodynamische Kondensationsprozesse. Diese laufen in einem Wärmebad ab, das aus Strahlung aller Art besteht und sich wegen der Expansion abkühlt. Es ist die Hintergrundstrahlung, deren elektromagnetischer Teil seit 1965 als Mikrowellenhintergrund beobachtet wird. Diese Strahlung hat heute eine Temperatur von etwa 2.73 K. Die Temperatur hat ständig wegen der Expansion des Universums abgenommen. In der fernen Vergangenheit, als das Universum 100000 Jahre noch nicht erreicht hatte, trug diese Strahlung den Löwenanteil der Masse im Universum, und die meisten thermodynamischen Prozesse waren thermisch an dieses Bad gebunden. Heute ist sie kalt und von geringer Bedeutung für die Prozesse in den Himmelskörpern und in ihrer Umgebung. Trotz der geringen Temperatur dieses Hintergrundes ist man aber in der Lage, die geringe Doppler-Verschiebung zu messen, die sich aus der Bewegung unserer Erde gegen diesen Hintergrund[2] ergibt. Dies scheint das Problem zu stellen, daß der

---

[2]Die Bewegung setzt sich natürlich zusammen aus der Bewegung der Erde um die Sonne, der Sonne um das Zentrum der Milchstraße, der Milchstraße gegen den Schwerpunkt der lokalen Gruppe und der lokalen Gruppe gegen den Hintergrund. Die letztere wird mit 610 km/s in Richtung

Hintergrund ein *absolutes* Ruhsystem vorgibt trotz aller Relativitätstheorie. Überall im Universum kann man sich an diesem Ruhsystem orientieren und Ruhe oder Geschwindigkeit bestimmen. Ist das der „Äther" der Relativitätstheorie? Ist das gar ein Widerspruch zur Relativitätstheorie? Die Antwort ist ein klares *Nein*. Das Photonenbad der Hintergrundstrahlung ist ein äußerer Bezug, dessen Existenz von der Relativitätstheorie nicht verboten wird, und gegen den ein Experiment *abgeschirmt* werden kann. Darüber hinaus wird die Lichtausbreitung durch die Existenz des Photonenbades *nicht* beeinflußt. Wie wir auf Seite 53 formuliert haben, ist das der entscheidende Punkt. Man muß dies aber nicht unbedingt erwarten. Es könnte sein, daß die Photonen miteinander so stark wechselwirken, daß die Lichtausbreitung von der Hintergrundstrahlung modifiziert würde. Dann wäre eine Situation erreicht, die man wieder genauer untersuchen müßte, die bei genügend hohen Photonendichten erreicht würde und die man als Abweichung der Lichtgeschwindigkeit von der absoluten Geschwindigkeit, wie sie sich etwa in der Geschwindigkeitsabhängigkeit der Masse zeigt, beschreiben müßte. Die Dichte der Hintergrundphotonen ist aber nur 10^{-6} der Photonendichte der Wärmestrahlung in einem Laboratorium bei Zimmertemperatur, wir können hier keinen Effekt erwarten, schon gar keinen, der die Gültigkeit der Relativitätstheorie in Frage stellt.

Nachdem die (spezielle) Relativitätstheorie die Geschwindigkeit endgültig in den Bereich der relativen Größen verbannt, die erst durch die Umgebung definiert sind, tut dies die allgemeine Relativitätstheorie nun auch mit den Beschleunigungen, indem sie auf die geodätische Bewegung in einer lokal gekrümmten Welt abstellt. Das Äquivalenzprinzip von schwerer und träger Masse sorgt dafür, daß in einem frei fallenden (und nicht rotierenden) System von schweren Körpern das äußere Gravitationsfeld unmeßbar (von innen) wird. Nur Relativbeschleunigungen zwischen den einzelnen Teilen des Systems bleiben feststellbar. Diese Relativbeschleunigungen können von der Inhomogenität des äußeren Gravitationsfeldes (d.h. von Gezeitenkräften) herrühren. Die Frage, ob die Feststellbarkeit der Rotation einen physikalischen Grund in der Existenz der kosmischen Umgebung hat, wird unter dem Stichwort *Machsches Prinzip* oft diskutiert. Aus der Sicht der Relativitätstheorie bedeutet dieses Prinzip nicht nur die Abhängigkeit der Lage der Lichtkegel in der Welt von der Materieverteilung (dies beschreibt bereits die Allgemeine Relativitätstheorie) sondern sogar die Abhängigkeit der puren *Existenz* der Lichtkegel von der Materieverteilung [16, 85]. Die Existenz einer Maßbestimmung der hier immer besprochenen Art wird dadurch relativiert.

An dieser Stelle weisen wir noch einmal darauf hin, daß aktuell realisierte geometrische Beziehungen in jedem Fall von der Physik geliefert werden, auch wenn die Geometrie dann versucht, von dieser Genese so unabhängig wie möglich zu werden. Was in den Gesetzen physischer Bewegung nicht vorkommt, kann nicht erfahren werden, weil nur die physische Bewegung der messenden Erfahrung und eventuell

---

1031-26 (Sternbild Wasserschlange) angegeben, die der Sonne gegen den Hintergrund mit 370 km/s in Richtung 1112-07 (beide Richtungen liegen in der Nähe des Herbstpunktes).

der experimentellen Präparation fähig ist. In diesem generellen Kontext ist die akzeptierte Beschreibung der Bewegung ein Variationsprinzip. Nach Bestimmung der Lagekoordinaten wird ein Integral analog dem Fermatschen Prinzip (S. 27) gesucht, so daß unter allen virtuell möglichen Bewegungen die aktuell ablaufende diesem Integral einen Extremwert gibt. Das Integral ist also eine Bewertung der verschiedenen Bewegungsmöglichkeiten. Aus der Sicht physikalischer Anwendung fließt alle Geometrie aus der Invarianz dieses Integrals. Was die Form dieses Integrals unverändert läßt, kann ohne äußeren Bezug im Experiment nicht entschieden werden, bleibt also relativ. Nur Maßnahmen, welche die Form des Integrals verändern, betreffen absolute, d.h. ohne äußeren Bezug bestimmbare, Größen.

10.2   Geometrie und Physik

Die Physik hat zwei typische Aufgaben. Sie untersucht einerseits die Gründe und Gesetze für die *Veränderung von Ort, Orientierung, Gestalt und Struktur* der verschiedensten Objekte, deren einfachstes Beispiel die Bewegung von Körpern gegeneinander ist, und andererseits die Gründe und Gesetze der *Klassifizierung vergleichsweise unveränderlicher Strukturen*, wie wir sie etwa im Periodensystem der chemischen Elemente vorfinden. Die zweite Aufgabe kann als Spezialfall der ersten gesehen werden, nämlich als Antwort auf die Frage, welche Zustände bei den gegebenen Bewegungsgesetzen unveränderlich bleiben können. Glücklicherweise findet man eine Hierarchie von Eigenschaften, manche veränderlich, manche fest unter den vom Experimentator eingerichteten Bedingungen, und man kann in der Tat die Begriffe Position, Orientierung, Gestalt und Struktur gegeneinander abgrenzen. Beiden Aufgaben gemeinsam ist die gewaltige Bedeutung der allgemeinen Symmetrien, die von Bewegungsgleichungen und Strukturen manchmal gleich, manchmal verschieden dargestellt werden.

Geometrie ist die einfachste Methode, die Trennlinie zwischen variabler (allgemeiner) Lage und fester (allgemeiner) Form zu modellieren und Kongruenz und Symmetrie zu untersuchen. Wir haben gesehen, daß zwei Wege beschritten werden können. Einmal können wir festlegen, welche Formen kongruent sein sollen, und danach die Operationen bestimmen, die ein Objekt in ein anderes, kongruentes überführen. Zum anderen können wir mit der Bestimmung gerade dieser Transformationen beginnen und hernach die Objekte bestimmen, die einander kongruent sind. Aus mathematischer Sicht muß eine Vereinbarung getroffen, aus physikalischer Sicht die Zweckmäßigkeit untersucht werden. Wir haben gesehen, daß die einfachsten Operationen, die Spiegelungen, zu gewöhnlichen Bewegungen (Drehungen, Verschiebungen) zusammengesetzt werden können. Erweitern wir die Definition der Symmetrie aber auf die Definition erlaubter (formerhaltender) Veränderungen, können auch viel allgemeinere Fälle erfaßt werden.

Lage und Orientierung können von den anderen Eigenschaften getrennt untersucht werden. Das müßte nicht unbedingt so sein. Wir könnten finden, daß die Maße eines Gegenstands etwa von seiner Geschichte abhängen. Dann können wir uns zwei dieser Gegenstände vorstellen, die zu einem Zeitpunkt in vereinigter Lage durchaus identisch sind. Verschieben wir sie nun auf verschiedenen Bahnen durch den Raum und bringen sie wieder an einen Ort, sind sie nicht mehr gleich, auch wenn wir in ihre innere Struktur nicht eingegriffen haben. Dann lassen sich die erhofften inneren Eigenschaften der Körper nicht mehr unabhängig von Lagerung und Bewegung im Raum präparieren und untersuchen. Wir sehen daraus, daß bereits die Erfahrbarkeit von Geometrie, von Kongruenz, davon abhängt, daß die physikalischen Gesetze der Bewegung im Raum diese Erfahrung zulassen. Zu den Maßen eines Objekts gehören nun nicht nur seine räumlichen Ausdehnungen und Strukturen, sondern auch die Zeitintervalle seiner internen Bewegungen wie die Ticks einer Uhr. Lagrange schreibt bereits, daß die Mechanik als Geometrie in vier Dimensionen angesehen werden kann und die mechanische Analyse eine erweiterte geometrische Analyse ist[3]. Mit der Relativität der Gleichzeitigkeit wird die Raum-Zeit-Union unauflösbar, wie es Einstein implizit und Minkowski explizit formuliert haben. Die Existenz einer Geometrie von Raum *und* Zeit ist ebenfalls nur erfahrbar, weil die physikalischen Gesetze der Bewegung sie respektieren.

Dennoch werden die Gesetze der Bewegung so formuliert, daß es scheint, die Welt und die Geometrie derselben sei vorausgesetzt, um die physikalischen Beziehungen hineinzuschreiben. Dies hat seinen Grund darin, daß die elementare Erfahrung der Geometrie möglich ist, ohne die physikalischen Zusammenhänge zu kennen, die einen Maßstab starr und eine Uhr regelmäßig werden lassen. Es scheint eben gute Uhren und Maßstäbe zu geben, und diese lassen uns die geometrischen Eigenschaften der Welt vermessen[4]. Erst mit fortschreitender Analyse kann man erkennen, wo auch die besten Uhren und Maßstäbe ihre spezifischen Schwächen haben, und wie man dies berücksichtigen muß. In der Geometrie der Relativitätstheorie erlaubt die Existenz einer absoluten Geschwindigkeit, die Längenmessung auf eine Zeitmessung zu reduzieren und den starren Maßstab durch eine Lichtuhr zu ersetzen. Es bleibt dann immer noch, über die Beziehung zwischen starren Maßstäben und der Lichtuhr nachzudenken. Einstein [38] stellte fest, daß in einer wirklich befriedigenden Theorie Uhren und Maßstäbe durch die Theorie selbst konsistent bereitgestellt werden müssen. Vermutlich ist diese Frage letztlich nur durch das Wirkungsintegral einer universellen Dynamik zu lösen. Deren Maßgabe für die Wege im Zustandsraum sollte sich auf alle Teilfragen vererben.

---

[3]*Ainsi, on peut regarder la mécanique comme une géométrie à quatre dimensions et l'analyse mécanique comme une extension de l'analyse géométrique.* ([80], Nr.185). Allerdings verschwand dieser Eindruck hinter dem Begriff des Konfigurationsraums, der für N Teilchen $3N$ Dimensionen hat, und in dem die Zeit eine ganz eigentümliche Rolle spielt [8].

[4]Poincaré wandte ein, daß das Argument ein Zirkelschluß ist und daß es Geschmacksache ist, wie Raum und Zeit beschrieben werden, wenn man nur darauf die Physik geeignet formuliert [2]. Es gibt jedoch mehr und weniger gut passende „Konventionen", wie wir aus der Geschichte des Problems wissen. H.Poincaré [99] schreibt: „Durch natürliche Auslese hat sich unser Verstand den Bedingungen der Außenwelt angepaßt. Er hat die vorteilhafteste Geometrie gewählt. Mit anderen Worten, Geometrie ist nicht wahr, sie ist vorteilhaft."

Es ist eine andere Frage, ob es nur *eine* konsistente Geometrie für die Welt gibt oder mehrere Möglichkeiten vorhanden sind, von denen wir eben nur eine bestimmte vorfinden oder von denen nur eine bestimmte einfach anpaßbar ist? Wenn es mehrere Möglichkeiten gibt, unterscheiden diese sich dann so sehr, daß wir sie mit der beschränkten Genauigkeit unserer Meßgeräte bereits erfassen können, oder muß man noch nach Gelegenheiten der Entscheidung suchen? Die erste der beiden Fragen reicht bis in die tiefsten Gründe der Kosmologie und ist dort durchaus ungelöst. So tief wollten wir aber nicht loten. Für uns stand nur ein Teilaspekt zur Diskussion, und hier ist eben die Antwort, daß es mehrere Möglichkeiten gibt. Die zweite der beiden Fragen fordert die messende Physik heraus, und wir wollten zeigen, wie die Anwendung geometrischer Vorstellungen durch physikalische Beobachtung nahegelegt und gerechtfertigt wird.

Die Relativitätstheorie spielt eine besondere Rolle im Verhältnis von Physik und Geometrie. Schließlich war die Geometrie der Raum-Zeit, die sie verlangte, die erste physikalisch greifbare Alternative zur euklidischen Geometrie des Raums, die bis dahin geradezu denknotwendig schien. Alle mathematischen Konstruktionen anderer Geometrie suchten immer noch ihre Entsprechung. Andererseits waren Lorentz, Poincaré und Einstein nach der Maxwellschen Entdeckung der Gleichungen der Elektrodynamik gezwungen, Raum und Zeit neue Eigenschaften zuzugestehen, die sich eben als Geometrie einer vierdimensionalen Raum-Zeit erwiesen. Die Relativitätstheorie wischte damit eine Reihe von Versuchen vom Tisch, die das merkwürdige Verhalten der Lichtausbreitung durch mechanische Modelle eines Mediums (des sogenannten Äthers), also durch Physik erklären wollten. Alle diese Versuche waren nun überflüssig. Physik und Geometrie kamen in engste Berührung. Während Hilbert würdigte, daß die Geometrie nun zur Physik wurde (einige Fragen der Geometrie wurden physikalisch behandelbar), sah Einstein in der Relativitätstheorie, daß Physik zur Geometrie wurde: Geometrische Gesetze bestimmten physikalische Prinzipien. Dies charakterisiert am besten die dialektischen Beziehungen, die wir an der gemeinsamen Grenze von Physik und Geometrie finden, einer Grenze, die nur sehr unscharf definiert werden kann [38].

Wir haben versucht, diesen Zusammenhang zwischen Geometrie und Physik, die Grenzen einer Physik ohne Geometrie, die Grenzen einer Geometrie ohne Physik, die Freiheit der Geometrie und die Freiheit der Physik gegenüberzustellen, in Abbildungen zu beschreiben und eine Vorstellung davon zu geben, welche erstaunlichen Zusammenhänge sich dem Suchenden und Studierenden auftun. Suchen und Studieren ist damit nicht überflüssig geworden, aber nun ahnen wir, was uns an Einsicht erwartet.

Anhang A Spiegelungen

Begriffe, mit denen wir rechnen wollen, müssen aus zwei Gründen, soweit es geht, von anschaulichen Bezügen befreit werden. Zum einen gefährdet die Anschauung mit ihren mannigfaltigen Assoziationen den logisch fehlerfreien Schluß, zum anderen erreicht man Gedankengebäude, die auf physikalisch ganz verschiedene Gegenstände passen können. Paradoxerweise erweitert also die Abstraktion von der Anschauung die Anwendungsmöglichkeiten.

Die unbewußten Assoziationen der Anschauung sind es, die uns Dinge für selbstverständlich halten lassen, die in einen logischen Schluß nicht eingehen dürfen. Gerade die Geschichte der Einsteinschen Relativitätstheorie hat eindrücklich gezeigt, daß man sich von dem Vorurteil eines mechanischen Äthers als Träger des Lichts befreien muß, um zu einem klaren Verständnis und zu richtigen Vorhersagen zu gelangen. Wenn wir mit unserem Gedankengebäude in Bereiche vordringen wollen, die jenseits der Maße der täglichen Lebens liegen, gibt es viele Dinge, die nicht im Gepäck sein dürfen. Man findet aber immer erst nach und nach heraus, welche es sind. Die axiomatische Methode versucht von vornherein, blinde Passagiere im Reisegepäck zu vermeiden, indem sie die anschauliche Begriffsbestimmung durch eine implizite ersetzt. Implizit heißt hier, daß man einen Satz von Eigenschaften benennt, die ein Gegenstand haben soll, und nun die Erforschung des Gegenstandes auf diese Eigenschaften allein stützt. Die Abstraktion von der Anschauung verbietet aber nicht, sich an der Anschauung oder gar am physikalischen Experiment zu orientieren. Wir haben die Kugel und auch das Hyperboloid benutzt, um diese Orientierung jenseits der euklidischen Geometrie zu finden.

Wir suchen nach der Darstellung von Operationen, die uns die Gleichheit von Gegenständen unabhängig von Lage und Orientierung feststellen lassen. Wir nennen diese Operationen Bewegungen, und da wir vom konkreten Ablauf abstrahieren wollen, müssen wir voraussetzen, daß sich Bewegungen wieder zu Bewegungen zusammensetzen. Das ist das Gegenstück zur Transitivität logischer Äquivalenzrelationen. Auch deren Symmetrie findet hier ihren Ausdruck: Da es gleich sein soll, welchen Gegenstand wir bewegen und welcher die Ziellage bestimmt, muß die Umkehr einer Bewegung wieder eine Bewegung sein. In einer Folge von Bewegungen soll auch beliebig zusammengefaßt werden können. Die Bewegungen sollten also eine *Gruppe* bilden, die *Bewegungsgruppe*. Das heißt:

1. Die Zusammensetzung zweier Bewegungen ist wieder eine Bewegung: Sind zwei Figuren einer dritten kongruent, so sind sie auch untereinander kongruent.

2. Die einzelnen Bewegungen einer Kette können beliebig zusammengefaßt wer-

den, solange ihre Reihenfolge dabei nicht geändert wird.

3. Die Bewegung in den Anfangszustand zurück zählen wir auch, sie ist dann die sogenannte inverse Bewegung. Setzen wir sie mit der vorangegangenen Bewegung zusammen, ergibt sich der Ausgangszustand.

4. Das einfache Belassen des Zustands muß deshalb auch noch unter die Bewegungen gerechnet werden. Diese „Bewegung", bei der eigentlich nichts geschieht, ist die Eins unserer Bewegungsgruppe. Setzen wir eine beliebige Bewegung mit dieser Eins zusammen, ergibt sich wieder die erste Bewegung.

Gewöhnlich denken wir uns Bewegung anschaulich als Operation in einem Raum. Man kann aber eine jede Gruppe als Bewegungsgruppe auffassen, wenn man die Bewegung ins Auge faßt, die die Gruppe auf sich selbst erzeugen kann. Das wichtigste Beispiel dafür sind die Transformationen. Als Transformation mit dem Gruppenelement a bezeichnen wir die Bewegung, die jedes Gruppenelement g auf $\mathcal{T}_a[g] = a^{-1}ga$ abbildet. Diese Operation bewahrt die volle Struktur der Gruppe, ist in anschaulichem Sinne also eine Bewegung.

Was im Einzelnen bewegt wird, davon soll unsere Rechnung und unsere Definition unberührt bleiben. Aus der Sicht der Mathematik beleuchtet und entfaltet die Rechnung die abstrakte Struktur der Bewegungsgruppe. *Sie* bestimmt, was kongruent ist und was nicht kongruent ist, d.h., sie bestimmt die Geometrie. Die Anwendung auf ein physikalisches Objekt erfordert einerseits die Interpretation dieser Struktur und andererseits ihre experimentelle Sicherung, und beide sind von charakteristischen Unsicherheiten betroffen [72].

Merkwürdigerweise kann man nun den Begriff der Bewegung auf den der *Spiegelung* (an Geraden der Ebene, an Ebenen im Raum) reduzieren, die selbst keine eigentliche Bewegung ist, d.h., sie kann nicht durch die physische Bewegung eines Objekts verwirklicht werden[1]. Dennoch ist diese Reduktion möglich. Mit ihr wird die Spiegelung zu einem Grundbegriff der metrischen Geometrie. Spiegelung erlaubt den Transport von Strecken und Winkeln und ihren Vergleich unabhängig von der Lage der Gegenstände, die verglichen werden sollen.

1. Ist $S[A]$ das Spiegelbild des Punktes A, dann ist der Spiegel der geometrische Ort aller Punkte, die von A und seinem Spiegelbild $S[A]$ gleich weit entfernt sind.

2. Ist $S[A]$ das Spiegelbild des Punktes A und Q ein beliebiger Punkt auf dem Spiegel, dann bildet der Spiegel mit den Geraden QA und $QS[A]$ gleiche Winkel.

---

[1]Erweitert man die Ebene bzw. den Raum um eine Dimension, dann wird aus der Geradenspiegelung bzw. der Ebenenspiegelung eine Umklappung, d.h. eine Drehung durch die zusätzliche Dimension. Die Spiegelung an einer Geraden der Ebene wird so eingebettet in eine Umklappung des Raums an der Geraden, die eine (involutorische) Drehung um den gestreckten Winkel ist.

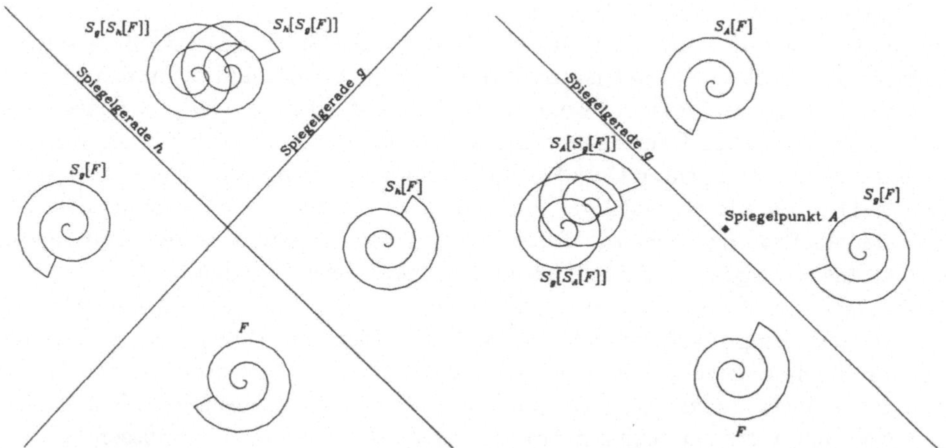

Abbildung A.1: Der Punkt als Produkt zweier Geraden

Stehen in der euklidischen Ebene zwei Geraden aufeinander senkrecht, werden bei konsekutiven Spiegelungen die Bilder um den Schnittpunkt gedreht, wobei die Iteration der Bewegung sofort wieder in die Ausgangslage zurückführt. Der Schnittpunkt ist also wieder eine Spiegelung, gehört aber nicht zum Erzeugendensystem. Das Produkt der Spiegelungen an zwei nicht aufeinander senkrecht stehenden Geraden ist keine Spiegelung. In unserem Bild fallen $S_h[S_g[F]]$ und $S_g[S_h[F]]$ in dem Maße auseinander, wie h und g von der lotrechten Lage abweichen.

Abbildung A.2: Ein Punkt auf einer Geraden

Nur wenn der Drehpunkt auf der spiegelnden Geraden liegt, können wir erwarten, daß es gleichgültig ist, ob die Drehung um einen gestreckten Winkel vor oder nach der Spiegelung an der Geraden ausgeführt wird. In unserem Bild fallen $S_A[S_g[F]]$ und $S_g[S_A[F]]$ in dem Maße auseinander, wie A und g von Inzidenz entfernt sind. Liegt A auf g, fallen $S_A[S_g[F]]$ und $S_g[S_A[F]]$ zusammen.

Das scheint unmittelbar klar, und so werden wir unsere Abstraktion auch ausgestalten. Merkwürdigerweise gestattet der normale Spiegel ein solch operatives Vorgehen gerade nicht, denn wir vermessen ein Bild im Spiegel zunächst mit dem Spiegelbild des Maßstabs und nicht mit dem Maßstab selbst. Erst die halbdurchlässigen Spiegel gestatten es, das (virtuelle) Spiegelbild mit einem reellen Maßstab zu vermessen. Dann wird auch deutlich, daß eine wiederholte Spiegelung in die Ausgangslage zurückführt. Dies ist die entscheidende Eigenschaft, die im axiomatischen Zugang *definiert*, was eine Spiegelung ist [4]. Die abstrakte Definition der Spiegelung behandelt zunächst nur die algebraischen Relationen. Wir bereiten den Anschluß an die Begriffswelt der Geometrie vor, indem wir beschreiben, welche algebraischen Ausdrücke Punkte und Geraden sein sollen.

Die elementare Spiegelung ist Spiegelung an einer Geraden, und zu jeder Geraden gibt es eine Spiegelung. Wir werden also zumindest einen Teil S der Spiegelungen als Repräsentanten von Geraden ansehen können. Dieser Teil S wird als Erzeugendensystem gewählt. Die Elemente der Bewegungsgruppe sind Produkte solcher Spiegelungen. Auch ein Punkt ist als involutorische Abbildung bestimmbar. Er ist das Produkt aus zwei Geraden, wenn dieses Produkt selbst wieder eine Spiegelung ist. In der euklidischen Ebene sehen wir sofort, daß die konsekutive Spiegelung an zwei aufeinander senkrechten Geraden eine Drehung um π am Schnittpunkt darstellt (Abb. A.1). – Es gilt ein wichtiger Satz, daß alle Produkte von *mehr* als drei Erzeugenden als Produkt *höchstens* dreier Erzeugender dargestellt werden kann. Jedes Produkt aus einer geraden Anzahl ist ein Produkt zweier Geraden.

Als Gegenstand der Geometrie bestimmen wir nach diesen Einsichten also eine Bewegungsgruppe $\mathcal{G}$, die durch involutorische Elemente (Spiegelungen) erzeugt werden soll. Dieses Erzeugendensystem bezeichnen wir mit S. Es soll sich bei Transformationen nicht ändern (da wir im Sinn haben, die Erzeugenden als Geraden anzusehen, und Geraden auch bei Transformation Geraden bleiben müssen):

$$g \in S\,, \quad a \in \mathcal{G}\ :\ \to\ a^{-1}ga \in S\,.$$

Die Elemente von S können wir nun als die Geraden der Geometrie ansehen (genauer sind es Spiegelungen an den Geraden) und werden sie deshalb mit kleinen Buchstaben bezeichnen.

Aufbauend auf dem Begriff der Geraden, definieren wir nun auf algebraischem Wege den *Punkt*: Diejenigen Spiegelungen aus $\mathcal{G}$, die sich als Produkte zweier Elemente von S darstellen lassen, nennen wir Punkte (genauer sind es Spiegelungen an den Punkten) und bezeichnen sie mit großen Buchstaben. Die Anschauung sagt uns, daß das Produkt zweier Spiegelungen immer eine Drehung ist. Eine Drehung ist aber auch involutorisch, wenn der Drehwinkel der gestreckte Winkel ist. Die beiden Geraden bestimmen also einen Punkt zunächst nur, wenn sie *lotrecht* sind. Wir definieren damit das Senkrechtstehen überhaupt: Zwei Geraden g, h sind genau dann lotrecht zueinander, $g \perp h$, wenn ihr Produkt involutorisch ist, $ghgh = 1$. Wie wir erwarten müssen, folgt aus $h = h^{-1}$, $g = g^{-1}$ und $hghg = 1$ eben $h = ghg = g^{-1}hg$: Die Gerade h fällt mit ihrem Spiegelbild $S_g[h] = g^{-1}hg$ an g zusammen. Das entspricht unserer von euklidischen Verhältnissen geprägten Anschauung. Verbinden wir einen Punkt A mit seinem Spiegelbild $g^{-1}Ag = {}'gAg$, ist die Verbindungsgerade $h = (A, gAg)$ auf g senkrecht, denn das Spiegelbild ghg von h verbindet die gleichen Punkte und fällt daher mit h zusammen (wenn A und gAg verschieden sind). Genau dann, wenn A und $g^{-1}Ag$ gleich sind, liegt A auf g. Dies heißt aber nichts anderes, als daß $gA = Ag$, oder gA wieder eine Spiegelung h ist, die selbst auf g senkrecht steht ($ghg = ggAg = Ag = gA = h$). Nur wenn der Drehpunkt auf der spiegelnden Geraden liegt, können wir erwarten, daß es gleichgültig ist, ob die Drehung um einen gestreckten Winkel vor oder nach der Spiegelung an der Geraden ausgeführt wird (Abb. A.2).

Wenn wir an die Behandlung von Geraden denken, die sich im Endlichen nicht schneiden, verzichten wir bei den Schnittpunktsätzen auf den Schnittpunkt und definieren statt dessen ein *Büschel*: Geraden liegen im Büschel (man nennt sie dann auch

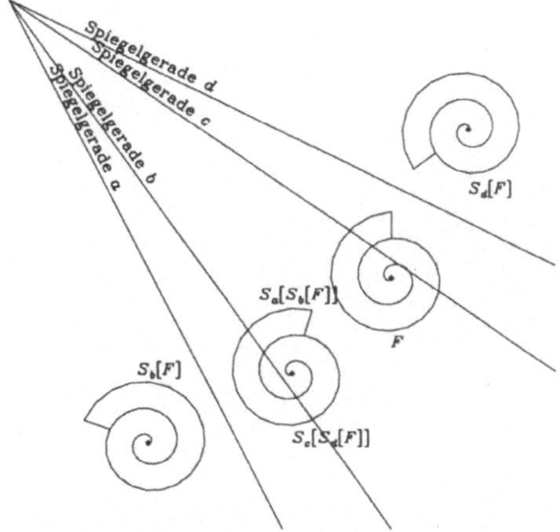

Das Produkt der Spiegelungen an drei Geraden, die im Büschel liegen, ist wieder eine Geradenspiegelung, deren Gerade im gleichen Büschel liegt, $S_c S_a S_b = S_d$.

Abbildung A.3: Spiegelbildliche Lage von Geraden

konkurrent), wenn sie entweder einen gemeinsamen Punkt oder ein gemeinsames Lot haben[2]. Wenn das Produkt dreier Geraden, die im Büschel liegen, wieder eine Gerade ist, können wir den Mittelsenkrechtensatz, der so wichtig für die Konsistenz der Interpretation des Längenvergleichs ist, bereits ableiten. Wir fordern deshalb als Axiom: Liegen drei Geraden im Büschel, ist ihr Produkt wieder eine Gerade: $abc = d$, $ab = dc$. In diesem Falle sprechen wir auch davon, daß b, d in Bezug auf a, c spiegelbildlich liegen (Abb. A.3). Ist $ab = da$, ist a die Gerade, an der b in d gespiegelt wird ($b = a^{-1} da = ada$). Die Geometrie wird trivial, wenn alle Geraden aufeinander lotrecht stehen, wir wollen also auch die Forderung erfüllt sehen, daß es Geraden gibt, die auf den beiden Geraden eines lotrechten Paares *nicht* senkrecht stehen.

Es reicht aus, fünf Axiome der Spiegelung zu wählen, um das Fundament für Bau der Geometrie zu legen [4].

1. Zu zwei Punkten A, B soll es stets eine verbindende Gerade $g = (A, B)$ (d.h., $AgAg = 1$ und $BgBg = 1$, kurz $A, B \mid g$) geben.

2. Werden zwei Punkte von zwei Geraden verbunden, $A, B \mid g, h$, dann sollen entweder die beiden Punkte oder die beiden Geraden zusammenfallen.

3. Gilt $a, b, c \mid A$, so soll ein d mit $abc = d$ existieren.

4. Gilt $a, b, c \mid g$, so soll ein d mit $abc = d$ existieren.

---

[2]Die Anschauung sieht hier gern sofort einen Punkt (den Träger des Büschels, durch den die Geraden gehen), aber im allgemeinen müßte dieser Punkt nicht zur Bewegungsgruppe gehören, sondern nur in der projektiven Erweiterung sichtbar sein.

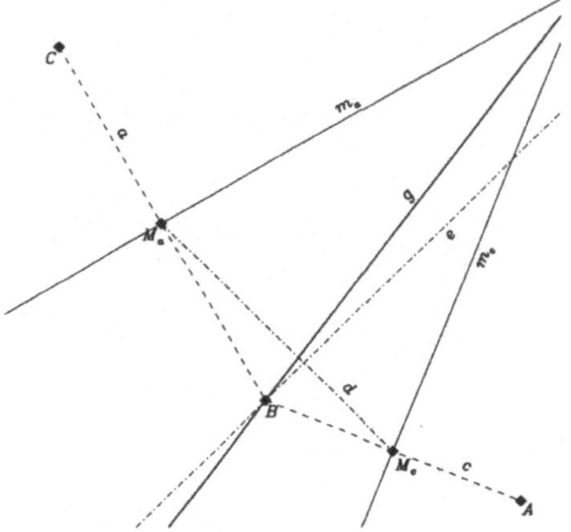 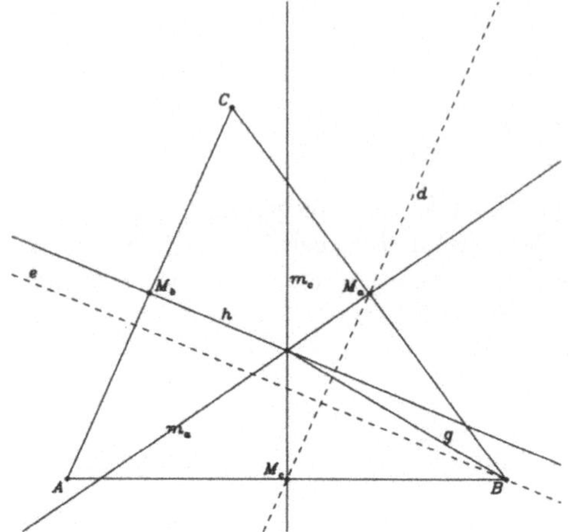

Abbildung A.4: Die Verbindung mit einem virtuellen Büschelträger

Zwei Geraden m_a und m_c sind gegeben. Gesucht ist eine Gerade g, die mit den beiden
im Büschel liegt und durch den Punkt B
geht. Wir bestimmen zuerst die Spiegelpunkte $A = m_c B m_c$ und $C = m_a B m_a$ und dann
die Mittelpunkte $M_a = a m_a$ und $M_c = c m_c$,
die wir durch d verbinden. Auf diese fällen
wir aus B das Lot e und finden g in spie-
gelbildlicher Lage zu e, wenn wir uns auf die
Verbindungen $a = [B, C]$ und $c = [B, A]$ beziehen.

Abbildung A.5: Der Mittelsenkrechtensatz. II.

Zu den beiden Mittelsenkrechten m_c und m_a
ziehen wir die Gerade g durch B, die mit den
beiden Mittelsenkrechten im Büschel liegt.
Das Produkt der drei Geraden m_a, g und m_c
ist per Axiom wieder eine Gerade h. Man
kann zeigen, daß diese Gerade die Mittelsenkrechte von A und C ist.

5. Es soll drei Geraden g, h, j geben, von denen die ersten beiden lotrecht zueinander
   sind ($g \mid h$), die dritte aber auf keiner der beiden ersten lotrecht ist (weder $g \mid j$
   noch $h \mid j$ treffen zu).

Diese Axiome sichern die Existenz einer eindeutigen Verbindungsgeraden zweier
Punkte, die Eindeutigkeit eines Schnittpunkts und die Existenz von Spiegelgera-
den für drei im Büschel liegende Geraden. Schließlich ist auch die Reichhaltigkeit
gegeben.

Wir wollen nun verdeutlichen, wie man mit solchen Spiegelungen rechnen kann.
Wir werden dies am Schnittpunkt der Mittelsenkrechten und am Schnittpunkt der
Höhen eines Dreiecks zeigen. Der Satz vom Schnitt der Mittelsenkrechten sichert die
Konsistenz der Vorstellung, daß Spiegelungen Längen übertragen. In einer hypothetischen Konstruktion von Quasispiegelungen, für die der Mittelsenkrechtensatz nicht
zutrifft, kann die Interpretation, daß die Spiegelungen längentreu sind und dadurch
den Längenvergleich ermöglichen, nicht konsistent sein.

Zunächst zeigen wir, wie man eine Gerade g konstruiert, die mit zwei anderen, m_a und m_c, im Büschel liegt und durch einen Punkt B geht, der nicht auf diesen beiden Geraden liegt (Abb. A.4). Dazu spiegeln wir B an m_a ($m_a B m_a = C$) und m_c ($m_c B m_c = A$). Die Verbindungen $a = (B, C)$ und $c = (B, A)$ sind nun senkrecht zu m_a bzw. m_c und definieren die Punkte $M_a = a m_a$ und $M_c = c m_c$. Wir spiegeln nun B an der Verbindungsgeraden $d = (M_a, M_c)$ und konstruieren so das Lot $e = (B, dBd)$ aus B auf d. Die drei Geraden a, e, c gehen alle durch B, ihr Produkt $g = aec$ ist also eine Gerade, die natürlich auch durch B geht. Wir zeigen, daß sie mit m_a und m_c im Büschel liegt:

$$m_a g m_c = m_a aec m_c = M_a e M_c = dd M_a e M_c = d M_a de M_c = d M_a ed M_c \; .$$

Dieses Produkt ist wieder eine Gerade, $d M_a \; e \; d M_c = h$, weil $d M_a$, e und $d M_c$ alle senkrecht auf der gleichen Geraden d stehen, also im Büschel liegen und ihr Produkt eine Gerade h sein muß. Damit erfüllt g das Konstruktionsziel. – Nehmen wir nun an, wir haben im Dreieck $\triangle ABC$ die Mittelsenkrechten m_a und m_c konstruiert (Abb. A.5). Dann gilt definitionsgemäß

$$m_c A = B m_c \; , \quad C m_a = m_a B \; .$$

Wir ziehen nun die Gerade g durch B, die mit den beiden Mittelsenkrechten im Büschel liegt (d.h. im einfachsten Falle, die durch den gemeinsamen Punkt der beiden Mittelsenkrechten geht). Dann gilt einerseits $gB = Bg$, andererseits ist das Produkt der drei Geraden m_a, g und m_c per Axiom wieder eine Gerade h:

$$m_a \; g \; m_c = h \; . \tag{A.1}$$

Diese Gerade ist aber die Mittelsenkrechte von A und C:

$$hA = m_a g m_c A = m_a g B m_c = m_a B g m_c = C m_a g m_c = Ch \; .$$

Damit ist der Mittelsenkrechtensatz bewiesen. Wir können auch umgekehrt mit dem Mittelsenkrechtensatz zeigen, daß das Produkt dreier im Büschel liegender Geraden wieder eine Gerade sein muß. Dazu verfolgen wir die Konstruktion einfach rückwärts.

Bevor wir zum Höhensatz kommen, zeigen wir noch, daß ein Produkt AgB aus zwei Punkten A und B und einer Geraden g genau dann eine Gerade h ist, wenn g lotrecht zu der Verbindung von A und B ist (Abb. A.6). Wir betrachten nur den nichttrivialen Fall, daß $A \neq B$. Auf der Verbindungsgeraden c errichten wir die beiden Lote $q = Ac$ und $r = Bc$. Ist nun AgB eine Gerade, so ist es auch $cAgBc = qgr$, und das geschieht genau dann, wenn q, g, r im Büschel liegen, d.h., wenn g ebenfalls auf c senkrecht steht. Das Produkt AgB ist damit ebenfalls auf c senkrecht. Ähnliches gilt für ein Produkt gAh. Ein solches Produkt ist genau dann wieder ein Punkt B, wenn g und h ein gemeinsames Lot c haben und der Punkt A auf diesem Lot liegt. – Nun können wir den Höhensatz (Abb. A.7) beweisen. In einem Dreieck A, B, C mit $a = (B, C)$, $b = (C, A)$, $c = (A, B)$ konstruieren wir die Höhen

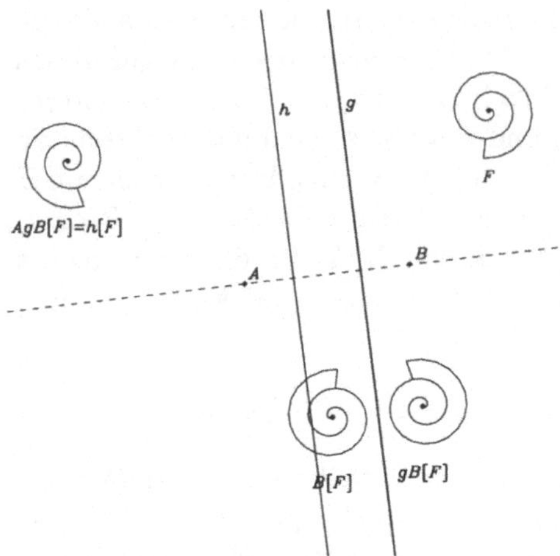

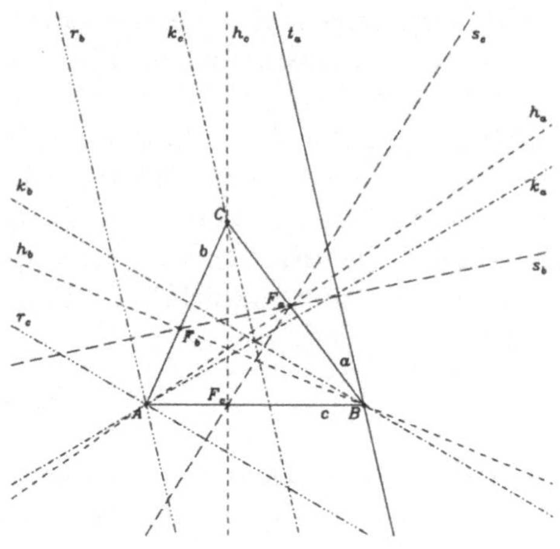

Abbildung A.6: Das Produkt AgB

Steht die Gerade g auf der Verbindungslinie AB senkrecht, so ist das Produkt AgB der drei entsprechenden Spiegelungen wieder eine Geradenspiegelung h, wobei h in AB spiegelbildlich zu g liegt.

Abbildung A.7: Der Höhensatz. II.

Wir zeichnen in einem Dreieck A, B, C die Höhen h_a, h_b, h_c und ihre Fußpunkte F_a, F_b, F_c. Zu den Höhen zeichnen wir in den Ecken die spiegelbildlich liegenden Geraden $k_a = bh_ac$, $k_b = ch_ba$ und $k_c = ah_cb$. Wir spiegeln dann k_a an b ($r_b = bk_ab$) und an c ($r_c = ck_ac$), fällen auf beide Spiegelungen die Lote aus F_a ($s_b = (F_a, r_b)$ und $s_c = (F_a, r_c)$). Schließlich spiegeln wir k_b an a ($t_a = ak_ba$). Das Produkt $F_ak_bF_c = u$ ist eine Gerade, eben das Produkt $h_ah_bh_c$.

h_a, h_b, h_c als Verbindungslinien $h_a = (A, aAa)$, $h_b = (B, bBb)$ und $h_c = (C, cCc)$. Die Fußpunkte sind dann die Produkte $F_a = ah_a$, $F_b = bh_b$ und $F_c = ch_c$. Die Produkte der sich in den Ecken treffenden Geraden bezeichnen wir mit $k_a = bh_ac$, $k_b = ch_ba$ und $k_c = ah_cb$. Die Geraden h_a und k_a liegen also symmetrisch zu b und c usw. Nun bestimmen wir noch fünf Hilfsgeraden, indem wir etwa k_a an b und c spiegeln und so die Geraden $r_b = bk_ab$ und $r_c = ck_ac$ finden und – wenn die Seiten des Dreiecks nicht paarweise aufeinander senkrecht stehen, also $abc \neq 1$ ist – schließlich aus F_a die Lote $s_b = (F_a, r_b)$ und $s_c = (F_a, r_c)$ auf diese beiden Geraden fällen. Die fünfte Gerade ist $t_a = ak_ba$. Nun können wir mit der algebraischen Berechnung beginnen. Zum ersten liegen die beiden Lote s_b und s_c spiegelbildlich zu a:

$$as_ba = aF_as_bF_aa = h_as_bh_a = h_a(F_a, r_b)h_a = (h_aF_ah_a, h_ar_bh_a) = (F_a, r_c) = s_c \, ,$$

weil

$$h_ar_bh_a = h_abk_abh_a = h_abbh_acbh_a = cbh_a = cbh_acc = ck_ac = r_c \, .$$

Zum zweiten rechnen wir nach, daß

$$F_a r_c F_c = ah_a r_c ch_c = ah_a ck_a cch_c = abbh_a ck_a h_c = abk_a k_a h_c = abh_c = ak_c a$$

eine Gerade ist. Der Punkt F_c liegt also auf dem Lot, das aus F_a auf r_c gefällt werden kann, d.h., auf s_c. Zum dritten zeigen wir, daß k_b auch auf s_c senkrecht steht. Dazu berechnen wir das Produkt

$$r_b F_a t_a = bk_a bah_a ak_b a = bk_a bh_a k_b a = bk_a k_a ck_b a = bck_b a = bh_b = F_b \ .$$

Die Gerade $t_a = ak_b a$ ist also senkrecht auf dem Lot $(F_a, r_b) = s_b$, also ist $k_b = at_a a$ senkrecht auf $as_b a = s_c$. Da nun aber sowohl F_a als auch F_c auf s_c liegen und k_b senkrecht s_c ist, muß das Produkt $F_a k_b F_c = u$ eine Gerade sein. Da aber

$$h_c h_b h_a = h_c cch_b aah_a = F_c k_b F_a = u$$

auch gleich dieser Geraden ist, liegen die drei Höhen im Büschel. Das wollten wir zeigen.

Schließlich prüfen wir, daß der Schnittpunkt der Mittelsenkrechten auch der Höhenschnittpunkt des Seitenmittendreiecks ist. Das ist nur dann unmittelbar klar, wenn das Parallelenaxiom gilt: Dann ist nämlich die Verbindung der Seitenmitten M_a und M_c parallel zur Seite b und das Lot in M_b auch senkrecht auf dieser Verbindung, ist also Höhe im Seitenmittendreieck. Gilt das Parallelenaxiom aber nicht, dann muß gerade gezeigt werden, daß die Mittelsenkrechte m_b senkrecht auf der Verbindung $M_a M_c$ ist. Wir sehen an der Konstruktion in Abb. A.5 und in Gleichung (A.1), daß $m_a m_b m_c = g$ eine Gerade ist und durch den Punkt B geht, d.h., $BgB = g$. Die Seiten a und c gehen aber auch durch B, deshalb ist agc auch eine Gerade durch B. Das formen wir um in

$$agc = am_a m_b m_c c = M_a m_b M_c \ .$$

Das Produkt $M_a m_b M_c$ ist eine Gerade. Folglich steht m_b senkrecht auf der Verbindung $M_a M_c$, ist also Höhe im Seitenmittendreieck. Dual zu dieser Ableitung ist der Beweis, daß die Höhen eines Dreiecks auch Winkelhalbierende im Dreieck der Fußpunkte sind.

Für weiterführende Darstellungen verweisen wir auf das Buch von F.Bachmann [4] und andere Literatur [118, 119, 120, 128, 129, 130]. Die algebraische Methode erlaubt, so man sich an die Formalisierung gewöhnt hat, auch dann noch schnell und zuverlässig Schlüsse zu ziehen, wenn die Zeichnung unerquicklich kompliziert wird. Darüberhinaus eröffnet sie auch neue Möglichkeiten des Rechnens. Dennoch sei dem Leser empfohlen, einen Blick in die Bücher aus der hohen Zeit der synthetischen Geometrie zu werfen [111, 126, 127].

Anhang B Transformationen

B.1 Koordinaten

Üblicherweise bezeichnet man die Punkte eines Raums oder der Welt durch Koordinaten. Das sind Zahlenwerte, die uns so etwas wie räumliche Entfernungen in verschiedene Richtungen oder auch zeitliche Intervalle angeben. Die Definition von Koordinaten selbst kann axiomatisch versucht werden, sie kann aber auch explizit erfolgen.

Zunächst entstehen Koordinaten nicht anders als durch eine willkürliche, aber stetige Zuordnung von Zahlenkombinationen zu den einzelnen Punkten des Raums, bzw. den einzelnen Ereignissen der Welt (Abb. B.1). Wir sind frei, andere Koordinaten zu substituieren. Es ist eine zweite Frage, wie die Beschreibung der uns interessierenden Objekte solchen Substitutionen anzupassen ist. Mit Ausnahme der allgemeinen Relativitätstheorie wird diese Freiheit nicht voll eingesetzt. Statt dessen beruft man sich auf die Notwendigkeit, die existierende Bewegungsgruppe einfach darzustellen. Eine Bewegung verschiebt die Punkte und Figuren in neue Positionen und Orientierungen. Nehmen wir an, es gebe eine Untergruppe derart, daß es für jeden Punkt A genau ein Element der Untergruppe gibt, das einen Ursprung O in A verschiebt. Dann nehmen wir einfach die Beschreibung der Elemente der Untergruppe als Koordinaten. Aber auch jetzt ist die Zuordnung der Koordinaten, das Koordinatensystem, nicht eindeutig. Die Transformationen, die unsere Darstellung nicht stören, sind die Automorphismen der Gruppe. Bei solch einer Transformation erzeugt die einfache Substitution der alten Koordinaten durch neue (die passive Transformation) das gleiche Resultat wie die physikalische Bewegung aller Objekte in die von den neuen Koordinaten bezeichneten Positionen (aktive Transformation). Bei richtiger Rechnung sind passive Transformationen zunächst nicht eingeschränkt. Die Auswahl der Bewegungen entsteht erst durch den Vergleich. In diesem Sinne sind Bewegungen die Transformationen, die sowohl aktiv als auch passiv ausgeführt werden können und dann das gleiche Ergebnis haben[1].

In der Physik gehen wir implizit vor. Das erste Newtonsche Axiom der Mechanik sagt uns, daß es Koordinatensysteme gibt, in denen die kräftefreien Bewegungen

---

[1]In der allgemeinen Relativitätstheorie ist die Bewegungsgruppe in den meisten Fällen trivial, d.h., sie enthält nur das Eins-Element, das überhaupt nichts bewegt, und nur die sogenannten algebraisch speziellen Lösungen gestatten nicht-triviale Bewegungsgruppen. Nur in Ausnahmefällen enthält die Bewegungsgruppe eine transitive Untergruppe, die zur eindeutigen Definition von Koordinaten benutzt werden kann. Der deSitter-Kosmos (Kapitel 7) hat eine maximale Bewegungsgruppe.

geradlinig und gleichförmig verlaufen. Wir können uns dann über die Relation zu den Weltlinien vierer freier Körper ein zunächst *lineares* Bezugssystem konstruieren. Nach linearer Transformation eines solchen Bezugssystems erhalten wir ein anderes lineares Bezugssystem. Das dritte Newtonsche Axiom (in der Huygensschen Fassung) liefert uns den *Impulssatz* (Abb. 3.7) und mit ihm ein Maß im Raum und Zeit. Der Impulssatz impliziert die Existenz einer (trägen) Masse, die die Geschwindigkeiten wichtet, damit ein Erhaltungssatz erreicht wird. Die träge Masse erweist sich als Eigenschaft der Körper. Das lineare Bezugssystem, in welchem die Massen isotrop, also unabhängig von der Bewegungsrichtung, sind, heißen *Inertialsysteme*. Inertialsysteme sind Cartesische Koordinatensysteme der *Raum-Zeit*. Die Forderung nach Isotropie der Massen schafft die Möglichkeit, Längen von Strecken verschiedener Richtung zu vergleichen. Die Stoßfigur definiert einen Kreis, d.h. den geometrischen Ort von Punkten, die gleich weit vom Zentrum entfernt sind. Wenn wir daran die Abstände messen, werden umgekehrt die Massen isotrop. Im allgemeine zerstören lineare Transformationen die Inertialsysteme. Nur eine Untergruppe der linearen Transformationen – die geometrischen Bewegungen in der Raum-Zeit – schaffen aus Inertialsystemen wieder Inertialsysteme. Wie diese Untergruppe aussieht, hängt davon ab, wie sich die Masse eines Objekts mit der Geschwindigkeit ändert.

Lineare Koordinatensysteme können auch dann existieren, wenn keine kräftefreien Teilchen existieren. Nehmen wir ein homogenes Gravitationsfeld. Alle Objekte fallen mit der gleichen Beschleunigung. Akzeptieren wir ein Bezugsobjekt mit eben dieser Beschleunigung, erscheinen die Weltlinien als übliche Geraden, d.h. Kurven, die durch eine lineare Beziehung zwischen geeigneten Koordinaten ihrer Punkte beschrieben werden können (Abb. B.2). Das ist das Konzept des frei fallenden Beobachters. Es erlaubt in der allgemeinen Relativitätstheorie die Einführung lokaler Inertialsysteme und die Anwendung der speziellen Relativitätstheorie, soweit das Bezugssystem als linear angesehen werden kann. In der mathematischen Abstraktion sind die Weltlinien immer Geraden, weil die definierenden Relationen nicht von Koordinaten abhängen.

B.2 Inertialsysteme

Ist die Masse von der Geschwindigkeit unabhängig, so wie wir das im Groben durchaus bestätigt finden, sind es die *Galilei-Transformationen*, die zwischen Inertialsystemen vermitteln. In der Ort-Zeit-Ebene schreiben wir

$$\begin{pmatrix} t^* \\ x^* \end{pmatrix} = \mathcal{G}[v]\begin{pmatrix} t \\ x \end{pmatrix} + \begin{pmatrix} t_0 \\ x_0 \end{pmatrix} ,$$

d.h. ,

$$t^* = t + t_0 ,$$
$$x^* = x - vt + x_0 .$$

Hier ist v die Relativgeschwindigkeit der beiden Bezugssysteme gegeneinander, t_0 eine Verschiebung des Nullpunktes der Zeit, x_0 eine Verschiebung des Ursprungs im Raum. Die Matrix

$$\mathcal{G}[v] = \begin{pmatrix} 1, & 0 \\ -v, & 1 \end{pmatrix}$$

ist der formelseitige Ausdruck der Galilei-Drehung, wie wir sie konstruktiv dargestellt haben. Das Produkt zweier solcher Matrizen ist wieder von gleicher Gestalt, wir haben es mit einer Bewegungsgruppe zu tun. Bei der Zusammensetzung zweier Galilei-Transformationen addiert sich die Geschwindigkeit ($\mathcal{G}[v_1]\mathcal{G}[v_2] = \mathcal{G}[v_1 + v_2]$). In einer vierdimensionalen Raum-Zeit müssen wir auch räumliche Drehungen einschließen, und die Galilei-Transformationen werden durch

$$\begin{pmatrix} t^* \\ x^* \end{pmatrix} = \mathcal{G}[\mathcal{A}, v]\begin{pmatrix} t \\ x \end{pmatrix} + \begin{pmatrix} t_0 \\ x_0 \end{pmatrix} ,$$

d.h. ,

$$\begin{aligned} t^* &= t + t_0 , \\ x^* &= \mathcal{A}x - vt + xx_0 \end{aligned}$$

gegeben. Diese Transformationen bilden die Bewegungsgruppe der Newtonschen Mechanik, die Galilei-Gruppe. Transformationen ohne Rotation bilden eine kommutative Untergruppe,

$$\mathcal{G}[\mathcal{E}, v_1]\mathcal{G}[\mathcal{E}, v_2] = \mathcal{G}[\mathcal{E}, v_2]\mathcal{G}[\mathcal{E}, v_1] = \mathcal{G}[\mathcal{E}, v_1 + v_2] .$$

Geschwindigkeiten werden durch Addition zusammengesetzt.

Die Wellengleichung für eine Erregung Φ,

$$(\frac{1}{c^2}\frac{\partial^2}{\partial t^2} - \frac{\partial^2}{\partial x^2} - \frac{\partial^2}{\partial y^2} - \frac{\partial^2}{\partial z^2})\Phi = \text{Quelle} , \tag{B.1}$$

ändert bei Galilei-Transformationen ihre Form. Es erscheinen gemischte partielle Ableitungen, und die durch Gleichung (B.1) beschriebene Isotropie der Ausbreitung verschwindet (Kapitel 4). Die Forderung nach universeller Isotropie der Lichtausbreitung ist die nach der Invarianz der Wellengleichung, wenn c die Lichtgeschwindigkeit ist[2]. Die Transformationen zwischen den Inertialsystemen dürfen die Form der Wellengleichung nicht antasten. Man kann zeigen, daß solche Transformationen weiter linear sind. Im zweidimensionalen Fall ist die (allgemeine homogene) lineare Transformation

$$\begin{aligned} ct^* &= \gamma\,(\alpha\,ct - \beta\,x) , \\ x^* &= \gamma\,(x - vt) \end{aligned}$$

---

[2]Wenn es gelingt, Objekte und Meßapparate allein aus Lösungen einer Wellengleichung zu konstruieren, ergibt sich eine entsprechende Relativität auch dann, wenn die Wellengeschwindigkeit nicht die Lichtgeschwindigkeit ist und die Wellen einen Träger haben, der dann allerdings mit den so konstruierten Meßgeräten nicht erfaßbar ist [54].

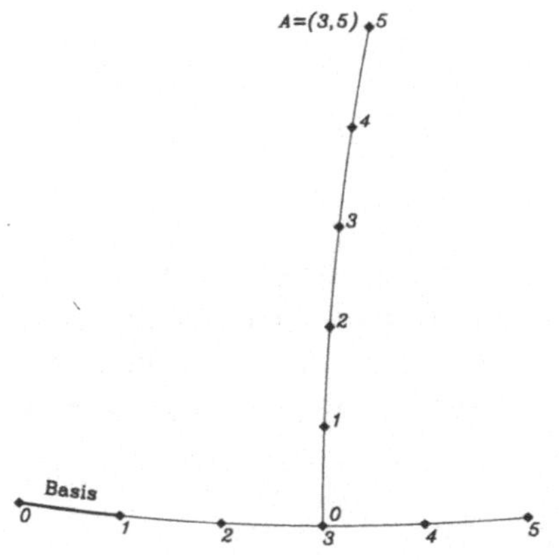

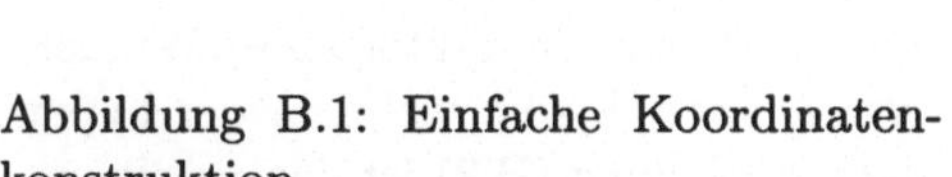

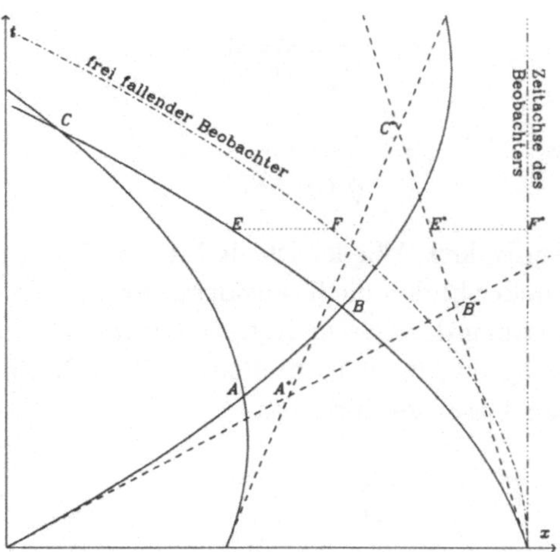

Abbildung B.1: Einfache Koordinatenkonstruktion

Ausgehend von einer Basis tragen wir in zwei definierte Richtungen ab, bis der zu bezeichnende Punkt erreicht ist. Die Koordinaten sind die Anzahl der Schritte. Voraussetzung für ein solches Verfahren ist aber ein metrischer Raum: Man muß eine Strecke abtragen können und auch einen rechten Winkel besitzen, noch dazu mit Orientierung!

Abbildung B.2: Frei fallende Bezugssysteme

Wir zeichnen drei Weltlinien mit gleicher Beschleunigung. Es sind Parabeln. Lassen wir einen Beobachter mit gleicher Beschleunigung fallen (strichpunktierte Kurve) und beziehen die räumliche Koordinate auf ihn, finden wir gerade Linien in seinem Bezugssystem (dreifach strichpunktierte Linie). So wird mit der Verschiebung von F in F^* auch E in E^* verschoben. Entsprechend wird das krummlinige Dreieck ABC in das gewöhnliche Dreieck $A^*B^*C^*$ verschoben.

eine Bewegung des neuen Ursprungs $x^* = 0$ mit Geschwindigkeit v gegen das alte Bezugssystem. Die Koeffizienten α, β und γ müssen noch bestimmt werden. Die Invarianz der zweidimensionalen Wellengleichung bedeutet

$$\gamma = \frac{1}{\sqrt{1 - \frac{v^2}{c^2}}} \ , \quad \alpha = 1 \ , \quad \beta = \frac{v}{c} \ .$$

Wir erhalten diese Werte auch auf dem Umweg über die in Abbildung 5.1 eingeführten Lichtkoordinaten. Dort wurde gezeigt, daß das Produkt $\xi[P]\eta[P] = \xi[S[P]]\eta[S[P]]$ erhalten bleibt. Das ist unserer Formel für die (spezielle) *Lorentz-Transformation*[3]

$$\begin{pmatrix} ct^* \\ x^* \end{pmatrix} = \mathcal{L}[v]\begin{pmatrix} ct \\ x \end{pmatrix} + \begin{pmatrix} ct_0 \\ x_0 \end{pmatrix} ,$$

---

[3]Wir lassen die Translationen des Ursprungs ($x^* = x + x_0$, $t^* = t + t_0$) hier weg. Sie bilden eine Untergruppe. Werden sie in die Lorentz-Gruppe einbezogen, spricht von der inhomogenen Gruppe oder Poincaré-Gruppe.

$$ct^* = \frac{ct - \frac{v}{c}x}{\sqrt{1 - \frac{v^2}{c^2}}} + ct_0 \, ,$$

$$x^* = \frac{x - \frac{v}{c}ct}{\sqrt{1 - \frac{v^2}{c^2}}} + x_0$$

äquivalent. Wieder ist die Matrix $\mathcal{L}[v_{\mathrm{relativ}}]$ der formelseitige Ausdruck der Drehung, wieder bilden die Transformationen eine Gruppe, wieder findet man die Zusammensetzung der Geschwindigkeiten mit $\mathcal{L}[v_1]\mathcal{L}[v_2] = \mathcal{L}[V]$. Jedoch ist die Zusammensetzung nun nicht mehr linear. Wir erhalten statt dessen Einsteins Additionstheorem der Geschwindigkeiten,

$$V = \frac{v_1 + v_2}{1 + \frac{v_1 v_2}{c^2}} \, . \tag{B.2}$$

Folglich trägt die Relativgeschwindigkeit nicht mehr den Charakter eines Winkels, den wir als additiven Parameter der Drehungen kennen. Sie ist vielmehr der hyperbolische Tangens eines solchen Parameters, denn Gleichung (B.2) ist das Additionstheorem dieser Winkelfunktion:

$$\tanh[\theta_1 + \theta_2] = \frac{\tanh[\theta_1] + \tanh[\theta_2]}{1 + \tanh[\theta_1]\tanh[\theta_2]} \, .$$

In der vierdimensionalen Raum-Zeit werden die speziellen Lorentz-Transformationen

$$\begin{pmatrix} ct^* \\ \boldsymbol{x}^* \end{pmatrix} = \mathcal{L}[\mathcal{E}, \boldsymbol{v}] \begin{pmatrix} ct \\ \boldsymbol{x} \end{pmatrix} \tag{B.3}$$

durch die Formeln

$$ct^* = \frac{ct - \frac{1}{c}\boldsymbol{v}\boldsymbol{x}}{\sqrt{1 - \frac{v^2}{c^2}}} \, ,$$

$$\boldsymbol{x}^* = \boldsymbol{x} - \frac{\boldsymbol{v}}{v^2}\boldsymbol{v}\boldsymbol{x} + \boldsymbol{v}\frac{\frac{\boldsymbol{v}\boldsymbol{x}}{v^2} - t}{\sqrt{1 - \frac{v^2}{c^2}}} \, .$$

gegeben. Die speziellen Lorentz-Transformationen bilden in der vierdimensionalen Raum-Zeit *keine* Untergruppe: Sind die Geschwindigkeiten $\boldsymbol{v}_1$ und $\boldsymbol{v}_2$ nicht parallel, enthält das Produkt der speziellen Lorentz-Transformationen immer eine Drehung. Das ist Ausdruck der Krümmung des Geschwindigkeitsraums und der *Thomas-Präzession*. Der Geschwindigkeitsraum erhält eine hyperbolische Geometrie [140, 141]. Er bleibt euklidisch im Kleinen, hat aber negative Krümmung. In der Ebene beschreiben die Geschwindigkeitskoordinaten Kleins Modell der nichteuklidischen Geometrie (Abschnitt D.3).

Der Geschwindigkeitsraum ist eine Projektion der Zeit- oder Massenschalen. Mit dem hyperbolischen Winkel können auch hier Polarkoordinaten analog der Kugel eingeführt werden. Der Unterschied besteht darin, daß auf der Kugel die Kreise fester Poldistanz θ jenseits des Äquators wieder kleiner werden und die doppelte Poldistanz des Äquators die Kugel vollständig überdeckt. Auf der Zeitschale, der Massenschale, dem Geschwindigkeitsraum kann die Poldistanz dagegen unbeschränkt wachsen.

Die Invarianz der Wellengleichung zieht die Invarianz des Linienelements

$$\mathrm{d}s^2 = c^2\mathrm{d}t^2 - \mathrm{d}x^2 - \mathrm{d}y^2 - \mathrm{d}z^2 = \sum_{ik} \eta_{ik}\, \mathrm{d}x^i\mathrm{d}x^k$$

mit

$$\eta_{ik} = \begin{pmatrix} 1, & 0, & 0, & 0 \\ 0, & -1, & 0, & 0 \\ 0, & 0, & -1, & 0 \\ 0, & 0, & 0, & -1 \end{pmatrix} . \tag{B.4}$$

nach sich. Dies ist Ausdruck des Satzes des Pythagoras (Abb. 5.2). Ein Linienelement wird zur Bestimmung der Bogenlänge einer Kurve gebraucht. In der euklidischen Geometrie nehmen wir eine Kurve $Q[\lambda] = [x[\lambda], y[\lambda]]$ und teilen sie in infinitesimal kleine Segmente, die ihrerseits nach Pythagoras

$$d[Q[\lambda], Q[\lambda + \mathrm{d}\lambda]] = ((x[\lambda + \mathrm{d}\lambda] - x[\lambda])^2 + (y[\lambda + \mathrm{d}\lambda] - y[\lambda])^2)^{\frac{1}{2}}$$

ausgewertet und dann integriert werden. Der Ausdruck

$$\mathrm{d}s^2 = (x[\lambda + \mathrm{d}\lambda] - x[\lambda])^2 + (y[\lambda + \mathrm{d}\lambda] - y[\lambda])^2 = \mathrm{d}x^2 + \mathrm{d}y^2$$

ist das euklidische Linienelement. Substituieren wir allgemeine Koordinaten ($x = x[\xi^1, \xi^2]$ und $y = y[\xi^1, \xi^2]$), entsteht eine allgemeine quadratische Form,

$$\mathrm{d}s^2 = \sum_{ik} g_{ik}\mathrm{d}\xi^i\mathrm{d}\xi^2 .$$

Diese Form kann einfach auf höhere Dimensionen und variable Koeffizienten verallgemeinert werden.

Auf der Weltlinie eines ruhenden Körpers ändern sich x, y und z nicht. Das Linienelement beschreibt daher im allgemeinen Falle den Verlauf der *Eigenzeit*, den Gang der Uhr, deren Fahrplan die betreffende Weltlinie ist, d.h.,

$$\mathrm{d}\tau = \frac{1}{c}\mathrm{d}s .$$

Wir erhalten die Vierergeschwindigkeit als normierte Tangente der Weltlinie $x^i = x^i[\lambda]$, ($i = 0, ..., 3$). Sie ist der Zuwachs der vier Koordinaten mit der Eigenzeit,

$$u^i = \frac{\mathrm{d}x^i}{\mathrm{d}\tau} = \frac{1}{\sqrt{1 - \frac{v^2}{c^2}}}[c, v_x, v_y, v_z] .$$

Die erste Komponente beschreibt die Zeitdilatation. Die Eigenzeitintervalle sind immer um den Faktor γ kleiner als die entsprechenden Intervalle der Systemzeit.

Der Viererimpuls entsteht nach Multiplikation der Vierergeschwindigkeit mit der Ruhmasse, d.h.,

$$p^i = m_0 u^i = \frac{m_0}{\sqrt{1 - \frac{v^2}{c^2}}}[c, v_x, v_y, v_z] \; . \tag{B.5}$$

Newtons drittes Axiom muß die Form

$$\sum_{A=1}^{M} {p^i}_A = \sum_{B=1}^{N} {p^i}_B \tag{B.6}$$

erhalten. In dem beschriebenen Prozeß stoßen M Teilchen mit den Viererimpulsen ${p^i}_A$ zusammen und bilden N Teilchen mit den Viererimpulsen ${p^i}_B$. Newtons zweites Axiom verknüpft die einzelnen Änderungen der Impulse mit der Kraft, d.h.,

$$F^i = \frac{\mathrm{d}p^i}{\mathrm{d}\tau} \; .$$

Die Stoßbedingung (B.6) muß ebenso wie die Konstanz der Ruhmasse ($\sum \eta_{ik} p^i p^k = m_0^2 c^2 = \mathrm{const}$) als Bedingungen an die Kräfte F^i gelesen werden.

Die dreidimensional bewertete träge Masse ist durch

$$m = \frac{m_0}{\sqrt{1 - \frac{v^2}{c^2}}}$$

gegeben. Diese Gleichung kennen wir als Geschwindigkeitsabhängigkeit der Masse (Gl. 5.4). Sie muß beobachtet werden, wenn es richtig ist, die Mechanik der universell isotropen Lichtausbreitung anzupassen. Ist die träge Masse geschwindigkeitsunabhängig, kann die Mechanik nur invariant gegen die Galilei-Gruppe sein.

B.3 Riemann-Räume, Einstein-Welten

Wenn wir den Lichtstrahl als Paradigma der geraden Linie akzeptieren und ein Schwerefeld die Lichtausbreitung beeinflußt, fallen alle Hoffnungen auf lineare Koordinaten zusammen. Die homogene oder gar euklidische Geometrie des Raums bzw. die Minkowski-Geometrie der Welt ist dann eine lokale Näherung, die nur so weit verwendet werden darf, wie sich die Inhomogenität des Schwerefeldes nicht bemerkbar macht. Setzen wir Experimente an, in denen sie sich bemerkbar macht, etwa bei der Bewegung im interplanetaren Raum, können Raum und Welt nicht als homogen angesehen werden. Wir müssen akzeptieren, daß die Wellengleichung variable (allgemeine) Koeffizienten hat, d.h.,

$$\sum_{ik} g^{ik}[P]\frac{\partial^2}{\partial x^i \partial x^k} \; \Phi = \text{Quelle, erste Ableitungen} \; . \tag{B.7}$$

Ihre Invarianz führt auf ein ebenfalls invariantes Linienelement

$$\mathrm{d}s^2 = \sum_{ik} g_{ik}[P]\mathrm{d}x^i\mathrm{d}x^k \tag{B.8}$$

mit

$$\sum_l g_{il}g^{lk} = \delta_i^k = \begin{array}{ll} 1 & \text{für } i = k \\ 0 & \text{für } i \neq k \end{array} \ .$$

Wir müssen einsehen, daß Koordinaten nun nicht mehr wie in homogenen Räumen durch Bewegungsgruppen definiert werden können. Die Substitution allgemeiner Koordinaten *muß* zugelassen werden, und die Beschreibung aller Objekte hat sich dem anzupassen. Diese Anpassung heißt *allgemeine Kovarianz*. Beginnt man die Konstruktion der Geometrie mit beliebigen Koordinaten, ist das Linienelement (B.8) der zentrale Begriff. Es bleibt eine modifizierte Form des Satzes des Pythagoras, genauer eine quadratische Form der Koordinatendifferenzen $\mathrm{d}x^i$. Das Koeffizientenschema g_{ik} variiert mit dem Ort. – Weil der Abstand zweier Punkte nicht von den Koordinaten abhängen kann, dürfen Substitutionen neuer Koordinaten den Wert des Ausdrucks (B.8) nicht ändern. Folglich erfordert jede Substitution neuer Koordinaten ein bestimmtes Transformationsgesetz für das Koeffizientenschema g_{ik}, das dann *metrischer Tensor* genannt wird. Der Bezugsfall (B.4) heißt Minkowski-Tensor.

Die beiden Tensoren g_{ik} und g^{ik} sind zueinander invers, aber nicht mehr numerisch gleich wie in der Minkowski-Geometrie. Bei Koordinatentransformationen verhalten sie sich verschieden. Die Substitution neuer Koordinaten in Gleichung (B.7) ergibt das Transformationsgesetz

$$g^{*ik} = \sum_{lm} g^{lm} \frac{\partial x^{*i}}{\partial x^l} \frac{\partial x^{*k}}{\partial x^m} \ ,$$

wobei die bei der Substitution auftauchenden ersten Ableitungen einer gesonderten Behandlung bedürfen. Gleichung (B.8) ergibt

$$g^*{}_{ik} = \sum_{lm} g_{lm} \frac{\partial x^l}{\partial x^{*i}} \frac{\partial x^m}{\partial x^{*k}} \ .$$

Die überragende Bedeutung der Anpassung an allgemeine Koordinatensubstitutionen führt auf die Definition von Vektoren und Tensoren geradewegs durch die implizierten Transformationsgesetze. Vektoren und Tensoren werden transformiert durch Substitution kombiniert mit der Multiplikation mit einer Reihe von Jacobi-Matrizen ($\frac{\partial x^*}{\partial x}$). Zu jedem Index gehört ein Jacobi-Faktor, zu einem unteren ($\frac{\partial x}{\partial x^*}$), zu einem oberen ($\frac{\partial x^*}{\partial x}$). Entsprechend der Indexstellung spricht man von kovarianten und kontravarianten Vektoren[4] und Tensoren. Das allgemeine Transformationsgesetz ist homogen:

$$A^{*i\cdots}_{\quad\cdots} = \sum_l A^{l\cdots}_{\cdots} \frac{\partial x^{*i}}{\partial x^l}\cdots, \quad B^*{}^{\cdots}_{k\cdots} = \sum_m B^{\cdots}_{m\cdots} \frac{\partial x^m}{\partial x^{*k}}\cdots,$$

---

[4]In diesem Bild tragen Vektoren genau einen Index.

$$\sum_k A^{*k} B^*_k = \sum_m A^m B_m \; .$$

Objekte des gleichen Transformationstyps bilden eine Vektoralgebra, sie können verglichen und addiert werden und mit einem (skalaren) Faktor multipliziert werden. Ein Skalar ist ein Objekt, das nur substituiert, aber mit keiner Jacobi-Matrix multipliziert wird, also keinen Index trägt. Wir müssen zwischen unteren und oberen Indizes, d.h. zwischen Objekten verschiedenen Transformationstyps, gut unterscheiden. In einer forminvarianten Gleichung müssen alle Terme zum gleichen Transformationstyp gehören.

Es ist sehr wichtig, daß sich – nach diesen Vereinbarungen – bei Summation über ein Paar aus oberem und unterem Index die Transformationsmatrizen kürzen. Das ist auch der Anlaß, die Einsteinsche *Summationskonvention* einzuführen. Wir werden in Zukunft die Summationszeichen weglassen und automatisch Summation verlangen, wenn in einem Term der gleiche Buchstabe sowohl oben als auch unten erscheint. An Stelle von $\sum_m A^m B_m$ schreiben wir einfach $A^m B_m$. Von hier an wird diese Konvention benutzt.

Der erste kontravariante Vektor ist die Positionsänderung $\mathrm{d}x^i$. Sein Transformationsgesetz ist die Darstellung des totalen Differentials. Daraus leitet sich ganz einfach die Vierergeschwindigkeit $u^i = \mathrm{d}x^i/\mathrm{d}\tau$ ab. Der erste kovariante Vektor ist der Gradient $\partial\Phi/\partial x^i$ eines Potentials Φ. Sein Transformationsgesetz ist identisch mit der Kettenregel für partielle Ableitungen. Das Produkt

$$\mathrm{d}\Phi = \frac{\partial\Phi}{\partial x^k}\mathrm{d}x^k \quad (= \sum_k \frac{\partial\Phi}{\partial x^k}\mathrm{d}x^k , \qquad \text{zur Erinnerung!})$$

ist das skalare totale Differential des Potentials Φ.

In der Newtonschen Mechanik wird eine konservative Kraft (Schwerkraft, elektrostatische Anziehung oder Abstoßung) durch den Gradienten eines Potentials beschrieben. Auch in der kanonischen Mechanik ist die Änderung der Impulskoordinaten gleich dem Gradienten der Hamilton-Funktion. Deshalb sind Kraft und Impuls zunächst *kovariante* Vektoren. Die Beziehung zwischen Impuls und Geschwindigkeit enthält dann ganz offen die Metrik:

$$\frac{\partial\Phi}{\partial x^i} = F_i = \frac{\mathrm{d}p_i}{\mathrm{d}\tau} = \frac{\mathrm{d}}{\mathrm{d}\tau}(m_{ik}u^k) = \frac{\mathrm{d}}{\mathrm{d}\tau}(g_{ik}m_0 u^k) \; .$$

In allgemeinen Koordinaten kann ersichtlich die in $p_i = m_{ik}u^k$ erscheinende Masse anisotrop sein. Es ist eine physikalische Erfahrung, daß diese Anisotropie als Metrik angesehen werden kann. Dem haben wir entsprochen, als wir in Kapitel 3 den Kreis an symmetrischen Stößen definiert haben. Die Anisotropie wird völlig unsichtbar, wenn sich die Kraftgesetze ausschließlich auf diese Metrik stützen [29]. Das Beispiel dafür ist ein Potential, das der Wellengleichung[5] (B.7) mit dem Inversen von g_{ik} als

---

[5]Die Gleichungen für das elektromagnetische Feld wie für das Gravitationsfeld sind am Ende komplizierter. Dennoch enthalten sie nur die Metrik g_{ik} und auf ihr aufbauende Konstruktionen.

Koeffizientenschema g^{ik}. Anisotropie zwischen träger Masse und Wellengleichungen kann man testen [81]. Trotz einer Genauigkeit von 10^{-24} ist nichts gefunden worden.

In der Struktur des metrischen Tensors und seiner Änderung in Ort und Zeit sind die charakteristische Signatur und die Krümmung enthalten. Die allgemeine Behandlung eines solchen metrischen Raums führt auf die *Riemannsche Geometrie* inhomogen gekrümmter Räume und die *Einsteinsche Geometrie* inhomogen gekrümmter Welten. Die Wahl der Koordinaten und die Vektoralgebra müssen formal auseinandergehalten werden. Die Koordinatenwahl bleibt ja vollständig frei (wir konstruieren alles vollständig kovariant), die Vektoralgebra bleibt lokal. Das heißt, wir konstruieren die Vektoralgebren an jedem Punkt einzeln, die Vektorräume sind den Tangentialebenen an gekrümmten Flächen analog und behalten die euklidische oder pseudoeuklidische Geometrie, was nichts anderes heißt, als daß das euklidische bzw. pseudoeuklidische Skalarprodukt unverändert bleibt. Die Operationen der Vektoralgebra wie die Multiplikation von Vektoren mit Skalaren (Gl. (B.5)) und die Addition (Gl. (B.6)) können an jedem Punkt *ohne* Berücksichtigung seiner Umgebung ausgeführt werden. Es ist aber eine neue Aufgabe, Vektoren an verschiedenen Punkten zu vergleichen, also etwa das zweite Newtonsche Axiom zu formulieren, in dem der Impuls an zwei verschiedenen Ereignissen verglichen wird. Die Subtraktion eines Vektors $p^i[\tau]$ am Punkte $P = [x^i[\tau]]$ von einem andern $(p^i[\tau + \mathrm{d}\tau])$ an einem Nachbarpunkt $(Q = P + \mathrm{d}P = [x^i[\tau] + \mathrm{d}x^i])$ ist nun eine Operation, die den (parallelen) Transport des Vektors $p^i[\tau]$ von P nach Q einschließt. Die formale Entsprechung dieser Feststellung ist die Tatsache, daß der einfache Zuwachs $\mathrm{d}p^i$ nicht benutzt werden kann: Sein Transformationsgesetz ist nicht homogen, er gehört nicht zur Vektoralgebra. Der Paralleltransport von Vektoren durch den Raum oder die Welt erfordert eine gesonderte Vorschrift, die in Einsteins allgemeiner Relativitätstheorie mit der Orientierung an Geodäten abgeleitet wird, so wie wir das in Kapitel 7 getan haben. Alles dies kann in Büchern zur allgemeinen Relativitätstheorie gefunden werden und ist nicht Gegenstand dieses Buches.

Anhang C   Projektive Geometrie

C.1   Algebra

Wir wollen hier nicht die axiomatische Begründung der projektiven Geometrie untersuchen, sondern auf anschaulichem Wege die Formalisierung finden, die ein einfaches arithmetisches Nachvollziehen der geometrischen Zusammenhänge gestattet. Wegen der anschaulichen Übertragung des Doppelverhältnisses von einer Geraden auf die nächste (Abb. 8.5) benutzen wir für wir die koordinatenseitige Darstellung der projektiven Ebene ein räumliches Strahlbüschel. Wir betten also die projektive Ebene in einen dreidimensionalen Raum, wählen ein Zentrum außerhalb der Ebene und ersetzen Geraden und Punkte der projektiven Ebene durch Ebenen und Strahlen, die von diesem Zentrum getragen werden (Abb. C.1). Es sei daran erinnert, daß wir die Einsteinsche Summationskonvention benutzen.

Wir haben schon bei der Übertragung des Doppelverhältnisses von Gerade zu Gerade gesehen, daß man die Punkte einer Geraden günstig durch Strahlen von einem Perspektivitätszentrum darstellt. Für die Ebene heißt das, daß wir die Punkte durch Strahlen im dreidimensionalen Raum (ohne Beschränkung der Allgemeinheit mit cartesischen Koordinaten) charakterisieren, deren Richtungskoeffizienten nur bis auf einen Faktor bestimmt sind. Ein Punkt A ist durch ein Tripel $[A^1, A^2, A^3]$ gegeben, wobei ein gemeinsamer Faktor keine Bedeutung hat: $[A^1, A^2, A^3]$ und $\lambda \cdot [A^1, A^2, A^3]$ stellen denselben Punkt der projektiven Ebene dar. Diese Zeichenebene sei (wieder ohne Beschränkung der Allgemeinheit) durch $A^3 = 1$ gegeben. Auf der Zeichenebene haben die Punkte also die cartesischen Koordinaten

$$\xi = \frac{A^1}{A^3} \, , \quad \eta = \frac{A^2}{A^3} \, , \tag{C.1}$$

die tatsächlich von einem Faktor λ unabhängig sind. Die Tripel $[A^1, A^2, A^3]$ listen daher homogene Punktkoordinaten.

Die Geraden der projektiven Ebene sind die Schnitte dieser Ebene mit den Ebenen durch den Ursprung. Strahlen durch den Ursprung in diesen Ebenen entsprechen wiederum Punkten auf den Geraden der Zeichenebene. Die Gleichung solcher Strahlen lautet

$$g_1 A^1 + g_2 A^2 + g_3 A^3 = g_k A^k = 0 \, , \tag{C.2}$$

wobei die Ebene durch das Tripel ihrer Richtungskoeffizienten $g = [g_1, g_2, g_3]$ gegeben ist. Wie bei den homogenen Punktkoordinaten ist wieder ein gemeinsamer Faktor frei. Wir indizieren also Geradenkoordinaten unten und Punktkoordinaten oben und können so die Einsteinsche Summenkonvention ohne Gefahr benutzen und alle Summationszeichen weglassen. Steht in einem Produkt der gleiche Index einmal unten und einmal oben, wird automatisch über ihn summiert werden.

Weil sowohl Punkte als auch Geraden durch Koordinatentripel beschrieben werden, kann man eine Vertauschung ihrer Bedeutung untersuchen. Liest man in einer Konstruktion alle homogenen Punktkoordinaten als Geradenkoordinaten und alle Geradenkoordinaten als Punktkoordinaten und vertauscht man den Schnitt zweier Geraden mit der Verbindung zweier Punkte, entsteht wieder eine gültige Konstruktion: Dies ist die *Dualität* in der projektiven Geometrie der Ebene, die wir verschiedentlich zitieren.

Die zweidimensionale projektive Ebene läßt sich also am einfachsten mit der dreidimensionalen linearen Vektor-Algebra darstellen. Die Vektoren dieser Algebra sind die Tripel *homogener* Koordinaten. *Punkte* bezeichnen wir mit Großbuchstaben. Wenn wir Gleichung (C.1) beachten, sehen wir, daß die Ferngerade alle Punkte mit $A^3 = 0$ enthält. Aus den gewohnten cartesischen Koordinaten (ξ, η) der Ebene werden projektive Koordinaten, indem wir diese Ebene als Ebene $\zeta = 1$ im Raum auffassen und jedem Punkt den Strahl $(\lambda\xi, \lambda\eta, \lambda)$ zuordnen, für den λ unbestimmt bleibt, weil es die Stelle auf dem Strahl bestimmt. *Geraden* bezeichnen wir mit Kleinbuchstaben. Wieder sind die Koordinaten nur bis auf einen gemeinsamen Faktor bestimmt, der u.U. so gewählt werden kann, daß die Hessesche Normalform entsteht. Ein Punkt $A = [A^1, A^2, A^3]$ liegt auf der Geraden $g = [g_1, g_2, g_3]$, wenn $g_k A^k = 0$ ist.

Die Vektoralgebra gestattet aber nicht nur Multiplikation, sondern auch Addition. Diese geschieht komponentenweise, etwa

$$[g_1, g_2, g_3] + [h_1, h_2, h_3] = [g_1 + h_1, g_2 + h_2, g_3 + h_3] \ . \tag{C.3}$$

Diese Addition ist unter homogenen linearen Transformationen invariant, d.h.,

$$\mathcal{T}(g + h) = \mathcal{T}g + \mathcal{T}h \ ,$$

aber wir können nicht erwarten, Gleichung (C.3) als Addition zweier Geraden (die ja die Tripel g und h nicht eindeutig bestimmen) interpretieren zu dürfen. Wir rechnen mit einer solchen Addition unter den Bedingungen linearer Transformationen. Projektiv invariant definierte Relationen werden immer *homogen* in den einzelnen Variablen sein. Das ist im übrigen auch ein ganz brauchbarer Test, daß man richtig gerechnet hat. Wenn man also etwa eine Formel

$$P = P[A, ..., g, ..., \mathcal{B}]$$

gefunden hat, dann sollte man prüfen, ob es wirklich Exponenten gibt, für die

$$P[\lambda_A A, ..., \lambda_g g, ..., \lambda_B \mathcal{B}, ...] = \lambda_A^{n_A} ... \lambda_g^{n_g} \lambda_B^{n_B} ... P[A, ..., g, ..., \mathcal{B}]$$

gilt. Findet man solche Homogenität nicht, sollte man einen Fehler in der Rechnung suchen. Hat man aber richtig gerechnet und findet dennoch keine Homogenität, dann

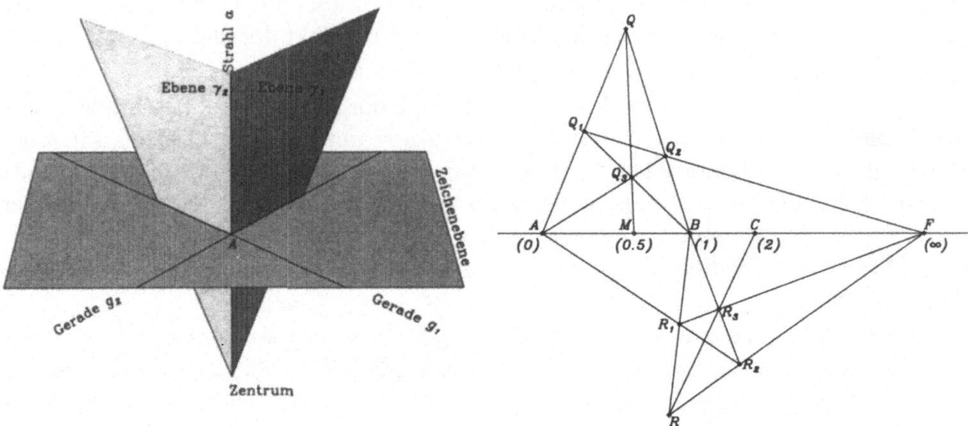

Abbildung C.1: Homogene Koordinaten

Zwei Ebenen γ_1 und γ_2 durch das Zentrum schneiden sich längs eines Strahls a durch das Zentrum. Ebenen und Strahl schneiden die Zeichenebene in zwei Geraden g_1 und g_2 und dem Punkt A. Wir charakterisieren die Gerade der Zeichenebene durch eine Ebene im Raum, die allein von der Richtung ihre Normalen bestimmt ist. Wir charakterisieren den Punkt der Zeichenebene durch einen Strahl im Raum, der wieder allein durch seine Richtung bestimmt ist. Der Betrag dieser Richtungsvektoren spielt keine Rolle.

Abbildung C.2: Projektive Koordinaten

Projektive Koordinaten werden mit dem harmonischen Wurf konstruiert, dessen Form und Invarianz aus den Axiomen folgt. Auf einer Basisgeraden muß man von drei Punkten die Koordinate festlegen, etwa A mit der Koordinate 0, B mit der Koordinate 1 und F mit der Koordinate ∞. Wenn wir nun eine Basis $[A, B]$ vervielfachen wollen, suchen wir den Punkt C, der zusammen mit A die Punkte $[B, F]$ harmonisch teilt. Dadurch kann die Basis über die gesamte Gerade übertragen werden.

ist P nur Objekt des linearen Raums, in dem wir gerechnet haben, *nicht* aber Objekt der projektiven Ebene.

Wir können ein Netz projektiver Koordinaten (Abb. C.2) so aufbauen, daß die Koordinaten auf jeder einzelnen Geraden ein Doppelverhältnis darstellen. Sind vier Punkte auf einer Geraden gegeben und kann das Doppelverhältnis der vier ersten Koordinaten, der vier zweiten oder der vier dritten berechnet werden, so sollen alle drei gleich dem Doppelverhältnis der vier Punkte sein, so wie man es rekursiv aus einem harmonischen Wurf bestimmen kann. Das Mittel der Übertragung von Strecken, das zur Koordinatenkonstruktion vorhanden sein muß, ist hier der harmonische Wurf. Nacheinander angewendet, erzeugt er eine gleichmäßige Teilung der Geraden, die darauf durch harmonische Teilung verfeinert werden kann. Die Doppelverhältnisse werden dann zu Koordinaten. Es ist nicht nötig, zur Bestimmung projektiver Koordinaten etwa cartesische Koordinaten der euklidischen Ebene im Hinterkopf bereitzuhalten.

Wir definieren nun die Produkte der Vektoralgebra, die wir für unsere Rechnungen benötigen werden. Eben haben wir bereits das *Skalarprodukt* verwendet. Damit bezeichnen wir die Bildung

$$\langle g, A \rangle \stackrel{\text{def}}{=} g_k A^k \ . \tag{C.4}$$

Punkt und Gerade kann man immer skalar multiplizieren, zwei Punkte oder zwei Geraden so einfach jedoch nicht[1]. Das Skalarprodukt von Punkt und Geraden testet die Inzidenz, ob der Punkt A auf der Geraden g liegt oder die Gerade g durch den Punkt A geht. Oft läßt man auch die Klammern und das Komma weg und versteht in jeder Formelzeile gA oder Ag als Skalarprodukt. Virtuell sind die Klammern natürlich zu beachten. Sie können nicht wie in gewöhnlichen Produkten bewegt werden. Wir werden sie immer setzen, damit Verwechslungen mit Gruppenoperationen vermieden werden. – Zwei Punkte werden durch das *Kreuzprodukt* auf eine Gerade (die Verbindungsgerade) abgebildet, zwei Geraden auf einen Punkt (den Schnittpunkt). Wir definieren entsprechend

$$a \times b \stackrel{\text{def}}{=} [a_2 b_3 - a_3 b_2, \ a_3 b_1 - a_1 b_3, \ a_1 b_2 - a_2 b_1] \ , \tag{C.5}$$

und wir schreiben dafür

$$(a \times b)^k = \epsilon^{klm} a_l b_m \ , \quad (A \times B)_k = \epsilon_{klm} A^l B^m \ .$$

Die dreifach indizierten Symbole ϵ_{klm} und ϵ^{klm} sind das Signum der entsprechenden Permutationen. Das Permutationssymbol ϵ ist Null, falls zwei Indizes gleich sind, es ist gleich $+1$, wenn die Permutation gerade, und -1, wenn die Permutation ungerade ist. So ist $\langle A, A \times B \rangle = \langle B, A \times B \rangle = 0$. Die beiden Punkte A und B liegen auf der Geraden $A \times B$, und das Duale gilt ebenfalls. Die beiden Geraden g und h gehen durch den Punkt $g \times h$. Das Kreuzprodukt ist antisymmetrisch. Es gilt die wichtige Formel

$$(A \times (g \times h)) = g \cdot \langle A, h \rangle - h \cdot \langle A, g \rangle \ . \tag{C.6}$$

Wieder läßt man oft die Klammern weg und versteht in einer Formelzeile AB oder gh als Kreuzprodukt. Wieder bleiben die Klammern virtuell präsent und dürfen nicht bewegt werden. Das Kreuzprodukt AB ergibt die Koeffizienten der Verbindungsgeraden, gh die des Schnittpunkts. – Aus Kreuzprodukt und Skalarprodukt kombinieren wir das *Spatprodukt*. Ein Punkt ist kollinear mit zwei anderen Punkten, wenn er auf deren Verbindungsgeraden liegt. Das Spatprodukt dreier Punkte

$$[P, Q, R] \stackrel{\text{def}}{=} \epsilon_{klm} P^k Q^l R^m = \langle P, Q \times R \rangle \tag{C.7}$$

---

[1] Ein Skalarprodukt kann gegen lineare Transformationen nur invariant sein, wenn sich die Faktoren kontragredient transformieren, d.h. der eine Faktor mit dem Inversen der Transformationsmatrix des anderen. Die beiden Faktoren müssen also verschiedenen Vektorräumen angehören. In der euklidischen Geometrie, wo die Transformationsmatrizen orthogonal sind, fällt das nicht auf. Im Gegenteil, dort wird das Skalarprodukt oft mit der Metrik identifiziert.

testet die Kollinearität, das Spatprodukt dreier Geraden

$$[f, g, h] \stackrel{\text{def}}{=} \epsilon^{klm} f_k g_l h_m = \langle f, g \times h \rangle$$

die Konkurrenz (das Schneiden in einem Punkt bzw. die Büscheleigenschaft). Das Spatprodukt dreier kollinearer Punkte verschwindet ebenso wie das dreier konkurrenter Geraden. Es gilt die Regel

$$\langle P, (Q \times R) \rangle \stackrel{\text{def}}{=} [P, Q, R] = [R, P, Q] \stackrel{\text{def}}{=} \langle R, (P \times Q) \rangle \, , \tag{C.8}$$

und so weiter. Die Regel (C.6) erweitert sich zu

$$(P \times Q) \times (R \times S) = R \cdot [P, Q, S] - S \cdot [P, Q, R] \, . \tag{C.9}$$

Sind im Spatprodukt zwei Faktoren proportional (im Sinne der homogenen Koordinaten also gleich), verschwinden das Kreuzprodukt und das Spatprodukt. Das Spatprodukt kann als Volumen des Parallelepipeds aufgefaßt werden, das von den Faktoren im euklidischen dreidimensionalen Raum aufgespannt wird. – Schließlich benennen wir noch das *direkte Produkt* zweier Tripel. Es ist eine Matrix, die je nach dem Charakter der Faktoren die Indizes oben oder unten trägt:

$$(P \circ Q)^{ij} \stackrel{\text{def}}{=} P^i Q^j \, , \quad (P \circ g)^i{}_k = P^i g_k \, , \quad (g \circ h)_{kl} = g_k h_l \, . \tag{C.10}$$

Daraus folgt u.a.

$$(P \circ Q) g = P \cdot \langle Q, g \rangle \, .$$

Wenn über mehrere Verbindungen und Schnittpunkte gerechnet werden muß, ergeben sich viele ineinandergeschachtelte Kreuzprodukte, die mit den Formeln (C.6), (C.9) und

$$\langle g \times h, A \times B \rangle = \langle g, B \rangle \langle h, A \rangle - \langle g, A \rangle \langle h, B \rangle$$

vereinfacht werden können. Darauf gründet die wichtige Zerlegungsformel

$$g \circ (a \times b) + a \circ (b \times g) + b \circ (g \times a) = \mathcal{E} \, [a, b, g] \, , \tag{C.11}$$

die für alle g, a, b gilt, deren Spatprodukt nicht verschwindet.

C.2 Projektive Abbildungen

Die Einführung homogener Koordinaten gestattet die Darstellung der projektiven Beziehungen durch *lineare Abbildungen* im dreidimensionalen Raum. Die Vereinfachung der Rechnung wird dabei mit der Erhöhung der Dimension „bezahlt". Das einfachste Beispiel einer linearen Abbildung ist die Parallelprojektion. Geraden bleiben Geraden, und alle Verhältnisse auf den Geraden bleiben erhalten. Allgemein werden aus projektiven Abbildungen der Ebene nun lineare homogene Abbildungen des Raums, wenn aus den Punkten der Ebene nun Geraden durch ein Zentrum des Raums und aus den Geraden der Ebene nun Ebenen werden, die dieses Zentrum enthalten.

In unserem Falle gibt es zunächst vier Arten von linearen Abbildungen:

1. Abbildungen des Punktraums auf sich. Die entsprechenden Matrizen tragen einen Index oben, einen unten: $Q^* = \mathcal{T}[Q] = \mathcal{T}Q$, $Q^{*k} = T^k_l Q^l$.

2. Abbildungen des Geradenraums auf sich. Die entsprechenden Matrizen tragen einen Index oben, einen unten: $g^* = \mathcal{U}[g] = \mathcal{U}g$, $g^*_k = U_k{}^l g_l$.

3. Abbildungen des Punktraums auf den Geradenraum. Die entsprechenden Matrizen tragen beide Indizes unten: $g = \mathcal{A}[Q] = \mathcal{A}Q$, $g_k = A_{kl} Q^l$.

4. Abbildungen des Geradenraums auf den Punktraum. Die entsprechenden Matrizen tragen beide Indizes oben: $Q = \mathcal{B}[g] = \mathcal{B}g$, $Q^k = B^{kl} g_l$.

Sind die Determinanten der entsprechenden Matrizen von Null verschieden, definiert eine Abbildung des Punktraums durch ihr Inverses immer auch eine Abbildung des Geradenraums, und es gilt[2]

$$T^m_k U_m{}^l = \delta^l_k \;, \quad T^k_m U_l{}^m = \delta^k_l \quad \text{bzw.} \quad A_{km} B^{ml} = \delta^l_k \;, \quad B^{lm} A_{mk} = \delta^l_k \;.$$

Mit U als dem Inversen von T induziert die Abbildung des Punktraums auf sich eine Abbildung des Geradenraums auf sich. Die definierende Forderung verlangt, daß das Bild Q^* des Aufpunkts Q auf dem Bild g^* der Geraden g genau dann liegen soll, wenn Q auf g liegt. Dabei ergeben sich gleiche Skalarprodukte:

$$g^*_k Q^{*k} = g_l U_k{}^l T^k_m Q^m = g_l \delta^l_m Q^m = g_l Q^l \;.$$

Eine *projektive Abbildung* ist nun gerade solch ein Paar linearer Abbildungen. Die entsprechende Abbildung der Geraden geschieht also mit der inversen Matrix der Abbildung der Punkte: $g^* = g\mathcal{T}^{-1}$,

$$(\mathcal{T}Q)^k = T^k_l Q^l \;, \quad (g\mathcal{T}^{-1})_k = g_l (\mathcal{T}^{-1})^l_k \;. \tag{C.12}$$

Wie in Abschnitt B.3 begründet, nennen wir die Punktkoordinaten kontravariant zu den Geradenkoordinaten, weil die Transformationsmatrizen zueinander invers sind, und schreiben zur Kenntlichmachung ihre Indizes oben. Die Geradenkoordinaten heißen entsprechend kovariant, und wir schreiben ihre Indizes unten. Das vermeidet nicht nur Verwechslungsfehler von Punkt- und Geradenkoordinaten, sondern zeigt auch, was bei projektiven Abbildungen zu tun ist. Die Abbildungsmatrizen tragen

---

[2] Die Symbole δ^k_l stellen die Einheitsmatrix dar, also ist $\delta^k_l = 1$, falls $k = l$, und $\delta^k_l = 0$, falls $k \neq l$.

einen Index oben, einen unten. Bei Multiplikation mit Geraden ergibt sich wieder eine Gerade, bei Multiplikation mit Punkten wieder ein Punkt.

Eine Punkttransformation $Q^* = \mathcal{T}Q$ geht also einher mit der Geradentransformation $g^* = g\mathcal{T}^{-1} = g\mathcal{U}$. Das Skalarprodukt ist invariant ($\langle g, Q \rangle = \langle g^*, Q^* \rangle$), für das Kreuzprodukt gilt

$$(g_1\mathcal{U} \times g_2\mathcal{U})\mathcal{U} = (\det\mathcal{U})g_1 \times g_2 \ , \quad \mathcal{T}(\mathcal{T}P_1 \times \mathcal{T}P_2) = (\det\mathcal{T})P_1 \times P_2 \qquad (C.13)$$

und daher auch

$$\mathcal{T}(g_1 \times g_2) = (\det\mathcal{T})(g_1\mathcal{T}^{-1}) \times (g_2\mathcal{T}^{-1}) \ . \qquad (C.14)$$

Korollare für lineare Abbildungen $\mathcal{A}$ von Punkten auf Geraden und Abbildungen $\mathcal{B} = \mathcal{A}^{-1}$ von Geraden auf Punkte sind:

$$\mathcal{A}(g_1 \times g_2) = (\det\mathcal{A})(\mathcal{B}g_1 \times \mathcal{B}g_2) \ ,$$

$$\mathcal{A}(g \times \mathcal{A}Q) = (\det\mathcal{A})(\mathcal{B}g \times Q) \ ,$$

$$\langle (Q_1 \times Q_2), \mathcal{B}(Q_3 \times Q_4) \rangle = (\det\mathcal{B})(\langle Q_1, \mathcal{A}Q_3 \rangle \langle Q_2, \mathcal{A}Q_4 \rangle - \langle Q_1, \mathcal{A}Q_4 \rangle \langle Q_2 \mathcal{A}Q_3 \rangle) \ ,$$

$$Q_1 \times \mathcal{B}(Q_2 \times Q_3) = (\det\mathcal{B})\mathcal{A}(Q_2\langle Q_1, \mathcal{A}Q_3 \rangle - Q_3\langle Q_1, \mathcal{A}Q_2 \rangle) \ .$$

Projektive Abbildungen der Ebene lassen das Doppelverhältnis von vier Punkten einer Punktreihe und von vier Geraden eines Strahlbüschels unverändert. Mit Hilfe eines Punktes S, der nicht auf $[A, B, C, D]$ liegt, können wir das Doppelverhältnis der Punkte als Doppelverhältnis der Volumina im dreidimensionalen homogenen Raum darstellen:

$$\mathcal{D}[A, B; C, D] = \frac{[A, C, S]}{[A, D, S]} \frac{[B, D, S]}{[B, C, S]} \ . \qquad (C.15)$$

Das Doppelverhältnis hängt nicht von der Lage des Hilfspunkts S ab. Um das zu sehen, schreiben wir

$$\mathcal{D}[A, B; C, D] = \frac{\langle S, (A \times C) \rangle \langle (B \times D), S \rangle}{\langle S, (A \times D) \rangle \langle (B \times C), S \rangle} \ .$$

Die vier Geraden $A \times C$, $A \times D$, $B \times C$, $B \times D$ fallen nun aber alle zusammen, weil die vier Punkte auf einer Geraden liegen. Es geht nur noch um den Vergleich ihrer Normierungen. Dies tut aber jede Multiplikation mit einer geeigneten Matrix, die in unserem Falle in der Form $S \circ S$ definiert ist, wobei S als Koordinatentripel eines Punktes aufgefaßt werden kann.

Drei Punkte Q_1, Q_2, Q_3 können bereits als Basis projektiver Koordinaten dienen. Die Punkte Q_1, Q_2, Q_3 müssen dazu linear unabhängig sein, d.h., sie dürfen nicht auf einer Geraden liegen. Die reziproke Basis im Geradenraum wird durch $g_1 =$

$[Q_1, Q_2, Q_3]^{-1} Q_2 \times Q_3$, $g_2 = [Q_1, Q_2, Q_3]^{-1} Q_3 \times Q_1$, $g_3 = [Q_1, Q_2, Q_3]^{-1} Q_1 \times Q_2$ gegeben. Es gilt nach Gleichung (C.11) auch

$$Q_1 \circ (Q_2 \times Q_3) + Q_2 \circ (Q_3 \times Q_1) + Q_3 \circ (Q_1 \times Q_2) = [Q_1, Q_2, Q_3]\mathcal{E} \ . \tag{C.16}$$

Ein Korollar dazu ist

$$\begin{aligned}
(Q_1 \times Q_2) \circ (Q_3 \times Q_4) + (Q_3 \times Q_4) \circ (Q_1 \times Q_2) \ &+ \\
(Q_1 \times Q_3) \circ (Q_4 \times Q_2) + (Q_4 \times Q_2) \circ (Q_1 \times Q_3) \ &+ \\
(Q_1 \times Q_4) \circ (Q_2 \times Q_3) + (Q_2 \times Q_3) \circ (Q_1 \times Q_4) \ &= \ 0 \ .
\end{aligned} \tag{C.17}$$

Eine projektive Transformation der Ebene ist bestimmt, wenn man von 4 Punkten die Bildpunkte kennt und keine drei Punkte auf einer Geraden liegen. Die vier Punkte müssen also ein vollständiges Viereck bilden, die Grundfigur aller projektiven Konstruktionen. Dementsprechend kann man aus fünf Punkten der projektiven Ebene bereits eine Invariante bilden, etwa $f[A, B, C, D; S] = \mathcal{D}_S[A, B; C, D]$ (Gl. C.15). Als Funktion von S unterscheidet die Invariante zwischen den Kegelschnitten, die sich durch A, B, C und D legen lassen. Diese Kegelschnitte bilden eine einparametrige Schar, deren Parameter die Invariante sein kann. Für die entarteten Kegelschnitte (Geradenpaare) nimmt sie die Werte 0, 1 und ∞ an. Liegen die vier Punkte A, B, C, D dagegen auf einer Linie, ist f ihr Doppelverhältnis und unabhängig vom fünften Punkt S (falls dieser nicht auch auf der gemeinsamen Geraden liegt). Die projektive Transformation ($\mathcal{T} : [Q_1, Q_2, Q_3, Q_4] \rightarrow [Q_1^*, Q_2^*, Q_3^*, Q_4^*]$) kann in der Form

$$\mathcal{T} = \lambda Q_1^* \circ (Q_2 \times Q_3) + \mu Q_2^* \circ (Q_3 \times Q_1) + \nu Q_3^* \circ (Q_1 \times Q_2)$$

gesucht werden, wobei λ, μ, ν durch die Gleichung des vierten Punktes ($Q_4^* = \mathcal{T} Q_4$) bestimmt werden müssen. Es entsteht

$$\begin{aligned}
\mathcal{T} \ = \ & \frac{[Q_2^* Q_3^* Q_4^*]}{[Q_2 Q_3 Q_4]} Q_1^* \circ (Q_2 \times Q_3) \\
+ \ & \frac{[Q_3^* Q_1^* Q_4^*]}{[Q_3 Q_1 Q_4]} Q_2^* \circ (Q_3 \times Q_1) + \frac{[Q_1^* Q_2^* Q_4^*]}{[Q_1 Q_2 Q_4]} Q_3^* \circ (Q_1 \times Q_2) \ .
\end{aligned}$$

Die Abbildung $\mathcal{T}$ bleibt unbestimmt, wenn irgend drei der vier Punkte kollinear sind.

Der einfachste Satz, der mit den angeführten Regeln nachgerechnet werden kann, ist der Satz von Pappos (Abb. C.3). Die Schnittpunkte gegenüberliegender Seiten eines Sechsecks sind durch $Q_1 = (A_1 \times A_2) \times (A_4 \times A_5)$, $Q_2 = (A_2 \times A_3) \times (A_5 \times A_6)$ und $Q_3 = (A_3 \times A_4) \times (A_6 \times A_1)$ gegeben. Gezeigt werden muß, daß $[Q_1, Q_2, Q_3] = 0$ ist, falls $[A_1, A_3, A_5] = 0$ und $[A_2, A_4, A_6] = 0$. Das geschieht durch direkte Anwendung der Regeln aus Abschnitt C.1.

Ein verblüffendes Beispiel für projektive Abbildungen ist die dicke Linse (Abb. C.4). In der Näherung achsennaher Strahlen kann man die Abbildung mit zwei

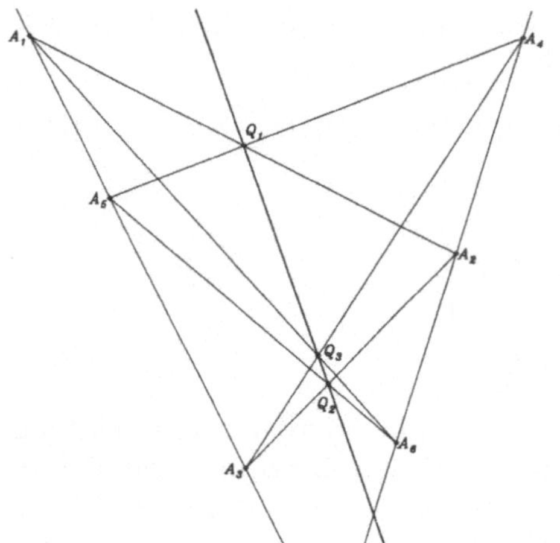

Abbildung C.3: Der Satz von Pappos	**Abbildung C.4: Die dicke Linse**
Liegen die Ecken $A_1, A_2, A_3, A_4, A_5, A_6$ eines Sechsecks abwechselnd auf zwei Geraden g und h, so liegen die Schnittpunkte Q_1, Q_2, Q_3 gegenüberliegender Seiten ebenfalls auf einer Geraden.	Die dicke Linse ist durch zwei Hauptebenen h_1 und h_2 und die Brennweite f bestimmt. Wie dargestellt entsprechen die achsenparallelen Strahlen den Strahlen durch die jeweiligen Brennpunkte.

Hauptebenen und den Brennpunkten konstruieren. Wir wählen als optische Achse $y = 0$ und setzen die Hauptebenen bei $x = x_1$ und $x = x_2$ (bei einer dünnen Linse fallen die beiden Hauptebenen zusammen, $x_1 = x_2$). Die Brennweite nennen wir f. Der gegenstandsseitige Brennpunkt hat dann die Koordinaten $F_1 = [x_1 - f, 0, 1]$, der bildseitige $F_2 = [x_2 + f, 0, 1]$. Die Geradenkoordinaten der Hauptebenen sind $h_1 = [-1, 0, x_1]$ und $h_2 = [-1, 0, x_2]$, der Fernpunkt der optischen Achse ist $O = [1, 0, 0]$. Das Strahlbüschel um F_1 wird auf das um den Fernpunkt der optischen Achse und dieses wiederum auf das Strahlbüschel um F_2 abgebildet. Dann finden wir als Matrix der projektiven Abbildung $\mathcal{T} A \propto (O \times (h_1 \times (F_1 \times A))) \times (F_2 \times (h_2 \times (O \times A)))$ den Ausdruck

$$\mathcal{T} = \begin{pmatrix} f + x_2 & 0 & (f - x_1)(f + x_2) - f^2 \\ 0 & f & 0 \\ 1 & 0 & f - x_1 \end{pmatrix}. \tag{C.18}$$

Die Matrizen dieser Art bilden eine Untergruppe der projektiven Abbildungen: Jedes Linsensystem mit gemeinsamer optischer Achse ist (für achsennahe Strahlen) einer dicken Linse äquivalent. Besonders merkwürdig ist der Umstand, daß eine ideales Fernrohr[3] die Brechkraft f^{-1} verschwindet und die Hauptebenen unendlich weit auseinanderrücken.

---

[3]In einem idealen Fernrohr fällt der bildseitige Brennpunkt des Objektivs fällt mit dem gegenstandsseitigen Brennpunkt des Okulars zusammen.

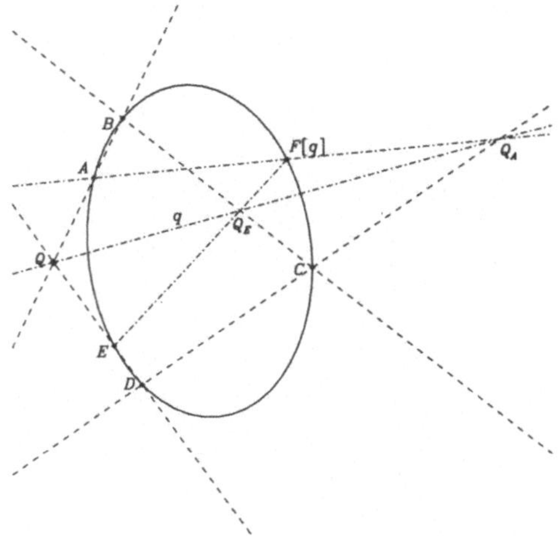

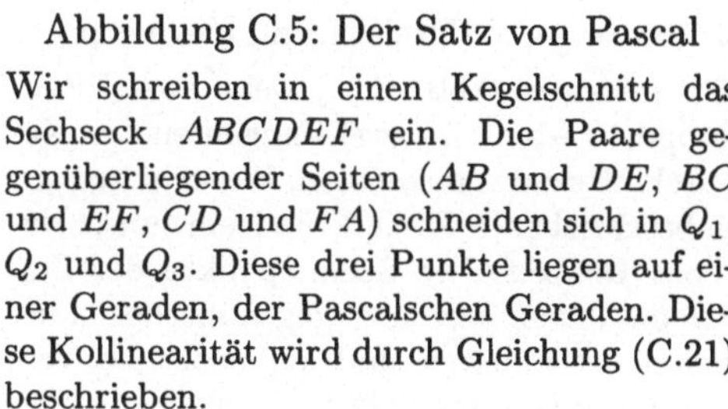

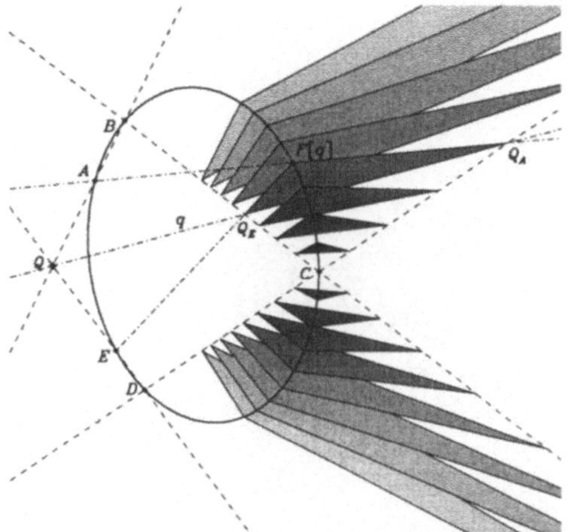

Abbildung C.5: Der Satz von Pascal	Abbildung C.6: Die projektive Definition des Kegelschnitts

Abbildung C.5: Der Satz von Pascal

Wir schreiben in einen Kegelschnitt das Sechseck $ABCDEF$ ein. Die Paare gegenüberliegender Seiten (AB und DE, BC und EF, CD und FA) schneiden sich in Q_1, Q_2 und Q_3. Diese drei Punkte liegen auf einer Geraden, der Pascalschen Geraden. Diese Kollinearität wird durch Gleichung (C.21) beschrieben.

Abbildung C.6: Die projektive Definition des Kegelschnitts

Wir geben uns fünf Punkte ($ABCDE$) vor und suchen einen sechsten (F) so, daß die Schnittpunkte der gegenüberliegenden Seiten des Sechsecks $ABCDEF$ auf einer Geraden liegen. Zunächst schneiden sich AB und DE fest in Q. Nun ziehen wir irgendeine Gerade durch Q. Ihr Schnittpunkt mit $a = CD$ soll auf der Seite AF liegen, ihr Schnittpunkt mit $e = BC$ auf der Seite EF. Der Schnittpunkt beider ist der gesuchte Punkt F auf dem Kegelschnitt. Zu jeder Geraden durch Q finden wir einen solchen Punkt.

C.3 Kegelschnitte

Kegelschnitte können auf verschiedene Weise definiert werden. Am einfachsten ist es, sie als Kurven zweiter Ordnung zu charakterisieren, d.h. als Kurven, die eine quadratische Gleichung erfüllen. Wir haben sie als Punktmenge mit einer Gleichung $\langle Q, \mathcal{A}Q \rangle = A_{kl}Q^kQ^l = 0$ oder als Tangentenbündel mit einer Gleichung $\langle t, \mathcal{B}t \rangle = B^{kl}t_kt_l = 0$ darzustellen. Die Matrizen $\mathcal{A}$ und $\mathcal{B}$ können symmetrisch gewählt werden, da eventuelle antisymmetrische Komponenten nicht in die Gleichung für den Kegelschnitt eingehen. Sowohl $\mathcal{A}$ als auch $\mathcal{B}$ können skaliert werden, d.h., sie haben nur 5 wesentliche Koeffizienten. Folglich sind Kegelschnitte durch die Angabe von 5 verschiedenen Punkten bestimmt.

Durch vier Punkte geht ein Kegelschnittbüschel. Seine Gleichung läßt sich am einfachsten mit dem Kreuzprodukt konstruieren. Weil das Spatprodukt verschwin-

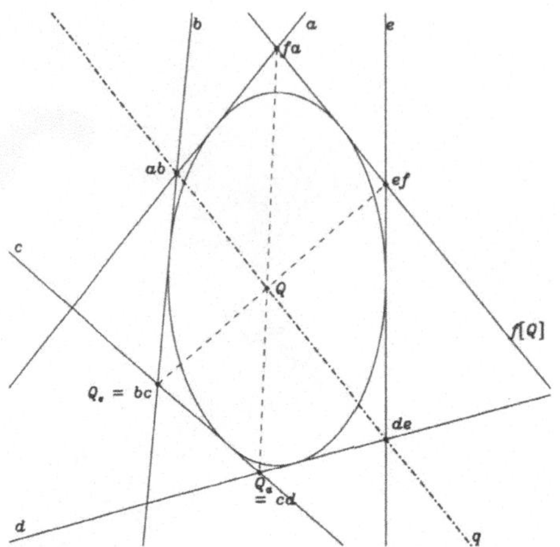

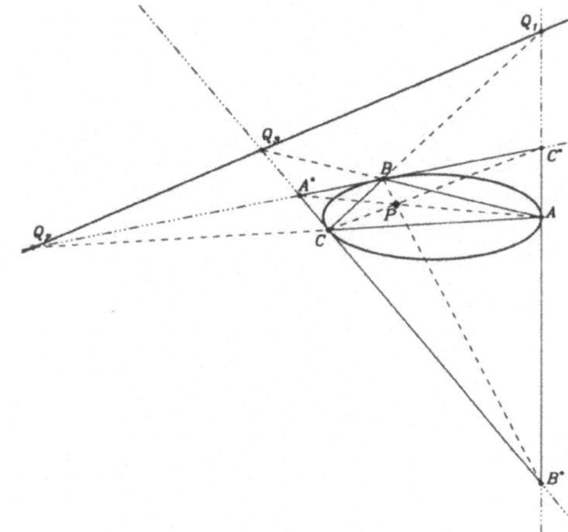

Abbildung C.7: Der Satz von Brianchon
Wir schreiben um einen Kegelschnitt das Sechseck $ABCDEF$ ein. Die Paare gegenüberliegender Ecken bestimmen konkurrente Verbindungslinien: sie gehen durch einen Punkt P. Dieser Satz ist dual zum Pascalschen Theorem. Punkte sind mit Geraden, Verbindung mit Schnitt und Kollinearität mit Konkurrenz vertauscht.

Abbildung C.8: Dreieck und Kegelschnitt
Wir lassen in Abb. C.5 jeweils zwei Punkte und in Abb. C.7 zwei Tangenten des Kegelschnitts zusammenfallen. Wir erhalten ein einbeschriebenes Dreieck und ein umschriebenes Dreiseit. Die Schnittpunkte der Seiten des einen mit den gegenüberliegenden Seiten des anderen sind kollinear, die Verbindungslinien der Ecken des einen mit den gegenüberliegenden Ecken des anderen sind konkurrent.

det, wenn zwei Argumente übereinstimmen, geht jeder Kegelschnitt

$$\mathcal{K} = \lambda(g_{12} \circ g_{34} + g_{34} \circ g_{12}) + \mu(g_{13} \circ g_{24} + g_{24} \circ g_{13}) + \nu(g_{23} \circ g_{14} + g_{14} \circ g_{23}) \quad (C.19)$$

mit $g_{ik} = Q_i \times Q_k$ durch die vier Punkte Q_j: $\langle Q_j, \mathcal{K}Q_j \rangle = 0$ für alle vier Q_j. Alle drei Terme sind so konstruiert. Die Matrix $\mathcal{K}$ ist eine Linearkombination mit drei Parametern. Die drei Terme sind nicht unabhängig: zwei reichen aus, um alle Kegelschnitte durch die vier Punkte darzustellen (Gl. C.17). Von den beiden verbleibenden Parametern kann einer fest normiert werden, weil alle Gleichungen homogen sind. Das Resultat ist eine einparametrige Schar von Kegelschnitten. Wenn wir verlangen, daß der Kegelschnitt (C.19) auch noch durch den Punkt Q_5 geht, erhalten wir eine Gleichung für den verbleibenden Parameter. Setzen wir $\lambda = 1$ und $\nu = 0$, so ist $\langle Q_5, \mathcal{K}Q_5 \rangle = 0$ eine Gleichung für μ, das nun der Invariante C.15 entspricht. Wir finden für $\mathcal{K}$ die Formel

$$\mathcal{K} = \frac{Q_1 \times Q_2 \circ Q_3 \times Q_4 + Q_3 \times Q_4 \circ Q_1 \times Q_2}{[Q_1, Q_2, Q_5][Q_3, Q_4, Q_5]} - \frac{Q_1 \times Q_3 \circ Q_2 \times Q_4 + Q_2 \times Q_4 \circ Q_1 \times Q_3}{[Q_1, Q_3, Q_5][Q_2, Q_4, Q_5]} . \quad (C.20)$$

Die quadratische Gleichung $\langle Q, \mathcal{K}Q \rangle = 0$ mit den Lösungen Q_i, $(i = 1, ..., 5)$ kann in der Form

$$[(Q_1 \times Q_2) \times (Q_4 \times Q_5), (Q_2 \times Q_3) \times (Q_5 \times Q), (Q_3 \times Q_4) \times (Q \times Q_1)] = 0 \tag{C.21}$$

geschrieben werden. Die Lösungseigenschaft der Q_i findet man durch Einsetzen. Die Interpretation dieser Gleichung ist der Pascalsche Satz (Abb. C.5): Die gegenüberliegenden Seiten eines in einen Kegelschnitt einbeschriebenen Sechsecks schneiden sich in Punkten, die auf einer Geraden, der Pascalschen Geraden, liegen. Der Satz von Pappos ist davon nur der Spezialfall eines in ein Geradenpaar entarteten Kegelschnitts. In Gleichung (C.21) ist $(Q_1 \times Q_2) \times (Q_4 \times Q_5)$ der Schnitt der beiden Seiten $(Q_1 \times Q_2)$ und $(Q_4 \times Q_5)$. Drei solcher Punkte liegen auf einer Geraden, d.h., ihr Spatprodukt verschwindet. Die Pascalsche Konfiguration kann zur punktweisen Konstruktion eines Kegelschnitts durch fünf Punkte dienen (Abb. C.6). Der Kegelschnitt wird dabei als Kurve definiert, für die der Pascalsche Satz gilt. Gleichung (C.21) zeigt dann, daß dies eine Kurve zweiten Grades ist.

Schließlich kann Abbildung C.6 als Konstruktion zweier projektiver Strahlbüschel gelesen werden. Deshalb kann man einen Kegelschnitt auch als Erzeugnis (Ort der Schnittpunkte entsprechender Strahlen) zweier projektiver Strahlbüschel charakterisieren. Wir sehen das wie folgt. Einerseits wird das von A getragene Büschel perspektiv auf das Büschel Q abgebildet, vermittelt durch die Schnittpunkte auf der Geraden a. Das Büschel Q wiederum wird über e auf das Büschel E perspektiv abgebildet. Damit ist die projektive Beziehung zwischen den Büscheln E und A hergestellt. Die Punkte des Kegelschnitts sind die Schnittpunkte einander entsprechender Geraden der Büschel A und E. Ebenso sieht man, wie der Pascalsche Satz eingebettet ist, und man erhält die Äquivalenz der anderen Definitionen.

Eine Gerade schneidet den Kegelschnitt in 2 Punkten, die aber nicht unbedingt reell sind. Das ist eine triviale Folge der Tatsache, daß $\langle Q, \mathcal{K}Q \rangle = 0$ eine quadratische Gleichung ist. Ist etwa die Gerade durch $Q = P_1 + \lambda P_2$ gegeben, werden die Werte von λ für die Schnittpunkte durch die quadratische Gleichung $\langle Q, \mathcal{K}Q \rangle = \langle P_1, \mathcal{K}P_1 \rangle + 2\lambda \langle P_1, \mathcal{K}P_2 \rangle + \lambda^2 \langle P_2, \mathcal{K}P_2 \rangle = 0$ bestimmt. Wir erhalten zwei reelle Lösungen oder zwei komplexe oder einen reellen Doppelpunkt. Im letzten Fall berührt die Gerade den Kegelschnitt. – Sind beide Schnittpunkte K_1, K_2 einer Geraden $g = Q_1 \times Q_2$ reell und kennen wir den einen, finden wir den zweiten durch eine lineare Gleichung. Es gilt

$$K_2 = K_1 - 2 \frac{\langle K_1, \mathcal{K}Q_1 \rangle}{\langle Q_1, \mathcal{K}Q_1 \rangle} Q_1 \ . \tag{C.22}$$

Anhang D   Der Übergang von der projektiven zur metrischen Ebene

D.1   Die Polarität

Projektive Abbildungen halten Punkte und Geraden getrennt: Es gibt zunächst keine lineare Abbildung von Punkten auf Geraden und umgekehrt (das Kreuzprodukt ist ja bilinear, es bildet *Paare* von Punkten auf Geraden und *Paare* von Geraden auf Punkte ab). Eine lineare Abbildung der Geraden auf Punkte und umgekehrt macht aus dem projektiven Raum die metrische Welt der Physik, in der wir Orthogonalität kennen und Längen und Winkel vergleichen und vervielfachen, also messen können. Wir benutzen die Summationskonvention.

Zunächst erinnern wir an das Axiom, daß alle Lote auf einer Geraden in einem Büschel liegen[1]. Auf der projektiven Ebene gibt es also zu jeder Geraden einen besonderen Punkt, der dieses Büschel trägt. Lotrechtstehen ist daher in einem projektiven Modell durch eine Abbildung der Geraden g auf zugeordnete Punkte $P[g]$ bestimmt. Ist diese Abbildung projektiv, nennen wir sie Polarität und schreiben

$$P[g] \overset{\text{def}}{=} \mathcal{B}g \;, \quad P^k[g] = B^{kl} g_l \;. \tag{D.1}$$

Wir wollen nun zeigen, daß wir eine solche projektive Zuordnung aus drei Paaren von Geraden und Polen konstruieren können, wenn wir den Höhensatz voraussetzen. Da die Zuordnung dann auch eindeutig sein muß (Abb. D.1), legt uns der Höhensatz also tatsächlich auf eine projektive Abbildung der Geraden auf ihre Pole fest. Wir gehen in drei Schritten vor. Zuerst finden wir finden wir eine allgemeine Formel für den Höhensatz, dann zeigen wir, daß eine Matrix $\mathcal{B}$ in Gleichung (D.1) symmetrisch sein muß, und schließlich konstruieren wir sie formal.

Drei Paare von Geraden und Polen erfüllen den Höhensatz, wenn

$$[(P_1 \times (g_2 \times g_3)), (P_2 \times (g_3 \times g_1)), (P_3 \times (g_1 \times g_2))] = 0$$

ist. Entwickeln wir das Spatprodukt entsprechend den bekannten Regeln, finden wir

$$\langle g_1, P_2 \rangle \langle g_2, P_3 \rangle \langle g_3, P_1 \rangle = \langle g_1, P_3 \rangle \langle g_3, P_2 \rangle \langle g_2, P_1 \rangle \;. \tag{D.2}$$

Drei Paare von Geraden und Polen, die den Höhensatz erfüllen, bestimmen den Pol jeder weiteren Geraden, wenn die drei Geraden nicht kollinear sind (Abb. D.1). Die

---

[1]Man kann schon dies als Spezialfall des Höhensatzes sehen.

drei Höhen $h_{4_{CDF}} = ((D \times P_2) \times (F \times P_1)) \times C$, $h_{4_{AEF}} = ((E \times P_2) \times (F \times P_3)) \times A$ und $h_{4_{BDE}} = ((E \times P_1) \times (D \times P_3)) \times B$ schneiden sich in einem Punkt $P[g_4]$ (d.h., $[h_{4_{CDF}}, h_{4_{AEF}}, h_{4_{BDE}}] = 0$), wenn die drei Ausgangspaare den Höhensatz (D.2) erfüllen. Die Abbildung $g_4 \rightarrow P[g_4] = h_{4_{CDF}} \times h_{4_{AEF}}$ ist linear und nicht vierter Ordnung in g_4, wie es zunächst aussieht. Zerlegt man die Kreuzprodukte wie gehabt und kürzt man gemeinsame Faktoren, ergibt sich schließlich

$$
\begin{aligned}
P[g_4] &= h_{4_{CDF}} \times h_{4_{AEF}} \quad \propto \quad \mathcal{B}\, g_4 \\
\mathcal{B} &= \lambda_1\, (g_2 \times g_3) \circ P_1 + \lambda_2\, (g_3 \times g_1) \circ P_2 + \lambda_3\, (g_1 \times g_2) \circ P_3 \quad\quad\quad \text{(D.3)} \\
\lambda_1 &= \langle g_1, P_2\rangle\langle g_2, P_3\rangle \;,\quad \lambda_2 = \langle g_2, P_1\rangle\langle g_2, P_3\rangle \;,\quad \lambda_3 = \langle g_3, P_2\rangle\langle g_2, P_1\rangle \;.
\end{aligned}
$$

Diese Matrix ist – wieder wegen des Höhensatzes – symmetrisch. Wir zeigen dies, indem wir für die drei Geraden g_i feststellen, daß $\langle g_i, \mathcal{B}g_k\rangle = \langle g_k, \mathcal{B}g_i\rangle$ gilt. Das ist eine einfache Rechnung, bei der wieder Gleichung (D.2) benutzt werden muß. Der Höhensatz hat also gezeigt, daß die Polarität eine projektive Abbildung mit symmetrischer Matrix ist.

Jede symmetrische Matrix, also jede Polarität, definiert einen Kegelschnitt – und umgekehrt. Hier ist der Kegelschnitt als Gesamtheit der Geraden bestimmt, die ihren eigenen Pol enthalten, $B^{kl}t_k t_l = 0$. Diese Geraden sind daher das Tangentenbündel $[t_k]$ des Kegelschnitts. Die zunächst abstrakte Polarität ist identisch mit der gewöhnlichen Polarität an einem Kegelschnitt. Die Tangenten enthalten ihren Pol. Es ist der jeweilige Berührpunkt mit dem Kegelschnitt $P^k[t] = B^{kl}t_l$. Damit stehen die Tangenten auch senkrecht auf sich selbst: die definierende Gleichung muß so gelesen werden. Diese merkwürdige Eigenschaft kennen wir von den lichtartigen Geraden der pseudoeuklidischen Geometrie. – Wir können nun wie folgt formulieren: Die Polarität ist eine Lagebeziehung zum Kegelschnitt der selbstorthogonalen Geraden, den wir *absoluten Kegelschnitt* nennen wollen. Wenn $\mathcal{B}$ umkehrbar ist, $\mathcal{A}\mathcal{B} = \mathcal{E}$, finden wir zu jedem Punkt eine Polare, $p[Q] = \mathcal{A}Q$, $p_k[Q] = A_{kl}Q^l$. Die Polarität bildet dann Geraden und Punkte der projektiven Ebene eindeutig aufeinander ab. Sonderfälle entstehen, wenn diese Umkehrbarkeit nicht gegeben ist. Solche Sonderfälle haben wir in den Geometrien ohne Krümmung (d.h. mit Parallelenaxiom), wo alle Pole auf einer Geraden (der Ferngeraden) liegen, schon kennengelernt. Dort wird die 2-parametrige Geradenmenge auf eine einparametrige Punktmenge abgebildet. $\mathcal{B}$ hat dann einen Rang kleiner als 3. Die Eigenschaften von $\mathcal{B}$ bestimmen die Geometrie, solange $\mathcal{B}$ nicht ausgeartet ist. Im ausgearteten Falle ist die duale Polarität $\mathcal{A}$, die jedem Punkt P eine Gerade $g[P] = \mathcal{A}P$ zuordnet, nicht vollständig von $\mathcal{B}$ bestimmt. Dann muß sie gesondert definiert werden. Im entarteten Fall ist $\mathcal{A}\mathcal{B} = \mathcal{B}\mathcal{A} = 0$.

Viele Beziehungen der linearen Algebra erhalten nun eine einfache geometrische Bedeutung. Wir erinnern hier speziell an die Gleichung (C.13). Dort steht: Der Schnittpunkt zweier Geraden (bei nichtentarteter Polarität) ist der Pol der Verbindungslinie der Pole beider Geraden, und: Die Verbindungslinie zweier Punkte ist die Polare des Schnittpunkts der Polaren beider Punkte. Im Besonderen ist der Schnitt-

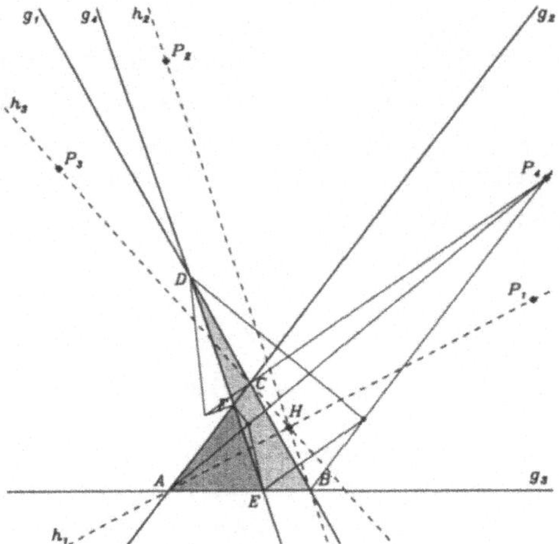

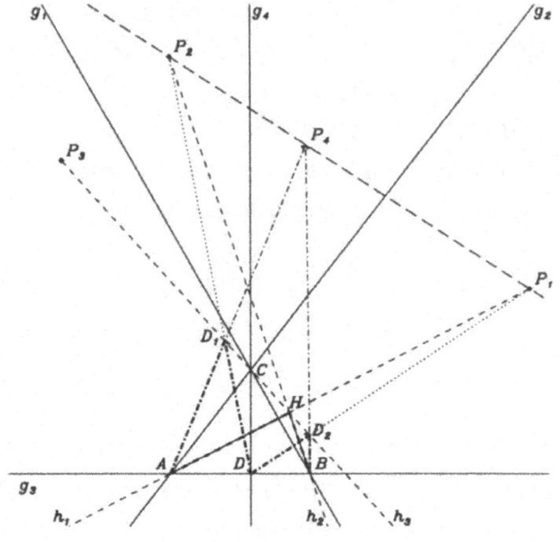

Abbildung D.1: Drei Beispiele bestimmen die Polarität

Durch drei polare Paare $[g_i, P_i]$, $i = 1, \ldots, 3$ ist eine Polarität definiert. Schon drei polare Paare $[g_i, P_i]$, $i = 1, \ldots, 3$ sind nicht frei wählbar. Schließlich sollen sich die Höhen des Dreiseits $[g_1, g_2, g_3]$ in einem Punkte schneiden (Abb. A.7). Der Höhenschnittpunkt liegt aber schon nach der Auswahl der ersten beiden Pole fest. Der dritte Pol muß auf der dritten Höhe liegen. Der Pol einer vierten Geraden g_4 ergibt sich nun als Schnitt der Höhen auf g_4 in den Dreiseiten $[g_2, g_3, g_4]$, $[g_3, g_1, g_4]$ und $[g_1, g_2, g_4]$. Diese drei Höhen gehen durch einen Punkt P_4.

Sind die drei gewählten Pole kollinear, ist ihre Verbindung die absolute Polare, fallen sie jedoch zusammen, definieren sie den absoluten Pol.

Abbildung D.2: Die Polarität ist eine projektive Abbildung

Wenn eine Polarität durch drei Paare von Gerade und Pol gegeben ist, bestimmt der Höhensatz, daß die Pole der zu g_1 und g_2 konkurrenten Geraden auf der Verbindung von P_1 und P_2 liegen. Die Abbildung ist projektiv (das Büschel C wird auf die Punktreihe g_3 abgebildet, speziell g_4 auf D, darauf g_3 aus P_2 auf h_3, speziell D auf D_1, und schließlich h_3 aus A auf die Verbindung $P_1 P_2$, speziell D_1 auf P_4). Die Gerade AD_1 ist die Höhe auf g_4 im Dreiseit $[g_2, g_3, g_4]$. Analog konstruiert man BD_2, die entsprechende Höhe im Dreiseit $[g_1, g_3, g_4]$. Beider Schnitt (P_4) ist kollinear mit P_1 und P_2, weil die drei Punkte Schnitte der Gegenseiten im Sechseck $[A, D_1, D, D_2, B, H]$ sind (Satz von Pappos, Abb. C.3).

punkt zweier Tangenten des absoluten Kegelschnitts der Pol der Verbindungslinie der Berührpunkte. Das ist die Konstruktion von Abbildung 8.14.

Das Büschel der Lote auf einer Geraden ist durch die (projektive) Zuordnung $\mathcal{B}$ des Trägerpunktes bestimmt. Wir sprechen genau dann davon, daß zwei Geraden g und h aufeinander senkrecht stehen, wenn das Produkt $\langle h, \mathcal{B}g \rangle = h_k B^{kl} g_l = 0$ verschwindet. Sind zwei Geraden aufeinander senkrecht, dann liegt der Pol der einen jeweils auf der anderen Geraden. Die Polarität $P^k = B^{kl} g_l$, die jeder Geraden g einen Pol $P[g]$ zuweist, definiert damit eine metrische Geometrie. Der Begriff der Orthogonalität bezieht sich allein auf die Polarität. Wenn wir daraufhin Teilung und

Vervielfachung mit dem harmonischen Wurf definieren, können wir daran gehen, die Gültigkeit der Axiome zu überprüfen.

Zu einer Polarität mit vollem Rang gibt es Polardreiecke, in denen jede Ecke Pol ihrer gegenüberliegenden Seite ist. Beginnen wir mit einer Geraden g, bestimmen ihren Pol $P[g]$ und ziehen durch diesen Pol eine Gerade h. Der Pol $P[h]$ liegt dann wieder auf g, und der Fußpunkt $F_g[h] = g \times h$ von h auf g ist Pol der Verbindungsgeraden $P[g] \times P[h]$. Laut Voraussetzung gilt $h_k g_l B^{kl} = 0$: so wie $P[g]$ die Gerade h trägt, liegt $P[h]$ auf g. Der Pol von $P[g] \times P[h]$ aber bestimmt sich wegen der Regel (C.13) zu $\mathcal{B}[\mathcal{B}[g] \times \mathcal{B}[h]] = \det[\mathcal{B}]\, g \times h$, d.h. als Schnittpunkt der Geraden g und h. In unserem Dreieck ist also jeder Punkt Pol der gegenüberliegenden Seite (Abb. D.3). – Mit unserer Definition des Senkrechtstehens haben wir nun ein Dreieck mit drei rechten Winkeln vor uns, wie wir es von der Kugel kennen. Abbildung 7.1 zeigt gerade ein solches Dreieck. Tatsächlich kann auf der Kugel jede Gerade durch das Paar ihrer Pole vertreten werden, die in der ebenen Projektion ja zusammenfallen. Im Falle eines reellen absoluten Kegelschnitts zerfällt die Menge der Punkte und Geraden in verschiedene einzeln invariante Teilmengen. Dann liegt das Polardreieck i.a. nicht mehr vollständig in *einem* Transitivitätsgebiet von Punkten und Geraden. Die projektive Ebene gestattet uns zwar noch, ein Polardreieck zu zeichnen (Abb. D.3), aber nicht alle Punkte dieses Dreiecks sind jetzt Elemente der Bewegungsgruppe der betrachteten induzierten Geometrie.

Bei vollen Rang von $\mathcal{B}$ ist der Kegelschnitt $A_{kl} Q^k Q^l = 0$ mit der Einhüllenden des Tangentenbündels $B^{kl} t_k t_l = 0$ identisch. Jede Gerade g schneidet diesen Kegelschnitt in zwei u.U. imaginären Punkten $K_1[g]$ und $K_2[g]$. Die Tangenten an diese Punkte schneiden sich aber immer im reellen Pol $P[g]$ der Geraden. Die Pole eines Strahlbüschels durch Q liegen auf der der Polaren $p[Q] = \mathcal{A}Q$ des Büschelträgers:

$$\langle Q, g \rangle = \langle \mathcal{A}Q, \mathcal{B}g \rangle .$$

Ist $\langle Q, g \rangle = 0$, so ist eben auch $\langle \mathcal{A}Q, \mathcal{B}g \rangle = 0$. Das Bild $\mathcal{A}Q$ des Punktes liegt dann auf dem Bild $\mathcal{B}g$ der Geraden.

Hat $\mathcal{B}$ den Rang 3, ist $\mathcal{A}$ als Inverses bestimmt. – Hat $\mathcal{B}$ den Rang 2, ist für $\mathcal{A}$ die Subdeterminantenmatrix $A_{mn} = \epsilon_{ijm} \epsilon_{kln} B^{ik} B^{jl}$ zu nehmen. Diese erfüllt als einzige nichttrivial die Gleichung $A_{ik} B^{kl} = 0$ und hat selbst den Rang 1. Da $\mathcal{B}$ über die Gleichung $\mathcal{B}p = 0$ eine absolute Polare p (das projektive Bild der Ferngeraden) bestimmt, kann man $\mathcal{A}$ in der Form $\mathcal{A} = p \circ p$ schreiben. Schneidet g diese Polare in $F[g] = g \times p$, dann liegen die Paare $[F[g], \mathcal{B}g]$ in einer Involution auf der absoluten Polaren. Deren Fixpunkte sind reell, wenn $\mathcal{B}$ indefinit ist (Minkowski-Geometrie). – Ist $\mathcal{B}$ vom Rang 1, dann kann $\mathcal{A}$ vom Rang 2 sein. In diesem Falle kehren sich die Verhältnisse um. Die Gleichung $\mathcal{A}P = 0$ definiert den absoluten Pol P, und $\mathcal{B}$ kann in der Form $\mathcal{B} = P \circ P$ geschrieben werden. Die Punkte Q definieren Strahlen $f[Q] = Q \times P$ durch P, die mit den Polaren $\mathcal{A}Q$ in einer Involution im Polarenbüschel liegen. Deren Fixstrahlen sind dann reell, wenn $\mathcal{A}$ indefinit ist (Anti-Minkowski-Geometrie). – $\mathcal{A}$ kann aber ebenfalls vom Rang 1 sein (Galilei-Geometrie). Dann

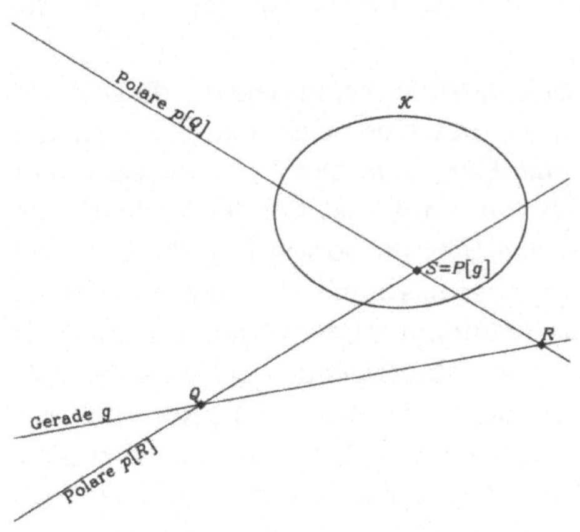

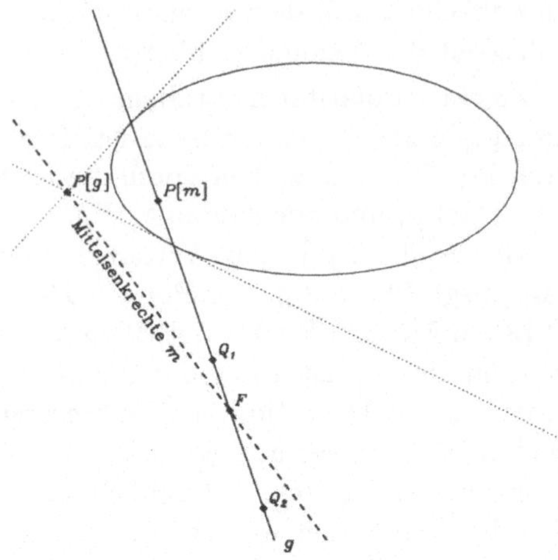

Abbildung D.3: Polardreiecke

In die projektiven Ebene legen wir eine Gerade g und auf diese einen Punkt Q. Die Polare $p[Q]$ schneide g in R. Dessen Polare $p[R]$ schneidet g wieder in Q und $p[Q]$ in einem dritten Punkt S. Dieser ist der Pol $P[g]$ von g. Auf diese Weise haben wir ein Dreieck gefunden, dessen Seiten die Polaren der Ecken sind. In der Zeichnung ist der reelle Fall des absoluten Kegelschnitts gezeichnet.

Abbildung D.4: Die Mittelsenkrechte

Zur Suche der Mittelsenkrechten zwischen zwei Punkten Q_1 und Q_2 konstruieren wir zuerst die Verbindungsgerade g und ihren Pol. Die Mittelsenkrechte m muß von diesem Pol getragen werden und g in einem Punkt F schneiden. Der Pol von m teilt mit F sowohl $[Q_1, Q_2]$ als auch den absoluten Kegelschnitt harmonisch. $P[m]$ und F sind gleichwertige Mittelpunkte von $Q_1 Q_2$.

definiert $\mathcal{A}P = 0$ eine lineare Punktreihe, d.h. die absolute Polare, und $\mathcal{B}p = 0$ ein Strahlbüschel, dessen Träger der absolute Pol ist.

D.2   Die Spiegelung

Wir konstruieren nun die Formeln für die Spiegelungen. Wir gehen von einer Geraden g aus, an der die Spiegelung bewerkstelligt werden soll. Zunächst geht die Gerade und jeder einzelne Punkt auf ihr in sich selbst über. Verbinden wir einen allgemeinen Punkt Q mit seinem Spiegelbild $S[Q]$, soll die Verbindungsgerade auf g senkrecht stehen. Sie muß also durch den Pol $P[g]$ der Geraden gehen, der auch in sich selbst übergeht. Der Fußpunkt F, in dem sich beide Geraden schneiden, bleibt auch unverändert. Also ist das Doppelverhältnis von $P[g]$ und F mit Q und $S[Q]$ gleich dem von $P[g]$ und F mit $S[Q]$ und Q, d.h. minus Eins. Wir finden $S[Q]$ durch eine harmonische Teilung auf dem Lot, das aus Q auf den Spiegel g gefällt werden kann. Der Ausdruck

$$\mathcal{S}_g[Q] = SQ = (\mathcal{E}\langle g, \mathcal{B}g\rangle - 2\mathcal{B}g \circ g)Q \, , \quad S^k{}_l = \delta^k_l g_r B^{rs} g_s - 2B^{kr} g_r g_l \tag{D.4}$$

ist eine Lösung dieser Bedingung. Dual dazu können wir auch nach einer Spiegelung an einem Punkt Q suchen. Die Objekte dieser Spiegelung sind dann Geraden. – Mit einem Punkt bleibt nun auch seine Polare bei der Spiegelung unverändert und gibt das feste Paar für den harmonischen Wurf mit einer Geraden h und ihrem Spiegelbild $\mathcal{S}_A[h]$. Man erhält die duale Formel

$$\mathcal{S}_Q[h] = h\mathcal{S} = h(\mathcal{E}\langle Q, \mathcal{A}Q\rangle - 2Q \circ Q\ \mathcal{A})\ , \quad S^k{}_l = \delta^k_l Q^r A_{rs} Q^s - 2Q^k Q^r A_{rl}\ . \quad \text{(D.5)}$$

Man sieht unmittelbar, daß $\mathcal{S}^2 = 1$ in beiden Fällen ist. Wenn darüber hinaus die Polarität nicht entartet ist, also $\mathcal{AB} = \mathcal{E}$ ist, stimmen beide Spiegelungen überein, $\mathcal{S}_{Bg} = \mathcal{S}_g$. Spiegelung an einer Geraden und Spiegelung an ihrem Pol sind dann identische Operationen[2]. Ist aber $\mathcal{B}$ nicht von vollem Rang, dann kann es Entartungsfälle geben. Generell ist eine Involution durch ein Paar aus Punkt Q und Gerade g bestimmt:

$$\mathcal{S} = \mathcal{E}\langle Q, g\rangle - 2Q \circ g\ , \qquad\qquad\qquad \text{(D.6)}$$

aber nur, wenn g und Q ein polares Paar sind, bleibt die Polarität erhalten, und die Abbildung gehört zu unserer Bewegungsgruppe. Andernfalls beschreibt Gleichung (D.6) nur irgendeine projektive Involution. – Bei den Spiegelungen bleiben sowohl $\mathcal{A}$ als auch $\mathcal{B}$ erhalten. Liegt ein Punkt Q auf dem absoluten Kegelschnitt $\mathcal{A}$, d.h., $\langle Q, \mathcal{A}Q\rangle = 0$, dann liegt auch sein Spiegelbild auf diesem Kegelschnitt. Tangiert eine Gerade den Kegelschnitt $\mathcal{B}$, d.h., $\langle g, \mathcal{B}g\rangle = 0$, dann tangiert auch ihr Spiegelbild diesen Kegelschnitt:

$$S^k_m A_{kl} S^l_n = A_{mn}(g_r B^{rs} g_s)^2\ , \quad S^k_m B^{mn} S^l_n = B_{mn}(g_r B^{rs} g_s)^2\ .$$

Punkte und Tangenten des Kegelschnitts gehen wieder in (i.a. andere) Punkte und Tangenten des Kegelschnitts über (Abb. 8.16).

Will man zwei Punkte Q_1 und Q_2 ineinander spiegeln, muß man die Mittelsenkrechte finden (Abb. D.4). Also bestimmen wir zunächst den Pol $P[Q_1 \times Q_2]$ der Verbindungsgeraden. Der Pol $P[m]$ der gesuchten Mittelsenkrechten muß nun mit deren Fußpunkt $F = m \times (Q_1 \times Q_2)$ die beiden Aufpunkte Q_1 und Q_2 harmonisch teilen. Fußpunkt F und Pol $P[m]$ genügen also der Gleichung $F = Q_1 + \lambda Q_2$, $P = Q_1 + \mu Q_2$ mit

$$\frac{\mu}{\mu - \infty}\frac{\lambda - \infty}{\lambda} = -1\ , \quad \mathcal{A}P = F \times \mathcal{B}(Q_1 \times Q_2)\ .$$

Einerseits ist also $\mu = -\lambda$, andererseits ist

$$\begin{aligned}
\mathcal{A}(Q_1 + \mu Q_2) &= (Q_1 - \mu Q_2) \times (\mathcal{B}(Q_1 \times Q_2)) \\
&\rightarrow \langle (Q_1 - \mu Q_2), \mathcal{A}(Q_1 + \mu Q_2)\rangle = 0\ .
\end{aligned}$$

---

[2]Wir sprechen hier von den Spiegelungen in der projektiven Ebene. Die Spiegelung am Pol ist im allgemeinen keine Punktspiegelung im Sinne von Anhang A, wenn der Pol nicht zur Bewegungsgruppe gehört. In der projektiven Ebene wird mehr dargestellt, als die vom Erzeugendensystem aufgebaute Bewegungsgruppe.

Wir finden also $\mu^2 \langle Q_2, \mathcal{A}Q_2 \rangle = \langle Q_1, \mathcal{A}Q_1 \rangle$ und als Mittelsenkrechte

$$m[Q_1, Q_2] = \mathcal{B}[Q_1 \times Q_2] \times (Q_1 \pm Q_2 \sqrt{\frac{\langle Q_1, \mathcal{A}Q_1 \rangle}{\langle Q_2, \mathcal{A}Q_2 \rangle}}) \; . \tag{D.7}$$

Naturgemäß finden wir als Lösung zwei Punkte zu Q_1 und Q_2, weil das Doppelverhältnis eine Relation zwischen vier Punkten ist. Einen wählen wir als Mittel- und Fußpunkt F, der andere ist dann der Pol $P[m]$ der Mittelsenkrechten. Die Spiegelung ist nun

$$\mathcal{S} = \mathcal{E}\langle P[m], m \rangle - 2P[m] \circ m \; .$$

Wollen wir zwei Geraden ineinander spiegeln, heißt es, die Winkelhalbierende zu finden. Die Konstruktion ist dual zu der eben durchgeführten. Die Winkelhalbierenden sind

$$w = h_1 \pm h_2 \sqrt{\frac{\langle h_1, \mathcal{B}h_1 \rangle}{\langle h_2, \mathcal{B}h_2 \rangle}} \; .$$

Die beiden Spiegelungen sind

$$\mathcal{S}_{\pm} = \mathcal{E}\langle \mathcal{B}w_{\pm}, w_{\pm} \rangle - 2\mathcal{B}w_{\pm} \circ w_{\pm} \; .$$

Im nichtentarteten Fall ist $\mathcal{A}[M_{\pm}] \propto M_{\mp} \times \mathcal{B}[Q_1 \times Q_2]$ und $\mathcal{B}[w_{\pm}] \propto w_{\mp} \times \mathcal{A}[h_1 \times h_2]$.

Das Produkt dreier Spiegelungen $h = agb$ durch einen Punkt findet man in der Form

$$g = a + \lambda b \quad \rightarrow \quad agb = h \; , \quad h = a + \frac{1}{\lambda} \frac{\langle a, \mathcal{B}a \rangle}{\langle b, \mathcal{B}b \rangle} b \; . \tag{D.8}$$

Das Produkt $QgR = h$ findet man analog. Weil g auf der Verbindung QR lotrecht ist, liegt der Pol von g auf dieser Verbindungslinie.

$$\mathcal{B}g = Q + \lambda R \quad \rightarrow \quad QgR = h \; , \quad h = \mathcal{A}(Q + \frac{1}{\lambda} \frac{\langle Q, \mathcal{A}Q \rangle}{\langle R, \mathcal{A}R \rangle} R) \; . \tag{D.9}$$

Das Produkt $aQb = R$ ist ein Punkt, wenn Q auf einem gemeinsamen Lot von a und b liegt, die Polare von Q also mit a und b durch einen Punkt geht:

$$\mathcal{A}Q = a + \lambda b \quad \rightarrow \quad R = \mathcal{B}(a + \frac{1}{\lambda} \frac{\langle a, \mathcal{B}a \rangle}{\langle b, \mathcal{B}b \rangle} b) \; . \tag{D.10}$$

Das Produkt $QER = F$ ist ein Punkt, wenn die Polaren durch einen Punkt gehen:

$$\mathcal{A}F = \mathcal{A}Q + \lambda \mathcal{A}R \quad \rightarrow \quad F = Q + \frac{1}{\lambda} \frac{\langle Q, \mathcal{A}Q \rangle}{\langle R, \mathcal{A}R \rangle} R \; . \tag{D.11}$$

Wir fügen noch zwei nützliche Formeln hinzu. Entsprechend (C.11) gilt für den Fall, daß $[g, a, b] = 0$, auch

$$g \;\propto\; a\langle b \times g, \mathcal{A}(a \times b)\rangle + b\langle g \times a, \mathcal{A}(a \times b)\rangle \;,$$

und für die Spiegelung $h = agb$ erhalten wir

$$h \;=\; b\langle a, \mathcal{B}a\rangle\langle b \times g, \mathcal{A}(a \times b)\rangle + a\langle b, \mathcal{B}b\rangle\langle g \times a, \mathcal{A}(a \times b)\rangle \;.$$

Alles gilt für die nichtentartete Polarität.

Wir erhalten auch Formeln für die Drehung, die aus zwei Spiegelungen um Geraden g_1 und g_2 durch das Drehzentrum zusammengesetzt wird. Solch ein Produkt hat die Form

$$\begin{aligned}
\mathcal{S}_{g_2}\mathcal{S}_{g_1} \;=\; & 4\langle g_1, \mathcal{B}g_2\rangle \mathcal{B}g_2 \circ g_1 - 2\langle g_1, \mathcal{B}g_1\rangle \mathcal{B}g_2 \circ g_2 \\
& - 2\langle g_2, \mathcal{B}g_2\rangle \mathcal{B}g_1 \circ g_1 + \langle g_1 \mathcal{B}g_1\rangle\langle g_2, \mathcal{B}g_2\rangle \mathcal{E} \;.
\end{aligned}$$

Wollen wir eine Drehung konstruieren, die eine Gerade g_1 in g_3 überführt, spiegeln wir erst an g_1 und dann an der Winkelhalbierenden

$$g_2 = g_1 + \sqrt{\langle g_1 \mathcal{B}g_1\rangle / \langle g_3, \mathcal{B}g_3\rangle}\, g_3 \;.$$

D.3 Der Geschwindigkeitsraum

Der Raum der Relativgeschwindigkeiten ist das physikalisch einfachste und wichtigste Beispiel für die Lobachevski-Geometrie. Die Figuren im Geschwindigkeitsraum sind Hodogramme, jeder Punkt charakterisiert ein bestimmte Geschwindigkeit, die das präparierten Objekt annehmen kann. Der Betrag der Geschwindigkeiten ist durch die Lichtgeschwindigkeit begrenzt, alle Hodogramme sind also in Grenzkreise (bzw.Kugeln) eingeschlossen. Translationen in einem Hodogramm entstehen durch Zusammensetzung mit globalen Geschwindigkeiten. Dabei bleibt der Grenzkreis erhalten, d.h., Bewegungen mit Lichtgeschwindigkeit bleiben Bewegungen mit Lichtgeschwindigkeit. Die Translationen sind projektive Transformationen. Der reelle Grenzkreis ist der absolute Kegelschnitt. Damit hat der Geschwindigkeitsraum eine Lobachevski-Geometrie.

Unser Beispiel ist der Billardstoß. Die Figur der beim Billardstoß (Abb. 5.6) nach einer bestimmten Zeit erreichten Orte muß aus der symmetrischen Form (Abb. 2.8) durch einen auf der Relativität gegründeten Schluß hervorgehen. Wir gewinnen sie, wenn wir – entsprechend der Einsteinschen Zusammensetzung der Geschwindigkeiten – die Relativgeschwindigkeit zwischen dem symmetrischen Stoß und dem Billardstoß in die Figur des symmetrischen Stoßes einfügen. Aus dem Kreis der nach einer bestimmten Zeit erreichten Punkte wird eine Figur, die (nach euklidischer Beurteilung) eine Ellipse ist. Die Projektion des Mittelpunktes dieses Kreises finden wir experimentell durch den Schnitt der Verbindung der Endpunktpaare bei verschiedenen Stößen. Wir bestimmen zunächst die projektive Abbildung, die diese Translation bewirkt. Wir berechnen alles im Kleinschen Modell mit dem Rand

$$x^2 + y^2 - z^2 = 0 \ .$$

Die Matrix der Translation in x-Richtung ist etwa

$$\mathcal{T} = \begin{bmatrix} 1 & 0 & r \\ 0 & \sqrt{1-r^2} & 0 \\ r & 0 & 1 \end{bmatrix} \ .$$

Diese Abbildung führt den Randkreis in sich selbst über. Der Kreis $r^2 z^2 - x^2 - y^2 = 0$ wird in die gezeigte Ellipse verschoben: Aus $Q = [r \cos\varphi, r \sin\varphi, 1]$ wird

$$\mathcal{A}Q = [1 + \cos\varphi, \sqrt{1-r^2} \sin\varphi, \frac{1}{r} + r \cos\varphi] \ .$$

Wie es sein soll, wird der Punkt $[-r, 0, 1]$ in $[0, 0, 1]$ verschoben. Nun soll der Durchmesser $\beta = 2/(r + 1/r)$ gleich der Geschwindigkeit des stoßenden Teilchen sein, die hier auf die Lichtgeschwindigkeit bezogen ist. dann finden wir das zu verwendende r durch die Formel

$$r = \frac{1}{\beta}(1 - \sqrt{1 - \beta^2}) \ .$$

Die Projektion $[r, 0, 1]$ des Mittelpunktes $[0, 0, 1]$ teilt den Durchmesser im Verhältnis

$$\gamma = \frac{r}{\frac{2}{r + \frac{1}{r}} - r} = \frac{1}{\sqrt{1 - \beta^2}} \ .$$

Dies ist das bereits bekannte Verhältnis der trägen Masse eines Körpers in Bewegung zu seiner Ruhmasse.

Eine Translation im Geschwindigkeitsraum ist eine Zusammensetzung aller Geschwindigkeiten mit einer festen Geschwindigkeit. Die Punkte auf dem Rand bleiben dort (der Betrag der Lichtgeschwindigkeit ändert sich nicht), bewegen sich aber auf dem Rand (Abb. D.5). Diese Bewegung ist die Aberration (Abb. 4.3). Ergänzt auf die Kugel, ergibt sich eine konforme Abbildung (Abb. 4.10). Die Gruppe der konformen Abbildungen der Kugel auf sich ist der (homogenen) Lorentz-Gruppe isomorph.

Abbildung D.5 ist Anlaß, uns daran zu erinnern, daß zwei spezielle Lorentz-Transformationen mit Geschwindigkeiten in verschiedenen Richtungen nicht wieder eine spezielle Lorentz-Transformation ergeben. (Abb. D.6). Das liegt an der Krümmung des Geschwindigkeitsraums (Abb. 7.10, 7.11). Formal sehen wir das wie

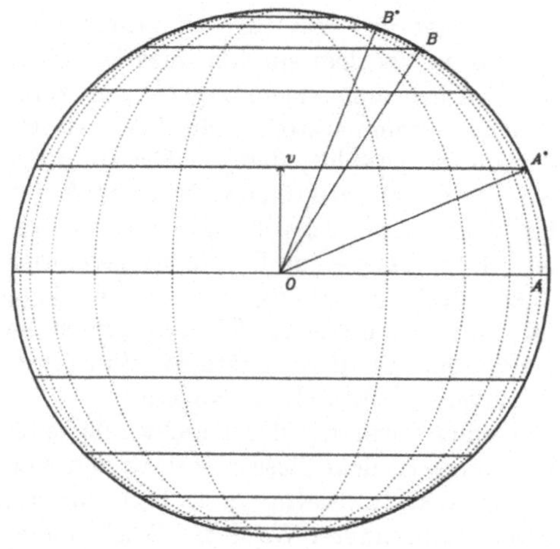

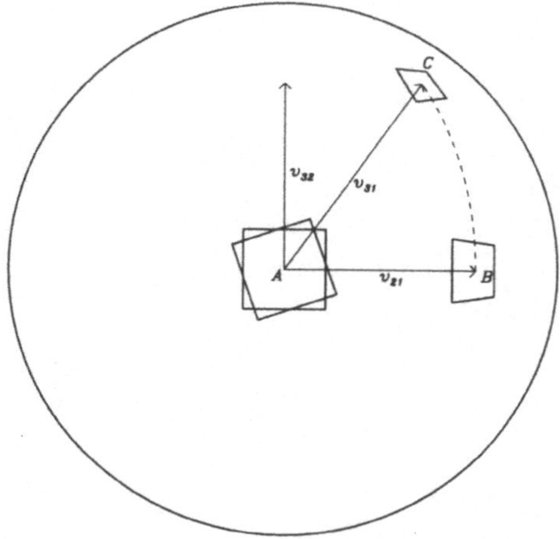

Abbildung D.5: Geschwindigkeitstranslation und Aberration

Der Kreis stellt den Geschwindigkeitsraum in der Form des Kleinschen Modells der nicht-euklidischen Geometrie dar. Der Vektor v zeigt die Translation an. Die Translation verschiebt die Familie der gezeigten Geraden in sich, wobei A in A^* und B in B^* übergeht. Die gepunkteten Kurven sind die Bahnkurven der Translation (siehe auch Abb. 9.16).

Abbildung D.6: Geschwindigkeitstranslationen bilden keine Gruppe

Die Zusammensetzung zweier Geschwindigkeitstranslationen ist nicht wieder eine Geschwindigkeitstranslation. An Hand der in Abb. D.5 gezeigten Bahnkurven der Translation sehen wir unmittelbar, daß die Zusammensetzung der zwei Translationen v_1 und v_2 eine Rotation relativ zur Translation mit der zusammengesetzten Geschwindigkeit v enthält. Diese Rotation ergibt die Thomas-Präzession.

folgt. Die allgemeine Translation im Geschwindigkeitsraum mit der Geschwindigkeit $[u, v]$ hat die Transformationsmatrix

$$\mathcal{T}[u, v] = \begin{bmatrix} \gamma + v^2 \frac{1-\gamma}{u^2+v^2} & -uv\frac{1-\gamma}{u^2+v^2} & \gamma u \\ -uv\frac{1-\gamma}{u^2+v^2} & \gamma + u^2\frac{1-\gamma}{u^2+v^2} & \gamma v \\ \gamma u & \gamma v & \gamma \end{bmatrix} . \tag{D.12}$$

Die (auf die Lichtgeschwindigkeit normierten Komponenten der Translation sind u und v, der Koeffizient γ ist wie immer $\gamma = 1/\sqrt{1 - u^2 - v^2}$. Wir prüfen $\mathcal{T}[u,v]\mathcal{T}[-u,-v] = \mathcal{E}$ ohne Mühe. Ebenso sehen wir, daß $\mathcal{T}[0,v]\mathcal{T}[u,0]$ eine Transformation ist, die das Zentrum $O = [0,0,1]$ in den Punkt $P = [u\sqrt{1-v^2}, v, 1]$ verschiebt. Die Kombination $\mathcal{T}[-u\sqrt{1-v^2}, -v]\mathcal{T}[0,v]\mathcal{T}[u,0]$ hat dann den Fixpunkt O

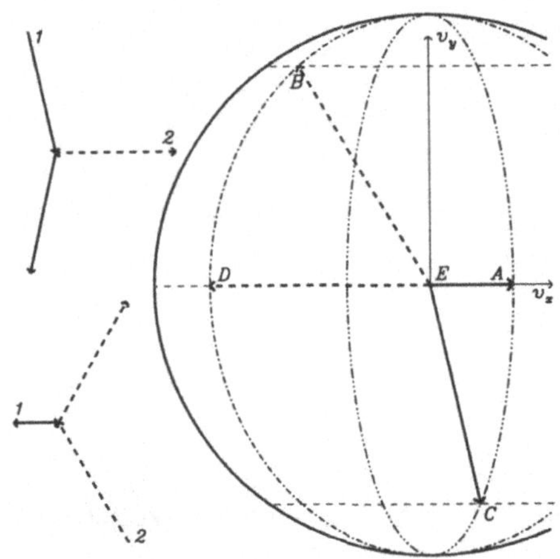

Links sehen wir zwei Ortsdiagramme eines Stoßes, bei dem ein von links kommendes Teilchen mit einem von rechts kommenden zusammenstößt. Die Bezugssysteme sind so gewählt, daß die Geschwindigkeit jeweils eins der beiden beim Stoß nur das Vorzeichen wechselt und dann nur eine v_x-Komponente hat. Die Relativgeschwindigkeit der beiden Bezugssysteme hat dann nur eine v_y-Komponente. Wird sie dem *einen* Diagramm mit dem richtigen Vorzeichen überlagert, ergibt sich das *andere*.

Rechts sehen wir das Geschwindigkeitsdiagramm, in dem diese Überlagerung eine Lobachevski-Translation in v_y-Richtung ist, die uns in bekannter Weise die Geschwindigkeiten $v[A]$ und $v[C]$ sowie $v[B]$ und $v[D]$ zueinander bestimmt. Die Punkte A und B zeigen die Geschwindigkeiten vor dem Stoß im unteren Bezugssystem. Sie werden durch die Geschwindigkeitstranslation in die Punkte C und D verschoben.

Abbildung D.7: Zur Geschwindigkeitsabhängigkeit der Masse. II.

und ist eine *Rotation* um den Winkel φ mit

$$\sin\varphi = \frac{uv}{1 + \sqrt{1-u^2}\sqrt{1-v^2}} \, , \quad \cos\varphi = \frac{\sqrt{1-u^2} + \sqrt{1-v^2}}{1 + \sqrt{1-u^2}\sqrt{1-v^2}} \, .$$

Die mit Gleichung (D.12) beschriebenen reinen Geschwindigkeitstranslationen bilden keine Gruppe: In einem mehrfachen Produkt können die Faktoren nicht ohne weiteres zusammengefaßt werden. Das ist ein Korollar zu der Tatsache, daß die speziellen Lorentz-Transformationen (Gl. (B.3)) in einer vierdimensionalen Welt keine Untergruppe der Lorentz-Gruppe bilden.

Wir benutzen die Translationen im Lobachevski-Raum der Geschwindigkeiten, um zu zeigen, wie sie mit der Geschwindigkeitsabhängigkeit der Masse zusammenhängen [134]. Abbildung D.7 skizziert Orts- und Geschwindigkeitsdiagramm eines speziellen ebenen Stoßes in zwei speziellen Bezugssystemen. Die Geschwindigkeit jeweils eines Teilchens wechselt nur das Vorzeichen und liegt dann in v_x-Richtung. Wir vergleichen nun die beiden so bezeichneten Bezugssysteme. Im rechten Teil sind die jeweiligen Geschwindigkeiten vor dem Stoß angegeben. In dem Bezugssystem der Skizze links unten sind das EA und EB, in dem oberen EC und ED. In beiden Fällen muß der Impulserhaltungssatz gelten. Wir setzen nun voraus, daß die Massen nur über einen Faktor $\gamma[v]$ von der Geschwindigkeit v abhängen und daß dieser nicht von der Richtung abhängt, also $m[v] = m \cdot \gamma[v]$ gilt. Wir können $\gamma[0] = 1$ wählen.

Der Erhaltungssatz für die wesentliche Komponente lautet nun in den beiden Bezugssystemen

$$m_1 \, \gamma[A] \, v_x[A] + m_2 \, \gamma[B] \, v_x[B] \;=\; 0 \, ,$$
$$m_1 \, \gamma[C] \, v_x[C] + m_2 \, \gamma[D] \, v_x[D] \;=\; 0 \, .$$

Nun benutzen wir die Gleichung der Ellipse, also

$$\frac{v_x^2[C]}{v_x^2[A]} + \frac{v_y^2[C]}{c^2} = 1 \, , \quad \frac{v_x^2[B]}{v_x^2[D]} + \frac{v_y^2[B]}{c^2} = 1 \, .$$

Der Impulserhaltungssatz lautet damit

$$m_1 \, \gamma[A] \, v_x[A] + m_2 \, \gamma[B] \, v_x[D] \, \sqrt{1 - \frac{v_y^2[B]}{c^2}} \;=\; 0 \, ,$$

$$m_1 \, \gamma[C] \, v_x[A] \, \sqrt{1 - \frac{v_y^2[C]}{c^2}} + m_2 \, \gamma[D] \, v_x[D] \;=\; 0 \, .$$

Wir erinnern nun daran, daß $v_y[B] = -v_y[C]$ ist und schreiben dafür kurz $v_y[B] = u$. Der Impulserhaltungssatz stellt nun eine homogenes Gleichungssystem für $m_1 v_x[A]$ und $m_2 v_x[D]$ dar. Es ist nur dann lösbar, wenn die Bedingung

$$\gamma[A]\gamma[D] - \gamma[B]\gamma[C] \, (1 - \frac{u^2}{c^2}) = 0 \, .$$

erfüllt ist. In der Grenze sehr kleiner v_x-Komponenten finden wir $\gamma[A] = \gamma[D] = 1$, $\gamma[B] = \gamma[C] = \gamma[u]$ und schließlich $\gamma[u] = 1/\sqrt{1 - \frac{u^2}{c^2}}$. Das ist der bekannte Lorentz-Faktor. Wir prüfen durch Einsetzen, daß diese Funktion $\gamma[u]$ auch im Falle nichtverschwindender v_x-Komponenten die Lösung ist. Im Ergebnis finden wir, daß die Einsteinsche Zusammensetzung der Geschwindigkeiten die Geschwindigkeitsabhängigkeit der Masse erfordert (Tabelle 5.1).

D.4 Kreise und Peripherien

Wie schon oft bemerkt, ist es hilfreich, sich an der Kugel zu orientieren, um Formeln zu finden, deren Gültigkeit man danach prüfen kann. Wir bestimmen die Formel für einen Kreis auf der Kugel. Dort nehmen wir die dreidimensionale Einbettung zu Hilfe und bestimmen den Kreis auf der Oberfläche dadurch, daß die Vektoren vom Kugelmittelpunkt Z zum Kreismittelpunkt M und zu den Peripheriepunkten Q immer den gleichen Winkel einschließen:

$$\cos(\angle MZP) = \frac{\langle Z\vec{M}, \mathcal{A} \, Z\vec{Q}\rangle}{\sqrt{\langle Z\vec{M}, \mathcal{A} \, Z\vec{Q}\rangle}\sqrt{\langle Z\vec{M}, \mathcal{A} \, Z\vec{Q}\rangle}} = \text{const}$$

mit

$$\mathcal{A} = \begin{pmatrix} 1 & 0 & 0 \\ 0 & 1 & 0 \\ 0 & 0 & 1 \end{pmatrix} \ .$$

Wir haben dabei berücksichtigt, daß die Vektorkoordinaten bereits die projektiven Punktkoordinaten sind (die Kugel wird ja aus dem Mittelpunkt projiziert) und daß es ein Skalarprodukt zwischen zwei Punkten nicht gibt, sondern eine Abbildung $\mathcal{A}$ auf die Geraden dazwischengeschrieben werden muß, deren Matrix im Falle der Kugel aber gerade gleich der Einheitsmatrix ist und deshalb nicht explizit geschrieben werden müsste. Wir wollen aber eine allgemeine Formel, die nicht nur für die Kugel gilt, sondern für alle anderen Polaritäten auch. Für die Punkte Q eines Kreises um M ist also

$$\frac{\langle Q, \mathcal{A}M \rangle^2}{\langle Q, \mathcal{A}Q \rangle \langle M, \mathcal{A}M \rangle} = \text{const} \ .$$

Die Konstante wird etwa durch einen Punkt Q_1 bestimmt, von dem wir wissen, daß er auf der Peripherie liegt. Also ist

$$\langle Q, \mathcal{A}M \rangle^2 \langle Q_1, \mathcal{A}Q_1 \rangle = \langle Q_1, \mathcal{A}M \rangle^2 \langle Q, \mathcal{A}Q \rangle \ .$$

In anderen Worten, durch Q_1 ist der Radius und damit der Kreis bestimmt. Wir haben also schließlich die quadratische Form

$$\langle Q, \mathcal{K}Q \rangle = 0 \ , \quad \mathcal{K} = \mathcal{A} \langle Q_1, \mathcal{A}M \rangle^2 - \langle Q_1, \mathcal{A}Q_1 \rangle \, \mathcal{A}M \circ \mathcal{A}M \tag{D.13}$$

erreicht. Ist $\mathcal{A}$ und M gegeben, bleibt ein essentieller Parameter für die Definition der Kreise frei. Er entspricht dem Radius. Die Abbildungen 9.16 – 9.19 zeigen solche einparametrigen Scharen von Kreisen.

In der euklidischen Geometrie ist ein Kreis durch drei Punkte Q_1, Q_2, Q_3 bestimmt. Nun haben wir den Kreis als speziellen Kegelschnitt zu finden. Die beiden fehlenden Bestimmungsstücke für den Kegelschnitt werden durch die Beziehung zum absoluten Kegelschnitt ersetzt. Sind uns drei Punkte gegeben, konstruieren wir zunächst den Umkreismittelpunkt des Dreiecks als Schnittpunkt zweier Mittelsenkrechten und benutzen dann Formel (D.13). Wir können auch durch Spiegelung an Mittelsenkrechten erst weitere Punkte konstruieren und dann die Formel (C.20) benutzen.

Wann bestimmt eine quadratische Form $\mathcal{K}$ einen Kreis? Das ist der Fall, wenn es einen Mittelpunkt M gibt. Die von ihm getragenen Strahlen schneiden $\mathcal{K}$ in zwei Punkten, deren Mitte immer durch M gegeben wird. Erinnern wir uns an Abbildung D.4, dann definieren die Strahlen g durch den Mittelpunkt Pole $P[g]$ bezüglich des absoluten Kegelschnitts, die auf der Polaren $p[M]$ von M liegen. Wegen der Teilung des Kreises $\mathcal{K}$ ist die Polare am absoluten Kegelschnitt auch die Polare

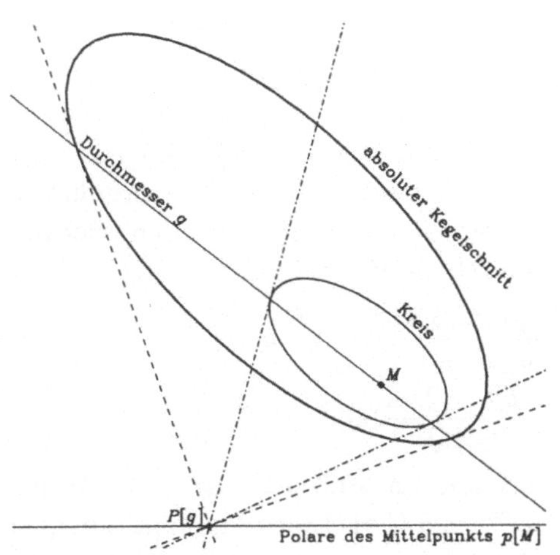

Die metrischen Beziehungen seien durch einen absoluten Kegelschnitt bestimmt. Wir wählen den Mittelpunkt M des Kreises und bestimmen seine Polare $p[M]$. Nun betrachten wir einen Durchmesser g. Sein Pol $P[g]$ liegt auf der Polaren von M. Die (gestrichelten) Tangenten an den absoluten Kegelschnitt stehen auf g senkrecht. Die (strichpunktierten) Tangenten, die den Kreis in seinen Schnittpunkten mit dem Durchmesser g berühren, müssen ebenfalls auf g senkrecht stehen. Deshalb gehen sie auch durch $P[g]$. Das heißt, der Pol eines Durchmessers bezüglich des absoluten Kegelschnitts $\mathcal{B}g$ fällt mit dem Pol $\mathcal{K}^{-1}g$ bezüglich des Kreises selbst zusammen.

Kreise dieser allgemeinen Form sind die Rotationsbahnen von Kapitel 9.

Abbildung D.8: Der Kreis

am Kreis. Für das Strahlbüschel M gilt daher, daß $\mathcal{K}^{-1}g \propto \mathcal{B}g$ für alle m durch M gilt (Abb. D.8). Die Gleichung $\langle Q, \mathcal{K}Q \rangle = 0$ definiert also einen Kreis, wenn es ein Strahlbüschel M gibt, dessen Strahlen g Fixstrahlen von $\mathcal{K}\mathcal{B}$ sind:

$$\mathcal{K}\mathcal{B}g = \lambda g \ , \ \text{bei festem } \lambda \text{ für alle } g \text{ mit } \langle g, M \rangle = 0 \ .$$

Dual dazu muß es eine Punktreihe q (die dann gleich $p[M]$ ist) geben, deren Punkte Q die Bedingung

$$\mathcal{K}Q = \lambda \mathcal{A}Q \ , \ \text{bei festem } \lambda \text{ für alle } Q \text{ mit } \langle q, Q \rangle = 0$$

erfüllen. Kreise sind die Kegelschnitte, die den absoluten Kegelschnitt zweimal berühren. Die Berührpunkte liegen auf der Polaren $p[M]$ des Mittelpunkts M. In Abbildung D.8 sind sie aber nicht reell. Der Mittelpunkt M und seine Polare $p[M]$ sind nicht nur in Bezug auf den absoluten Kegelschnitt, sondern auch in Bezug auf den Kreis selbst polar.

Wir bestimmen nun eine Peripherie, d.h. die Kurve, für die der Peripheriewinkelsatz gilt, den geometrischen Ort aller Punkte, die mit einer feste Sehne ein Dreieck festen Scheitelwinkels bilden. In der euklidischen wie in der pseudoeuklidischen Ebene ist das ein Kreis. Wir werden zeigen, warum im allgemeinen eine Kurve vierter Ordnung entsteht. – Wir leiten die Formel an der Kugel ab. Gegeben ist eine Sehne (zwei Punkte) auf der Kugel. Ein Punkt Q definiert zwei Ebenen mit den Normalformkoeffizienten $g_1 = Q \times Q_1$ und $g_2 = Q \times Q_2$. Der Winkel zwischen diesen beiden Ebenen ist der Winkel, unter dem Q_1Q_2 von Q aus gesehen wird. Dieser Winkel muß durch einen dritten Punkt Q_3 gegeben sein. Denken wir nun an den

Peripheriewinkelsatz, dann ist die Gleichung einer Peripherie also

$$\frac{\langle g_1, \mathcal{B}g_2\rangle}{\sqrt{\langle g_1, \mathcal{B}g_1\rangle\langle g_2, \mathcal{B}g_2\rangle}} = \frac{\langle g_{31}, \mathcal{B}g_{32}\rangle}{\sqrt{\langle g_{31}, \mathcal{B}g_{31}\rangle\langle g_{32}, \mathcal{B}g_{32}\rangle}} = \cos\gamma(\text{konstant}) \ . \qquad \text{(D.14)}$$

Das ist eine Gleichung vierter Ordnung, die Peripherie ist kein Kegelschnitt (Abb. 9.13), im Gegensatz zu dem entarteten Fall der euklidischen krümmungsfreien Geometrie. Gleichung (D.14) kann auch mit $\mathcal{A}$ geschrieben werden. Bei der Ersetzung $B^{ij} = \epsilon^{ikl}A_{km}\epsilon^{jmn}A_{ln}$ ergibt sich die schöne Formel

$$\langle Q, (\mathcal{A} - \frac{\mathcal{A}Q_1 \circ Q_2\mathcal{A}}{Q_1\mathcal{A}Q_2})Q\rangle\langle Q, (\mathcal{A} - \frac{\mathcal{A}Q_1 \circ Q_2\mathcal{A}}{Q_1\mathcal{A}Q_2})Q\rangle$$

$$= \ \lambda\langle Q, (\mathcal{A} - \frac{\mathcal{A}Q_1 \circ Q_1\mathcal{A}}{Q_1\mathcal{A}Q_1})Q\rangle\langle Q, (\mathcal{A} - \frac{\mathcal{A}Q_2 \circ Q_2\mathcal{A}}{Q_2\mathcal{A}Q_2})Q\rangle \ .$$

Dabei muß der Wert von λ dadurch bestimmt werden, daß die Kurve durch den dritten Punkt Q_3 gehen soll. Zerlegt man in der Formel Q als Linearkombination $Q = \mu_1Q_1 + \mu_2Q_2 + \mu_3Q_3$, dann ergibt sich für jeden Wert von μ_1/μ_3 eine quadratische Gleichung für μ_2/μ_3. Auf jedem Strahl durch Q_1 liegen zwei Punkte der Kurve (Abb. 9.13).

D.5   Zwei Beispiele

Die Verwandtschaft der Geometrien der Ebene soll an zwei Beispielen erläutert werden, die beide einen besonderen geometrischen Reiz haben. Wir verzichten auf die Beweise, die wirkliches Kopfzerbrechen erfordern, und demonstrieren nur die Formulierung mit projektiven Mitteln.

Unser erstes Beispiel ist ein verblüffender Schnittpunkt. Die **Verbindungslinien der Schnittpunkte von drei Kegelschnitten** schneiden sich in einem Punkt, wenn zwei dieser Kegelschnitte jeweils einen Brennpunkt gemeinsam haben (Abb. D.9).

Zunächst müssen wir wissen, was ein Brennpunkt ist. Wie wir im vorigen Abschnitt geschrieben haben, ist der Kreis ein Kegelschnitt $\mathcal{K}$ mit einem Mittelpunkt M. Jede Sehne g durch diesen Mittelpunkt (d.h., $\langle g, M\rangle = 0$) hat einen Pol $P_\mathcal{K}[g]$ bezüglich $\mathcal{K}$ und einen Pol $P_\mathcal{B}[g]$ bezüglich $\mathcal{B}$. Beide Pole fallen für einen Kreis zusammen. Wir müssen nun mit solchen projektiven Begriffen auch die Brennpunkte F_1, F_2 von Ellipsen und Hyperbeln $\mathcal{H}$ definieren. In der euklidischen Geometrie lernen wir, daß die Sehnen g durch einen Brennpunkt F (d.h., $\langle g, F\rangle = 0$) senkrecht auf der Verbindungslinie des Pols $P_\mathcal{H}[g]$ mit dem Brennpunkt F stehen. Senkrechtstehen ist nun in der allgemeinen metrisch-projektiven Geometrie aber das Passieren des Pols $P_\mathcal{B}[g]$. Die Brennpunkte F eines Kegelschnitts $\langle Q, \mathcal{H}Q\rangle = 0$ müssen also dadurch definiert werden, daß die beiden Pole $P_\mathcal{B}[g]$ und $P_\mathcal{H}[g]$ jeder Sehne durch einen Brennpunkt mit diesem selbst kollinear sind. Da das für beide Brennpunkte gelten soll, muß also

$$\mathcal{H}_{12}^{-1}g = \mathcal{B}g + \alpha F_1$$

für $\langle g, F_1 \rangle = 0$ und

$$\mathcal{H}_{12}^{-1} g = \mathcal{B} g + \beta F_2$$

für $\langle g, F_2 \rangle = 0$ gelten. Daraus folgt

$$\mathcal{H}^{-1}[\kappa, F_1, F_2] = \mathcal{B} + \frac{\kappa}{\langle F_1, \mathcal{B}^{-1} F_2 \rangle}(F_1 \circ F_2 + F_2 \circ F_1) \tag{D.15}$$

beziehungsweise

$$\mathcal{H}[\kappa, F_1, F_2] = \mathcal{A} - \lambda\mu \frac{\mathcal{A}F_1 \circ \mathcal{A}F_2 + \mathcal{A}F_2 \circ \mathcal{A}F_1}{\langle F_1, \mathcal{A}F_2 \rangle}$$
$$+ \lambda^2 \nu \left(\frac{\mathcal{A}F_1 \circ \mathcal{A}F_1}{\langle F_1, \mathcal{A}F_1 \rangle} + \frac{\mathcal{A}F_2 \circ \mathcal{A}F_2}{\langle F_2, \mathcal{A}F_2 \rangle} \right)$$

mit

$$\mu = \frac{\langle F_1, \mathcal{A}F_2 \rangle^2}{\langle F_1, \mathcal{A}F_2 \rangle^2 - \lambda^2 \langle F_1, \mathcal{A}F_1 \rangle \langle F_2, \mathcal{A}F_2 \rangle},$$
$$\nu = \frac{\langle F_1, \mathcal{A}F_1 \rangle \langle F_2, \mathcal{A}F_2 \rangle}{\langle F_1, \mathcal{A}F_2 \rangle^2 - \lambda^2 \langle F_1, \mathcal{A}F_1 \rangle \langle F_2, \mathcal{A}F_2 \rangle}$$

und $\lambda = \kappa/(1+\kappa)$. Fallen F_1 und F_2 zusammen, ergibt sich die Gleichung des Kreises. $\kappa < 1$ entspricht der Ellipse der euklidischen Geometrie, $\kappa > 1$ der Hyperbel.

Nun seien F_1, F_2, F_3 drei Brennpunkte und $\mathcal{H}_1 = \mathcal{H}[\kappa_1, F_2, F_3]$, $\mathcal{H}_2 = \mathcal{H}[\kappa_2, F_3, F_1]$, $\mathcal{H}_3 = \mathcal{H}[\kappa_3, F_1, F_2]$ drei Kegelschnitte, die jeden Brennpunkt gemeinsam mit einem anderen der drei haben. Diese Kegelschnitte haben je zwei Directricen, die Polaren der Brennpunkte ($d_{12} = \mathcal{H}_1 F_2$, und so fort). Zwei Kegelschnitte haben jeweils zwei reelle Schnittpunkte ($\mathcal{H}_1$ und $\mathcal{H}_2$ schneiden sich in Q_{31} und Q_{32}, $\mathcal{H}_2$ und $\mathcal{H}_3$ in Q_{11} und Q_{12}, schließlich $\mathcal{H}_3$ und $\mathcal{H}_1$ in Q_{21} und Q_{22}), durch die eine Sehne gelegt werden kann ($g_1 = Q_{11} \times Q_{12}$, $g_2 = Q_{21} \times Q_{22}$, $g_3 = Q_{31} \times Q_{32}$). Die drei Sehnen schneiden sich in einem Punkt, d.h., $[g_1, g_2, g_3] = 0$.

In der euklidischen (wie auch in der Minkowski-Geometrie) kann man zeigen, daß jede Sehne durch *zwei* Schnittpunkte von Directricen geht, also etwa g_1 durch $Q_1 = d_{21} \times d_{31}$ und $R_1 = d_{23} \times d_{32}$. Mit der Darstellung $g_1 = Q_1 \times R_1$ kann man dann mit einfacher Algebra zeigen, daß die drei Sehnen durch einen Punkt gehen. Im nichteuklidischen Fall geht die Sehnen g_k noch durch Q_k, aber nicht mehr durch R_k.

Das zweite Beispiel ist ein berühmtes Problem der antiken griechischen Mathematik. Es ist die **Dreiteilung des Winkels**, eins der klassischen Probleme, das keine allgemeine Lösung auf der Basis einer Konstruktion mit Zirkel und Lineal besitzt. Man findet die Dreiteilung mit Konstruktionen, die Schnitte aus Kreis und Hyperbel suchen. Wir zeigen hier eine Konstruktion im Minkowski-Raum, die dual zu einer bekannten Konstruktion der euklidischen Ebene ist, und teilen den pseudoeuklidischen Winkel in drei Teile (Abb. D.10). Die Dualität veranlaßt uns, das

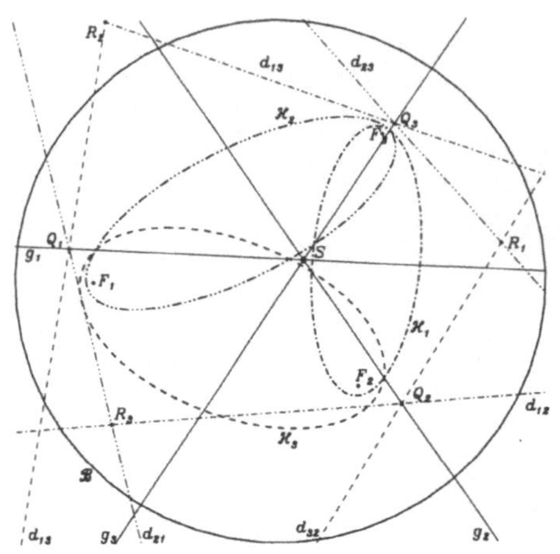 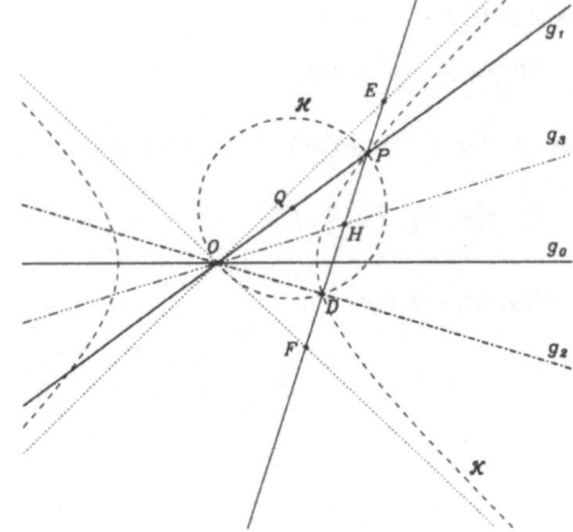

Abbildung D.9: Der Sehnenschnittpunkt dreier Kegelschnitte

Die Abbildung zeigt drei Punkte F_1, F_2, F_3. Je zwei dieser Punkte seien Brennpunkte eines Kegelschnitts. Zu diesen sind in gleichem Stil die Directricen und deren Schnittpunkte gezeichnet. Die Sehnen g_1, g_2, g_3 durch die Schnittpunkte der Kegelschnitte schneiden sich in S.

Abbildung D.10: Die Dreiteilung des Winkels

Wir zeigen die Dreiteilung des Winkels in der Minkowski-Geometrie.

Die invarianten Richtungen sind wie üblich gewählt. Der Winkel wird so gelegt, daß die Gerade g_0 die Horizontale ist. Genau dann wird der im Text definierte Kegelschnitt $\mathcal{H}$ nach euklidischem Maß ein Kreis.

Ergebnis in projektiver Form zu fassen. – Aus unserer Sicht ist der Kreis $\mathcal{K}$ die elementare Figur, für die es eine ziemlich einfach strukturierte Gleichung gibt, wenn der absolute Kegelschnitt $\mathcal{B}$ bekannt ist (Gleichung (D.13)). Ist $\mathcal{B}$ nur vom Rang 2, so entartet Gleichung (D.13) zu einer leeren Gleichung. Wir müssen also dann $\mathcal{B}$ durch einen kleinen Term ergänzen, der den vollen Rang herstellt, invertieren und in der Gleichung (D.13) den Grenzübergang herstellen, in dem dieser Zusatzterm verschwindet. Der führende Term wird dann durchaus trivial, aber der nächste liefert wieder eine richtige Gleichung. Wir können sie wie folgt darstellen. Ist $\mathcal{B}$ nur vom Rang 2, so definiert $\mathcal{B}$ eine absolute Polare p, mit deren Hilfe $\mathcal{B}$ als Derivat einer Matrix $\mathcal{B}^*$ vollen Ranges dargestellt werden kann:

$$\mathcal{B} = \mathcal{B}^* - \frac{\mathcal{B}^* p \circ \mathcal{B}^* p}{\langle p, \mathcal{B}^* p \rangle} \ .$$

Diese kann gewöhnlich invertiert werden, $\mathcal{A}^* \mathcal{B}^* = \mathcal{E}$. Wir finden mit der Definition

$$\mathcal{A}_1 = \mathcal{A}^* - \frac{p \circ p}{\langle p, \mathcal{B}^* p \rangle}$$

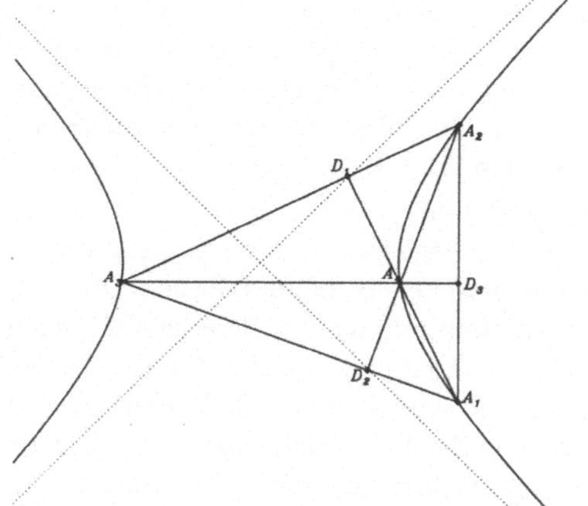

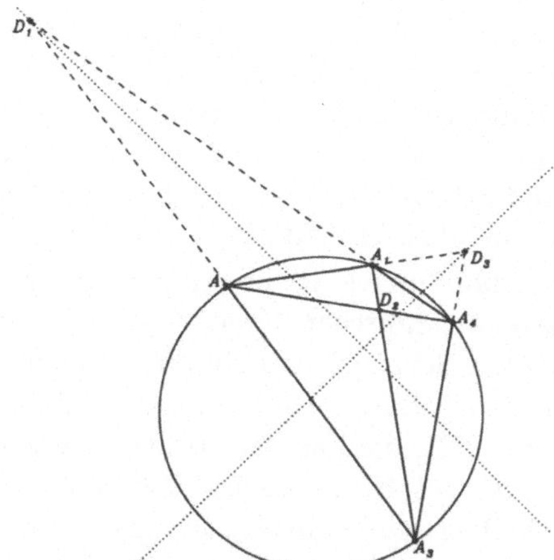

Abbildung D.11: Hyperbel und euklidischer Höhenschnittpunkt

Der euklidische Höhenschnittpunkt eines Dreiecks liegt auf dem pseudoeuklidischen Umkreis, wenn dieser eine gleichseitige Hyperbel ist. – Und als Korollar: *Alle* Kegelschnitte durch ABCH sind gleichseitige Hyperbeln, deren Mittelpunkte auf dem Feuerbach-Kreis liegen.

Abbildung D.12: Kreis und pseudoeuklidischer Höhenschnittpunkt

Der pseudoeuklidische Höhenschnittpunkt eines Dreiecks liegt auf dem euklidischen Umkreis, wenn die ausgezeichneten Richtungen, die pseudoeuklidisch auf sich selbst senkrecht stehen, euklidisch aufeinander senkrecht stehen.

wieder eine Matrix mit Rang 2, mit deren Hilfe die Kreisgleichung $\langle Q, \mathcal{K}Q \rangle = 0$ mit

$$\mathcal{K} = \mathcal{A}_1 + 2 \frac{\langle Q_1, \mathcal{A}_1 M \rangle}{\langle p, Q_1 \rangle \langle p, M \rangle} p \circ p - \frac{1}{\langle p, M \rangle} (p \circ M \mathcal{A}_1 + \mathcal{A}_1 M \circ p) - \frac{\langle Q_1, \mathcal{A}_1 Q_1 \rangle}{\langle p, Q_1 \rangle^2} p \circ p$$

geschrieben werden kann.

In Abbildung D.10 rechnen wir mit einem Minkowskischen Maß $\mathcal{B}$. Der (gestrichelt gezeichnete) Kegelschnitt $\mathcal{K}$ um den Scheitelpunkt O des Winkels aus den Geraden g_0 und g_1, der nach euklidischen Maßstäben beurteilt eine Hyperbel ist, ist in dem durch $\mathcal{B}$ gegebenen Maß ein Kreis. Er schneidet g_1 im Punkte P. Nun wird um den Mittelpunkt Q von OP ein Kegelschnitt $\mathcal{H}$ durch P gelegt, der im euklidischen Fall eine Hyperbel, hier also ein (nach euklidischen Maßstäben beurteilter) Kreis ist. Diesen Kegelschnitt definieren wir unabhängig von der speziellen Geometrie als Konstrukt aus $\mathcal{B}$ und g_0. Während der Kreis $\mathcal{K}$ mit $\mathcal{B}$ konstruiert wird, suchen wir den Kegelschnitt $\mathcal{H}$ als Kreis auf der Basis einer Matrix

$$\mathcal{B}_1 = \mathcal{B} - \frac{\lambda}{\langle g_0, \mathcal{B}g_0 \rangle} \mathcal{B}g_0 \circ g_0 \mathcal{B} \ .$$

Wir bestimmen λ so, daß die beiden $\mathcal{B}_1$ entsprechenden Asymptoten (definiert durch $\langle e, \mathcal{B}_1 e \rangle = 0$, in Abb. D.10 nicht reell) bezüglich $\mathcal{B}$ senkrecht aufeinander stehen (d.h.,

$\langle e_1, \mathcal{B}e_2 \rangle = 0$). Es ergibt sich dann immer $\lambda = 2$. Schneiden wir nun $\mathcal{K}$ (den $\mathcal{B}$-Kreis durch P um O) mit $\mathcal{H}$ (dem $\mathcal{B}_1$-Kreis durch P um Q), erhalten wir weitere reelle Schnittpunkte D, im euklidischen Fall drei, im pseudoeuklidischen Fall einen. Man kann nun zeigen, daß die Geraden $g_2 = O \times D$ in g_1 übergehen, wenn sie erst an g_0 und dann am Ergebnis $g_3 = \mathcal{S}_{g_0}[g_2]$ gespiegelt werden. Damit ist $3\angle[g_2, g_0] = \angle[g_0, g_1]$. Im euklidischen Fall gilt dies natürlich nur modulo 2π.

Abbildung D.10 illustriert das Verfahren. Wir legen den durch $\mathcal{B}$ bestimmten pseudoeuklidischen Kreis $\mathcal{K}$ als Hyperbel um den Vertex O und finden auf dem zweiten Schenkel den Punkt P. Durch den Mittelpunkt Q der Strecke OP legen wir den (euklidischen) Kreis $\mathcal{H}$ und finden den Schnittpunkt D. Nun ziehen wir die Sehne PD, die das Asymptotenkreuz in E und F schneidet und halbieren sie mit dem Punkt H, der auch AB halbiert, wie wir von der Hyperbel wissen. Die Gerade g_3 halbiert also den Winkel $\angle[g_2, g_1]$ nach pseudoeuklidischem Maß. Wir müssen nun nur noch zeigen, daß g_0 den Winkel $\angle[g_3, g_2]$ nach pseudoeuklidischem Maß teilt. g_0 ist aber die horizontale Achse und teilt deshalb gerade dann $\angle[g_3, g_2]$ auch nach euklidischem Maß. In diesem rechnen wir weiter. Der Winkel $\angle ODP$ ist nach Thales ein rechter Winkel, $\angle FOE$ ist es nach Voraussetzung (genauer wegen der Wahl von $\mathcal{B}$ und $\mathcal{B}_1$). Deshalb gilt $\angle FOD = \angle FEO$. Andererseits sind nach euklidischem Maß OH und HE gleich lang, also $\angle FEO = \angle HOE$. Damit ist $\angle FOD = \angle HOE$, und g_0 halbiert nicht nur $\angle FOE$, sondern auch $\angle DOH$. Damit ist nach euklidischem wie pseudoeuklidischem Maß $\angle[g_2, g_0] = \angle[g_0, g_3]$. Nach pseudoeuklidischem Maß war aber $\angle[g_2, g_3] = \angle[g_3, g_1]$. Deshalb ist nach pseudoeuklidischem Maß nun $3\angle[g_2, g_0] = \angle[g_0, g_1]$.

Die Dreiteilung des Winkels ist eine Aufgabe jenseits der Lösbarkeit mit Zirkel und Lineal allein. Das liegt in der euklidischen wie in der pseudoeuklidischen Geometrie am Fehlen eines absoluten Pols. In der Galilei-Geometrie ist die Dreiteilung des Winkels äquivalent der Dreiteilung einer Strecke und mit Zirkel und Lineal allein ausführbar. Dual dazu finden wir, daß die Dreiteilung einer Strecke nicht mehr mit Zirkel und Lineal allein zu bewältigen ist, wenn es keine absolute Polare gibt, also etwa auf der Kugel (d.h. in der elliptischen Geometrie).

Es gibt auch einfachere Beispiele der Verwicklung von Kreis und gleichseitiger Hyperbel als die Dreiteilung des Winkels. Die Abbildungen D.11 und D.12 zeigen, daß eine Hyperbel auch in einer einfachen euklidischen Konstruktion und ein Kreis in der dualen pseudoeuklidischen Konstruktion gefunden werden kann. Konstruieren wir den Höhenschnittpunkt eines Dreiecks nach der euklidischen Regel, liegt er auf allen gleichseitigen Hyperbeln, die durch die Dreieckspunkte gehen. Dual dazu können wir den Höhenschnittpunkt nach der pseudoeuklidischen Regel bestimmen. Dann liegt er auf dem euklidischen Umkreis des Dreiecks. Wir lassen den Beweis dem Leser.

Anhang E   Die metrische Ebene

E.1   Klassifikation

Wir wollen hier die formale Grundlage für die Darstellung in Kapitel 9 entwickeln[1].
Dazu erweitern wir zunächst die projektive Ebene auf den projektiven Raum. Dessen Punkte und Ebenen sind nun Schnitte mit einem Geradenbüschel bzw. einem Raumbüschel, das von einem Zentrum im vierdimensionalen linearen Raum getragen wird. Jeder Punkt im dreidimensionalen projektiven Raum hat nun vier homogene Koordinaten, $Q = (Q^1, Q^2, Q^3, Q^4)$, und die gewöhnlichen Koordinaten erhalten wir etwa durch $(\xi, \eta, \zeta) = (Q^1/Q^4, Q^2/Q^4, Q^3/Q^4)$. Das zum Punkt duale Gebilde ist nicht mehr die Gerade, sondern die Ebene. Geraden kann man sowohl als Schnitt zweier Ebenen oder als Verbindung zweier Punkte darstellen. Eine Ebene hat ebenfalls vier homogene Koordinaten, $e = (e_1, e_2, e_3, e_4)$. Der Punkt Q liegt in der Ebene e, wenn das Skalarprodukt der Koordinatenquadrupel verschwindet, $\langle e, Q \rangle = e_k Q^k = 0$.

Dem Kegelschnitt entspricht nun im dreidimensionalen projektiven Raum ein Gebilde, das wir allgemein eine *Quadrik* nennen. Eine solche Quadrik kann ein Ellipsoid oder ein Hyperboloid sein, diese Namen sind aber der Anschauung im euklidischen Raum entlehnt. Projektiv unterscheiden sich die Quadriken nur durch ihre Signatur, d.h. durch die Differenz in der Zahl der positiven und negativen Diagonalelemente in einer Diagonaldarstellung der Matrix K_{lm}. Auch dieser Unterschied ist für uns ohne Belang. Wir wollen hier die Quadrik mit Hauptachsen parallel den cartesischen Koordinatenlinien darstellen und wählen deshalb

$$\frac{(x - \xi t)^2}{a^2} + \frac{(y - \eta t)^2}{b^2} + \frac{(z - \zeta t)^2}{c^2} = \frac{t^2}{d^2} \, .$$

Der Mittelpunkt hat die Koordinaten $Z = [\xi, \eta, \zeta, 1]$, die Hauptachsenquadrate sind a^2/d^2, b^2/d^2 und c^2/d^2. Sind diese Werte alle positiv, ist die Quadrik in der gewählten Darstellung ein Ellipsoid. Die dreidimensionale Polarität ist dann durch die Matrizen

$$\mathcal{A}^* = \begin{pmatrix} \frac{1}{a^2} & 0 & 0 & -\frac{\xi}{a^2} \\ 0 & \frac{1}{b^2} & 0 & -\frac{\eta}{b^2} \\ 0 & 0 & \frac{1}{c^2} & -\frac{\zeta}{c^2} \\ -\frac{\xi}{a^2} & -\frac{\eta}{b^2} & -\frac{\zeta}{c^2} & -\frac{1}{d^2} + \frac{\xi^2}{a^2} + \frac{\eta^2}{b^2} + \frac{\zeta^2}{c^2} \end{pmatrix} \, , \quad \det\mathcal{A} = -\frac{1}{a^2 b^2 c^2 d^2} \tag{E.1}$$

---

[1]Wir benutzen die Summationskonvention.

und

$$\mathcal{B}^* = \begin{pmatrix} a^2 - d^2\xi^2 & -d^2\xi\eta & -d^2\xi\zeta & -d^2\xi \\ -d^2\eta\xi & b^2 - d^2\eta^2 & -d^2\eta\zeta & -d^2\eta \\ -d^2\zeta\xi & -d^2\zeta\eta & c^2 - d^2\zeta^2 & -d^2\zeta \\ -d^2\xi & -d^2\eta & -d^2\zeta & -d^2 \end{pmatrix} \tag{E.2}$$

darzustellen. Ein Punkt Q hat die polare Ebene $\pi[Q] = \mathcal{A}^*Q$, eine Ebene γ hat den Pol $P[\gamma] = \mathcal{B}^*\gamma$.

Wir setzen nun $d = 1$. Der Schnitt mit der Ebene $z = 0$ ist ein Kegelschnitt der Gleichung

$$\frac{(x - \xi t)^2}{a^2} + \frac{(y - \eta t)^2}{b^2} = t^2 \left(1 - \frac{\zeta^2}{c^2}\right) .$$

Ist $\zeta < c$, schneidet die Quadrik die Ebene im Reellen nicht. Wir können

$$\mathcal{A} = \begin{pmatrix} \frac{1}{a^2} & 0 & -\frac{\xi}{a^2} \\ 0 & \frac{1}{b^2} & -\frac{\eta}{b^2} \\ -\frac{\xi}{a^2} & -\frac{\eta}{b^2} & -1 + \frac{\xi^2}{a^2} + \frac{\eta^2}{b^2} + \frac{\zeta^2}{c^2} \end{pmatrix} , \quad \det \mathcal{A} = -\frac{c^2 - \zeta^2}{a^2 b^2 c^2}$$

schreiben. Für $\mathcal{B}$ ist das eigentlich komplizierter, aber im nichtentarteten Fall haben wir einfach das Inverse von $\mathcal{A}$ zu bilden, d.h.,

$$\mathcal{B} = -\frac{c^2}{c^2 - \zeta^2} \begin{pmatrix} a^2\left(-1 + \frac{\xi^2}{a^2} + \frac{\zeta^2}{c^2}\right) & \xi\eta & \xi \\ \xi\eta & b^2\left(-1 + \frac{\eta^2}{b^2} + \frac{\zeta^2}{c^2}\right) & \eta \\ \xi & \eta & 1 \end{pmatrix} .$$

Wir überzeugen uns, daß die polare Ebene $\pi[Q] = \mathcal{A}^*Q$ eines Punktes in der Ebene $z = 0$ diese Ebene in der Polaren $p[Q] = \mathcal{A}Q$ schneidet. Schließlich gilt die Eigenschaft der Punkte der polaren Ebene, mit dem Aufpunkt Q die beiden Schnittpunkte der Verbindungsgeraden mit der Quadrik im Raum harmonisch zu teilen auch für die Punkte, die auf dem Schnitt der polaren Ebene mit der Zeichenebene liegen. – Wir überzeugen uns, daß die polaren Ebenen $\pi[Q] = \mathcal{A}^*Q$ der Punkte Q einer Geraden g in der Ebene $z = 0$ alle eine Gerade $p[g]$ gemeinsam haben, die diese Ebene $z = 0$ im Pol $P[g] = \mathcal{B}g$ der Geraden schneidet. Wählen wir auf g zwei Punkte, schneiden sich deren polare Ebenen in einer Geraden. Diese Gerade erweist sich als unabhängig von der Wahl der Punkte, solange sie auf der Geraden g liegen. Es ist die Polare $p[g]$ der Geraden g.

Im Raum können also Geraden zueinander polar sein[2]. Die gefundene Gerade $p[g]$ schneidet die Ebene $z = 0$ im Pol $P[g] = \mathcal{B}g$ der Geraden. Wir können dual

---

[2]Das liegt daran, daß der dreidimensionale projektive Raum durch den vierdimensionalen homogenen Raum dargestellt werden muß, in dem die Geraden h nicht mehr durch *eine* lineare Gleichung, sondern durch *zwei* dargestellt werden, denen die Form

$$h_{ik}x^k = 0$$

dazu auch so vorgehen, daß wir erst die Ebenen durch die Gerade g bestimmen und dann die Pole dieser Ebenen aufzusuchen. Dies Pole liegen im nichtentarteten Fall wieder auf der bereits konstruierten polaren Geraden. – Wenn $\mathcal{B}$ nicht entartet ist, ist jeder Punkt Pol zu einer Geraden, die nun seine Polare heißt: $p[Q] = \mathcal{A}Q$, und $\mathcal{A}\mathcal{B} = \mathcal{E}$. Im Entartungsfalle ($\det \mathcal{B} = 0$) ist auch $\mathcal{A}$ entartet ($\det \mathcal{A} = 0$ und $\mathcal{A}\mathcal{B} = 0$). Dann bestimmen sich $\mathcal{A}$ und $\mathcal{B}$ wechselseitig nur noch unvollständig.

Wir haben folgende Fälle zu entscheiden:

1. Der die Polarität definierende Kegelschnitt ist reell und nicht entartet. Im Dreidimensionalen heißt das, wir können die Quadrik durch eine Kugel darstellen, die unsere Zeichenebene schneidet. Statt der Kugel könnten wir auch ein Ellipsoid oder ein Hyperboloid nehmen, für die projektiven Beziehungen ist das ohne Wirkung. Die Polarität läßt sich durch eine reelle Konstruktion mit dem reellen Kegelschnitt herstellen, und der Rückgriff auf den dreidimensionalen Raum nicht unmittelbar erforderlich. Allerdings hat der reelle Kegelschnitt die Eigenschaft, Punkte und Geraden in invariante Untermengen einzuteilen. Das sind die Transitivitätsgebiete, die wir schon oft beschrieben haben. Es ergeben sich drei Unterfälle.

   (a) Wir wählen die Geraden als Erzeugendensystem, die den Kegelschnitt schneiden, und können dann die Punkte im Innern des Kegelschnitts erzeugen. Wir erhalten so das Kleinsche Modell der nichteuklidischen Geometrie (Lobachevski-Geometrie)

   (b) Wir wählen die Geraden als Erzeugendensystem, die den Kegelschnitt schneiden, und die Punkte im Außengebiet des Kegelschnitts. Wir erhalten dann das Modell der deSitter-Geometrie. Zeitartige Geraden schneiden den Kegelschnitt, raumartige Geraden meiden ihn.

   (c) Wir wählen die Geraden als Erzeugendensystem, die den Kegelschnitt *nicht* schneiden, und die Punkte im Außengebiet des Kegelschnitts. Wir erhalten dann das Modell der Anti-deSitter-Geometrie. Zeitartige Geraden meiden den Kegelschnitt, raumartige Geraden schneiden ihn.

Jedesmal erhalten wir modifizierte metrische Beziehungen. Die Quadrik im dreidimensionalen Raum könnte auch entartet sein, wenn sie nur eine nichtentartete Schnittkurve hat, also etwa ein normaler Kegel, der nicht im Zentrum

---

mit einer antisymmetrischen Koeffizientenmatrix h_{ik} gegeben werden kann. Mit dem vierstelligen Permutationssymbol ϵ_{iklm} (numerisch gleich mit ϵ^{iklm} und der Reziprozität $\epsilon_{iklm}\epsilon^{ikrs} = 2(\delta_l^r \delta_m^s - \delta_m^r \delta_l^s)$) kann eine Gerade durch zwei Punkte Q und R mit dem Koeffizientenschema $h_{ik}[Q,R] = \epsilon_{iklm}Q^l R^m$ dargestellt werden. Die Schnittgerade zweier Ebenen α und β ist $h_{ik}[\alpha,\beta] = \alpha_i\beta_k - \alpha_k\beta_i$. Unterstellen wir die Polarität $\alpha = \pi[Q]$ und $\beta = \pi[R]$ finden wir durch Einsetzen für $j = p[h]$ die Formel

$$j_{ik} = (A^*_{ir} A^*_{ks} \epsilon^{lmrs})\, h_{lm} \; .$$

geschnitten wird. In Kapitel 7 haben wir die Lobachevski-Geometrie gerade so eingeführt.

2. Der die Polarität definierende Kegelschnitt ist nicht reell, aber auch nicht entartet. Diesen Fall stellen wir reell im dreidimensionalen projektiven Raum dar, indem wir dort eine Quadrik wählen, die die Zeichenebene nicht schneidet. Wir erhalten dann das Modell der elliptischen (sphärischen) Geometrie.

3. Der die Polarität definierende Kegelschnitt hat nur einen reellen Punkt P. Diesen Fall stellen wir reell im dreidimensionalen projektiven Raum dar, indem wir dort eine Quadrik wählen, die die Zeichenebene berührt. Wir erhalten dann das Modell der antieuklidischen Geometrie. Wie im ersten Fall kann auch hier die Quadrik in bestimmter Form entartet sein: Der Punkt könnte das Zentrum eines Doppelkegels sein. Der Punkt P wird Pol aller Geraden der Ebene, und alle Polaren gehen durch diesen Pol. Im Polarenbüschel ist eine Involution definiert, die keine Fixstrahlen hat.

4. Der die Polarität definierende Kegelschnitt ist zu einem reellen Punktepaar entartet. Wir erhalten dann das Modell der pseudoeuklidischen Geometrie (Minkowski-Geometrie). Alle Punkte haben eine gemeinsame Polare, die Ferngerade in der cartesischen Darstellung. Alle Pole liegen auf dieser Polaren, auf der eine Involution definiert ist, die zwei Fixpunkte hat: die reellen Punkte des definierenden Kegelschnitts.

5. Der die Polarität definierende Kegelschnitt ist zu einem Punktepaar entartet, das nicht reell ist, das aber eine reelle Verbindung hat. Wir erhalten dann das Modell der euklidischen Geometrie. Alle Punkte haben eine gemeinsame Polare, die Ferngerade in der cartesischen Darstellung. Alle Pole liegen auf dieser Polaren, auf der eine Involution definiert ist, die keine reellen Fixpunkte hat.

6. Der die Polarität definierende Kegelschnitt ist zu einem reellen Doppelpunkt entartet, das heißt, er hat dort auch eine reelle Tangente. Wir erhalten dann das Modell der Galilei-Geometrie. Alle Punkte haben eine gemeinsame Polare, die Ferngerade in der cartesischen Darstellung. Alle Geraden haben einen gemeinsamen Pol, den reellen Punkt des Kegelschnitts.

7. Der die Polarität definierende Kegelschnitt ist zu einem reellen Geradenpaar entartet. Alle Geraden haben einen gemeinsamen Pol, den Schnittpunkt, durch den alle Polaren gehen. Im Polarenbüschel ist eine Involution definiert, die zwei Fixstrahlen hat, nämlich das Geradenpaar (Anti-Minkowski-Geometrie).

Wir wollen nun diese neun Fälle formalisieren. Dazu legen wir das Zentrum der Quadrik zunächst in den Punkt $[x, y, z, t] = [0, 0, 1, 1]$. Damit lassen sich alle besprochen Fälle darstellen bis auf einen: wenn der Schnitt mit der Ebene $z = 0$ ein

Geradenpaar sein soll. Dieser Fall ist nur mit einem Zentrum $[x, y, z, t] = [0, 0, 0, 1]$ zu behandeln. Wir schreiben also zunächst

$$\mathcal{A}^* = \begin{pmatrix} \frac{1}{a^2} & 0 & 0 & 0 \\ 0 & \frac{1}{b^2} & 0 & 0 \\ 0 & 0 & \frac{1}{c^2} & -\frac{1}{c^2} \\ 0 & 0 & -\frac{1}{c^2} & -1 + \frac{1}{c^2} \end{pmatrix}, \quad \det\mathcal{A} = -\frac{1}{a^2 b^2 c^2}$$

und

$$\mathcal{B}^* = \begin{pmatrix} a^2 & 0 & 0 & 0 \\ 0 & b^2 & 0 & 0 \\ 0 & 0 & c^2 - 1 & -1 \\ 0 & 0 & -1 & -1 \end{pmatrix}.$$

In der Zeichenebene entstehen die Ausdrücke

$$\mathcal{A} = \begin{pmatrix} \frac{1}{a^2} & 0 & 0 \\ 0 & \frac{1}{b^2} & 0 \\ 0 & 0 & -1 + \frac{1}{c^2} \end{pmatrix} \propto \begin{pmatrix} b^2 c^2 & 0 & 0 \\ 0 & a^2 c^2 & 0 \\ 0 & 0 & a^2 b^2 (1 - c^2) \end{pmatrix}$$

und

$$\mathcal{B} = \begin{pmatrix} a^2(-1 + \frac{1}{c^2}) & 0 & 0 \\ 0 & b^2(-1 + \frac{1}{c^2}) & 0 \\ 0 & 0 & 1 \end{pmatrix} \propto \begin{pmatrix} a^2(1 - c^2) & 0 & 0 \\ 0 & b^2(1 - c^2) & 0 \\ 0 & 0 & c^2 \end{pmatrix}.$$

Wenn $\mathcal{A}^*$ eine Kugel ist, $a = b = c$, und diese die Ebene schneidet, $c > 1$, entstehen indefinite Matrizen $\mathcal{A}$ und $\mathcal{B}$, die (bis auf den in homogenen Koordinaten immer freien Faktor) zueinander invers sind: $\mathcal{AB} \propto \mathcal{E}$. Schneidet die Kugel die Ebene nicht, $c < 1$, sind $\mathcal{A}$ und $\mathcal{B}$ beide definit. Berührt die Kugel die Ebene, $c = 1$, hat $\mathcal{B}$ nur noch den Rang 1 und $\mathcal{A}$ den Rang 2.

Nun betrachten wir den Grenzfall $a = c = 1$, aber $b \to 0$. Die Kugel wird also plattgedrückt. Wichtig ist, daß die Ebene, auf die das geschieht, die Zeichenebene schneidet. Andernfalls ergibt sich auch in der Grenze nur der bereits gesehene zweite Fall. Die Kugel wird also ein Diskus. Ist $c < 1$, schneidet er die Ebene nicht, und wir erhalten $\mathcal{A}$ vom Rang 1 und $\mathcal{B}$ vom Rang 2 und semidefinit. Ist $c < 1$, schneidet er die Ebene längs einer von 2 reellen Punkten begrenzten Strecke. $\mathcal{A}$ bleibt vom Rang 1, $\mathcal{B}$ vom Rang 2, aber $\mathcal{B}$ ist nun indefinit. Berührt der Diskus die Ebene, $c = 1$, sind $\mathcal{A}$ und $\mathcal{B}$ vom Rang 1. In allen drei Fällen ist die Gerade $y = 0$ durch $\mathcal{A}$ definiert: Es ist das Bild der Ferngeraden der euklidischen Geometrie, der Minkowski-Geometrie und der Galilei-Geometrie. Danach bleibt nur noch ein Fall übrig. Wir setzen im dreidimensionalen Raum einen Kegel an, dessen Achse in der Zeichenebene liegt. Dazu ersetzen wir in den Formeln (E.1) und (E.2) b^2 durch $-b^2$, um

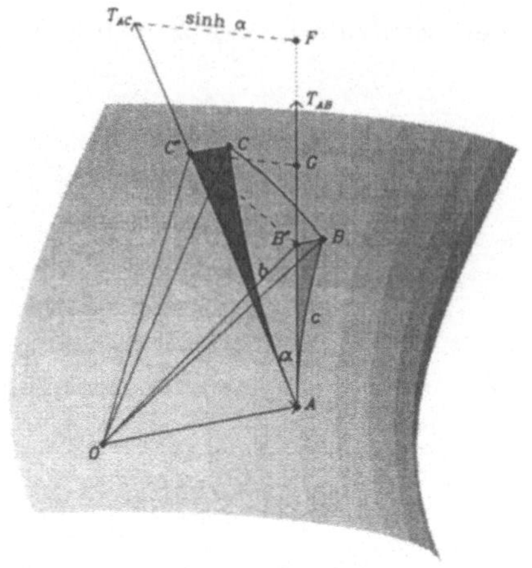

Abbildung E.1: Die charakteristischen Funktionen. I.

Wir sehen das aufgeschnittene Hyperboloid des Radius 1 mit einer Tangentialebene im Punkte A. Die Seite $c = AB$ des Dreiecks $\triangle ABC$ liegt im Meridian. AT_{AB} und AT_{AC} sind Einheitsvektoren in der Tangentialebene. Es gilt hier $AC^* = \sinh b$, $AB^* = \sinh c$ und $C^*G/AC^* = \sinh \alpha$.

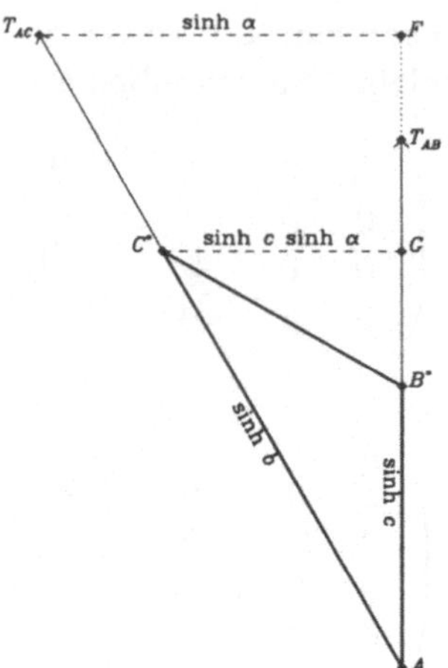

Abbildung E.2: Die charakteristischen Funktionen. II.

Wir werten das Dreieck $\triangle AB^*C^*$ in der Tangentialebene aus. Das Volumen der Pyramide OAB^*C^* ist durch $2V^* = [\vec{OA}, \vec{OB^*}, \vec{OC^*}] = \sinh b \sinh c \sinh \alpha$ gegeben.

den Vorzeichenwechsel des Koeffizienten anzuzeigen, und lassen d^2 gegen Unendlich gehen. Es ergeben sich nun die Formeln

$$\mathcal{A} = \begin{pmatrix} \frac{1}{a^2} & 0 & 0 \\ 0 & -\frac{1}{b^2} & 0 \\ 0 & 0 & -\frac{1}{d^2} \end{pmatrix} \propto \begin{pmatrix} b^2 & 0 & 0 \\ 0 & -a^2 & 0 \\ 0 & 0 & -\frac{a^2 b^2}{d^2} \end{pmatrix} \to \begin{pmatrix} b^2 & 0 & 0 \\ 0 & -a^2 & 0 \\ 0 & 0 & 0 \end{pmatrix}$$

und

$$\mathcal{B} = \begin{pmatrix} a^2 & 0 & 0 \\ 0 & -b^2 & 0 \\ 0 & 0 & -d^2 \end{pmatrix} \propto \begin{pmatrix} -\frac{a^2}{d^2} & 0 & 0 \\ 0 & \frac{b^2}{d^2} & 0 \\ 0 & 0 & 1 \end{pmatrix} \to \begin{pmatrix} 0 & 0 & 0 \\ 0 & 0 & 0 \\ 0 & 0 & 1 \end{pmatrix} .$$

Denken wir an die Dualität zwischen Geraden und Punkten in der projektiven Geometrie, entspricht der Vertauschung beider die Vertauschung der Rollen von $\mathcal{A}$ und $\mathcal{B}$. In diesem Sinne rechtfertigen sich die Bezeichnungen für die antieuklidische, die anti-Minkowskische, die Anti-Lobachevski-Geometrie.

Wir schließen mit der Betrachtung des *Sinussatzes* und zeigen ihn am Beispiel der Dreiecke aus zeitartigen Geraden in der deSitter-Geometrie (Abb. 7.24). Diese wird auf die (Pseudo-)Kugel im Dreidimensionalen gezeichnet, damit alle Bewegungen der Geometrie (Pseudo-)Drehungen werden. Die Transformationsmatrizen im Dreidimensionalen haben dann die Determinante 1, und das Spatprodukt dreier Ortsvektoren $[\vec{OA}, \vec{OB}, \vec{OC}]$ ist invariant. – Wir wählen nun den Äquator so, daß er den Punkt A passiert und daß B auf dem Meridian durch A liegt (Abb. E.1). Wir zeichnen den Tangential-Einheitsvektor $\vec{AT}_{AB}$ bei A in Richtung B und finden eine Komponentenzerlegung

$$\vec{OB} = \vec{OA}\,\Gamma[c] + \vec{AT}_{AB}\,\Pi[c] \;,\quad \text{d.h.,}\quad \vec{OB}^* = \vec{OA} + \vec{AT}_{AB}\,\Pi[c] \;,$$

wobei c der Zentralwinkel, also die Länge der Geodäte AB ist. Der Meridianschnitt ist hier eine *pseudoeuklidische* Ebene, deshalb ist $\Gamma[c] = \cosh c$ und $\Pi[c] = \sinh c$. Diese Aufspaltung enthält nur invariant beschriebene Stücke, ist also selbst invariant (d.h., unabhängig von der speziell gewählten Lage der Strecke AB). Wir können deshalb allgemein auch $\vec{OC}^* = \vec{OA} + \vec{AT}_{AC}\,\Pi[b]$ setzen. – Wir werten nun das Spatprodukt $[\vec{OA}, \vec{OB}, \vec{OC}]$ aus. Es ist gleich dem zweifachen Volumen der Pyramide $OABC$. Die ist aber volumengleich der Pyramide OAB^*C^*, weil sich beim Ersetzen von B durch B^* und von C durch C^* die Grundfläche $OAB = OAB^*$ und die Höhe C^*G nicht ändern. Nun ist $AB^* = \Pi[c]$ und $AC^* = \Pi[b]$. Wir setzen $C^*G = AC^*\,\Sigma[\alpha]$. In unserem Falle ist auch die Tangentialebene pseudoeuklidisch, es gilt deshalb $\Sigma[\alpha] = \sinh \alpha$. Wir finden

$$[\vec{OA}, \vec{OB}, \vec{OC}] = 2\,\Pi[b]\,\Pi[c]\,\Sigma[\alpha]$$

Sind alle drei Seiten des Dreiecks zeitartig, kann wieder wegen der Invarianz des Spatprodukts jeder der drei Punkte eines Dreiecks als Bezugspunkt gewählt werden, und es gilt zyklisch $\Pi[b]\,\Pi[c]\,\Sigma[\alpha] = \Pi[c]\,\Pi[a]\,\Sigma[\beta] = \Pi[a]\,\Pi[b]\,\Sigma[\gamma]$ oder

$$\Pi[a] : \Pi[b] : \Pi[c] = \Sigma[\alpha] : \Sigma[\beta] : \Sigma[\gamma] \;. \tag{E.3}$$

Sehen wir die neun Geometrien als solche Zentralprojektionen an, dann unterscheiden sie sich je nach Charakter der Meridianebenen und der Tangentialebenen. Bei positiver Krümmung der Geometrie der Oberfläche sind die Meridianebenen euklidisch ($\Pi[a] = \sin a$, Abb. 7.17), bei negativer Krümmung pseudoeuklidisch ($\Pi[a] = \sinh a$, Abb. 7.19), ohne Krümmung sind sie Galileisch ($\Pi[a] = a$). Die Tangentialebenen sind euklidisch ($\Sigma[\alpha] = \sin \alpha$) für die Geometrien mit gewöhnlicher Dreiecksungleichung (Abb. 7.8, 7.9), sie sind pseudoeuklidisch ($\Sigma[\alpha] = \sinh \alpha$) für die antihyperbolische (Abb. 7.27), die Minkowski- und die deSitter-Geometrie (Abb. 7.25), sie sind Galileisch ($\Sigma[\alpha] = \alpha$) für die antieuklidische, die anti-Minkowskische und die Galilei-Geometrie. Die Funktion $\Pi[r]$ beschreibt die Abhängigkeit des Bogens eines Kreissektors vom Winkel: Ist r die Länge des Radius, so ist der Bogen $b = \alpha\Pi[r]$. Die Funktion $\Sigma[\alpha]$ beschreibt die Abhängigkeit des Sinus s (d.h. der Länge des Lotes vom Startpunkt des Bogens auf den anderen Schenkel des Sektors) vom Bogen, $s = \Pi[r]\Sigma[\alpha]$. So wie je nach Charakter der Meridionalebenen $\Pi[a]$ gleich $\sin a$, a und $\sinh a$ sein kann, finden wir auch $\Sigma[\alpha]$ gleich $\sin \alpha$, α und $\sinh \alpha$ je nach Charakter der Tangentialebenen. Es ergibt sich die Tabelle E.1.

Tabelle E.1: Tabelle der Signaturen der neun Geometrien der Ebene

	$\Pi[a] = \sin a$	$\Pi[a] = a$	$\Pi[a] = \sinh a$
$\Sigma[\alpha] = \sin \alpha$	Kugel $\mathcal{B} = +\ +\ +$ $\mathcal{A} = +\ +\ +$	Euklid $\mathcal{B} = 0\ +\ +$ $\mathcal{A} = +\ 0\ 0$	Lobachevski $\mathcal{B} = -\ +\ +$ $\mathcal{A} = -\ +\ +$
$\Sigma[\alpha] = \alpha$	Anti-Euklid $\mathcal{B} = 0\ 0\ +$ $\mathcal{A} = +\ +\ 0$	Galilei $\mathcal{B} = 0\ 0\ +$ $\mathcal{A} = +\ 0\ 0$	Anti-Minkowski $\mathcal{B} = 0\ 0\ +$ $\mathcal{A} = -\ +\ 0$
$\Sigma[\alpha] = \sinh \alpha$	Anti-Lobachevski $\mathcal{B} = -\ -\ +$ $\mathcal{A} = +\ +\ -$	Minkowski $\mathcal{B} = 0\ +\ -$ $\mathcal{A} = +\ 0\ 0$	DeSitter $\mathcal{B} = +\ -\ +$ $\mathcal{A} = -\ +\ -$

E.2   Die Metrik

Die Metrik der metrisch-projektiven Ebene gestattet die Darstellung des Abstands zweier Punkte in der geschlossenen Form

$$d[A, B] = \frac{1}{2} \ln \mathcal{D}[A, B; K_1[A \times B], K_2[A \times B]] \, , \tag{E.4}$$

wobei K_1 und K_2 die Schnittpunkte der Verbindungsgeraden AB mit dem absoluten Kegelschnitt sind. Für den Winkel gilt entsprechend

$$\alpha[g, h] = \frac{1}{2} \ln \mathcal{D}[g, h; k_1[g \times h], k_2[g \times h]] \, .$$

Die Metrik entartet, wenn $K_1 \to K_2$. Dann bleibt in der ersten Ordnung

$$K_2 = K_1 + \varepsilon V \;\to\; \mathcal{D}[A, B; K_1, K_1 + \varepsilon V] = 1 + \varepsilon(\frac{BV}{BK_1} - \frac{AV}{AK_1})$$

übrig. Falls hier K_1 die Koordinate ∞ bekommt, wird die Entfernung zur Koordinatendifferenz auf der Geraden.

Wir konstruieren nun die Metrik der Geometrien, die in den vorangegangenen Kapiteln untersucht worden sind. Sie schaffen insbesondere den Anschluß an die Betrachtungen der Kosmologie, die sich im allgemeinen auf eine solche metrische Darstellung stützen. – In der zweidimensionalen euklidischen Ebene gilt in cartesischen Koordinaten

$$ds^2 = dx^2 + dy^2 \quad \text{und} \quad ds^2 = dx^2 + dy^2 + dz^2$$

im dreidimensionalen euklidischen Raum. Substituieren wir Polarkoordinaten in der Ebene ($x = r\cos\varphi$, $y = r\sin\varphi$), entsteht

$$\mathrm{d}s^2 = \mathrm{d}r^2 + r^2\mathrm{d}\varphi^2 \ . \tag{E.5}$$

Substituieren wir Kugelkoordinaten im Raum ($x = r\sin\theta\cos\varphi$, $y = r\sin\theta\sin\varphi$, $z = r\cos\theta$), finden wir

$$\mathrm{d}s^2 = \mathrm{d}r^2 + r^2(\mathrm{d}\theta^2 + \sin^2\theta\mathrm{d}\varphi^2) \ . \tag{E.6}$$

Der Teil in der Klammer beschreibt, was wir auf der Kugelfläche vorfinden. Wir sehen also, daß im Vergleich mit (E.5) der Ausdruck

$$\mathrm{d}s^2 = \mathrm{d}\theta^2 + \sin^2\theta\mathrm{d}\varphi^2 \ . \tag{E.7}$$

das Linienelement einer homogen positiv gekrümmten Fläche ist.

In der dreidimensionalen Minkowski-Welt gilt in cartesischen Koordinaten

$$\mathrm{d}s^2 = c^2\mathrm{d}t^2 - \mathrm{d}x^2 - \mathrm{d}y^2 \ .$$

Führen wir hier neben den Polarkoordinaten auch noch die kosmologische Zeit ein (dann haben wir das Äquivalent der Kugelkoordinaten), finden wir

$$t = \tau\cosh[\chi] \ , \quad r = \tau\sinh[\chi] \ , \quad \mathrm{d}s^2 = c^2\mathrm{d}\tau^2 - (c\tau)^2(\mathrm{d}\chi^2 + \sinh^2[\chi]\mathrm{d}\varphi^2) \ .$$

Entfernungen vom Punkt $\chi = 0$, die durch eine feste Koordinate χ markiert sind, werden mit der Zeit immer größer. Das Linienelement beschreibt Milnes Explosionskosmos (Abb. 7.19). Der Teil in der Klammer,

$$\mathrm{d}s^2 = \mathrm{d}\chi^2 + \sinh^2[\chi]\mathrm{d}\varphi^2 \ ,$$

beschreibt eine homogen *negativ* gekrümmte Fläche. Ersetzen wir die Winkelkoordinate φ der Kreise um den gewählten Ursprung der Ebene durch die Koordinaten (θ, φ) der Kugeln um den Bezugspunkt im Raum, entsteht das Schema

$$\mathrm{d}s^2 = \mathrm{d}\chi^2 + \begin{pmatrix} \sin^2\chi \\ \chi^2 \\ \sinh^2\chi \end{pmatrix} (\mathrm{d}\theta^2 + \sin^2\theta\mathrm{d}\varphi^2) \begin{pmatrix} \text{für positive Krümmung} \\ \text{für Krümmung Null} \\ \text{für negative Krümmung} \end{pmatrix}$$

für das Linienelement homogener Räume.

Ein kosmologisches Modell ist nun eine Welt, die man als homogenen Raum mit zeitlich variablem Maß konzipiert. Das Linienelement der Welt lautet dann[3]

$$\mathrm{d}s^2 = c^2\mathrm{d}t^2 - a^2[t](\mathrm{d}\chi^2 + r^2[\chi](\mathrm{d}\theta^2 + \sin^2\theta\mathrm{d}\varphi^2)) \ .$$

---

[3]Diese Form des Linienelements heißt Robertson-Walker-Linienelement oder auch Friedmann-Robertson-Walker-Linienelement, die Modelle Friedmann-Kosmen.

Die Funktion $r[\chi]$ kann dabei $\sin\chi$ (Räume positiver Krümmung), χ selbst (ungekrümmte Räume) oder $\sinh\chi$ (Räume negativer Krümmung) sein. Die Funktion $a[t]$, der Expansionsparameter, beschreibt die zeitliche Variabilität des räumlichen Maßes (verglichen mit dem Zeitablauf). Die relative Änderung von a,

$$H = \frac{1}{a}\frac{\mathrm{d}a[t]}{\mathrm{d}t} \;,$$

heißt Expansionsrate. Die Einsteinschen Gleichungen der Allgemeinen Relativitätstheorie reduzieren sich auf die *Friedmann-Gleichung*,

$$H^2 + \frac{kc^2}{a^2} = \Lambda\frac{c^2}{3} + \frac{8\pi G}{3}\varrho \;. \tag{E.8}$$

Hier ist k das Vorzeichen der Krümmung, Λ die kosmologische Konstante und ϱ die (mittlere) Massendichte.

Die Kosmen des Kapitels 8 sind die leeren Friedmann-Kosmen ($\varrho = 0$). Die Minkowski-Welt zeigt einen Raum der Krümmung Null ohne Expansion ($k = \Lambda = H = 0$). Der Milne-Kosmos (Abb. 7.18) ist ein Raum negativer Krümmung in linearer Expansion, $k = -1$, $\Lambda = 0$. Er entsteht aus der Minkowski-Welt durch eine andere Wahl *und Interpretation* der Koordinaten, hat aber dieselbe abstrakte Metrik. Der deSitter-Kosmos ist die Oberfläche einer Pseudokugel. Je nach Koordinatenwahl kann er als ungekrümmter exponentiell expandierender Raum (Abb. 7.20) mit dem Linienelement

$$\mathrm{d}s^2 = c^2\mathrm{d}t^2 - a_0^2\exp[2H_0t](\mathrm{d}\chi^2 + \chi^2(\mathrm{d}\theta^2 + \sin^2\theta\mathrm{d}\varphi^2)) \;,$$

als positiv gekrümmter kontrahierender und expandierender Raum (Abb. 7.22) mit dem Linienelement

$$\mathrm{d}s^2 = c^2\mathrm{d}t^2 - a_0^2\cosh^2[H_0t](\mathrm{d}\chi^2 + \sin^2[\chi](\mathrm{d}\theta^2 + \sin^2\theta\mathrm{d}\varphi^2))$$

oder als negativ gekrümmter explodierender Raum (Abb. 7.24) mit dem Linienelement

$$\mathrm{d}s^2 = c^2\mathrm{d}t^2 - a_0^2\sinh^2[H_0t](\mathrm{d}\chi^2 + \sinh^2[\chi](\mathrm{d}\theta^2 + \sin^2\theta\mathrm{d}\varphi^2))$$

angesehen werden. Bei anderer Wahl der zeitartigen Richtung entsteht der Anti-deSitter-Kosmos (Abb. 7.26) mit dem Linienelement

$$\mathrm{d}s^2 = c^2\mathrm{d}t^2 - a_0^2\cos^2[H_0t](\mathrm{d}\chi^2 + \sinh^2[\chi](\mathrm{d}\theta^2 + \sin^2\theta\mathrm{d}\varphi^2)) \;,$$

ein Raum negativer Krümmung, der sich aufbläht und wieder in sich zusammenstürzt.

Wir beenden den Anhang mit der Ableitung der Metrik aus dem Doppelverhältnis. Das Linienelement der metrisch-projektiven Ebene erhalten wir als differentielle Form der Formel (E.4). Liegen A und B dicht beieinander, so ist das Doppelverhältnis nahe Eins, der Logarithmus nahe Null. Zunächst aber bestimmen wir die

Schnittpunkte K_m in der Form $K_m = P + \lambda_m Q$. Die Koeffizienten λ_m genügen der Gleichung

$$0 = \langle K_m, \mathcal{A} K_m \rangle = \langle P, \mathcal{A}P \rangle + 2\lambda_m \langle P, \mathcal{A}Q \rangle + \lambda_m^2 \langle Q, \mathcal{A}Q \rangle \ .$$

Wir finden also

$$\lambda_1 + \lambda_2 = -2\frac{\langle P, \mathcal{A}Q \rangle}{\langle Q, \mathcal{A}Q \rangle} \ , \quad \lambda_1 \lambda_2 = \frac{\langle P, \mathcal{A}P \rangle}{\langle Q, \mathcal{A}Q \rangle} \ ,$$

$$\lambda_1 - \lambda_2 = 2\frac{\sqrt{\langle P, \mathcal{A}Q \rangle^2 - \langle P, \mathcal{A}P \rangle \langle Q, \mathcal{A}Q \rangle}}{\langle Q, \mathcal{A}Q \rangle} \ . \tag{E.9}$$

Nun lösen wir

$$\mathcal{D}[P, Q; K_1, K_2] = \frac{[S, P, K_1]\,[S, Q, K_2]}{[S, P, K_2]\,[S, Q, K_1]} = \frac{\lambda_1}{\lambda_2} \ .$$

Ist nun Q dicht bei P, $Q = P + \mathrm{d}P$, so ist λ_1 nur wenig von λ_2 verschieden, $\lambda_2 = \lambda_1 + \mathcal{O}[\mathrm{d}P]$, und wir können

$$d[P, Q] = \frac{1}{2} \ln |\mathcal{D}[P, Q; K_1, K_2]| = \frac{1}{2}\,|\lambda_1 - \lambda_2| + \mathcal{O}_2[\mathrm{d}P] \ .$$

schreiben. Wegen der Vietàschen Wurzelsätze (E.9) ergibt das

$$d[P, Q] = \sqrt{\left|1 - \frac{\langle P, \mathcal{A}Q \rangle^2}{\langle P, \mathcal{A}P \rangle \langle Q, \mathcal{A}Q \rangle}\right|} + \mathcal{O}_2[\mathrm{d}P] = \sqrt{|1 - \cos^2 d[P, Q]|} + \mathcal{O}_2[\mathrm{d}P] \ .$$

Diesen letzten Ausdruck erhält man direkt bei der Betrachtung der Kugel und deren Verallgemeinerung: Die Distanz zwischen zwei Punkten auf der gewöhnlichen Kugel ist in Strahlkoordinaten durch

$$\cos d[Q, P] = \frac{\langle Q, \mathcal{A}P \rangle}{\sqrt{\langle Q, \mathcal{A}Q \rangle \langle P, \mathcal{A}P \rangle}} \ , \quad \mathcal{A} = \begin{pmatrix} 1 & 0 & 0 \\ 0 & 1 & 0 \\ 0 & 0 & 1 \end{pmatrix} \tag{E.10}$$

gegeben. Auf der Pseudokugel ist $\mathcal{A}$ entsprechend zu verändern. Darüberhinaus ist unter Umständen der Kosinus durch seinen hyperbolischen Partner zu ersetzen. Wir merken an, daß die Formel (E.10), so wie wir sie geschrieben haben, homogen ist: Q, P und $\mathcal{A}$ können durch Vielfache ersetzt werden, ohne daß sich das Ergebnis verändert.

$$d^2[P, Q] \approx 1 - \cos^2 d[P, Q] = 1 - \frac{\langle P, \mathcal{A}Q \rangle^2}{\langle P, \mathcal{A}P \rangle \langle Q, \mathcal{A}Q \rangle} = \frac{\langle (P \times Q), (\mathcal{A}P \times \mathcal{A}Q) \rangle}{\langle P, \mathcal{A}P \rangle \langle Q, \mathcal{A}Q \rangle} \ .$$

Um die differentielle Form zu finden, schreiben wir $Q = P + \mathrm{d}P$ und beachten, daß $(\mathcal{A}P \times \mathcal{A}Q) \propto \mathcal{B}[P \times Q]$ ist. Wir erhalten

$$
\begin{aligned}
\mathrm{d}s^2 &= \frac{\langle (P \times \mathrm{d}P), (\mathcal{A}P \times \mathcal{A}\mathrm{d}P)\rangle}{\langle P, \mathcal{A}P\rangle^2} \\
&\propto \frac{\langle (P \times \mathrm{d}P), \mathcal{B}(P \times \mathrm{d}P)\rangle}{\langle P, \mathcal{A}P\rangle\langle P, \mathcal{A}P\rangle} = \frac{B^{mn}\epsilon_{mij}P^i\mathrm{d}P^j\epsilon_{nkl}P^k\mathrm{d}P^l}{(A_{ik}P^iP^k)^2} \, .
\end{aligned}
\tag{E.11}
$$

Ist $P = [x, y, 1]$, $\mathrm{d}P = [\mathrm{d}x, \mathrm{d}y, 0]$, und liegen $\mathcal{B}$ und $\mathcal{A}$ in einer Normalform mit Diagonalelementen $0, 1$ oder -1 vor, so geht dieser Ausdruck in die bekannten Normalformen der Metrik homogener Ebenen über. So erhalten wir für die elliptische Geometrie die Formel

$$
\mathcal{B} = \begin{pmatrix} 1 & 0 & 0 \\ 0 & 1 & 0 \\ 0 & 0 & 1 \end{pmatrix} \quad \rightarrow \quad \mathrm{d}s^2 = \frac{\mathrm{d}x^2 + \mathrm{d}y^2 + (x\mathrm{d}y - y\mathrm{d}x)^2}{(1 + x^2 + y^2)^2} \, ,
$$

für die Lobachevski-Geometrie

$$
\mathcal{B} = \begin{pmatrix} 1 & 0 & 0 \\ 0 & 1 & 0 \\ 0 & 0 & -1 \end{pmatrix} \quad \rightarrow \quad \mathrm{d}s^2 = \frac{\mathrm{d}x^2 + \mathrm{d}y^2 - (x\mathrm{d}y - y\mathrm{d}x)^2}{(1 - x^2 - y^2)^2} \, ,
$$

und für die DeSitter-Geometrie

$$
\mathcal{B} = \begin{pmatrix} -1 & 0 & 0 \\ 0 & 1 & 0 \\ 0 & 0 & -1 \end{pmatrix} \quad \rightarrow \quad \mathrm{d}s^2 = \frac{-\mathrm{d}x^2 + \mathrm{d}y^2 - (x\mathrm{d}y - y\mathrm{d}x)^2}{(1 + x^2 - y^2)^2} \, ,
$$

für die Anti-deSitter-Geometrie

$$
\mathcal{B} = \begin{pmatrix} 1 & 0 & 0 \\ 0 & -1 & 0 \\ 0 & 0 & 1 \end{pmatrix} \quad \rightarrow \quad \mathrm{d}s^2 = \frac{\mathrm{d}x^2 - \mathrm{d}y^2 + (x\mathrm{d}y - y\mathrm{d}x)^2}{(1 + x^2 - y^2)^2} \, .
$$

Die anderen Geometrien ergeben die einfacheren Fälle.

Übungsaufgaben

Kapitel 3

1. Zeichnen Sie die Diagramme 3.7 und 3.8 für den total unelastischen Stoß.

2. Zeichnen Sie die Diagramme 3.7 und 3.8 für einen Stoß zweiter Art (S. 69).

3. Korrigieren Sie die Rechnung zum Echolot (Abb. 2.16) für den Fall ideal reflektierter Teilchen.

Kapitel 5

4. Einsteins Konstruktion gleichzeitiger Ereignisse benutzt zwei Lichtsignale zu symmetrischen Positionen (Abb. 4.6). Prüfen Sie, daß der gleichförmige physische Transport von Uhren zu den beiden Ereignissen den gleichen Erfolg hat.

5. Zeigen Sie, daß eine Satz Uhren, der mit verschiedenen Geschwindigkeiten zu einem gegebenen Ereignis startet, die Einsteinsche Gleichzeitigkeit *nicht* definieren kann (Abb. 7.19).

6. Zeichnen Sie das euklidische Analogon zur Zeitdilatation (Abb. 5.11).

7. Zeichnen Sie das Analogon zum Zwillingsparadoxon (Abb. 5.13) in der Euklidischen Geometrie.

8. Zwei gleiche Raketen begegnen sich und fliegen nebeneinander vorbei. Jeder Kommandant hat die Weltlinie des anderen Raketenkopfes berechnet und will die andere mit einem transversalen Geschoß treffen, das am Raketenende gezündet wird, wenn der eigene Kopf das Ende der anderen Rakete passiert. Hat das Erfolg?

9. Jetzt wird das Geschoß am Raketenende auf ein Signal vom Kommandostand an der Raketenspitze hin gezündet, das wieder gegeben wird, wenn dieser das Ende der anderen Rakete passiert. Hat das Erfolg?

10. Zeichnen Sie das Impulsdiagramm der spontanen Emission eines Tachyons ohne Änderung der Ruhmasse des emittierenden Teilchens.

11. Versuchen Sie ein Impulsdiagramms der Emission eines unterlichtschnellen Teilchens zu entwerfen. Warum gelingt das nicht?

12. Zwei Teilchen bewegen sich mit gleicher Geschwindigkeit aufeinander zu. Ihre Energie sei das Zehnfache ihrer Ruhenergie. Wie groß ist die Energie des stoßenden Teilchens im Ruhsystem des anderen?

Kapitel 6

13. Beweisen Sie den Höhensatz für die Minkowski-Spiegelung (Abb. 5.1).

14. Prüfen Sie die Aussage von Abbildung 6.5.

15. Suchen Sie den Beweis, warum der Kreis durch die drei Höhenfußpunkte die Seiten halbiert (Abb. 6.9). Prüfen Sie, daß die gesuchte Eigenschaft von der Gültigkeit des Peripheriewinkelsatzes abhängt.

16. Zeichnen Sie einen Feuerbach-Kreis in der Galilei-Geometrie.

Kapitel 9

17. Konstruieren Sie den Längentransport (Abb. 9.10) in der euklidischen Version und zeigen Sie, daß dort die Verschiebung negativ wird.

18. Wählen Sie ein Dreieck $\triangle ABC$ und einen absoluten Pol P, der damit der Höhenschnittpunkt des Dreiecks ist. Errichten Sie in P die Senkrechte auf der Verbindungslinien AP und finden Sie den Schnittpunkt mit $a = BC$. Suchen sie die entsprechenden Schnittpunkte für B und C und zeigen Sie, daß die drei Schnittpunkte kollinear sind. Überzeugen Sie sich, daß Sie nach antieuklidischer Regel konstruiert haben und der Sachverhalt dual zum Schnittpunktsatz der Höhen ist.

Anhänge

19. Zeigen Sie, daß die Transformationen, unter denen die Wellengleichung (B.1) invariant bleibt, linear sein müssen.

20. Prüfen Sie Gleichung (C.18) und zeigen Sie, daß diese Abbildungen für Linsen auf gemeinsamer optischer Achse eine Gruppe bilden und deshalb jedes solche optische System, soweit es mit einer Hauptebenenkonstruktion beschrieben werden kann, einer dicken Linse äquivalent ist.

21. Zeigen Sie, daß das ideale Fernrohr (zwei Linsen, die einen Brennpunkt gemeinsam haben) eine sehr dicke Linse mit verschwindender Brechkraft ist (Abb. C.4).

22. Rechnen Sie Gleichung (C.22) nach.

23. Die Vorgabe eines Dreiecks $\triangle A_1 A_2 A_3$ mit Höhenschnittpunkt A_4 reicht nicht aus, um die Metrik (bzw. den absoluten Kegelschnitt) vollständig zu bestimmen. Zeigen Sie, daß $\mathcal{B}$ die Form $\mathcal{B} = \sum_{N=1}^{4} \lambda_N A_N \circ A_N$ haben muß, also drei effektive Parameter frei wählbar bleiben.

24. Versuchen Sie, den Sehnenschnittpunktsatzes von Abbildung D.9 in der euklidischen Geometrie zu beweisen.

25. Abbildung D.11 erweckt zunächst den Eindruck, als könnte hier ein euklidischer Kreis *unabhängig* von den noch freien drei Parametern des absoluten Kegelschnitts bestimmt werden. Wieso ist das ein Trugschluß?

26. Zeigen Sie, daß der *euklidische* Umkreis eines Dreiecks durch seinen *pseudoeuklidischen* Höhenschnittpunkt geht (Abb. D.12).

27. Die in einer projektiv-metrischen Geometrie bestimmten Mittelpunkte der Kegelschnitte durch ein Viereck $A_1 A_2 A_3 A_4$ liegen auf dem durch entsprechenden Kreis durch die drei Diagonalpunkte des Vierecks, wenn A_4 Schnittpunkt der entsprechenden Höhen des Dreiecks $\triangle A_1 A_2 A_3$ ist.

Literaturverzeichnis

[1] ADELBERGER,E.G. (1994): Modern Tests of the Universality of Free Fall. *Phys.Rev.D* **42**, 3267.

[2] ANTOCI,S. (1997): *Devil's Advocate Online Service* (private Mitteilungen).

[3] ATWATER,H.A. (1974): Non-simultaneity in the aberration of starlight. *Amer.J.Phys.* **42**, 1022-1024.

[4] BACHMANN,F. (1959): *Der Aufbau der Geometrie aus dem Spiegelungsbegriff.* J.Springer Verlag, Heidelberg et al.

[5] BAPTIST,P., SCHRÖDER,E.M. (1988): Merkwürdige Punkte von Dreiecken in euklidischen und minkowskischen Ebenen. *Mitt.Math.Ges.Hamburg* **11**, 591-616.

[6] BÄR,G. (1996): *Eine Einführung in die analytische und konstruktive Geometrie.* B.G.Teubner, Stuttgart.

[7] BARBOUR,J.B. (1989): *Absolute or relative motion? Vol.1: The discovery of dynamics.* University Press, Cambridge.

[8] BARBOUR,J.B. (1999): *The end of time. The next revolution in physics.* Weidenfeld and Nicolson, London, and Oxford University Press, New York.

[9] BARBOUR,J.B., PFISTER,H. EDS. (1995): *Mach's Principle: From Newton's Bucket to Quantum Gravity.* Birkhäuser, Boston.

[10] BENZ,W. (1992): *Geometrische Transformationen.* BI Wissenschaftsverlag Mannheim.

[11] BENZ,W. (1994): *Real Geometries.* BI Wissenschaftsverlag Mannheim.

[12] BEREIS,R. (1964): *Darstellende Geometrie.* Akademie-Verlag, Berlin.

[13] BERGOLD,H. (1974): Relativitätstheorie in der Kollegstufe. *Der Physikunterricht* **1974**, Heft 4.

[14] BEUTELSPACHER,A., ROSENBAUM,U. (1992): *Projektive Geometrie. Von den Grundlagen bis zu den Anwendungen.* Verlag Vieweg, Wiesbaden.

[15] BLASCHKE,W. (1947): *Projektive Geometrie.* Wolfenbüttel.

[16] BLEYER,U., LIEBSCHER,D.-E. (1995): Mach's principle and local causal structure. *in: Mach's principle: From Newton's bucket to quantum cosmology, [9]* , 293-307.

[17] BONDI,H. (1962): *Relativity and common sense.* Heinemann Educ.Books, London.

[18] BORN,M. (1920): *Die Relativitätstheorie Einsteins*. J.Springer Verlag, Berlin.

[19] BOUGHN,S.P. (1989): The case of identically accelerated twins. *Amer.J.Phys.* **57**, 791-799.

[20] BRAGINSKI,V.B., PANOV,V.I. (1972): Verification of the equivalence of inertial and gravitational mass. *J.Exp.Theor.Phys.* **34**, 463-466.

[21] BUCHMANN,G. (1975): *Nichteuklidische Elementargeometrie*. B.G.Teubner, Stuttgart.

[22] CAYLEY,A. (1859): *The collected Papers II*. Cambridge 1889, p.592.

[23] CHAMPENEY,D.C., ISAAK,G.R., KHAN,A.M. (1963): An aether drift experiment based on the Mössbauer effect. *Phys.Lett.* **7**, 241-243.

[24] CHIU,H.Y., HOFFMANN,W.F. (EDS.) (1964): *Gravitation and Relativity*. W.A.Benjamin, New York.

[25] COXETER,H.S.M. (1961): *Non-euclidean geometry*. University Press, Toronto.

[26] COXETER,H.S.M. (1963): *Projective geometry*. Springer Verlag, New York und London.

[27] COXETER,H.S.M. (1966): *Introduction to geometry*. J.Wiley, New York.

[28] DEVRIES,HK. (1926): *Die vierte Dimension*. B.G.Teubner, Leipzig.

[29] DICKE,R.H. (1961): Experimental tests of Mach's principle. *Phys.Rev.Lett.* **7**, 359-360.

[30] DIETZE,W.(ED.) (1977): *Limericks*. Edition Leipzig.

[31] DOEHLEMANN,K. (1924): Projektive Geometrie in synthetischer Behandlung. *Sammlung Göschen* **72, 76**, W.deGruyter, Berlin und Leipzig 1922, 1924.

[32] DRAY,T. (1990): The twin paradox revisited. *Amer.J.Phys.* **58**, 822-825.

[33] DÜRER,A. (1525): *Opera*. Johan Jansen, Arnem.

[34] EHLERS,J., PIRANI,F.A.E., SCHILD,A. (1972): The geometry of free fall and light propagation. *in: O'Raifeartaigh,L.(ed.), Papers in honour of J.L.Synge*, University Press, Oxford, pp.63-84.

[35] EINSTEIN,A. (1905): Zur Elektrodynamik bewegter Körper. *Ann.d. Physik(Lpz.)* **17**, 891-921.

[36] EINSTEIN,A. (1905): Ist die Trägheit eines Körpers von seinem Energieinhalt abhängig? *Ann.d.Physik(Lpz.)* **18**, 639-641.

[37] EINSTEIN,A. (1911): Über den Einfluß der Schwerkraft auf die Ausbreitung des Lichts. *Ann.d.Physik(Lpz.)* **35**, 898-908.

[38] EINSTEIN,A. (1921): Geometrie und Erfahrung. *Sitzungsber. Preuss. Akad. Wiss.*, 1-8.

[39] EINSTEIN,A. (1969): *Über spezielle und allgemeine Relativitätstheorie*. 21.Aufl., Akademie Verlag, Berlin.

[40] EINSTEIN,A. (1969): *Grundzüge der Relativitätstheorie.* 5.Aufl., Akademie Verlag, Berlin.

[41] EÖTVÖS,R., PEKAR,V., FEKETE,E. (1922): Beitrag zum Gesetz der Proportionalität von Trägheit und Gravität. *Ann.d.Physik(Lpz.)* **68**, 11-66.

[42] ESCHER,M.C. (1984): *Graphik und Zeichnungen.* Moos, München.

[43] FELDMAN,M. (1974): Short bibliography on faster-than-light particles. *Amer.J.Phys.* **42**, 179-182.

[44] FREIESLEBEN,H.-CH. (1926): *Beiträge zum Problem der astronomischen Aberration.* Thomas & Hubert, Weida.

[45] FRENCH,A.P. (1971): *Die Spezielle Relativitätstheorie.* Braunschweig.

[46] GABRIEL,M.P., HAUGAN,M.P. (1990): Testing the Einstein equivalence principle: Atomic clocks and local Lorentz invariance. *Phys.Rev.D* **41**, 2943-2955.

[47] GABRIELSE,G., PHILLIPS,D., QUINT,W., KALINOWSKY,H. (1995): Special relativity and the single antiproton: Fortyfold improved comparison of $\bar{p}$ and p charge-to-mass ratios. *Phys.Rev.Lett.* **74**, 3544-3547.

[48] GALILEI,G. (1632): *Dialogo di Galileo Galilei, Linceo matematico straordinario dello studio di Pisa e filosofo, e matematico primario del Serenissimo Gran Duca di Toscana. Dove nei congressi di quattro giornate si discorre sopra i due massimi sistemi del mondo tolemaico, e copernicano.* Landini, Fiorenza.

[49] GAUSS,C.F., RIEMANN,B., MINKOWSKI,H. (1984): *Gaußsche Flächentheorie, Riemannsche Räume und Minkowski-Welt.* B.G.Teubner, Leipzig.

[50] GELLERT,W., KÜSTNER,H., HELLWICH,M., KÄSTNER,H. (HRSG.) (1986): *Kleine Enzyklopädie Mathematik.* 13.Aufl., Bibl.Inst.Leipzig.

[51] GILDE,W. (1979): *Gespiegelte Welt.* Fachbuchverlag Leipzig.

[52] GSCHWIND,PETER (1986): *Raum, Zeit, Geschwindigkeit.* Math.Astr.Sektion Goetheanum CH-4143 Dornach.

[53] GRIESER,R., MERZ,P., HUBER,G., SCHMIDT,M., SEBASTIAN,V. (1996): Test of special relativity in an ion storage ring. *Hyperfine Interactions* **99**, 135-143.

[54] GÜNTHER,H. (1996): *Gitter – Äther – Relativität.* B.G.Teubner, Stuttgart.

[55] HAUGAN,M.P., WILL.C.M. (1987): Modern tests of Special Relativity. *Physics Today* **40**, 5:69-76.

[56] HAYDEN,H.C. (1995): Special relativity: Problems and alternatives. *Physics Essays* **8**, 366-375.

[57] HEIDMANN,J. (1973): *Introduction à la cosmologie.* Presses universitaires de France, Paris.

[58] HEVELIUS,J. (1673): *Machina coelestis.* Bd.I, Danzig.

[59] HILBERT,D. (1987): *Grundlagen der Geometrie.* 13.Aufl., B.G.Teubner, Stuttgart.

[60] HOLTON,G. (1962): Resource letter Special Relativity Theory. *Amer.J.Phys.* **30**, 462-469.

[61] HUYGENS,CH. (1703): De motu corporum ex percussione. *Opuscula posthuma,* Ostwalds Klassiker Bd. 138, Leipzig 1903.

[62] JAGLOM,I.M. (1969): *Princip otnositelnosti Galileja i neevklidova geometrija.* Izd. Nauka, Moskva.

[63] JAGLOM,I.M., ROSENFELD,B.A. (1971): Nichteuklidische Geometrien. *Enzyklopädie der Elementarmathematik* **5**, Berlin.

[64] JORDAN,P. (1952): *Schwerkraft und Weltall.* Verlag Vieweg, Braunschweig.

[65] KADERAVEK,F. (1992): *Geometrie und Kunst in früherer Zeit.* B.G.Teubner, Stuttgart.

[66] KALUZA,T.V. (1921): Zum Unitätsproblem der Physik. *SBerPAW* , 966-972.

[67] KATZ,C.A., MOORE,C.B., HEWITT,J.N. (1997): Multifrequency Radio Observations of the Gravitational Lens System MG0414+0534 *Astrophys.J.* **475**, 512-518.

[68] KELLER,O.H. (1957): *Analytische Geometrie und lineare Algebra.* Berlin.

[69] KILLING,W. (1985): *Die nichteuklidischen Raumformen in analytischer Behandlung.* B.G.Teubner, Leipzig.

[70] KLEIN,F. (1911): Über die geometrischen Grundlagen der Lorentz-Gruppe. *Phys.ZS* **12**, 17-27.

[71] KLEIN,F. (1919): Bemerkungen über die Beziehungen des deSitterschen Koordinatensystems B zu der allgemeinen Welt konstanter Krümmung. *Proc.Amsterdam* **21**, 614-615.

[72] KLEIN,F. (1926): *Vorlesungen über die Entwicklung der Mathematik im 19.Jahrhundert I..* J.Springer, Berlin, S.77-82, 115-155.

[73] KLEIN,F. (1928): *Vorlesungen über nichteuklidische Geometrie.* J.Springer, Berlin.

[74] KLEIN,F. (1974): Das Erlanger Programm. *Ostwalds Klassiker der exakten Wissenschaften* **253**, Wiederabdruck, Geest und Portig, Leipzig.

[75] KLEIN,O. (1926): Quantentheorie und fünfdimensionale Relativitätstheorie. *Z.Physik* **37**, 895-906.

[76] KLOTZEK,B., QUAISSER,E. (1978): Nichteuklidische Geometrie. *Mathematik f.Lehrer* **17**, Berlin.

[77] KLOTZEK,B. (1971): *Geometrie.* Berlin.

[78] KNEIB,J.-P., ELLIS,R.S., SMAIL,I., COUCH,W.J., SHARPLES,R.M. (1996): Hubble Space Telescope observations of the lensing cluster Abell 2218. *Astrophys.J.* **471**, 643-656.

[79] KRAEMER,A. (1977): *Relativitätstheorie, Materialien für die Sekundarstufe II Physik.* Hermann Schroeder Verlag, Hannover.

[80] LAGRANGE,P.L.S. (1797): *Théorie des fonctions analytiques.* Paris, Impr.de la République.

[81] LAMOREAUX,S.K., JACOBS,J.P., HECKEL,B.R., RAAB,F.J., FORTSON,E.N. (1986): New limits on spatial anisotropy from optically pumped Hg^{201} and Hg^{199}. *Phys.Rev.Lett.* **57**, 3125-3135.

[82] LANCZOS,C. (1963): Undulatory Riemannian spaces. *J.Math.Phys.* **4**, 951-959.

[83] LANDAU,L.D., RUMER,JU.B. (1962): *Was ist die Relativitätstheorie?.* Akad.Verlagsges. Geest & Portig, Leipzig.

[84] LANGE,L. (1886): *Die geschichtliche Entwicklung des Bewegungsbegriffs und ihr voraussichtliches Endergebnis. Ein Beitrag zur historischen Kritik der mechanischen Prinzipien.* W.Engelmann, Leipzig.

[85] LIEBSCHER,D.-E., YOURGRAU,W. (1979): Classical spontaneous breakdown of symmetry and the induction of inertia. *Ann.d.Physik(Lpz.)* **36**, 20-24.

[86] LIEBSCHER,D.-E. (1991): *Relativitätstheorie mit Zirkel und Lineal.* 2.Aufl., Akademie Verlag Berlin.

[87] LIEBSCHER,D.-E. (1994): *Kosmologie.* J.A.Barth, Heidelberg.

[88] LIEBSCHER,D.-E., BROSCHE,P. (1998): Relativität und Aberration. *Astron.Nachr.* **319**, 309-318.

[89] LIEBSCHER,D.-E. (1999): Mit dem Kompasswagen über den Globus. *Math.Naturw.Unterricht* **52**, Heft 3.

[90] MARZKE,R.F., WHEELER,J.A. (1964): Gravitation as geometry - I: The geometrodynamical standard meter. *in: Gravitation and Relativity [24]*, 40-64.

[91] MELCHER,H. (1979): *Albert Einstein wider Vorurteile und Denkgewohnheiten.* Akademie-Verlag Berlin.

[92] MERCIER,A. (1975): *GRG Journal* **5**, 513.

[93] MERMIN,N.D. (1983): Relativistic addition of velocities directly from the constancy of the velocity of light. *Amer.J.Phys.* **51**, 1130-1131.

[94] MISNER,C.W., THORNE,K.S., J.A.WHEELER (1971): *Gravitation.* W.H.Freeman, San Francisco.

[95] MOORE,T.A. (1996): *A Travellers Guide to Space-Time.* McGraw-Hill, New York.

[96] MROCZKOWSKI,J. (1986): *Zastosowanie metod geometrii wykreślnej w szczególnej teorii względności.* Wyd.Politechniki Wrocławskiej, Wrocław.

[97] PALMER,R.B., RADOJICIC,D., RAU,R.R., RICHARDSON,C., SAMIOS,N.P., SKILLICORN,I.O., LEITNER,J. (1968): Precision measurement of the Ω^- and Ξ^o masses. *Phys.Lett. B* **26**, 323-326.

[98] PAREIGIS,B. (1990): *Analytische und projektive Geometrie für die Computer-Graphik.* B.G.Teubner, Stuttgart.

[99] POINCARÉ,H. (1908): *Science et méthode.* Flammarion, Paris.

[100] QUAISSER,E., SPRENGEL,H.J. (1981): *Räumliche Geometrie.* Dt.Verlag d.Wissenschaften Leipzig.

[101] QUAISSER,E. (1971): Metrische Relationen in affinen Ebenen. *Math.Nachr.* **48**, 1-31.

[102] QUAISSER,E. (1983): *Bewegungen in der Ebene und im Raum.* Dt.V.d.Wissenschaften, Berlin.

[103] QUAISSER,E. (1994): *Diskrete Geometrie.* Spektrum Akademischer Verlag Heidelberg et aliud.

[104] REICHARDT,H. (1985): *Gauß und die Anfänge der nichteuklidische Geometrie. Mit Originalarbeiten von J.Bolyai, N.I.Lobatschewski, F.Klein.* B.G.Teubner, Leipzig.

[105] REKVELD,J. (1967): *Relativität: Physikunterricht heute.* Diesterweg Verlag Frankfurt.

[106] RESNICK,R. (1976): *Einführung in die Spezielle Relativitätstheorie.* Klett-Verlag Stuttgart.

[107] ROHRLICH,F (1990): An elementary derivation of $E = mc^2$. *Amer.J.Phys.* **58**, 348-349.

[108] ROLL,P.G., KROTKOV,R., DICKE,R.H. (1964): The equivalence of inertial and passive gravitational mass. *Ann.Phys.(N.Y.)* **26**, 442-517.

[109] RUDER,H., RUDER,M. (1993): *Die spezielle Relativitätstheorie.* Vieweg-Verlag Braunschweig.

[110] RUSSO,L. (1996): *La rivoluzione dimenticata.* Feltrinelli, Milano, pp.79–86.

[111] SALMON,G. (1855): *A treatise on Conic Sections.* 3.ed., Longman, Brown, Green and Longmans, London.

[112] SANTANDER,M. (1992): The chinese south-seeking chariot: A simple mechanical device for visualizing curvature and parallel transport. *Amer.J.Phys.* **60**, 782-787.

[113] SCHILLING,F. (1931): *Projektive und nichteuklidische Geometrie.* Leipzig und Berlin.

[114] SCHMUTZER,E. (1964): *Relativistische Physik.* B.G.Teubner, Leipzig.

[115] SCHNEIDER,P., EHLERS,J., FALCO,E.E. (1992): *Gravitational Lensing.* Springer, Berlin et aliud.

[116] SCHOTTENLOHER,M. (1995): *Geometrie und Symmetrie in der Physik.* Vieweg Verlag Braunschweig.

[117] SCHRÖDER,E.M. (1974): Gemeinsame Eigenschaften euklidischer, galileischer und minkowskischer Ebenen. *Mitt.Math.Ges.Hamburg* **10**, 185-217.

[118] SCHRÖDER,E.M. (1979): Eine Kennzeichnung der regulären euklidischen Geometrien. *Abh.Math.Sem.Uni.Hamburg* **49**, 95-117.

[119] SCHRÖDER,E.M. (1981): Über die Grundlagen der affin-metrischen Geometrie. *Geometria dedicata* **11**, 415-442.

[120] SCHRÖDER,E.M. (1986): Fundamentalsätze der metrischen Geometrie. *J.Geometry* **27**, 36-59.

[121] SEELIG,C. (HRSG.) (1956): *Helle Zeit – dunkle Zeit. In memoriam Albert Einstein.* Zürich.

[122] SEXL,R. (1973): Relativitätstheorie in der Kollegstufe. *Beitr.Naturw.Unterricht* **26**, Vieweg Verlag Braunschweig.

[123] SHAW,R. (1962): Length contraction paradox. *Amer.J.Phys.* **30**, 72.

[124] SCHUTZ,B.F. (1985): *A first course in general relativity.* Cambridge UP.

[125] SOMMERFELD,A. (1909): Über die Zusammensetzung der Geschwindigkeiten in der Relativitätstheorie. *Phys.Z.* **10**, 826-829.

[126] STEINER,J. (1887): *Vorlesungen über synthetische Geometrie, I..* Leipzig, 3.Aufl..

[127] STEINER,J. (1898): *Vorlesungen über synthetische Geometrie, II..* Leipzig, 3.Aufl..

[128] STRUVE,H. (1979): Singulär metrisch-projektive und Hjelmslevsche Geometrie. *Dissertation,* Uni.Kiel.

[129] STRUVE,H., STRUVE,R. (1987): Endliche Cayley-Kleinsche Geometrien. *Arch.Math.* **48**, 178-184.

[130] STRUVE,H., STRUVE,R. (1988): Zum Begriff der metrisch-projektiven Ebene. *ZS f.math.Logik u.Grundl.d.Math.* **34**, 79-88.

[131] TAIT,P.G. (1884): Note on reference frames. *Proc.Roy.Soc.Edinburgh* **1883-84**, 743-745.

[132] TAYLOR,E.F., WHEELER,J.A. (1966): *Space-time physics.* W.H.Freeman, San Francisco.

[133] THOMAS,L.H. (1927): The kinematics of an electron with an axis. *Phil.Mag.* **3**, 1-22.

[134] TOLMAN,R.C. (1912): Non-Newtonian mechanics, the mass of a moving body. *Phil.Mag.* **23**, 375-380.

[135] TREDER,H.J. (1968): *Relativität und Kosmos.* Berlin, Oxford, Braunschweig.

[136] TREDER,H.J. (1972): *Relativität der Trägheit.* Akademie-Verlag, Berlin.

[137] TRUDEAU,R. (1998): *Die geometrische Revolution.* Birkhäuser Verlag, Basel.

[138] URBANTKE,H. (1984): A note on elementary geometry and special relativity. *Eur.J.Phys.* **5**, 119.

[139] VAKULIK,V.G., DUDINOV,V.N., ZHELEZNYAK,A.P., TSVETKOVA,V.S. (1997): VRI photometry of the Einstein Cross Q2237+0305 at Maidanak observatory. *Astronomische Nachrichten* **318**, 73-79.

[140] VARIĆAK,V. (1910): Anwendung der Lobachevskischen Geometrie in der Relativtheorie. *Phys.ZS.* **11**, 93-96.

[141] VARIĆAK,V. (1910): Die Relativtheorie und die Lobachevskijsche Geometrie. *Phys.ZS.* **11**, 287-293.

[142] VARIĆAK,V. (1910): Die Reflexion an bewegten Spiegeln. *Phys.ZS.* **11**, 586-587.

[143] WALSER,H. (1998): *Symmetrie.* B.G.Teubner, Stuttgart.

[144] WEBB,J.K., FLAMBAUM,V.V., CHURCHILL,C.W., BARROW,M. (1998): Evidence for time variation of the fine structure constant. *Phys.Rev.Lett.*, astro-ph/9803165.

[145] WILSON,E.B., LEWIS,G.N. (1913): The space-time manifold of relativity. The non-euclidean geometry of mechanics and electromagnetics. *Proc.Amer.Acad.Boston* **48**, 389-507.

[146] ZHANG,Y.Z. (1995): Test theories of special relativity. *Gen.Rel.Grav.* **27**, 475-493.

Glossar

Abbildung: Zuordnung von Objekten des abzubildenden Bereichs zu Objekten des Bildbereichs. Abbildungen können in verschiedener Allgemeinheit definiert und durch verschiedene Kontexte eingeschränkt werden. In der Geometrie geht es um Abbildungen geometrischer Objekte auf andere, im einfachsten Fall von Punkten auf andere Punkte, die alles weitere nach sich zieht. Im Text wird die →Polarität angesprochen, sie ist eine Abbildung von Punkten auf Hyperebenen (d.h. in der Ebene Geraden, im Raum Ebenen, usw.) und umgekehrt (→konforme Abbildung, →lineare Abbildung, →projektive Abbildung).
Anhang A   155

Aberration: Verschiebung des scheinbaren Orts entfernter Objekte zwischen zwei zueinander bewegten Beobachtern, speziell die eines Sterns durch den Wechsel der Bewegungsrichtung der Erde transversal zur Sichtrichtung. Bei der Zusammensetzung der Lichtgeschwindigkeit mit einer anderen ändert sich nicht der Betrag, wohl aber die Richtung, wenn die Ausgangsgeschwindigkeiten nicht parallel sind. Diese Richtungsänderung führt zur Aberration. Diese ist ein Effekt zwischen zwei Beobachtern, abhängig von deren Relativgeschwindigkeit zueinander und vom scheinbaren Ort der Quelle. Sie hängt *nicht* von der Geschwindigkeit der Quelle ab. Ihr maximaler Wert auf der Erdbahn beträgt $20,47''$. Daraus und aus der Bahngeschwindigkeit der Erde von etwa 30 km/s folgt die Lichtgeschwindigkeit zu etwa 300000 km/s.
Abb. 4.3, 4.11   51, 56

absolute Geschwindigkeit: →Lichtgeschwindigkeit.

absolute Gleichzeitigkeit: Fällt die Antwort auf die Frage nach der Gleichzeitigkeit zweier Ereignisse immer gleich aus, unabhängig von Ort, Orientierung und Bewegung des beurteilenden Beobachters, dann sprechen wir von absoluter Gleichzeitigkeit. Geometrisch drückt sie sich als Entartung der Orthogonalität in der Welt aus. Sie wird in der Newtonschen Mechanik stillschweigend vorausgesetzt. In der Relativitätstheorie wird gezeigt, warum diese Vorstellung nicht haltbar ist und weshalb sie dennoch für kleine Geschwindigkeiten eine gute Approximation ist.
Abb. 3.12, 3.13   44 ff.

absolute Polare: gemeinsame Polare für alle Punkte der Ebene. Eine absolute Polare existiert, wenn das Parallelenaxiom gilt, also für die euklidische Geometrie, die Galilei-

Geometrie und die Minkowski-Geometrie.
Abb. 9.7, 9.8, 9.9   137 ff.

absolute Zeit: Zeit, die im Fall absoluter Gleichzeitigkeit definiert werden kann. Gibt es einen physikalischen Prozeß, der eine transitive Gleichzeitigkeitsrelation aufbaut, dann bilden gleichzeitige Ereignisse einen dreidimensionalen Raum. Dann sollte man Theorien konstruieren, in denen diese Räume – zusammen mit allen Gesetzen der Theorie – beim Wechsel des Bezugssystems erhalten bleiben. Dann wäre auch die Zeit absolut. Eine der Lehren der Relativitätstheorie ist, daß die Gleichzeitigkeit nicht absolut sein kann. Bezieht man sich auf materielle Objekte in der Welt, können spezielle Zeitkoordinaten aber nützlich sein (→kosmologische Zeit).   20

absoluter Nullpunkt: Nullpunkt der thermodynamischen (absoluten) Temperaturskala. Die absolute Temperatur ist definiert durch die Statistik der mikroskopischen Bewegungen und ist eine der Charakteristiken der Streuung der mikroskopischen Größen im gegebenen Zustand des betrachteten Systems.   19

absoluter Kegelschnitt: Wird in der projektiven Ebene ein Kegelschnitt festgelegt und werden damit aus den projektiven Abbildungen diejenigen ausgewählt, die ihn unverändert lassen (wenn auch zugelassen wird, daß sich seine Punkte auf dem Kegelschnitt selbst bewegen), sprechen wir von einem absoluten Kegelschnitt. Durch den Bezug auf diesen Kegelschnitt wird aus der projektiven Ebene eine metrische Ebene.
Abb. 8.16   125

absoluter Pol: gemeinsamer Pol für alle Geraden der Ebene. Die Existenz eines absoluten Pols ist äquivalent der der Existenz genau eines Punktes auf jeder Geraden, der zu einem gegebenen Punkt außerhalb der Geraden den Abstand Null hat. Dieser zum Parallelenaxiom duale Satz gilt für die antieuklidische, die anti-Minkowskische und die Galilei-Geometrie. Physikalisch entspricht er der →absoluten Gleichzeitigkeit.
Abb. 9.5, 9.6, 9.9   136, 139

absoluter Raum: Virtuelle Gegebenheit, die unabhängig von materiellen Bezugsobjekten die Angabe von Ort, Orientierung und Geschwindigkeit gestattet. Das Relativitätsprinzip behauptet, daß ein absoluter Raum nicht existiert, sondern immer auf andere Gegenstände im Raum Bezug genommen werden muß, um Geschwindigkeiten, Orientierungen und Orte zu beschreiben. Dennoch scheint die Rotation absolut definierbar zu bleiben. Diese Frage führt auf das →Machsche Prinzip.   17

Additionstheorem der Geschwindigkeiten: Formel für die *Zusammensetzung* von Geschwindigkeiten. In der Galilei-Newtonschen Mechanik ist die Zusammensetzung additiv, in der Einsteinschen Relativitätstheorie gehorcht sie bei gleichen Richtungen dem Additionstheorem des hyperbolischen Tangens.
Abb. 4.9, Gl. (4.1)   55, 59

Allgemeine Relativitätstheorie: einfachste mit dem Äquivalenzprinzip von träger und schwerer Masse konsistente Gravitationstheorie, entwickelt von A.Einstein. Die Koeffizienten der Wellengleichung bleiben nicht länger konstant, die Gravitationstheorie wird eine Theorie für die Metrik der Welt. Die Welt hat nun eine Krümmung, die das Gravitationsfeld beschreibt. Lokal (d.h. im Rahmen ihrer Definition) bleibt die Spezielle Relativitätstheorie gültig. 102 ff.

Annihilation: →Paarvernichtung.

antieuklidische Geometrie:
Abb. 9.5, Tabellen 9.1, E.1 136, 141, 212

Anti-Lobachevski-Geometrie:
Abb. 7.26, 7.27, Tabelle 9.1, E.1 112, 141, 212

Anti-Minkowski-Geometrie:
Abb. 9.6, Tabelle 9.1, E.1 136, 141, 212

Apex: Richtung einer gleichförmigen Bewegung, die einen Punkt auf dem (ebenen oder sphärischen) Gesichtsfeld markiert, den →Fernpunkt der Bahnen. Abb. 2.19 33

Äquivalenz von Masse und Energie: Trägheit der Energie. Die Relativitätstheorie stellt klar, warum alle Energie zur trägen Masse beiträgt. Der Umrechnungsfaktor ist das Quadrat der absoluten Geschwindigkeit c, die nach allem, was wir wissen, mit der Lichtgeschwindigkeit übereinstimmt. Gl. (5.5) 70

Äquivalenz von träger und schwerer Masse: Aus den Bewegungsgleichungen im Gravitationsfeld kürzt sich die Gravitationsladung (schwere Masse) mit der trägen Masse heraus. Beide werden daher in den gleichen Einheiten angegeben. Die strenge Gültigkeit dieses Prinzips impliziert die Darstellbarkeit des Gravitationsfeldes durch die →Metrik einer Welt mit variabler Krümmung. 102

Asymptotenkegel: in den lokal pseudoeuklidischen Geometrien Kegel der lichtartigen Geraden durch einen gegebenen Punkt. Die Kurven festen Abstands vom Aufpunkt nähern sich diesem Kegel asymptotisch, d.h., sie schneiden die Ferngerade bzw. den absoluten Kegelschnitt in den gleichen Punkten wie der Asymptotenkegel. Physikalisch ist der Asymptotenkegel identisch mit dem →Lichtkegel. Abb. 7.18 107

Äther: Hypothetisches Medium der Lichtausbreitung, dessen Schwingungen das Licht und seine Ausbreitung erklären sollen, so wie Druck und gegebenenfalls Scherungswellen den Schall und seine Ausbreitung erklären. Man stellt ihn sich gewöhnlich als gewichtslose Flüssigkeit vor, die den gesamten Raum durchdringt und Anregungen transportieren kann. Kein einem Äther zurechenbarer Effekt ist je gefunden worden. 52, 151

Atom: chemisch (d.h. mit Energien kleiner 1 keV) in seinen Charakteristika nicht permanent veränderbares elementares Teilchen. Es besteht aus einem positiv geladenen Kern, der seine Bestandteile mit Energien der Größenordnung 1 MeV bindet, und der Hülle, in der Elektronen mit Energien zum Teil weit unter 1 keV gebunden sind. Kapitel 2, 10.2 16, 152

Atomzeit: Mit den Frequenzen gut definierter Spektrallinien von Atomen verglichene Zeit. Das Internationale System (SI) benutzt eine Frequenz des Cäsiums 133

(9 192 631 770 Hz).
Kapitel 2   16

Axiome, Newtonsche: →Newton.

Axiome der projektiven Geometrie: Die Axiome regeln die algebraischen Beziehungen zwischen Punkten und Geraden, die selbst wieder nur implizit durch die
Axiome beschrieben sind. In diesem Sinne ist die projektive Geometrie ein spezielles System algebraischer Relationen.

→Punkte bilden die Objekte der projektiven Strukturen, →Geraden sind zunächst
Teile der Punktmenge. Es soll nicht nur einen Punkt und nicht nur eine Gerade geben. Eine Gerade soll zunächst wenigstens zwei Punkte enthalten. Sie wird aufgefüllt
durch die Bedingung, daß sie verlängert und verkürzt werden kann. Die Gerade durch
zwei verschiedene Punkte soll eindeutig sein, so wie der gemeinsame Punkt zweier
verschiedener Geraden eindeutig sein soll.

Eine →projektive Abbildung bildet Geraden auf Geraden und Punkte auf Punkte
ab, wobei die Inzidenz erhalten bleibt. Damit bleibt auch die Zuordnung der Punkte
in Figuren wie dem →harmonischen Wurf (Abb. 8.8, 8.9) erhalten, ein Doppelverhältnis wird auf dieser Basis definierbar und bleibt invariant. Mit der Konstruktion von
Abb. C.2 werden homogene Koordinaten definiert, in denen die Geraden lineare Beziehungen und die projektiven Abbildungen lineare Abbildungen werden.
Kapitel 8, Anhang C   114, 174

Axiome der Spiegelung: Eine Bewegungsgruppe B wird durch ein System S von Spiegelungen ($gg = 1$) aufgebaut, die wir Geraden nennen. Ist das Produkt zweier Geraden
g, h eine Spiegelung ($ghgh = 1$), nennen wir es Punkt. Obwohl wir uns hier immer
Punkte und Geraden der Ebene vorstellen dürfen, beziehen sich die Axiome auf eine
ganz abstrakte Gruppe, deren Objekt nicht ein äußerer Raum, sondern sie selbst ist.
Anhang A, Abschnitt D.2   159, 190

Azimutalprojektion: Abb. 7.8 ff.   100 ff.

Bewegung: in der *Physik* hauptsächlich die Änderung von Ort und Orientierung
mit der Zeit, in der *Geometrie* das Ergebnis dieses Prozesses. Die Bewegung
physikalischer Objekte wird durch Bewegungsgleichungen bestimmt, die sich auf
→Newtons Axiome gründen. Geometrische Bewegungen setzen sich im allgemeinen
zu →Bewegungsgruppen zusammen. In der Raum-Zeit kann die geometrische Bewegung die Überlagerung eines physikalischen Prozesses im Raum mit einer universellen
Geschwindigkeit bedeuten.   13, 18

Bewegungsgruppe: Anhang A.   155

Bewegungsparallaxe: Abb. 2.19   33

Bezugssystem: Ein Bezugssystem ist eine Kombination aus Uhren und Maßstäben, die
es gestattet, lokal alle Ereignisse und alle →Vektoren durch Koordinaten zu charakterisieren. Dies ist im allgemeinen für die quantitative Analyse der Bewegungsvorgänge
unumgänglich. Ein *lineares* Bezugssystem bildet die Addition von Vektoren auf die

koordinatenweise Addition ab. In der Mechanik wird die kräftefreie Bewegung durch lineare Relationen zwischen den Koordinaten dargestellt. Ein *inertiales* Bezugssystem gestattet darüberhinaus die Formulierung der →Newtonschen Axiome mit richtungsunabhängigen Gewichten der Geschwindigkeiten. Es setzt deshalb einen metrischen Raum voraus. 23

Bohr,N.: 1885-1962, Physiker, Nobelpreis 1922. Mitbegründer der Quantentheorie, fand das erste Quantenmodell des Atoms. Wir besprechen den **Bohrschen Radius**, das ist der Radius der kleinsten Kreisbahn, die ein Elektron nach den Bohrschen Quantenbedingungen um ein Proton nach den ziehen kann. Der Bohrsche Radius ist ein geeignetes Maß für alle atomaren Entfernungen. Er bestimmt sich aus dem Planckschen Wirkungsquantum h, der Elementarladung e und der Elektronenmasse m_e zu $r_{\text{Bohr}} = h^2 m_e^{-1} e^{-2}$. 31

Bolyai,J.: 1802-1860, Mathematiker, konstruierte zeitgleich mit Lobachevski die erste nichteuklidische Geometrie. 99

Brunelleschi,F.: 1377-1446, Architekt, zeigte als erster der Renaissance-Künstler perspektive Abbildungen. 116

Büschel: Geraden liegen im Büschel, wenn sie alle durch einen gemeinsamen Punkt (Vertex, Büschelträger) gehen oder ein gemeinsames Lot haben. Ebenen liegen im Büschel, wenn sie entweder eine gemeinsame Gerade oder ein gemeinsames Lot haben (→homogene Koordinaten). Abb. A.4 160

Cartesius (R.Descartes): 1596-1650, Philosoph und Mathematiker, Begründer der analytischen Geometrie. **Cartesische Koordinaten** beziehen sich auf rechtwinklige Achsen, die es global nur in Räumen ohne Krümmung gibt. In Cartesischen Koordinaten ist die Metrik des Raums (bis auf das Vorzeichen des Diagonalelemente) die Einheitsmatrix. 49, 165

Cayley,A.: 1821-1895, Mathematiker, Begründer der algebraischen Geometrie. Die Cayley-Klein-Geometrien [22, 73, 74] sind Gegenstand dieses Buches. 15

Coulomb,C.de: 1736-1806, Physiker. Untersuchte u.a. die elektrostatische Anziehung bzw. Abstoßung (**Coulomb-Kraft**), deren Größe wie die der Schwerkraft umgekehrt proportional zum Quadrat des Abstands ist und in Richtung der Verbindungslinie wirkt. 17

Darstellung einer Gruppe: Strukturerhaltende (homomorphe) Abbildung einer Gruppe in die spezielle Gruppe der quadratischen Matrizen gegebener Dimension (in die Gruppe der regulären linearen Operatoren eines Vektorraums). 178

Desargues,G.: 1591-1661, Architekt und Ingenieur, fand das erste grundlegende Theorem der modernen projektiven Geometrie. Abb. 8.3, 8.4 117

DeSitter,W.: 1872-1934, Astronom, konstruierte u.a. den ersten (leeren) Kosmos als Lösung der Einsteinschen Gleichungen. Abb. 7.20 ff. 108 ff.

direktes Produkt: lineare Abbildung, die alle Vektoren auf eine feste Richtung abbildet.   178

Doppelverhältnis: Charakteristische Größe der projektiven Geometrie, deren Invarianz
die Gruppe der projektiven Transformationen bestimmt.
Gl. (8.1), Abb. 8.5   117 ff.

Doppler,C.J.: 1803-1853, Physiker, fand u.a. den **Doppler-Effekt**, das ist die scheinbare
Änderung der Wellenlänge von Licht oder Schall, die durch die Bewegung der Quelle
und/oder der des Empfängers verursacht wird. Bei Annäherung entsteht eine Verschiebung ins Kurzwellige (Violettverschiebung), bei Entfernung eine ins Langwellige
(Rotverschiebung). Die Größe der Verschiebung hängt von der Relativgeschwindigkeit
ab (→kosmologische Rotverschiebung).
Abb. 2.17, 5.9   30, 72

Drehung: Bewegung um einen im Endlichen gelegenen Fixpunkt.
Abb. 9.16 ff.   145 ff.

Dreiecksungleichung: als Axiom einer definiten Metrik benutzte Forderung, daß der
Abstand $d[A, B]$ zwischen zwei Punkten A und B nie größer als die Summe der
Abstände zu einem dritten Punkt C ist, $d[A, B] \leq d[A, C] + d[C, B]$. In dieser Form gilt
die Dreiecksungleichung im hier besprochenen Rahmen für die elliptische (sphärische),
die euklidische und die hyperbolische Geometrie. In den lokal pseudoeuklidischen Geometrien erhält die Dreiecksungleichung eine andere Form (→Zwillingsparadoxon).
Abschnitt 5.3   70, 91, 139

duale Konstruktion: hier Konstruktion unter Vertauschung von Punkten und Gera-
den, Punktreihen und Strahlbüscheln, Tangenten und Berührpunkten, und so weiter.
Duale Konstruktionen sind typisch für die projektive Geometrie der Ebene, weil in
homogenen Koordinaten Punkte wie Geraden durch ein Koordinatentripel beschrieben werden und daher eineindeutig aufeinander abgebildet werden können und jede
Transformation der Punkte der inversen Transformation der Geraden äquivalent ist.
Folglich können Punkte und Geraden in allen Sätzen vertauscht werden, wenn auch
Schnittpunkt und Verbindungsgerade bzw. Kollinearität und Büscheleigenschaft mit-
einander vertauscht werden.   123

Dualität: Vertauschbarkeit von Begriffspaaren, wie Punkt und Gerade in der projektiven
Ebene (→duale Konstruktion).   123

Dürer,A.: 1471-1528, Maler.
Abb. 8.2   116

Ebene, metrische: →metrische Ebene.

Eddington,A.S.: 1882-1944, Astrophysiker.   32

Eigenbewegung: scheinbare Bewegung über das Gesichtsfeld, gemessen in Winkel pro
Zeit.
Abb. 2.19   33

Eigenzeit: die in einem mitbewegten Bezugssystem ablaufende Zeit, die ein allgemein bewegter Beobachter an Hand einer relativ zu ihm ruhenden Uhr mißt. Sie ist identisch mit der Bogenlänge zeitartiger und lichtartiger Weltlinien. 63

Einstein,A.: 1879-1955, Physiker, Nobelpreis 1921. Mitbegründer der Quantentheorie und der (speziellen) Relativitätstheorie, Autor der allgemeinen Relativitätstheorie. Einstein sah als erster die Notwendigkeit einer neuen Definition der Gleichzeitigkeit. Kapitel 4 47

Einsteinsche Geometrie: Geometrie der *nur noch lokal* pseudoeuklidischen Welt, die durch die Weltkrümmung verändert ist. Die Einsteinsche Geometrie verallgemeinert die →Riemannsche Geometrie auf lokal pseudoeuklidischen Fall, die Welt. Kapitel 7 92

Einsteinsche Gleichungen: Feldgleichungen der Gravitation nach der Allgemeinen Relativitätstheorie. Die Einsteinschen Gleichungen stellen fest, daß die Krümmung der Welt (genauer bestimmte Komponenten dieser Krümmung) proportional der Materiedichte (genauer der Verallgemeinerung der Energiedichte) ist. Sie sind eine Art Wellengleichung für die Metrik, die ihrerseits die genaue Form des Wellenoperators selbst bestimmt. Im räumlich homogenen und isotropen Universum reduzieren sie sich auf die →Friedmann-Gleichungen. 34, 105

Ekliptik: die Ebene, in der die Erdbahn (genauer die Bahn des →Schwerpunkts des Erde-Mond-Systems) liegt. Ihre Projektion auf die Himmelskugel ist die scheinbare Bahn der Sonne. Finsternisse können nur auftreten, wenn die Mondbahn die Ekliptik kreuzt. Die Ekliptik ist gegen die Äquatorebene um den Winkel $23°27'$ geneigt. Abb. 2.18 33

Elementarteilchen: hier die Teilchen der subnuklearen Ebene wie Protonen, Neutronen, Elektronen und Photonen. Auf dieser Ebene können die Elementarteilchen in Baryonen (Protonen, Neutronen und verschiedene Hyperonen), Mesonen und Leptonen (Elektronen, Myonen, Neutrinos) geschieden werden. Für Baryonen wie für Leptonen bleibt die Gesamtzahl erhalten, d.h., die Baryonenzahl und die Leptonenzahl wird eine Art Ladung. Das leichteste Baryon (das Proton bzw. Antiproton) ist deshalb stabil. Das leichteste Lepton ist das Neutrino (Ruhmasse 0). Das Elektron (bzw. Positron) ist stabil, weil es das leichteste elektrisch geladene Teilchen ist. Alle anderen Elementarteilchen zerfallen in leichtere, und für schwach zerfallende Teilchen ist die typische Einheit der Lebensdauer 10^{-10} s. Stark zerfallende Teilchen haben eine Lebensdauer von nur etwa 10^{-23} s – die Zeit, in der das Licht das Teilchen durchquert. Sie heißen Resonanzen, weil sie sich nur als Maxima in den Streuquerschnitten anderer Teilchen bemerkbar machen.
Mesonen sind Teilchen ohne Baryonen- oder Leptonenladung. Sie sind alle instabil, falls sie nicht die Ruhmasse Null haben wie das Photon (das allerdings oft nicht zu den Mesonen gezählt wird). Das berühmteste Meson ist das π-Meson, dessen Existenz als Mittler der Kernkraft zwischen Neutron und Proton vorhergesagt wurde (auch wenn der Mechanismus der Kernkräfte heute präziser gesehen wird).

Mesonen und Baryonen sind gebundene Zustände subelementarer Teilchen, der sogenannten Quarks. Die Regeln dieser Zusammensetzung wurden durch die Entdeckung des vorhergesagten Ω^--Hyperons bestätigt (Abb. 2.7), das unerwarteterweise nur schwach zerfällt.

In der Relativitätstheorie spielt die scheinbare Verzögerung des Zerfalls der Myonen bei schneller Bewegung eine Rolle, weil sie qualitativ die Zeitdilatation demonstriert. Abb. 2.7   22

elliptische Geometrie:
Abb. 9.1, Tab. 9.1, E.1   132, 141, 212

Energie: Grundgröße der Physik, universelles Maß der Bewegung und des Bewegungsvermögens, das in abgeschirmten Objekten immer streng erhalten bleibt. Die Abhängigkeit der Energie von den allgemeinen Koordinaten (Lage und Impuls) der Bewegung bestimmt die tatsächliche Bewegung vollständig.   41, 69 ff.

Entartung: Zusammenfallen oder Verschwinden generisch unterschiedener bzw. von Null verschiedener Größen. So spricht man von einem entarteten Kegelschnitt, wenn eine der Hauptachsen verschwindet (Entartung zur Geraden) oder divergiert (Entartung zum Parallelenpaar) oder beide verschwinden (Entartung zum Punkt oder zu einem Paar sich schneidender Geraden).   125 ff., 207 ff.

Ephemeridenzeit: Zeitablauf, der die Planetenbahnen ohne eliminierbare Störungen beschreibt. Die Ephemeridenzeit muß implizit durch entsprechende Beobachtungen bestimmt werden. Kann man alle Bahnkurven bis auf den Zeitablauf genau bestimmen, ist die Ephemeridenzeit durch die Gültigkeit des Energiesatzes festgelegt.   32

Ereignis: Durch die Zeitkoordinate und die Ortskoordinaten festgelegter Punkt in einer Welt.
Abschnitt 2.1   16

Euklid: 330-275 v.Chr., Mathematiker. Von Euklid ist der älteste Text mit einer vollständigen Axiomatisierung der Geometrie.
Abschnitt 3   35

Fahrplan: Grafische Darstellung der Bewegung im Raum als Kurve in der Welt.
Abschnitt 2.1   16

Feinstrukturkonstante, Sommerfeldsche: →Sommerfeld

Fermat,P.de: 1601-1665, Mathematiker. Mitbegründer der analytischen Geometrie. Er fand das **Fermatsches Prinzip**, das erste Integralprinzip der Physikgeschichte. Der Weg des beobachteten Lichtstrahls zwischen zwei Punkten A und B ist die kürzeste Verbindung beider Punkte, wenn die geometrische Länge $ds = \sqrt{dx^2 + dy^2 + dz^2}$ der Wegstücke der Verbindung mit dem lokalen Brechungsindex n gewichtet wird: Der Lichtstrahl von A nach B realisiert also das Minimum des Integrals

$$S = \int_A^B n\,ds \ .$$

In der →Mechanik hat es sein Analogon im Maupertuis-Jacobischen Prinzip: Im zeitunabhängigen Potential realisiert die Bahn eines Teilchens die kürzeste Verbindung zweier Punkte, wenn mit dem Ausdruck $\sqrt{E_{ges} - E_{pot}}$ aus Gesamtenergie E_{ges} und potentieller Energie $E_{pot}[Ort]$ gewichtet wird:

$$S = \int \sqrt{E_{ges} - E_{pot}}\,\sqrt{E_{kin}}\,dt \ .$$

Die kinetische Energie E_{kin} ist dabei eine homogen quadratische Funktion der Geschwindigkeiten, so daß die Zeit t ein frei wählbarer Parameter wird.

Dieses Prinzip gilt schließlich ganz allgemein als Hamiltonsches Prinzip, das die allgemeine Bewegung als Realisierung des Extremums eines →Wirkungsintegrals kennzeichnet und bestimmt. 27, 152

Ferngerade: Formale Verbindung der unendlich fernen Punkte der Ebene, die projektiv eine Gerade ist.
Abb. 8.3 117

Feuerbach-Kreis: Charakteristischer Kreis, der die Mittelpunkte der Seiten und Höhen eines Dreiecks mit den Höhenfußpunkten verbindet und Ankreise und Inkreis berührt.
Abb. 8.12 122

frei fallende Bezugssysteme: Methode der Konstruktion lokaler Inertialsysteme im Gravitationsfeld.
Abb. B.2 167

Friedmann,A.A.: 1888-1925, Mathematiker und Physiker. Die nach ihm benannte **Friedmann-Gleichung** ist die Grundgleichung der Kosmologie.
Gl. (7.3), (E.8) 106, 214

Galilei,G.: 1564-1642, Astronom und Physiker. Begründer der Physik der Neuzeit. 47

Galilei-Geometrie: Geometrie der Raum-Zeit der klassischen Mechanik.
Kap. 3, Tab. 9.1, E.1 35, 141, 212

Galilei-Gruppe: Gruppe der →**Transformationen**, die in der Newtonschen Mechanik die Koordinaten verschiedener Inertialsysteme ineinander überführen, bei denen also die Newtonschen Gesetze der Punktmechanik forminvariant sind. 165

Gauß,C.F.: 1777-1855, Mathematiker und Astronom. 99

Geodäte: Verbindung extremaler Länge zwischen zwei Punkten. In lokal euklidischen Geometrien sind Geodäten kürzeste Linien. In lokal pseudoeuklidischen Geometrien sind zeitartige Geodäten längste Linien (→Zwillingsparadoxon). Die Geodäte ist eine Verallgemeinerung der Geraden ebener Räume für Räume mit Krümmung.
Abb. 7.4, 7.5 98 ff.

Geometrie: Lehre von den Formen und Lagebeziehungen, die sich in der Struktur von Operationen widerspiegeln, welche im allgemeinen als Bewegungen und Messungen interpretiert werden (→Einsteinsche Geometrie, →Riemannsche Geometrie, →nichteuklidische Geometrie, →projektive Geometrie, →pseudoeuklidische Geometrie, →sphärische Geometrie). 155

Gerade: →Axiome der projektiven Geometrie.

Anhang A   155

Geschwindigkeitsabhängigkeit der Masse: grundlegendes Resultat der Relativitätstheorie, Korollar zur →Äquivalenz von Masse und Energie.

Abb. 5.4   65

Geschwindigkeitsraum: Raum der Relativgeschwindigkeiten, wie sie in die Galilei- bzw. Lorentz-Transformationen eingehen. In der Galilei-Geometrie ist der Geschwindigkeitsraum euklidisch, nach der Relativitätstheorie ist er negativ gekrümmt (Lobachevski-Raum). Im Zweidimensionalen füllen die Relativgeschwindigkeiten einen Kreis mit dem Radius c (absolute Geschwindigkeit), der das Kleinsche Modell der nichteuklidischen Geometrie reproduziert.

Abb. D.5, D.6   195

Giotto di Bondone: 1267-1337, Maler, versuchte als erster, räumliche Effekte auf Gemälden zu erzeugen, fand aber noch nicht die Gesetze der Perspektive.   116

Gleichzeitigkeit, absolute: →absolute Gleichzeitigkeit.

Gravitation: →Schwerkraft.

Gravitationslinse: astrophysikalisches Phänomen (Bildverzerrung und -verstärkung), das an kosmischen Objekten hinter Schwerequellen im Vordergrund beobachtet wird, offenkundiger Hinweis auf die Lichtablenkung.

Abb. 7.12 ff.   103 ff.

Gravitationspotential: →Potential des Schwerefeldes. Im Falle des Schwerefeldes eines Schwarms von Punkten der Massen M_A lautet es

$$\Phi = \frac{G}{c^2} \sum_A \frac{M_A}{|\vec{r} - \vec{r}_A|}$$

(G Gravitationskonstante, $\vec{r}$ Ortskoordinaten).   150

Großkreis: ebener Schnitt durch die Kugelfläche, wobei die schneidende Ebene durch den Mittelpunkt der Kugel geht und deshalb an jedem Punkt senkrecht auf der Kugelfläche steht. Auf einer gekrümmten Fläche ist eine Kurve genau geodätisch, wenn an jedem Punkt die Ebene, in der sie sich krümmt, senkrecht zur Fläche an diesem Punkt ist. Großkreise sind solche Geodäten.

Abb. 9.4   133

Gruppe: Menge mit Operation, die so definiert ist, daß zwei beliebigen Elementen a und b ein Produkt $c = ab$ zugeordnet wird, das wieder zur Gruppe gehört. Dabei muß es ein Einselement e geben, dessen Verknüpfungen mit jedem anderen Element dieses reproduzieren, $ea = ae = a$. Weiter muß die Verknüpfung umkehrbar sein, d.h., es soll zu jedem Element a ein reziprokes (inverses) Element a^{-1} geben ($aa^{-1} = a^{-1}a = e$). Man fordert darüberhinaus, daß die Klammerfolge unerheblich ist, also $(ab)c = a(bc)$ gilt. Die Reihenfolge der Elemente allerdings ist nicht generell vertauschbar, ab ist im allgemeinen von ba verschieden. Gruppenelemente werden vorteilhaft als

→Matrizen dargestellt, so daß die Verknüpfung als deren Multiplikation angesehen werden kann.   35, 155.

Hamilton,W.R.: 1805-1865, Mathematiker und Physiker, Autor des fundamentalen Integralprinzips der Mechanik (→Wirkungsintegral).   172

Harmonische Teilung: Teilung zwischen zwei Punkte- oder Geradenpaaren im Doppelverhältnis $\mathcal{D} = -1$.
Abb. 8.8, 8.9   119 ff.

Harmonischer Wurf: Konstruktion aus Geraden und Punkten, die allein durch ihre Inzidenz Strahlen und Punkte im Doppelverhältnis $\mathcal{D} = -1$ aufbauen.
Abb. 8.8   119

Helligkeit, scheinbare: →scheinbare Helligkeit

Helmholtz,H.v.: 1821-1894, Physiologe und Physiker, antwortete auf →Riemanns berühmte Habilitation mit dem Artikel *Über die Thatsachen, welche der Geometrie zugrundeliegen* [104].   6

Hilbert,D.: 1862-1943, Mathematiker, trug in unserem Zusammenhang zur axiomatischen Begründung der Geometrie bei [59].
Kapitel 10.2   152, 60

Höhensatz: Die Höhen eines Dreiecks schneiden sich in einem Punkt. Dieser Satz ist äquivalent zum Mittelsenkrechtensatz und zentral für den Begriff des Senkrechtstehens.
Abb. 6.5, 9.11, A.7, D.1   89, 142, 162, 188

homogene Expansion: Expansion ohne Mittelpunkt.
Abb. 7.16, 7.18   105 ff.

homogene Koordinaten: Auffassung der Punkte und Geraden einer Zeichenebene als Schnitte dieser Ebene mit einem Geraden- und Ebenenbüschel, die von einem Punkt außerhalb der Zeichenebene getragen werden. Die Geraden bzw. Ebenennormalen werden dann zu Koordinaten der Punkte und Geraden in der Zeichenebene, wobei der Betrag unerheblich ist.
In homogenen Koordinaten wird die projektive Gruppe durch die spezielle lineare Gruppe dargestellt. Plücker (1801-1868) führte als erster die homogenen Koordinaten mit den baryzentrischen Koordinaten eines Dreiecks ein: Jeder Punkt der Ebene kann Schwerpunkt eines Dreiecks $\Delta A_1 A_2 A_3$ sein, wenn die Ecken A_i entsprechende Gewichte m_i erhalten. Diese m_i sind homogene Koordinaten.
Abb. C.1   176

Horizont: Grenzlinie der Beobachtbarkeit (Teilchenhorizont) oder Erreichbarkeit (Ereignishorizont), in der projektiven Geometrie auch Bild der Ferngeraden.
Abb. 8.3   117

Huygens,Ch.: 1629-1695, Physiker und Astronom, führender Vertreter der Wellentheorie des Lichts. Er stellte fest, daß beim Stoß zweier Körper der Impuls erhalten bleibt.
Abb. 2.10   25

hyperbolische Geometrie: →nichteuklidische Geometrie.

Hyperon: →Elementarteilchen.

ideal elastischer Stoß: Stoß, bei dem die kinetische Energie erhalten bleibt.
Gl. (3.2)   41

Impuls: Geschwindigkeit, die mit der trägen Masse gewichtet ist, damit beim Stoß eine Bilanz (Erhaltungssatz) aufgemacht werden kann.
Abb. 3.7,3.8   42

Inertialsystem: inertiales →Bezugssystem.   164

Involution: Abbildung $\mathcal{I}:\ x\to\mathcal{I}[x]$, deren zweifache Anwendung in den Ausgangszustand zurückführt ($\mathcal{I}[\mathcal{I}[x]]=x$) und die nicht die Identität ist. Involutionen kann man als Spiegelung verstehen, wenn auch die Spiegelungen des allgemeinen Sprachgebrauchs nur einen Spezialfall involutorischer Abbildungen darstellen.
Projektive Involutionen auf einer Geraden sind durch die Angabe zweier Punktepaare $A,\mathcal{I}[A]$ und $B,\mathcal{I}[B]$ bestimmt, wobei beide Punkte natürlich auch Fixpunkte sein können.   155

Inzidenz: Relation zwischen geometrischen Elementen verschiedenen Charakters, die im Falle von Punkt A und Geraden g bedeutet, daß der Punkt A zu der durch die Gerade g getragenen Punktreihe und die Gerade g zu dem vom Punkt A getragenen Strahlbüschel gehört (→Axiome der projektiven Geometrie).
Abb. A.2   157

Isotrop: 1. richtungsunabhängig. Speziell die Lichtausbreitung ist isotrop, und zwar unabhängig vom Bewegungszustand des Beobachters. Dies widerspricht der additiven Zusammensetzung von Geschwindigkeiten und ist Ausgangspunkt für die Relativitätstheorie.   17, 53
2. →lichtartig.

Isotropie der Lichtausbreitung: in der Relativitätstheorie erkannte und benutzte Eigenschaft der Lichtausbreitung, unabhängig von der Richtung immer die gleiche Geschwindigkeit zu entwickeln und dies auch bei Zusammensetzung mit anderen Geschwindigkeiten nicht zu ändern.   53

Jacobi,C.G.J.: 1804-1851, Mathematiker (→Fermat).   171

Kant,I.: 1724-1804, Philosoph, hielt die euklidische Geometrie für eine Erkenntnis vor aller Erfahrung.   6

Kausalordnung: (Halb-)Ordnung der Ereignisse der Welt, die es gestattet, eine Wirkung ihren Ursachen immer eindeutig nachzustellen (→Tachyonen). Die Existenz einer solchen Halbordnung heißt **Kausalität**, auch wenn dieser Begriff manchmal synonym für deterministische Kausalität verwendet wird, d.h. für die Erwartung, daß die vollständige Präparation eines Systems es gestattet, zumindest die nahe Zukunft eindeutig zu berechnen.   82

Kegelschnitt: Kurve zweiter Ordnung in der Ebene. Ein Kegelschnitt wird von einer Geraden in maximal zwei reellen Punkten geschnitten und behält diese Eigenschaft bei

projektiven Abbildungen bei. Ein Kegelschnitt ist durch die Vorgabe von 5 Punkten
oder anderen geeigneten Elementen bestimmt.
Kegelschnitte lassen sich als Lösung quadratischer Gleichungen darstellen und sind
deshalb nach Geraden und Punkten die nächsteinfachen geometrischen Gebilde.
Abb. 8.6, C.6   118, 183

Kegelschnitt, absoluter: →absoluter Kegelschnitt.

Kepler,J.: 1571-1851, Astronom und Mathematiker, Begründer der modernen Astronomie, fand die nach ihm benannten Gesetze der Planetenbewegung. *Erstes Keplersches
Gesetz:* Die Planetenbahnen sind Ellipsen um die Sonne in einem der Brennpunkte.
Zweites Keplersches Gesetz: Die Strecke zwischen Planet und Sonne überstreicht in
gleichen Zeiten gleiche Flächen. *Drittes Keplersches Gesetz:* Das Quadrat der Umlauf-
zeit ist dem Kubus der großen Halbachse proportional.   32

Klein,F.: 1849-1925, Mathematiker, Autor des Erlanger Programms der Geometrie [74].
Kapitel 10.2   152

Kleinsches Modell: Modell der nichteuklidischen Geometrie, bestehend aus den Punkten und Sekanten eines Kreises. Es kann als Projektion der Zeitschale aus dem Mittelpunkt auf die Ebene interpretiert werden.
Abb. 7.11   101

Kollinearität: Drei Punkte sind kollinear, wenn sie auf einer gemeinsamen Geraden liegen
(→Axiome der projektiven Geometrie).
Abb. 2.13, Kapitel 8   28, 114

konforme Abbildung: lokal formerhaltende (winkeltreue) Abbildung (→Aberration).
Abb. 4.10, D.5   56, 195

Kongruenz: 1. Formgleichheit nach Transformation durch die Operationen einer vorzu-
gebenden Symmetriegruppe, im besonderen Deckungsgleichheit nach Verschiebungen
und Verdrehungen im Raum.   16, 35
2. $(n-1)$–parametrige Familie von Kurven in einem n-dimensionalen Raum.   95 ff.

Konstanz der Lichtgeschwindigkeit: Absolute Unabhängigkeit der Lichtgeschwindigkeit von der Ausbreitungsrichtung   53

Kontingenz der Geometrie: Möglichkeit und Notwendigkeit der Entscheidung der
Anwendbarkeit durch Experiment und Beobachtung.   60

Koordinaten: Zahlen, welche die Position eines Punktes relativ zu anderen Punkten oder
Linien angeben.
Anhang B   164

Koordinaten, homogene: →homogene Koordinaten.

Kosmologie: Lehre von der globalen Konsistenz (Kosmos) der Physik und ihrer Nach-
prüfbarkeit am beobachtbaren Teil des Universums, das den Kosmos verwirklichen
soll. Die Basis der Kosmologie ist das kosmologische Prinzip, das verlangt, daß der

beobachtbare Teil des Universums typisch für das Ganze ist und das Universum jenseits des Horizonts von den gleichen physikalischen Gesetzen beherrscht wird und im wesentlichen die gleiche Verteilung, Zusammensetzung und Dichte der Materie zeigt. Die Homogenität des Universums wird durch die Isotropie der →Mikrowellen-Hintergrundstrahlung gestützt, wenn auch die Skala der Homogenität noch nicht sicher ist. In exakt homogenen Weltmodellen kann man die Welt als expandierende (oder kontrahierende) Folge homogener Raumschnitte darstellen. Eine Bewegung kann dann zerlegt werden in die durch diese Expansion bedingte Bewegung und eine Pekuliarbewegung. Die Raumkoordinaten werden so gewählt, daß sie sich nur für ein Objekt *mit* Pekuliarbewegung ändern. Sie heißen dann expansionsbereinigte oder mitbewegte Koordinaten. Die Expansion wird durch die →Friedmann-Gleichung bestimmt.
Abschnitt 7.2

102

kosmologische Konstante: Grundniveau der Weltkrümmung.
Gl. (7.3),(E.8)

106, 214

kosmologische Rotverschiebung: Verschiebung des Spektrums einer entfernten Quelle ins Rote proportional zu ihrer Entfernung, cum grano salis zu deuten als →Doppler-Effekt zu einer universellen homogenen Expansion.

34

kosmologische Zeit: In der allgemeinen Relativitätstheorie erhalten Koordinaten nur in Bezug auf reale, in der Raum-Zeit eingebettete Objekte physikalische Bedeutung. Ohne einen solchen Bezug, auch bei einer leeren Raum-Zeit, definiert jede Schichtung der Welt in eine Folge von Räumen eine Zeitkoordinate gleichen Status. In der Kosmologie setzen wir die Existenz einer Schichtung nahezu homogen isotroper Räume voraus. Das ist eine spezielle Schichtung, und die entsprechende Zeit ist die →kosmologische Zeit.

Ist das Universum leer, kann es mehrere solche Schichtungen geben. Die Minkowski-Welt und die deSitter-Welten sind Beispiele dafür. Enthält das Universum Materie, existiert nur eine solche Schichtung. Die Linien konstanten Ortes sind dann zeitartige Linien, die so gewählt werden, daß sie die mittlere Bewegung der Materie wiedergeben. Die kosmologische Zeit ist dann die Eigenzeit dieser Bewegung.

105 ff.

Kraft: Ursache der Änderung des →Impulses eines Gegenstands. Nach der Beobachtung einer Kraft durch eben solche Impulsänderungen und unter der Voraussetzung gleicher Wirkung auf andere Gegenstände ergibt sich eine Bewegungsgleichung, die zu lösen und deren Lösung zu überprüfen ist (→Newtonsche Axiome).

17, 170

Kreis: geometrischer Ort der Punkte festen Abstands von einem Zentrum in der Ebene.
Kapitel 6, Abschnitt D.3,

85, 193

Abb. 2.8, 2.11, 6.3, 6.4

24, 26, 88

Kreuzprodukt: Antisymmetrisches bilineares Produkt zweier Vektoren im dreidimensionalen Raum, das die Richtungskoeffizienten der von beiden aufgespannten Ebene liefert.

177

Krümmung: Abweichung von der euklidischen Geometrie.
Abb. 7.1, 7.2, 7.4, 7.10

94, 98, 101

Kugel: (in unserem Zusammenhang) geometrischer Ort aller Punkte festen Abstands von einem Zentrum im Raum.
Abb. 7.1 94

Längeneinheit: klassisch durch die Maße eines festen Körpers gegeben, wegen der besonders genauen Reproduzierbarkeit der Lichtgeschwindigkeit jetzt angeschlossen an die Zeiteinheit ($\rightarrow$Bohrscher Radius). 17

Längenkontraktion: Projektionseffekt der Relativitätstheorie, benannt nach Lorentz und FitzGerald.
Abb. 5.16, 5.17 77

Längentransport: Grundkonstruktion der Geometrie.
Abb. 8.11, 8.10 122

Leistung: freigesetzte $\rightarrow$Energie pro Zeiteinheit.
Abb. 2.21 34

lichtartig: Zwei Ereignisse liegen lichtartig zueinander, wenn die Verbindungsgerade Mantellinie der von den Ereignissen getragenen Lichtkegel ist. Eins von beiden kann dann durch ein Lichtsignal erreicht werden, das vorher das andere passiert hat oder von ihm ausgelöst worden ist. Ein $\rightarrow$Vektor heißt lichtartig, wenn seine Richtung mit der einer solchen Verbindung zusammenfällt. Lichtartige Vektoren haben das Betragsquadrat Null. Beispiel für einen lichtartigen Vektor ist Geschwindigkeit und Impuls eines Teilchens mit $\rightarrow$Ruhmasse Null. 62

Lichteck: Vierseit aus lichtartigen Geraden. Lichtecke werden zur Konstruktion der Spiegelung in der Minkowski-Ebene verwendet.
Abb. 4.8 55

Lichtgeschwindigkeit: in der Relativitätstheorie als Synonym für die absolute Geschwindigkeit verwendet, die sich bei Zusammensetzung mit anderen Geschwindigkeiten nicht verändert. Das Synonym ist verwendbar, weil zu vermuten ist, daß die Lichtgeschwindigkeit diese absolute Geschwindigkeit ist, die Photonen also ruhmasselos sind. Stellte sich die Ruhmasse der Photonen als positiv heraus, setzte das nicht etwa die Relativitätstheorie außer Kraft, sondern entthronte nur die Lichtgeschwindigkeit als absolute Geschwindigkeit. Für Konsistenz und Anwendbarkeit der Relativitätstheorie ist es nicht nötig, daß es überhaupt ein Objekt gibt, daß sich mit der absoluten Geschwindigkeit bewegt. Entscheidend sind die geometrischen Relationen in der Raum-Zeit. Diese sind auch ohne ruhmasselose Teilchen nachprüfbar. – Massive Teilchen sind gewöhnlich langsamer als das Licht. Überlichtgeschwindigkeit wird nur beobachtet, wenn die Lichtgeschwindigkeit kleiner als die im Vakuum, also kleiner als die absolute Geschwindigkeit der Relativitätstheorie ist, so daß auch die Überlichtgeschwindigkeit kleiner als die absolute Geschwindigkeit sein kann. In diesem Falle beobachtet man das Äquivalent der Machschen Kegel der Akustik in Form des Tscherenkov-Effekts. – Versteht man unter Überlichtgeschwindigkeit aber eine Geschwindigkeit größer als die absolute Geschwindigkeit, dann ist man im Bereich ungestützer Vermutung, die darüberhinaus zu ernsten Problemen der Konsistenz mit der beobachteten →Kausalität führt. Die hypothetischen Teilchen, die sich mit Überlichtgeschwindigkeit bewegen sollen, heißen →Tachyonen. – Im Internationalen System bezieht die Lichtgeschwindigkeit die Längeneinheit auf die Zeiteinheit und ist festgelegt auf 299 792 458 m/s.   53, 57

Lichtkegel: Kegel aus den Weltlinien, die eine Bewegung mit →Lichtgeschwindigkeit beschreiben. Lichtkegel trennen absolute Zukunft und absolute Vergangenheit (das Innere des Doppelkegels) von der relativen Gegenwart (dem Äußeren des Doppelkegels). Die Ereignisse im Inneren des Lichtkegels liegen →zeitartig zum Aufpunkt, die Ereignisse außerhalb dagegen →raumartig.
Abb. 4.1, 7.18   50, 107

Lichtuhr: Gedankenkonstruktion einer Uhr, die nur die Lichtausbreitung und den Paralleltransport nutzt und auf diese Weise unabhängig von konzeptionell verwickelteren Prozessen ist.
Abb. 4.4, 5.12, 5.14   52, 73

lineare Abbildung: Sind die Objekte der Abbildung linear kombinierbar, sollen die Bilder einer Linearkombination gleich der Linearkombination der Bilder sein. Lineare Abbildungen linearer Vektorräume werden am einfachsten durch →Matrizen dargestellt.   174 ff.

Linienelement: Darstellung der Länge einer Verbindung zwischen zwei benachbarten Ereignissen als verallgemeinerte Form des Pythagoras, d.h. als quadratischer Ausdruck in den Koordinatendifferenzen. Hat der Punkt P die Koordinaten x^k, $k = 1, ..., n$ und $Q = P + \mathrm{d}P$ die Koordinaten $x^k + \mathrm{d}x^k$, schreibt man als Linienelement einen Ausdruck

$$\mathrm{d}s^2 = \sum_{ik} g_{ik}[x]\mathrm{d}x^i\mathrm{d}x^k \ .$$

Die Bogenlänge einer allgemeinen Kurve $x^k[\lambda]$, $0 < \lambda < 1$ ist dann durch ein Integral

$$s = \int\limits_0^1 \sqrt{\sum_{ik} g_{ik}[x]\frac{\mathrm{d}x^i}{\mathrm{d}\lambda}\frac{\mathrm{d}x^k}{\mathrm{d}\lambda}}\mathrm{d}\lambda$$

gegeben.
Abschnitt B.3   170

Lobachevski,N.I.: 1792-1856, Mathematiker, konstruierte zeitgleich mit Bolyai die erste →nichteuklidische Geometrie, die hyperbolische Geometrie, die auch **Lobachevski-Geometrie** genannt wird.   99

Lorentz,H.A.: 1853-1928, Physiker, Nobelpreis 1902. Begründer der klassischen Elektronentheorie. Nach ihm benannt ist die **Lorentz-Gruppe**. Das ist die Gruppe der →**Transformationen**, die in der Relativitätstheorie die Koordinaten verschiedener Inertialsysteme ineinander überführen. Invarianz gegen die Lorentz-Gruppe ist eine Grundforderung an alle Theorien elementarer Phänomene.
Abschnitt B.2   165

Lorentz-Kontraktion: →Längenkontraktion.

lotrecht: spezielle relative Lage zweier sich schneidender Geraden. Zwei Geraden stehen lotrecht aufeinander, wenn die kombinierte Spiegelung an beiden eine Drehung um den gestreckten Winkel, also selbst wieder eine Spiegelung (um einen Punkt) ist.
Anhang A   155

Loxodrome: Abb. 7.3   95

Mach,E.: 1838-1916, Physiker und Philosoph. Von Einstein nach ihm benannt ist das **Machsche Prinzip**, die lose definierte Überzeugung, daß die Trägheit der Existenz und der Wechselwirkung mit dem umgebenden Universum geschuldet ist. So sollte die Mechanik allein die Rotation eines isolierten festen Körpers nicht feststellen können. Das Machsche Prinzip gestattet verschiedene konstruktive Ausdeutungen und ist deshalb noch nicht entschieden [7, 9].   151

Masse in diesem Buch, wenn nicht durch andere Attribute explizit beschrieben, immer träge Masse, →Impuls, →Äquivalenz von Masse und Energie, →Äquivalenz von →schwerer und →träger Masse, →Geschwindigkeitsabhängigkeit der Masse.

Massendefekt: Da die träge Masse eines Objekts proportional seiner Gesamtenergie ist, mißt die Ruhmasse die innere Erergie. Deshalb ist die Ruhmasse eines gebundenen Systems kleiner als die Summe der Ruhmassen seiner Teile in ungebundenem Zustand. Diese Differenz heißt Massendefekt. Die den Bindungsenergien im Atomkern entsprechenden Massendefekte sind wägbar.   70

Massenschale: raumartige Fläche im vierdimensionalen (und pseudoeuklidischen) Impulsraum, auf der die Impulsvektoren von Objekten gegebener fester Ruhmasse enden, wenn sie vom Ursprung aus gezeichnet werden.
In der klassischen Teilchendynamik liegt der Viererimpuls immer auf der Massenschale. Nach der Quantentheorie können intermediäre Teilchen, die Wechselwirkung vermitteln, für kurze Zeit Viererimpulse außerhalb der Massenschale haben.
Section 7.1   92

Matrix: Rechteckiges Schema von Koordinaten, gekennzeichnet durch Zeilenzahl m und Spaltenzahl n, die den Typ (m,n) fixieren. Die Stelle im Schema wird durch zwei Indizes $1 \leq i \leq m$ und $1 \leq k \leq n$ charakterisiert. Das Vielfache einer Matrix A wird gebildet, indem das Vielfache jeder einzelnen Koordinate A_{ik} geschrieben wird: $(\lambda A)_{ik} = \lambda A_{ik}$. Zwei Matrizen A und B gleichen Typs können addiert werden. Die Summe C ist eine Matrix gleichen Typs, deren Koordinaten die Summen der entsprechenden Koordinaten der Summanden sind: $C_{ik} = A_{ik} + B_{ik}$. Zwei Matrizen A und B können multipliziert werden, wenn die Spaltenzahl n_1 des ersten Faktors gleich der Zeilenzahl m_2 des zweiten Faktors ist. Das Produkt C ist dann eine Matrix vom Typ (m_1, n_2). Der Koeffizient mit den Indizes i und k ist das Skalarprodukt der i-ten Zeile des ersten Faktors mit der k-ten Spalte des zweiten: $C_{ik} = \sum_l A_{il} B_{lk}$.   174 ff.

Maupertuis,P.-L.M.de: 1698-1759, Mathematiker, formulierte als erster ein Prinzip der kleinsten Wirkung für die Mechanik (→Fermat).

Maxwell,J.C.: 1831-1879, Physiker, fand u.a. die Formulierung der Elektrodynamik (Maxwellsche Gleichungen), die die Invarianz gegen die →Lorentz-Gruppe deutlich werden ließ.   102

Mechanik: Lehre von der Bewegung materieller Objekte unter Einfluß von Kräften, deren Erklärung nicht mehr Gegenstand der Mechanik ist. Die Mechanik gründet sich auf die →Newtonschen Axiome.
Kapitel 3   35

Medium: vermittelndes Substrat, Kontinuum, dessen lokale Anregungen sich durch lokale Kopplung ausbreiten und Wellenerscheinungen hervorrufen (→Äther).   31

Meson: →Elementarteilchen.

Metrik: Definition eines Abstands zwischen je zwei Punkten. Dürfen wir differenzieren, so reicht es, wenn die Abstände infinitesimal benachbarter Punkte festgelegt werden. Dies geschieht am einfachsten durch das →Linienelement. Die Metrik macht die Länge von Vektoren (im Linienelement die Länge infinitesimaler Verbindungen) meßbar, indem sie ein Betragsquadrat konstruiert, das aber in lokal pseudoeuklidischen Welten auch negativ sein kann.
Anhang B.3, E.2   170, 212

metrische Ebene: Ebene mit der Definition eines Abstands zwischen ihren Punkten.
Kapitel 9, Anhang E   130, 205

Michelson,A.A.: 1852-1931, Physiker, fand mit Hilfe seines Interferometers das Versagen der additiven Zusammensetzung einer Geschwindigkeit mit der Lichtgeschwindigkeit (zuerst 1881 in Potsdam).
Abb. 4.4   52

Mikrophysik: Physik der kleinen Systeme. Wann ein System klein ist, entscheidet das Produkt aus dem →Impuls seiner Teile und der Länge ihrer Wege im System. Dieses Produkt ist eine Wirkung, deren kleinste Einheit das von →Planck gefundene Wirkungsquantum h ist. Ein System ist klein, wenn die involvierten Wirkungen so klein sind, daß die Existenz dieses Wirkungsquantums noch fühlbar ist.   16, 71

Mikrowellenhintergrund: homogen verteilte elektromagnetische Strahlung im Universum. Ihre heutige Temperatur ist etwa 2.73 K, ihre relative Inhomogenität 10^{-5}. Sie ist eine seit der Neutralisierung des primordialen Hochtemperaturplasmas im wesentlichen adiabatisch isoliert. Vorher war sie die Hauptkomponente des Wärmebades für das Universum. Die Temperatur adiabatisch isolierter Strahlungskomponenten ist umgekehrt proportional zur Ausdehnung des Universums (→Kosmologie).   150

Milne,E.A.: 1896-1950, Astronom.
Abb. 7.18, 7.19   107

Minkowski,H.: 1864-1909, Mathematiker, Konstrukteur der nach ihm benannten relativistischen Geometrie der **Minkowski-Welt**, einer ebenen Welt aus Raum und Zeit, deren Bewegungsgruppe die Relativität der Geschwindigkeit mit der Existenz einer

absoluten Geschwindigkeit vereinbart. Ihre Geometrie heißt Minkowski-Geometrie.
Abb. 5.1   63

Mittelsenkrechtensatz: metrisches Äquivalent der Transitivität der Gleichheit. Die Mittelsenkrechten eines Dreiecks gehen durch einen Punkt, den Umkreismittelpunkt des Dreiecks.
Abb. 6.1, 9.12, A.5, D.4   86, 142, 160, 190

Mössbauer-Effekt: Reduktion des Rückstoßes von in γ-strahlenden Atomkernen durch Kühlung unter die akustische Anregungstemperatur der einbettenden kristallinen Struktur. Dadurch übernimmt die große Masse des Kristalls den Impuls des Rückstoßes, die Rückstoßgeschwindigkeit und mit ihr die Rückstoßverbreiterung der γ-Linie werden extrem klein.
Abb. 4.5   52

Molekül: kleinstes Teilchen einer chemischen Verbindung, gebundenes System aus mehreren Atomen. Die Bindungsenergie der Atome im Molekül (≈ 10 eV) ist deutlich geringer als die der Bestandteile des Atomkerns (1 MeV).   49

Momentanes Ruhsystem: →Ruhsystem.

Myon: →Elementarteilchen.

Neutron: Elektrisch neutrales →Elementarteilchen mit Eigendrehimpuls $s = \frac{1}{2}\hbar$, Ruhmasse $m_n c^2 = 938$ MeV und magnetischem Moment $\mu = -1,9131\ e\hbar(2m_p)^{-1}$. Aus Sicht der starken Wechselwirkung ist das Neutron mit dem Proton bis auf den sog. Isospin identisch. Die Unterschiede, die auf die verschiedene elektrischen Ladung und auch auf eine geringe Ruhmassendifferenz führen, sind der elektromagnetischen und der schwachen Wechselwirkung geschuldet. Die Ruhmassendifferenz verursacht die Instabilität des Neutrons, das mit einer mittleren Lebensdauer von 10 min in ein Proton und leichtere Teilchen zerfällt.   70

Newton,I.: 1642-1727, Mathematiker, Physiker, Astronom und Philosoph. Begründer der Mechanik und zeitgleich mit Leibniz der Differentialrechnung. Er formulierte die **Newtonsche Axiome:** *Lex prima*: Ein kräftefreier Körper bewegt sich geradlinig und gleichförmig. *Lex secunda*: Die gleichförmige Bewegung wird durch Kräfte gestört, die in Richtung der Änderung des Produkts aus (träger) Masse und Geschwindigkeit ziehen. *Lex tertia*: Die Kräfte zwischen zwei Körpern sind entgegengesetzt gleich. – Das dritte Gesetz impliziert, daß der →Schwerpunkt eines Körpers einen idealen Massenpunkt realisieren kann und deshalb der Massenpunkt eine brauchbare Idealisierung auch für ausgedehnte Objekte ist. Außerdem gestattet das dritte Axiom die tatsächliche Bestimmung der (trägen) Masse.
Kapitel 3   35

nichteuklidische Geometrie: Geometrie ohne Parallelenaxiom, speziell die hyperbolische Geometrie.
Abb. 7.7 ff., Tab. 9.1, E.1   99 ff., 141, 212

Nullpunkt, absoluter: →absoluter Nullpunkt.

Nullpunktsenergie: →Quantenmechanik.

orthogonal: senkrecht. 121

Paarvernichtung: Umwandlung von Teilchen-Antiteilchen-Paaren in Photonen. Eine solche Umwandlung ist möglich, weil die Summe der Ladungen für jede Art Ladung (mit Ausnahme der schweren Masse) bei einem solchen Paar exakt Null ist. Die Masse bleibt erhalten und liefert die Masse der (vollständig kinetischen) Energie der Photonen. Der umgekehrte Prozeß ist die Paarerzeugung, die Entstehung von Teilchen-Antiteilchen-Paaren aus der Energie eines Photons unter Mitwirkung eines massiven Teilchens, ohne das die Impulsbilanz nicht aufgehen kann. 149

Pappos von Alexandria: um 320 v.u.Z., fand z.B. die Invarianz des Doppelverhältnisses bei perspektiver Abbildung (Abb. 8.5) und das nach ihm benannte Theorem (Abb. C.3). 182

Paradoxon: auf Grund unzureichender Analyse scheinbar widersprüchliches, überraschendes oder unerwartetes Phänomen.
Kapitel 5 61

Parallaxe: Bezeichnung für die Entfernungen im Universum, die sich darauf bezieht, daß die einfachsten Bestimmungen auf die Winkel eines Dreiecks bekannter Basislänge zielen.
Abb. 2.18, 2.19, 2.21 33 ff.

Parallelen: Geraden, die sich im Endlichen nicht schneiden. Die Bestimmung hängt davon ab, ob und wie das Endliche invariant bestimmt ist. 130, 141

Parallelenaxiom: Zu jeder Geraden g und zu jedem Punkt A, der nicht auf der Geraden g liegt, gibt es genau eine Gerade a, die durch A geht und die Gerade g im Endlichen nicht schneidet. – Das ist das Schlußaxiom der euklidischen Geometrie, das nach langem Streit als unabhängig von den anderen anerkannt werden mußte, nachdem die nichteuklidische Geometrie (genauer die Lobachevski-Geometrie) gefunden war, die alle anderen Axiome der euklidischen Geometrie erfüllt, nur nicht das Parallelenaxiom.
Table 9.1 130, 141

Paralleltransport: Verschiebung einer Richtung ohne lokale Änderung. Die Definition eines Paralleltransports ist notwendig, wenn Vektoren an verschiedenen Punktes verglichen werden müssen. Sie ist in gekrümmten Räumen nicht trivial. Am einfachsten ist das Festhalten der Winkel zur Tangente einer Geodäte (geodätischer Paralleltransport). Es gibt aber auch natürliche Verfahren, die davon verschieden sind, zum Beispiel der Transport mit Hilfe der Magnetnadel.
Abb. 7.1, 7.4 ff. 94 ff.

Pascal,B.: 1623-1662, Mathematiker, Physiker, Philosoph. Seinen Namen trägt ein grundlegendes Theorem über →Kegelschnitte.
Abb. C.5 183

Peripherie: Anhang D.4 197

Peripheriewinkelsatz: Die Winkel, die an den Peripheriepunkten eines Kreises mit einer festen Sehne gebildet werden, sind alle gleich.
Abb. 6.6, 6.7, 6.8, 9.13   89, 143

perspektive Abbildung: linientreue Abbildung, bei der die Verbindungslinien zwischen den abgebildeten Punkten und ihren Bildern sich alle in einem Punkt, dem Zentrum der Perspektive schneiden.
Abb. 8.1, 8.2, 8.3   115 ff.

Phasenraum: Raum der Zustände eines Systems, die durch allgemeine Lage- und Impulskoordinaten beschrieben werden, so daß die Bewegungsgleichungen von erster Ordnung sind.   27

Photon: Quantum der Energie eines Oszillators des elektromagnetischen Wellenfeldes. Seine Energie ist proportional zur Frequenz, $E = h\nu$. Ist diese Energie vergleichbar oder größer als die Energie der mit dem elektromagnetischen Feld wechselwirkenden Teilchen, kann das Photon selbst als Teilchen angesehen werden, mit dieser Energie und dem Impuls $p = h\nu/c$. In der klassischen Elektrodynamik kann das Photon mehr oder weniger schlecht als Wellengruppe interpretiert werden, deren Überlagerung außerhalb eines kleinen Raumbereichs verschwindende Amplitude hat. Solch eine Wellengruppe kann klassisch jeden Energiewert haben, der Impuls ist aber immer $p = E/c$.
Abb. 2.7, 4.3, 5.5   22, 51, 65

Planck,M.: 1858-1947, Physiker, Nobelpreis 1918. Mitbegründer der Quantentheorie, fand im Spektrum der Wärmestrahlung das erste Gesetz überhaupt, nach dem das Wirkungsquantum h bestimmt werden kann. Dieses Wirkungsquantum ist $h = 6.626 \ 10^{-34}$ Js.   61

Poincaré,H.: 1854-1912, Mathematiker, formulierte das →Relativitätsprinzip.
Kapitel 10.2   152

Pol einer Geraden: Schnittpunkt $P[g]$ aller Geraden, der zusammen mit deren Schnittpunkt mit der Bezugsgeraden g den Kegelschnitt harmonisch teilt. Der Pol $P[g]$ einer Geraden g ist der Schnitt der Tangenten an den Kegelschnitt K in den Schnittpunkten mit g (→absoluter Pol).
Abb. 8.14   124

Polardreieck: Dreieck, in dem jede Ecke Pol der gegenüberliegenden Seite ist. In der metrischen Geometrie existieren eigentliche Polardreiecke nur im elliptischen Fall.
Abb. D.3   190

Polare eines Punktes: geometrischer Ort aller Punkte Q, deren Verbindung zum Aufpunkt vom gegebenen Kegelschnitt harmonisch geteilt wird. Die Polare eines Punktes Q ist die Verbindung der Berührpunkte der Tangenten aus Q an den Kegelschnitt K (→absolute Polare).
Abb. 8.15   125

Polarität: in der Ebene Abbildung zwischen Punkten und Geraden. Die Polarität ordnet jedem Punkt eine →Polare und jeder Geraden einen →Pol zu.

Im Raum werden Punkte und Ebenen aufeinander abgebildet, Geraden auf Geraden. In einem n-dimensionalen Raum wird jeder linearen Mannigfaltigkeit r eine andere $(P[r])$ zugeordnet, deren Dimension dim $P[r] = n - \dim r$ ist, wobei die Inzidenz erhalten bleibt.
Abb. 9.3 ff.   133 ff.

Polarkoordinaten: Koordinaten aus Abstandskoordinate von einem Zentrum und Richtungskoordinaten der Verbindung von diesem Zentrum.
Abb. 7.8, 7.9   100

Potential: In einfachen Fällen (Gravitationsfeld, elektrostatisches Feld) kann die Stärke eines Feldes als Steilheit eines Abstiegs dargestellt werden. Die Funktion, die nun die entsprechende Höhe beschreibt, heißt Potential. Normal Null wird dabei im allgemeinen ins unendlich Ferne gelegt.   17

Produkt, direktes: →direktes Produkt.

projektive Abbildung: Lineare Abbildung des Punktraums auf sich bei gleichzeitiger Abbildung des Geradenraums auf sich, wobei das Skalarprodukt – d.h. die →Inzidenz – unverändert bleiben soll. Projektive Abbildungen der Ebene lassen das Doppelverhältnis von vier Punkten einer Punktreihe und von vier Geraden eines Strahlbüschels unverändert.
Anhang C   174

projektive Geometrie: →**Axiome der projektiven Geometrie.**
Kapitel 8, Anhang C   114, 174

projektive Koordinaten: →homogene Koordinaten.

Proton: leichtestes der schweren →Elementarteilchen, deshalb vermutlich stabil. Das Proton trägt eine positive Elementarladung e, einen Eigendrehimpuls (Spin) von $\frac{1}{2}\hbar$ (wie das Neutron) und ein magnetisches Moment von $\mu = 2,793\, e\hbar(2m_p)^{-1}$. Seine Ruhmasse ist 937 MeV. Zusammen mit dem Neutron bildet es im Wechselspiel von starker Anziehung und elektrischer Abstoßung die Atomkerne.   22, 70

pseudoeuklidische Geometrie: Geometrie mit Parallelenaxiom und indefinitem Abstandsquadrat (→Minkowski).
Kapitel 5   61

Punkte: →Axiome der projektiven Geometrie.
Anhang A   155

Pythagoras: 582-496 v.Chr., Mathematiker und Philosoph.
Seinen Namen trägt ein grundlegendes Theorem der euklidischen Geometrie, das aber vermutlich früheren Ursprungs ist. Bei entsprechender Interpretation kann das Theorem auch in der pseudoeuklidischen Geometrie verwandt werden.
Abb. 3.5, 3.6   39

Quadrik: Durch eine homogene quadratische Gleichung bestimmte →Hyperfläche. In der projektiven Ebene ist eine Quadrik ein →Kegelschnitt.   131

Quantenmechanik: Formulierung der Mechanik entsprechend der Quantisierung der Wirkung, die von →Planck gefunden wurde. →Impuls und Ort werden nicht mehr gleichzeitig beliebig genau meßbar (Heisenbergsche Unschärfe), es gibt deshalb keine eigentlichen Teilchenbahnen mehr, nur interferierende Wellen einer Aufenthaltswahrscheinlichkeit, deren Amplitude im einfachsten Fall einer Schrödinger-Gleichung genügt. Die Heisenbergsche Unschärfe bewirkt, daß selbst im Grundzustand ein System nicht vollständig zu innerer Ruhe kommen kann. Das ist der Grund für die Existenz einer Nullpunktsenergie. 53

Quasar: quasistellare Radioquelle, quasistellares Objekt. Ein Quasar ist ein sternförmig erscheinendes kosmisches Objekt großer Rotverschiebung, das gewöhnlich eine starke Radioquelle ist. Quasare sind extrem leuchtkräftige extragalaktische Objekte. Abb. 7.12, 7.13, 7.14 103 ff.

Radialgeschwindigkeit: Geschwindigkeit, mit der sich ein Objekt auf den Beobachter zu oder von ihm weg bewegt. Die Radialgeschwindigkeit kann wegen des Doppler-Effekts der Spektrallinien viel genauer bestimmt werden als etwa die →Eigenbewegung. Abb. 2.19 33

Raum: →Welt, →absoluter Raum.

Raum konstanter Krümmung: Kapitel 7 92

raumartig: Zwei Ereignisse liegen raumartig zueinander, wenn die Verbindungsgerade ausserhalb der von den Ereignissen getragenen Lichtkegel verläuft. Ein →Vektor heißt raumartig, wenn seine Richtung mit der einer solchen Verbindung zusammenfällt. Raumartige Vektoren haben ein negatives formales Betragsquadrat. Beispiel für einen raumartigen Vektor ist die Beschleunigung eines Teilchens. 62

Relativität: Bezogenheit einer Aussage auf äußere Gegenstände oder Umstände, deren Veränderung die Aussage notwendig verändern. Das Ausgangsproblem der Relativitätstheorie war die Konsistenz der Relativität der Geschwindigkeit mit der Existenz einer absoluten Geschwindigkeit (der →Lichtgeschwindigkeit). Kapitel 2, 3 16, 35

Relativität der Gleichzeitigkeit: Abhängigkeit des Urteils über die Gleichzeitigkeit der Ereignisse an verschiedenen Orten vom Bewegungszustand des Beurteilenden, charakteristisch für die Relativitätstheorie und Quelle der meisten Mißverständnisse. Abb. 4.1, 4.6, 4.7 50, 54

Relativitätsprinzip: Forderung an die Konstruktion einer Theorie, von vornherein zu berücksichtigen, daß bestimmte Gegebenheiten nur in Bezug auf äußere Gegenstände definierbar und meßbar sind, in einem abgeschlossenen System also keine Rolle spielen dürfen. In der (speziellen) Relativitätstheorie geht es dabei wesentlich um die Geschwindigkeit.

Ort, Zeit, Orientierung und Geschwindigkeit eines abgeschlossenen Systems sind relativ und lassen sich nur in Bezug auf zusätzliche äußere Gegebenheiten bewerten.

Dieses Relativitätsprinzip gilt sowohl in der Newtonschen als auch in der Einsteinschen Mechanik. Während aber in der Newtonschen Mechanik die Zusammensetzung von Geschwindigkeiten streng additiv ist, gibt es in der Einsteinschen Mechanik eine absolute Geschwindigkeit. Die Bewegungsgruppe der Welt, mit der die Relativität realisiert wird, ist daher in beiden Fällen verschieden.   16, 35

Relativitätstheorie: Theorie, in der die Invarianz der Wellengleichung auf alle anderen physikalischen Phänomene überträgen wird. Im Fall der Mechanik erhält man die →Spezielle Relativitätstheorie, in der die Gravitation noch nicht zutreffend beschrieben werden kann. Wegen der Äquivalenz von träger und schwerer Masse wird das Gravitationsfeld durch die Koeffizienten der Wellengleichung dargestellt. Man erhält eine Theorie für die Metrik der Welt, die →Allgemeine Relativitätstheorie.
Kapitel 5   61

Resonanz: →Elementarteilchen.

Riemann,B.: 1826-1866, Mathematiker, betrachtete gekrümmte Räume beliebiger Dimension, beginnend mit seiner Habilitation *Über die Hypothesen, welche der Geometrie zugrundeliegen* (→Helmholtz). Nach ihm benannt ist die **Riemannsche Geometrie**. Dies ist die Geometrie des nur noch lokal euklidischen Raums, der durch die Raumkrümmung verändert ist [104].   170

Ruhmasse: Masse des Gegenstands in seinem momentanen Ruhsystem. Während die träge Masse bei der Bewegung eines abgeschlossenen Systems erhalten bleibt, kann sich die Summe der Ruhmassen der Teile des Systems in dem Maße verändern, wie die innere Energie der Teile mit ihrer kinetischen Energie ausgetauscht wird. Die Ruhmasse eines Teilchens ist der Teil der Gesamtmasse, der charakteristisch für das Teilchen und definitionsgemäß von seiner Bewegung unabhängig ist. Genau in diesem Zusammenhang wird manchmal (aber nicht in diesem Buch) einfach Masse geschrieben. 66

Ruhsystem: inertiales →Bezugssystem, in dem das betrachtete Objekt ruht. Für ein allgemein bewegtes Objekt kann man noch zu jedem Zeitpunkt ein →momentanes Ruhsystem definieren, die Trägheitskräfte zeigen aber, daß das Objekt eben nur für den gegebenen Moment darin ruhen kann.   55

Rydberg,J.: 1854-1919, Physiker, trug zur Entwicklung der Spektralanalyse bei. Nach ihm benannt ist die **Rydberg-Konstante**, das Maß für die Distanz zwischen den Spektrallinien eines Atoms auf der Frequenzskala und damit Maß für die Festigkeit gebundener Zustände in atomaren Systemen. Die Bindungsenergie eines Elektrons im Grundzustand bei idealisiert unendlich schwerem Proton ist
$$h\mathrm{Ry}_\infty = 2\pi^2 m_e e^4 h^{-2} = 2.18\ 10^{-18}\ \mathrm{J}.$$ 32

Schallwellen: Druck- und Scherwellen, hörbar im Frequenzbereich zwischen 30 Hz und 30000 Hz.
Abb. 4.2   50

scheinbare Helligkeit: Maß der Intensität der Strahlung einer Quelle am Ort des Beobachters.
Abb. 2.21   34

schwere Masse: Ladung eines Gegenstands im Schwerefeld. Ein Körper reagiert umso stärker auf ein gegebenes Schwerefeld, je größer seine schwere Masse ist. Die schwere Masse wird mit Waagen bestimmt. Entgegen der Erfahrung im elektrischen Feld, wo die spezifische elektrische Ladung von Gegenstand zu Gegenstand variieren kann, ist die spezifische Gravitationsladung universell. Dies heißt →Äquivalenz von schwerer und träger Masse. Sie ist Grundlage der Allgemeinen Relativitätstheorie. Die schwere Masse ist begrifflich zu trennen in die Ladung im Gravitationsfeld (passive schwere Masse) und die Quellstärke für das Gravitationsfeld (aktive schwere Masse). Die Proportionalität beider realisiert am einfachsten Newtonsche Gegenwirkungsaxiom und wird deshalb üblicherweise angenommen. 102

Schwerkraft: massenproportionale, nicht abschirmbare, aber extrem schwache Kraft großer Reichweite. Quellstärke des Schwerefeldes und Ladung im Schwerefeld sind der →trägen Masse proportional. Es gibt nur positive Massen, deshalb ist das Schwerefeld nicht abschirmbar. Die Kraft ist sehr schwach: Im Vergleich zur elektrostatischen Kraft zwischen zwei Protonen ist die Schwerkraft zwischen beiden nur 10^{-36}. Während aber alle anderen Kräfte abgeschirmt werden, addiert sich alle Schwerewirkung. Die Gravitation wird dadurch zur bestimmenden Kraft für die Bewegung der Himmelskörper und im Universum allgemein. 17

Schwerpunkt: Virtueller Punkt, dessen Massendipolmoment verschwindet. Seine Geschwindigkeit multipliziert mit der Gesamtmasse des betrachteten Objekts ist gleich dem Gesamtimpuls des Systems.
Abb. 3.7, 3.8 42

senkrecht: spezielle relative Orientierung zweier Geraden. Zwei Geraden in der Ebene stehen aufeinander senkrecht, wenn die kombinierte Spiegelung an beiden die Rotation um einen gestreckten Winkel ergibt, d.h. selbst wieder involutorisch ist, wobei der Schnittpunkt der Geraden fest bleibt.
Die Begriffe des Senkrechtstehens und der Spiegelungen sind in gewissem Maße äquivalent. Sie können nicht von anderen abgeleitet werden, sondern bedürfen einer geeigneten Definition. Die zentrale Eigenschaft einer solchen Wahl ist der →Höhensatz.
Abb. 3.4, 8.18 38, 126

Sinussatz: In einem Dreieck der euklidischen Ebene sind die Sinus der Winkel den gegenüberliegenden Seiten proportional. Die Form dieser Aussage charakterisiert die jeweilige Geometrie der Ebene. Schreiben wir an Stelle der Länge a einer Seite den Umfang $\Pi[a]$ des Kreises mit dem Radius a, dann faßt der Sinussatz in der Form [104]

$$\Pi[a] : \Pi[b] : \Pi[c] = \sin\alpha : \sin\beta : \sin\gamma$$

elliptische (sphärische), euklidische und Lobachevski-Geometrie zusammen. Schreiben wir an Stelle des Sinus das Verhältnis Σ der Länge der projizierenden Lotes zur Länge der projizierten Strecke, so finden wir für alle Geometrien

$$\Pi[a] : \Pi[b] : \Pi[c] = \Sigma[\alpha] : \Sigma[\beta] : \Sigma[\gamma].$$

So wie $\Pi[a]$ gleich $\sin a$, a und $\sinh a$ sein kann, finden wir auch $\Sigma[\alpha]$ gleich $\sin\alpha$, α und $\sinh\alpha$. Es ergeben sich neun Kombinationen, die alle realisierbar sind.
Abb. E.1, E.2 210

Skalarprodukt: 177

Sommerfeld,A.: 1868-1951, Physiker, trug wesentlich zur Theorie der Atomspektren und
des Atombaus bei. Nach ihm benannt ist die **Sommerfeldsche Feinstrukturkonstante**, eine dimensionslose Konstante zur Beschreibung der Feinstruktur der Atomspektren. Die Feinstrukturkonstante α ist als Verhältnis von atomarem Geschwindig-
keitsnormal und Lichtgeschwindigkeit interpretieren. Als atomares Geschwindigkeits-
normal ist dabei das Produkt aus →Rydberg-Konstante und →Bohrschem Radius

$$v_{\text{atomar}} = 2r_{\text{Bohr}}\text{Ry}_\infty = \alpha c$$

anzusehen. Es gilt $\alpha = e^2/(hc) \approx 1/137$.   32

Spatprodukt: Volumen eines Parallelepipeds im dreidimensionalen Raum als Funktion
der drei Kantenlängen und ihrer Orientierung, gegeben durch entsprechende Vektoren.   177

Spezielle Relativitätstheorie: die von A.Einstein entwickelte Theorie von Raum und
Zeit, die sowohl die Relativität der Geschwindigkeit als auch die universelle Isotro-
pie der Lichtgeschwindigkeit verband. Die wichtigste Konsequenz ist die Geschwindig-
keitsabhängigkeit der Masse und die Äquivalenz von Masse und Energie (→Allgemeine
Relativitätstheorie).
Kapitel 5   61

sphärische Geometrie: Geometrie der Kugeloberfläche. Wird die Kugeloberfläche aus
dem Kugelmittelpunkt auf die Ebene projiziert, entsteht die →elliptische Geometrie.
Abb. 7.1   94

sphärischer Exzeß: Überschuß der Winkelsumme in einem Dreieck auf einer gekrümmten Fläche über den gestreckten Winkel.
Abb. 7.1   94

Spiegel: Objekt, das bei einer →Spiegelung punktweise fest bleibt.
Abb. 3.1   37

Spiegelung: Abbildung, die bei Wiederholung in den Ausgangszustand zurückführt (Involution). Spiegelungen sind die involutorischen Elemente einer Gruppe G, die man
Bewegungsgruppe nennt: $\varrho \in G$ heißt Spiegelung, wenn $\varrho \cdot \varrho = 1$, aber $\varrho \neq 1$ ist.
Die Frage, wann das Produkt zweier Spiegelungen wieder eine Spiegelung ist, ist der
zentrale Punkt im Gebäude der darauf aufbauenden Geometrie. Die abstrakte Defi-
nition der Spiegelung spricht überhaupt noch nicht von geometrischen Objekten wie
Punkten oder Geraden. Zunächst geht es nur um Algebra.
Abb. 3.1, 5.1, 8.16   37, 63, 125

Stoß: Wechselwirkung, die unter Vernachlässigung des endlichen Zeitabschnitts der Wechselwirkung beurteilt werden kann. Deshalb kann beim Stoß die Bilanz aller Erhal-
tungsgrößen aufgestellt werden. Alle anderen Größen aber müssen statistisch in Form
von Streuquerschnitten beschrieben werden, aus denen unter Umständen auf die im
Einzelnen beim Stoß wirksamen Kräfte geschlossen werden kann (→ideal elastischer

Stoß, →total unelastischer Stoß).
Abb. 2.5, 2.8, 2.9, 5.6   21, 24, 67

Strahlung: kontinuierliche und freie Ausbreitung von →Energie und Masse in atomaren Einheiten mit großen Geschwindigkeiten bzw. der Lichtgeschwindigkeit selbst. Ohne Attribut gebraucht, wird der Begriff im allgemeinen durch den Kontext spezialisiert. Die Intensität einer Strahlung ist der Leistung der Quelle direkt und dem Quadrat des Abstands von der Quelle (allgemeiner der Oberfläche einer entsprechenden Kugel um die Quelle) umgekehrt proportional.
Abb. 2.21   34

Summationskonvention: Konvention in Formeln mit indizierten Tensorkomponenten. Tritt in einem Term ein Buchstabe als oberer *und* als unterer Index auf, dann wird über ihn ohne besonderen Hinweis summiert.
Abschnitt B.3   170

Tachyon: hypothetisches Teilchen, das sich mit →Überlichtgeschwindigkeit bewegt. Das Betragsquadrat des Impulses eines Tachyons ist negativ, der Impuls ein raumartiger Vektor. Die Hypothese der Existenz von Tachyonen steht gegen die einer universellen →Kausalordnung.
Abb. 5.20, 5.21   83

Teilung: Grundkonstruktion der Geometrie, →harmonische Teilung.
Abb. 8.9   120

Thomas-Präzession: Abweichung vom Paralleltransport eines raumartigen Vektors (speziell des Drehimpulses eines freien Gyroskops) durch die Nebenbedingung der Orthogonalität zum (vierkomponentigen) Geschwindigkeitsvektor. Die Thomas-Präzession ist ein Effekt der speziellen Relativitätstheorie, also einer Welt *ohne* Krümmung. Er kann verstanden werden als Effekt der Krümmung des →Geschwindigkeitsraums [133]. Die Thomas-Präzession ist für einen Teil der Feinstruktur der Spektrallinien verantwortlich.
Abb. 7.11, D.6   101, 195

träge Masse: Faktor, mit dem die Geschwindigkeiten gewichtet werden müssen, damit ihre Summe beim Stoß erhalten bleibt. Die so gewichtete Geschwindigkeit ist der Impuls. Damit führt jede Reaktion auf eine um so größere Geschwindigkeit, je kleiner die träge Masse ist. Sie kann deshalb als Widerstand gegen Beschleunigung angesehen werden. In der vierdimensionalen Welt enthält der Impulssatz den Satz von der Erhaltung der trägen Masse.   102

total unelastischer Stoß: Stoß, bei dem – bezogen auf den →Schwerpunkt – die kinetische Energie vollständig in innere Energie umgewandelt wird und das Stoßprodukt als ein Objekt mit der konstanten Geschwindigkeit des Schwerpunkts weiterläuft.
Gl. (3.1)   41

Transformation: allgemeine Bezeichnung für eine umkehrbare Abbildung, die also alle wesentlichen Eigenschaften erfaßt und im Bild darstellt. Speziell ist sie eine Form-

wandlung, oft der von einer Variablensubstitution betroffenen Größen; in der Gruppentheorie Automorphismus einer Gruppe $G = \{g\}$, erzeugt durch Multiplikation mit einem bestimmten Element $a \in G$, d.h., $T_a[g] = a^{-1}ga$.
Anhang A   155

Transitivitätsgebiet: Gebiet, das von einem Punkt erreicht werden kann, wenn er sich den Transformationen einer →Bewegungsgruppe unterwirft. Wenn $\mathcal{T} = \{T\}$ die Transformationsgruppe bezeichnet, ist das Transitivitätsgebiet eines Punktes P die Menge aller Punkte der Form $\{T[P], T \in \mathcal{T}\}$. Gehören alle Punkte zu einem Transitivitätsgebiet, heißt die Gruppe transitiv.
Anhang A   155

Uhr: mißt den Zeitablauf durch Zählen der Perioden entsprechender Vorgänge, deren Stabilität (Gleichförmigkeit) von dem Verhältnis der inneren Kräfte – die den Vorgang in seine periodische Form zwingen – zu den äußeren Kräften – welche die Uhr insgesamt beschleunigen oder verformen – bestimmt wird.
Kapitel 2   16

Uhrenparadoxon: →Zwillingsparadoxon.

Vektor: Vektoren sind durch ihre Algebra (**Vektor-Algebra**) definiert. Das ist eine Struktur von Operationen, die sowohl die Erläuterung einer (kommutativen) Addition untereinander als auch die einer distributiven und assoziativen Multiplikation mit Zahlen einschließt.
In diesem Buch wird der Begriff des Vektors nur in ganz anschaulichem Sinn benutzt. Ein Vektor ist durch eine Richtung und eine Länge bestimmt, er ist also in gewissem Sinne eine gerichtete Strecke. Er wird deshalb durch so viele Komponenten beschrieben, wie der Raum (die Welt) Dimensionen hat. So wie man die Elemente einer Gruppe durch quadratische Matrizen darstellen kann, kann man Vektoren als Matrizen der Spaltenzahl 1 darstellen. Vektoren werden dann wie allgemeine Matrizen komponentenweise addiert oder mit einem Zahlenfaktor multipliziert. Die Länge eines Vektors wird nach derselben Formel bestimmt, die auch zur Berechnung des Abstands genügend naher Punkte benutzt wird. Impulse und Feldstärken sind Vektoren. Während der Impuls aber zunächst immer zum bewegten Objekt gehört, ist die Feldstärke im ganzen Raum bestimmbar und variiert von Ort zu Ort. Wir sprechen dann von einem Vektorfeld. Die Reaktion der Vektoren auf Bewegungen zerfällt deshalb in Reaktionen auf Drehungen um den Definitionspunkt, die genauso einfach wie die Drehungen des Raums sind, und die Reaktion auf Translationen, die Parallelverschiebung heißt und bei Räumen mit Krümmung genauerer Untersuchung bedarf.
Abschnitt C.1   174

Vierervektor: bezeichnet einen vierkomponentigen Vektor in einer Raum-Zeit im Gegensatz zu einem dreikomponentigen Vektor des gewöhnlichen Raumes. Jede Richtung in einem Raum-Zeit-Diagramm entspricht einem Vierervektor. Die Identifizierung der vierten (Zeit-)Komponente eines sonst dreikomponentigen Vektors des gewöhnlichen Raums ist eine Aufgabe der relativistischen Kinematik. Die vierte Komponente der

Geschwindigkeit ist die Uhrenrate (Zeit des Inertialsystems gegen die Eigenzeit des Objekts). In der Galilei-Geometrie ist sie trivialerweise gleich Eins. Die vierte Komponente des Impulses ist die einerseits die träge Masse, deren Verhältnis zur Ruhmasse damit gleich der Uhrenrate ist, andererseits die Gesamtenergie des Objekts (→Äquivalenz von Masse und Energie). 40, 169

Welle: Erregung, die sich durch mikroskopische Kopplung räumlich ausbreitet. Die ideale Gleichung für die Ausbreitung einer Welle, die Wellengleichung, definiert eine Metrik der Raum-Zeit. Das Relativitätsprinzip impliziert, daß alle von den Wellengleichungen freier Wellen bestimmten Metriken der aus der Mechanik ableitbaren Metrik gleichen. Kapitel 4 47

Wellengruppe: Erregungsimpuls, der als Superposition monochromatischer Wellen verschiedener Wellenlänge aufgefaßt wird. Hängt die Ausbreitungsgeschwindigkeit von der Wellenlänge ab, sind Gruppengeschwindigkeit und Phasengeschwindigkeit verschieden. Im allgemeinen wird die Energie mit der Gruppengeschwindigkeit transportiert. Deshalb kann man eine Wellengruppe als Äquivalent eines Teilchens ansehen. Kapitel 4 47

Welt: Oberbegriff für Raum und Zeit. Beide Begriffe sind fundamental und entsprechen der unmittelbaren Erfahrung, daß Gegenstände angeordnet sind. Der Raum ist die Gesamtheit dieser möglichen und realen Anordnungen. Bewegung ist Änderung dieser Anordnungen, die dadurch relativ zueinander wiederum geordnet erscheinen. Diese Ordnung ist die Zeit. Es ist eine Aufgabe der Physik, diesen Ordnungen ein Maß zu geben, es ist eine Aufgabe der Mathematik, axiomatische Modelle für solche Anordnungen zu finden, in denen logisch einwandfreie Schlüsse gezogen werden können.

In der Relativitätstheorie ist die Welt ein zunächst formales Produkt aus Raum und Zeit, das durch die lokale Minkowski-Geometrie der Ereignisse und Weltlinien so unauflösbar wird, daß quantentheoretische Konstruktionen, die ihrerseits die Auszeichnung einer Zeit erfordern, Probleme bereiten. Kapitel 2 16

Weltlinie: Kurve in einer Welt, die gegebenenfalls die Geschichte der Position eines Gegenstandes beschreibt. Kapitel 2 16

Weyl,H.: 1885-1955, Mathematiker, trug zur Relativitätstheorie mit der Analyse unitärer Theorien bei. 27

Wirkung: Größe der physikalischen Dimension *Energie* × *Zeit* oder *Impuls* × *Weg*. Kurvensegmente im →Phasenraum werden durch ein **Wirkungsintegral** bewertet. Der aktuell realisierte Weg ergibt ein Extremum für diesen Wert. Von dieser Metrisierung des Phasenraums sollte alle andere Metrisierung ableitbar sein. 27

Wurf, harmonischer: →harmonischer Wurf

Zeit: Ordnungsrelation zwischen den Konfigurationen im Raum, die sich auf die Erfahrung einer manipulierbaren Zukunft und einer dokumentierbaren Vergangenheit stützt

(→absolute Zeit).

Kapitel 2   16

zeitartig: Zwei Ereignisse liegen zeitartig zueinander, wenn die Verbindungsgerade innerhalb der von den Ereignissen getragenen Lichtkegel verläuft. Ein →Vektor heißt zeitartig, wenn seine Richtung mit der einer solchen Verbindung zusammenfällt. Zeitartige Vektoren haben positive Betragsquadrate. Beispiele für einen zeitartigen Vektor sind Geschwindigkeit und Impuls eines Teilchens mit Ruhmasse.

62

Zeitdilatation: in der Relativitätstheorie Projektionseffekt zwischen zeitartigen Linien, die mit Uhren vermessen werden.

Abb. 5.11, 5.12   73

Zeitschale: raumartige Hyperfläche im vierdimensionalen pseudoeuklidischen Raum, Ort der Ereignisse, die vom Ursprung nach fester Eigenzeit erreicht werden.

Abb. 7.10   101

Zwillingsparadoxon: scheinbar paradoxer Schluß aus der Symmetrie der →Zeitdilatation.

Abb. 5.13, 5.14   75